EDITORIAL
DIENTE DE LEÓN

Esto no es normal

Recomendaciones de un granjero que ama a los animales

Joel Salatin

EDITORIAL
DIENTE DE LEÓN

Edición original: *Folks, this ain't normal: A Farmer's Advice for Happier Hens, Healthier People, and a Better World.*
Center Street, Nueva York, USA
Traducción del inglés: Mónica Fernández Perea

Publicado por :
Editorial Diente de León,
Avenida Luis Salvador Cilimingras, s/n.
07170 Valldemossa (Illes Balears)
www.editorialdientedeleon.com
Primera edición: Septiembre 2017

Diseño de colección y cubierta: Jaime Cruz
Foto de portada: shutterstock.com
Impreso en España por Seshat, producción gráfica y visual
www.seshat-online.com

ISBN: 978-84-946224-2-7
Depósito legal: PM 912-2017

La editorial DDL está comprometida con la ecología y la salud, lo que significa reducir al máximo nuestro impacto medioambiental. Imprimimos nuestros libros en papel reciclado, libre de cloro y utilizamos tintas vegetales.

La editorial agradece todos los comentarios y observaciones:
ana@editorialdientedeleon.com

Joel Salatin es un pionero del siglo XXI *con los pies en el suelo, uno de esos pensadores inconformistas difíciles de encontrar, cuyas palabras y trabajo tienen el poder de transformar el pensamiento de una generación.* Esto no es normal *contribuirá a sembrar el nuevo movimiento natural y a inspirar a las personas en cualquier lugar, en especial a los jóvenes que necesitan un poco de esperanza práctica. Y este es el incentivo adicional: el libro es increíblemente divertido. Vacas sagradas, tengan cuidado.*

Richard Louv, autor de *Volver a la naturaleza* y *Last Child in the Woods.*

❋

En Esto no es normal, *Joel Salatin dice que ha llegado la hora de dejar de dar por sentado nuestro sistema alimentario industrializado y, en su lugar, empezar a considerar la producción local y sostenible de alimentos como la norma. Buen plan. Estés o no de acuerdo con su afirmación de que todos estaríamos mejor si el gobierno dejara de regular los alimentos, sus ideas están escritas de forma cautivadora, son divertidas y, sin duda, merecen tenerse en consideración.*

Marion Nestle, profesora del Departamento de Nutrición, Estudios Alimentarios y Salud Pública, Universidad de Nueva York, y autora de *Food Politics.*

❋

Salatin se describe alegremente a sí mismo como un 'cristiano libertario ecologista capitalista lunático'. Su libro es extremadamente revelador, especialmente para aquellos que no se sienten cómodos en ninguna de esas categorías.

Kristin Ohlson, autora de *The Soil Will Save Us* y escribe para *The Plain Dealer.*

❋

Viviendo en la granja que han cultivado cuatro generaciones de su familia, Joel está en sintonía con el suelo, la lluvia, las estaciones y el glorioso hedor de los animales. Él lo ama todo y cree en esta manera sencilla, la manera no industrial, de producir alimentos como nuestra vía de escape del embrollo alimentario que depende de los monocultivos y los productos químicos.

Sandy Bauers, *Philadelphia Inquirer.*

A través de una mezcla de sabias anécdotas personales y ocurrentes, de su experiencia directa como granjero y como padre y de un conjunto de trucos e ideas provocativos, Salatin nos anima a todos a convertirnos en sanadores de la tierra, la comida, la economía y la cultura.

Helen Jupiter, *Bellingham Herald.*

❋

[…] los tipos de personas que sin duda se beneficiarían de leer Esto no es normal *incluyen: vegetarianos, carnívoros, ecologistas, los que compran en McDonald's, los que compran en los mercados de productores, los que compran en Chipotle, conservadores radicales, liberales, cristianos, científicos, ateos, políticos, grandes agricultores, pequeños agricultores, habitantes de ciudades, habitantes de pueblos, el noventa y nueve por ciento y el uno por ciento. En pocas palabras: todo aquel que coma.*

Doctora Darya Pino, *The Huffington Post.*

ÍNDICE

PREFACIO A ESTA EDICIÓN

Quizá la lección más importante que he aprendido mientras impartía seminarios por todo el mundo es cuánto nos parecemos. Puede que nuestros políticos, nuestro clima y nuestras tradiciones sean diferentes, pero todos tenemos palabras para definir las mismas emociones, todos comemos y todos dependemos por completo de una tierra productiva para sobrevivir. Todos necesitamos agricultores.

Otra similitud que compartimos es la edad avanzada de los agricultores. Esta es más acusada en Japón, donde la edad media ha llegado a los setenta años, pero es similar en la mayoría de los países desarrollados. En Estados Unidos ahora mismo la media está en sesenta años, prácticamente igual que en toda Europa. Por lo tanto, a lo largo de las próximas dos décadas, más o menos, la mitad del patrimonio agrícola (tierras, edificaciones y maquinaria) cambiará de manos.

¿A manos de quién? ¿Quién controlará este cambio? Esta transición es tan aterradora como emocionante. Significa que aquellos que saben cómo ganarse la vida trabajando la tierra tendrán una oportunidad sin precedentes. El paradigma actual altamente capitalizado y basado en monocultivos de alimentos de primera necesidad tiene poco que ofrecer a la próxima generación. De ahí la falta de sucesión.

Pero los nuevos modelos de producción diversificados, centrados en lo local y en la densidad nutricional de los alimentos, ofrecen a la siguiente generación una puerta de entrada a la más sagrada de todas las vocaciones. Si sabes cómo ganarte la vida trabajando la tierra, si puedes gestionar el paisaje para lograr belleza estética y aromática, si entiendes cómo se construye una tierra fértil, entonces te irá mejor que a cualquier otra generación agraria.

El tipo de agricultura que defiendo en este libro sustituye las grandes inversiones de capital, energía y productos farmacéuticos por grandes inversiones en personal y gestión. Es un intercambio positivo y una promesa para las sociedades con altas tasas de desempleo. Además, la agricultura ofrece una vocación noble y sagrada para los millones de personas que no quieran pasar su vida enjauladas en cubículos y sentadas delante de un ordenador. Somos muchos los que adoramos trabajar con las manos, tener callos y mantenernos vitales con un trabajo intenso. La participación visceral en la naturaleza a través del trabajo físico nos otorga sentido común y una satisfacción que reafirma el alma. Esto no es ganarse la vida, esto es vida.

El tipo de agricultura promovida en este libro es tan aplicable en las zonas costeras del Mediterráneo como lo es en el País Vasco, en América Central o en el extremo sur del continente americano. El alcance de la lengua española, legado de una cultura visionaria, llega ahora hasta mi corazón y nos conecta con la esperanza de una tierra sanada y un impulso agrario emprendedor. Me siento agradecido y afortunado sabiendo que estas ideas encontrarán ahora un lugar en los corazones de muchas más personas.

—Gracias, muchas gracias a todos.

Joel Salatin
Polyface Farm, 2017

PRÓLOGO POR ALLAN NATION

Durante veinticinco años he visto como Joel Salatin y su familia han luchado para ganarse la vida con las cuarenta hectáreas de espacios abiertos que poseen en el norte de Virginia. Además de sufrir los caprichos del clima igual que cualquier otra iniciativa empresarial basada en la agricultura, Joel, a la par que otros productores a pequeña escala como él, ha tenido que luchar con normativas y regulaciones gubernamentales que, intencionadamente o no, le han negado el acceso al mercado. Nos dicen que la finalidad de la mayoría de estas normativas es asegurar que los consumidores estadounidenses obtengan alimentos saludables, pero en realidad lo que hacen es justamente lo contrario. Una normativa que se aplique de forma universal a todos los productores puede ser una pequeña molestia para una gran industria y un obstáculo insalvable para un granjero dedicado a la venta directa.

Como Joel explica claramente en este libro, estas normativas están diseñadas principalmente con el objetivo de dificultar el acceso al mercado, no de regular la calidad o la salubridad de la comida. No existen normativas que se apliquen a los alimentos servidos en una fiesta privada o en un evento eclesiástico, donde la comida se regala. Las normativas solo entran en juego cuando la comida se vende. Una pregunta clave en el libro es, ¿qué tienen las iniciativas privadas para que el gobierno considere de pronto la producción de alimentos a pequeña escala como algo tan peligroso?

En un momento en el que la comida local está de moda, las normativas federales, estatales y locales obstaculizan enormemente el crecimiento de esta alternativa frente a la comida industrial. Sin duda, muchos consumidores urbanos se asombrarán al leer acerca del acoso hostil y la intimidación que sufren los productores de alimentos a pequeña escala por parte de los inspectores del gobierno que Joel apoda "la policía de la comida". ¿En qué otro ámbito eres considerado culpable hasta que se demuestre que eres inocente? ¿En qué ámbito, cuando se demuestra que eres inocente, no se piden disculpas o se emite una declaración de prensa exculpatoria? Tras varias ocasiones de sufrir este tipo de trato, ¿seguirías intentando vender alimentos directamente a los consumidores?

Desgraciadamente, esta guerra financiada con el dinero de los contribuyentes en contra de la producción local de alimentos está llevándose a cabo sin la cobertura de los medios de comunicación. Con suerte, este libro conseguirá que los consumidores de alimentos producidos de manera sostenible la tengan en mente. Sin embargo, en esta batalla hay algo más que la mera lucha contra los burócratas del gobierno enloquecidos de poder. En ella también están los menús de los restaurantes, los emporios de la comida rápida, las políticas de compra de los supermercados ecológicos como Whole Foods e incluso los consumidores solidarios como tú.

El gran problema es que todo lo nuevo tiene que empezar siendo pequeño y bajo un prototipo de producción que sea simple y barato. Pocos granjeros autofinanciados tienen los recursos suficientes como para empezar a la escala que requiere la mayoría de los clientes corporativos. Los pequeños productores venden sus horas de trabajo a través de sus productos. En consecuencia, buscan sistemas de producción que requieran mucha mano de obra y poca inversión de capital, igual que hacían los granjeros hace cien años. Pero el mercado no es tan flexible como lo era hace un siglo. Un restaurante que solo quiera un tipo de corte de carne beneficia muy poco al productor a pequeña escala, ya que este también tiene que vender el resto de la carne del animal. De igual modo, obligar a una granja, cuya plantilla consiste en un matrimonio, a rellenar toneladas de papeleo y formularios antes de poder vender un solo bocado de comida a una franquicia es un castigo cruel y extraordinario.

Además, pedirle a un sistema de producción "natural" que funcione los doce meses del año es un contrasentido. Para que una granja funcione con poco capital de inversión, el modelo de producción ha de estar sincronizado con la temporada natural de producción. Por ejemplo, no puedes criar pollos, que son animales tropicales, en el exterior cuando hay un metro de nieve. Obligar a que un granjero a pequeña escala produzca todo el año como si fuera una industria es una fórmula asegurada para el agotamiento y la bancarrota, además de ser una receta para que fuera de temporada tú, el consumidor, tengas una experiencia culinaria insípida. Como dicen en Suiza, "el queso de invierno es un queso aburrido". En los productos de origen animal, los matices de sabor únicos de la carne y la leche tradicionales provenían del hecho de que los animales habían estado consumiendo pastos verdes y vivos. Estos sabores desaparecen cuando los animales se alimentan exclusivamente a base de heno o silo. La ventaja competitiva de un granjero a pequeña escala está en producir un alimento estacional que sea realmente sabroso, cuya producción requiera de una serie de habilidades y que pueda venderse a través de una cadena de distribución corta y barata. La venta local no solo cumple estos requisitos, sino que normalmente es imprescindible para que una granja pequeña pueda ser rentable y autosuficiente.

Para que la producción local de alimentos continúe creciendo, el sistema regulatorio y comercial va a tener que hacer algunas concesiones y encontrarse con el granjero a medio camino. No soy el tipo de persona que piensa que "o lo hacemos a mi manera o nada". Como Joel, no deseo normativas que conduzcan al fracaso de la agricultura industrial. Solo deseo que el consumidor tenga más opciones. Los que defendemos la agricultura sostenible no nos oponemos a que existan normativas de sanidad. Nos oponemos a que las normativas requieran grandes inversiones cuando existen alternativas asequibles. Pedimos que nos digan cuáles son los requerimientos y que nos dejen idear una manera de cumplirlos. El diseño de alternativas de bajo coste es nuestra especialidad y lo hacemos realmente bien. Dadnos un poco de cuerda.

Joel Salatin es un ejemplo excelente de esta creatividad para desarrollar prototipos de producción barata. Sin ninguna ayuda creó la industria norteamericana del pollo criado en pastos, con sus refugios móviles de bajo coste. Desde utilizar cerdos para airear su compost en primavera, hasta gallinas libres de verdad para controlar la población de moscas en sus pastos, Joel ha descubierto maneras de producir alimentos con un mínimo de inversión y sin sustancias químicas tóxicas. Durante los veinticinco años que lleva escribiendo una columna mensual en nuestra revista *Stockman Grass Farmer*, Joel ha compartido sus ideas, sus éxitos y sus fracasos con todo aquel que ha querido leerlos. No tiene absolutamente ningún miedo a la competencia. Excelente orador, ha viajado por todo el mundo con su mensaje acerca de la necesidad de revivir una concepción *jefersoniana*, es decir, intelectual, de la agricultura. Sorprendiendo a la mayoría de sus audiencias, aparece en sus conferencias vestido con un traje de negocios, con camisa y corbata, para aclarar que es un empresario con titulación universitaria, no el paleto de pueblo o el *neohippy* que estaban esperando. Sin importar la audiencia, no se muerde la lengua a la hora de discutir sus creencias libertarias en lo referente a la economía, su conservadurismo social o su fe religiosa. Ni qué decir tiene que esto desconcierta por completo a los que piensan que todos los productores de alimentos ecológicos son de izquierdas.

Personalmente, hace tiempo que pienso que la granja Polyface de Joel Salatin es un excelente ejemplo de cómo las granjas de venta directa y gran valor como la suya podrían ser un estímulo para el desarrollo económico del mundo rural. En la actualidad, Joel tiene catorce empleados, compra localmente todo el pienso suplementario que comen sus pollos y cerdos criados en pastos y todos sus animales se procesan en el entorno local. A base de sudor equitativo, ha construido un negocio alimentario que genera dos millones de dólares al año sin ningún tipo de préstamo, asistencia o subsidio del gobierno. Para mí, este es el tipo de historia que tendría que aparecer en la portada del *Wall Street Journal*.

Y su granja es realmente hermosa, con pastos ultraverdes fertilizados con el estiércol de miles de pollos criados a base de pasto. En las zonas boscosas, la vegetación del sotobosque se ha despejado gracias a la intervención controlada de los cerdos, creando un entorno abierto similar al de un parque. Una serie de estanques escalonan la ladera de la montaña detrás de su casa, proporcionando agua a la fauna salvaje, además de un sistema de riego por gravedad para los pastos. Si quisieras darle un empujón a la economía del agroturismo, nada lo conseguiría mejor que cien granjas como la de Joel. Más puestos de trabajo, un paisaje más bonito, comida más sana, todo creado sin ningún gasto para el gobierno. ¿No suena esto a lo que Estados Unidos está buscando en este momento? Aquí encontrarás cómo ayudar a conseguirlo.

El compromiso con el granjero también se extiende a ti, el consumidor. La mayoría de nosotros estamos tan condicionados por el sistema alimentario industrial que no nos damos cuenta del conflicto entre nuestro sistema de creencias y nuestras expectativas. Por ejemplo, no esperes encontrar carne de pasto fresca de vacuno o pollo, sin congelar, en mitad del invierno, en la tienda o el restaurante local. Intenta aprender lo suficiente acerca de la producción ganadera como para que no te engañen con falsos sistemas naturales, como pollos de pasto criados sobre cemento en un edificio que tiene una puerta diminuta a un patio. Date cuenta de que la etiqueta de certificación ecológica de la USDA* no te asegura que se hayan utilizado métodos de producción que imiten a la naturaleza. Por ejemplo, la mayoría del vacuno con certificación ecológica viene de cebaderos de tipo industrial y la leche ecológica producida en invierno utiliza los mismos prototipos de confinamiento que la industria lechera. La etiqueta "USDA Natural" no significa absolutamente nada en lo que se refiere a los métodos de producción utilizados. Los productos que parecen o suenan como productos naturales, pero que no lo son, son una manera de que la industria se beneficie económicamente del duro trabajo de divulgación que hacen los productores a pequeña escala, que realmente tienen algo diferente que ofrecer. No te dejes engañar por esos charlatanes mientras te gastas más dinero en comprar la misma basura de siempre con una etiqueta nueva.

Como consumidor comprometido, tienes que estar dispuesto a responsabilizarte por lo que comes. No delegues esa labor a la USDA

* *[N. de la T.]* Departamento de Agricultura de Estados Unidos, por sus siglas en inglés.

o a la FDA*, para que aprueben a los granjeros por ti. Hazlo tú mismo. Intenta comprar el máximo de tu proteína animal y lácteos a un granjero al que visites ocasionalmente, e intenta producir muchas de las verduras y huevos que comes. Este camino puede empezar de una forma tan modesta como plantando una tomatera en un tiesto.

Si tienes un médico y un dentista de confianza, también necesitas tener un granjero como Joel Salatin en tu equipo. Esa es la verdadera revolución alimentaria local que se está extendiendo a lo largo de Estados Unidos. Súmate.

* *[N. de la T.]* Administración de Alimentos y Medicamentos de Estados Unidos, por sus siglas en inglés.

INTRODUCCIÓN: CÓMO ME VOLVÍ NORMAL

Mi familia y nuestra granja, Polyface, parecen en muchos aspectos un anacronismo. Todavía no tenemos tele en casa. Producimos prácticamente toda nuestra comida y creo que si encontráramos la forma de cultivar papel higiénico y pañuelos faciales, podríamos emanciparnos de la sociedad.

Teresa, mi maravillosa y hermosa pareja de más de treinta años, pasa muchos días del año elaborando y embotando puré de manzana, congelando maíz dulce, fermentando pepinillos y almacenando tarros, por centenares, en la despensa del sótano. Bebemos leche cruda, a veces adquirida legalmente y otras veces no. Aunque nuestra granja produce cientos de cabezas de vacuno, cientos de cerdos, muchos miles de pollos y huevos, pavos, conejos, verduras y productos del bosque y, quizá, para cuando leas esto alguna que otra cosa más, nada entra en los canales de la industria alimentaria para ser clorado, amalgamado, prostituido, irradiado, ni adulterado. Vendemos directamente a familias, a restaurantes y a unos pocos comercios de venta al por menor.

En medio siglo, no hemos comprado un solo kilo de fertilizante químico y no aplicamos pesticidas, herbicidas, insecticidas ni ningún otro '-cida' a nuestras plantas y animales. Nuestros animales no se drogan. En su lugar, los movemos casi a diario de pastizal a pastizal, en un baile coreografiado con delicadeza. No están confinados en instalaciones concentradas de cebo. Los herbívoros no reciben cereales y los omnívoros reciben cereales suplementarios locales y no transgénicos (nada de organismos genéticamente modificados, OGM).

No participamos en ningún programa gubernamental, punto. No aceptamos subvenciones, ni ayudas para cultivos ni acuerdos de custodia del territorio*, sean públicos o privados. Nuestra infraestructura es en gran medida portátil y casi invisible.

En invierno, alojamos a las gallinas, los cerdos y los conejos en invernaderos, todos juntos. Este exquisito minizoológico confunde a los patógenos y los desarticula sin necesidad de utilizar medicamentos ni desinfectantes tóxicos.

Mi madre, Lucille, es una ágil octogenaria llena de energía que todavía agota a muchas mujeres con la mitad de su edad si intentan seguirle el ritmo. Vive a quince metros de mi casa en una vivienda de alrededor de 1750, construida con troncos de castaños americanos, gloria de los bosques de Norteamérica hasta cerca de 1900 y extintos hoy en día. Calentamos tanto la casa de mamá como nuestra vieja casa con una estufa de agua supermoderna ubicada en el exterior, utilizando como combustible la madera que recolectamos en nuestra propia granja.

Mi padre, Bill, falleció en 1988 después de servir en la fuerza naval durante la Segunda Guerra Mundial, obtener un título en económicas y trabajar para Texas Oil como contable bilingüe en Venezuela durante cerca de una década, antes de comprarse allí una granja. Cuando se conocieron, mi madre hacía un máster de salud y educación física en la Universidad de Indiana y mi padre se sacaba su diplomatura con una beca de retiro militar. Se casaron y comenzaron su vida como agricultores en Venezuela, pero no pudo ser. La agitación política en el país desencadenó en la expropiación de la finca en 1960 y perdieron los ahorros de toda su vida junto con el sueño de montar

* *[N. de la T.]* Joel Salatin hace referencia con este término a un tipo de acuerdo entre un propietario de tierras y una institución pública o privada mediante el cual se restringen algunos de los derechos del propietario con el objetivo de conseguir determinados objetivos de conservación medioambiental.

una granja en un país en vías de desarrollo. A su vuelta a Estados Unidos se pusieron a buscar tierras a menos de un día de distancia en coche de Washington D.C ., mientras esperaban a que los vientos políticos cambiaran y les permitieran regresar a su querida granja de cuatrocientas hectáreas, esa tierra rodeada por un ancho río y situada sobre el ecuador en las tierras altas de Venezuela.

No pudo ser. En su lugar mis padres encontraron esta granja en el valle Shenandoah en Virginia, de lejos la tierra más erosionada, decrépita y llena de zanjas (¿he dicho que era la más barata?) que te pudieras encontrar. Pidieron una hipoteca para comprarla en el verano de 1961 y se mudaron con sus dos hijos, Art de siete años y Joel (yo) de cuatro y con mamá muy embarazada de mi hermana Loretta.

Cuando llegué a la madurez en la que mis padres tuvieron que empezar de nuevo, su determinación incansable y su perseverancia me inspiraron con más fuerza de lo que ningún sermón podría haberlo hecho. No puedo imaginarme llegar a esa edad y tener la energía para comenzar de nuevo. Sin embargo, eso es lo que hicieron. Descubrirás más cosas sobre esta granja y su proceso de sanación a medida que te adentres en el libro. Es una historia hecha a base de carbono, de construir tierra fértil, de innovaciones ecológicas y de una vida entera de nadar a contracorriente.

No recuerdo mucho de Venezuela, excepto algunos momentos traumáticos del final, cuando escapamos de la rebelión y el caos que se adueñaron de las zonas rurales. Me gustaría haber conservado el español que entonces hablaba con fluidez, pero ay, en aquellos tiempos la gente en Swoope, Virginia, pensaba que hablar español era cosa de tontos o de locos, así que mamá y papá decidieron, a regañadientes, no pelear esa batalla. Ya manteníamos otras batallas como el menosprecio hacia los forasteros, hacia los del norte y hacia los granjeros que producían hierba en lugar de maíz y que no echaban DDT, ni el resto de brebajes milagrosos salidos de la mismísima despensa del diablo. Ah, ¿he mencionado que el Ku Klux Klan quemó una cruz y unas balas de paja en la carretera de casa para que nos enteráramos de que la gente sabía que éramos espías comunistas? Bienvenidos a Swoope.

Ahora, cincuenta años después, no creo que nadie en Swoope piense que somos espías comunistas, pero en la era del *macartismo*, los prejuicios contra los forasteros estaban bastante arraigados. Hoy en día somos buenos amigos de algunos vecinos y otros todavía nos rehúyen. Pero así es la vida cuando nadas a contracorriente.

Durante mi infancia y adolescencia yo era un niño que verdaderamente adoraba el campo. Mi hermano mayor se marchó para dedicarse a la mecánica aeronáutica y fue durante quince años piloto misionero en Indonesia, hasta que uno de sus hijos contrajo una enfermedad que les obligó a volver al país para obtener una mejor atención médica. Su familia volvió a la granja en 1996 y él puso en marcha su propio negocio como mecánico de avionetas. Mi hermana se casó con un contable y se mudó a Texas, cerca de Dallas, donde ella y su marido han criado a sus dos niños y donde ahora trabaja orgullosamente en las oficinas administrativas de los Boy Scouts de América. Yo fui el único que escogió ser granjero de profesión.

¿He dicho que quería ser granjero? Tienes que entenderlo, lo único que quería era ser granjero. Me encantaba el campo. Me encantaba cortar cardos, cuando aún los teníamos. Me encantaba el huerto. Me encantaba darles el biberón a los corderos y a los terneros. Me encantaba ordeñar. Cuando tenía diez años puse en marcha un gallinero y repartía huevos a los vecinos y miembros de la iglesia. ¿He dicho que me encantaba el campo? Teresa y yo fuimos novios desde el instituto y nos casamos al terminar la universidad, ella, con un título en economía doméstica, y yo, con un título en lengua inglesa que obtuve en la escuela cristiana de artes liberales de la Universidad Bob Jones, donde me especialicé en técnicas de debate. ¿Te sorprendería que te dijera que me encantaban las competiciones de debate? Participé en ellas durante todos los años de instituto y de universidad. Cualquier cosa que tuviera que ver con la comunicación, allí estaba yo, ya fueran competiciones de ensayo, oratoria, drama o debate.

Todos mis compañeros han hecho carrera como prestigiosos abogados, políticos o como oradores motivacionales. ¿Yo? Yo solo quería ser granjero. Ni en mis sueños más descabellados pensé que escribiría libros y me convertiría en unos de los principales propulsores de una ola en defensa de la comida producida con integridad que está inundando el paisaje norteamericano. A menudo, la gente le pregunta a Teresa: "¿erais conscientes de lo que estabais haciendo?". Mi eterna mejor amiga se ríe y contesta: "no, yo pensé que me casaba con un granjero". Teresa creció en una familia de granjeros, la única chica de cuatro hermanos. Sabe cómo apañárselas sola, te lo aseguro.

Mi padre y mi madre tuvieron que trabajar fuera de la granja para poder pagarla, ella dando clases de salud y educación física en el instituto y él como contable. Pero fueron experimentando. Papá era un genio, estoy convencido. Desarrolló un sistema de cercados eléctricos móviles a principios de la década de los sesenta, entendía cómo se construye la tierra fértil, el compostaje y la importancia de la densidad nutritiva. También comprendía el significado de deuda y rentabilidad, los márgenes y la comercialización de productos de valor añadido. Aunque mis padres nunca vivieron de la granja, sentaron unas bases, una ética, de hecho una visión, lo suficientemente grandes como para atrapar mis sueños más alocados.

Habiendo trabajado a tiempo parcial en el periódico local durante mis años de instituto, al terminar la universidad volví allí con un puesto a tiempo completo. Teresa y yo nos casamos y con el apoyo de mis padres convertimos el ático de la casa en un espacioso apartamento abuhardillado. Vivimos allí durante siete años hasta que nació nuestra hija. Mi abuela, que se había mudado a una casa prefabricada, instalada en nuestro patio cuando yo era un adolescente, había fallecido y mis padres decidieron intercambiar casas. Se mudaron a una vivienda más grande y estilosa, y Teresa y yo nos mudamos a la parte de abajo de la casa donde yo crecí. Y aquí me he quedado.

El 24 de septiembre de 1982, en contra del consejo de todos mis amigos, tanto jóvenes como mayores, volví a la granja a trabajar a tiempo completo. Abandonar un sueldo fijo y un trabajo que me gustaba parecía una locura. Pero yo quería ser granjero.

Educamos en casa a nuestros dos hijos, Daniel y Rachel, en una época en la que muchos padres que decidían educar así a sus hijos eran arrestados por absentismo escolar mientras la policía les arrebataba a sus pequeños para meterlos en casas de acogida. Afortunadamente, esos días pertenecen al pasado gracias a la Asociación para la Defensa Legal de la Educación en Casa (HSLDA, por sus siglas en inglés) y, desde luego, no gracias a las instituciones educativas gubernamentales. Nuestros dos hijos montaron sus propios negocios y crecieron sacrificando pollos, cultivando huertos, recogiendo huevos, embotando verduras y atendiendo a los cientos de clientes que venían a comprarnos carne, pollo y huevos.

En 1996 nos visitó una familia de Texas, una de las miles que querían ver la granja y aprender a procesar pollos. Su impresionante hija adolescente, Sheri, terminó casándose con nuestro hijo Daniel y ahora tienen tres hijos, Travis, Andrew y Lauryn. Construyeron su propia casa en la granja utilizando madera que cortamos en nuestro aserradero, de los árboles de nuestros bosques. Mientras escribo estas palabras, Daniel se encarga de gestionar el día a día de la granja y me dice lo que tengo que hacer. Así es como me gusta que sea.

Nuestra hija, Rachel, después de estudiar empresariales durante dos años y diseño de interiores durante otros dos, se fue a trabajar a la gran ciudad, pero ahora ha vuelto a la granja, donde aporta su creatividad y conocimientos de diseño para ayudarnos a hacer que este hermoso lugar sea aún más hermoso. Ella es la que hace todas las fotografías para mis presentaciones de PowerPoint, mantiene la colección de tarjetas de Polyface, crea mapas, y, la verdad, estamos entusiasmados con todas sus capacidades artísticas y manuales. Durante muchos años hemos sido sencillos. Ahora Rachel lo convierte todo en elegante.

Probablemente la mayor bendición de mi vida sea tener a cuatro generaciones viviendo en esta granja. Rodeados de esta tierra esmeralda, joya de la creación divina, rodeados de abundancia en los campos, en los huertos y en la despensa del sótano, deleitándonos con alimentos cultivados en compost y con carne de animales criados en pastos, todo ello mínimamente procesado en nuestra cocina, viviendo en comunidad con la familia: esto es normal. Esto es conexión, fundamento, herencia, tradición.

Y, aun así, la mayoría de los estadounidenses modernos no puede concebir vivir así.

En este momento en Estados Unidos hay tan pocos granjeros que ni siquiera aparecemos en el formulario del censo nacional. Como cultura, no se cocina en casa. No tenemos una despensa bien provista. Estamos sintonizados, enchufados y enganchados a aparatos electrónicos hasta excluir el trino de un pájaro en medio del verano o el rebaño de vacas recostadas felizmente en el sotavento de una pendiente, señalando la llegada de una tormenta. La mayoría de los estadounidenses modernos no puede concebir una época sin supermercados, sin refrigeración, sin acero inoxidable, plástico, códigos de barras o patatas fritas de bolsa.

Los citadinos me preguntan siempre: "¿qué haces en la granja? No vas al cine, no pides comida a domicilio, no vas a los bares, no pasas la mayoría de las tardes viendo partidos de fútbol, ¿qué narices haces?". Ah, deja que te lo cuente. Cada mañana camino sobre pastos moteados con gotas de rocío, cada gota es un diamante remachado a un arcoíris que adorna el pasto ovillo, el trébol rojo, el trébol blanco, el llantén, la achicoria, un *buffet* de ensaladas deslumbrante a plena luz matutina. Tengo miles de animales expectantes, esperando su *buffet* de ensaladas frescas. Ellos me aman.

Yo les amo. Amo todo esto. El olor del heno recién cortado. La magia de un ternero al salir en la última contracción de su madre, que inmediatamente comienza a emitir un suave murmullo gutural mientras lame al ternero y lo empuja tambaleante hacia sus ubres hinchadas para que mame. Me pregunto qué quieren decir con "¿qué narices haces?". ¿Qué es lo que no puedes hacer? Este círculo de la vida lleva funcionando mucho tiempo. Mucho más que los supermercados. Más que los criaderos de pollos Tyson. Más que los iPhones y los videojuegos.

Cada vez más, me apremia esta tensión cultural entre mi vida y la vida de los estadounidenses modernos. Desde luego que no quiero volver a los tiempos en que se bañaban una sola vez en todo el invierno, se calentaban con una hoguera y trabajaban el heno con la horca. En este libro he escogido ciertas "normalidades", siendo muy consciente de que la erosión del suelo ha existido desde el comienzo de los tiempos. Ha habido enfermedades desde el comienzo de los tiempos. La esclavitud ha sido "normal" en la mayoría de las culturas. Sí, soy muy consciente de todo ello. Pero han existido multitud de normas culturales positivas y maravillosas que desde mi punto de vista proporcionaron el fundamento para la sostenibilidad y la regeneración de la civilización.

Ciertamente, la nuestra no es una cultura antigua. Y, aun así, en las últimas décadas, hemos utilizado más energía, destruido más tierra fértil, creado más patógenos (aunque también hayamos destruido temporalmente algunos), mutado más bacterias y vertido más sustancias tóxicas en el planeta que todas las culturas que vinieron antes que nosotros juntas. Yo amo a los Estados Unidos, pero no cierro los ojos ante nuestros errores. No deseo vivir en ningún otro lugar, pero eso no significa que crea que todo lo que hacemos deba hacerse o pueda mantenerse.

A muchos niveles, me sorprende la increíble anormalidad de nuestra situación. Con este libro, quisiera que pensáramos de forma amplia y profunda sobre cómo restaurar la normalidad, cómo reincorporar esos fundamentos que sostienen a las culturas y utilizar lo que sabemos y lo que tenemos de manera que honremos y respetemos a los gigantes sobre cuyos hombros nos alzamos. Al identificar y honrar la normalidad histórica, presentamos un legado amoroso por aquellos que se fueron antes que nosotros. Creo que les debemos ese regalo. Que comience la normalidad.

NIÑOS, QUEHACERES, HUMILDAD Y SALUD

"Nuestros jóvenes necesitan tener algo que hacer" es una frase habitual en los círculos de adultos de hoy en día. No comprendo los artículos en las noticias acerca de adolescentes que deambulan haciendo travesuras a las tantas de la madrugada. Cada vez que veo que un grupo de jóvenes ha montado alguna trifulca a las dos de la madrugada, me pregunto: "¿quién tiene tiempo y energía para andar tonteando a esas horas?".

Nuestros hijos se iban a la cama a las nueve o diez de la noche y daban las gracias por poder hacerlo. Normalmente, nuestros aprendices y trabajadores en prácticas se despiden de nosotros para irse a la cama tan pronto como pueden tras la puesta de sol.

El hecho de que los jóvenes de hoy en día, al menos cuando no están en la escuela, pasen el día holgazaneando por ahí, dando una vuelta con sus amigos, y después estén hasta las tantas de la madrugada quemando el exceso de energía, es aberrante hasta el extremo. Añade a eso el pasatiempo de jugar a los videojuegos, donde ejercitan solamente los pulgares y las puntas de los dedos y, créanme, estamos ante una situación que sencillamente no es normal.

Cuando lo más emocionante de la vida es volverse lo suficientemente competente jugando a un videojuego como para alcanzar el nivel cinco, ¿qué clase de entorno estamos creando para los futuros líderes del país? Cuando me siento en un aeropuerto y observo a estos chicos rezumando testosterona, con los hombros encogidos y esos dedos que parecen los de E.T., todo el rato con sus ordenadores portátiles, me doy cuenta de que para ellos esto es normal. Esto no ocurre porque estén sentados en un aeropuerto intentando entretenerse un rato. De hecho, esta es la manera en la que pasan muchas, si no la mayoría, de sus horas. Recreo, entretenimiento y jugueteo.

Compara esto con lo que históricamente ha sido normal. Aquí tienes una lista de los quehaceres que desde tiempo inmemorial se han asignado a los jóvenes:

1. Talar, cortar y recoger leña. En los tiempos en que no había petróleo ni electricidad, todo el que fuera físicamente capaz contribuía a mantener la casa caliente durante los meses de invierno. El acopio de madera requiere un conocimiento del bosque y de qué tipos de árboles arden bien. No todas las especies arden igual. La madera resinosa, como la de los árboles perennes, recubre el interior de la chimenea y, a no ser que se mezcle mitad y mitad con madera no resinosa, produce una acumulación excesiva de hollín en las paredes de la chimenea. Este residuo altamente combustible puede llegar a convertirse en un riesgo de incendio. Por eso, siempre que talamos un pino, buscamos al menos una cantidad igual de otras maderas provenientes de árboles de hoja caduca, para equilibrar el combustible de la chimenea o la cocina de leña. La madera verde, recién cortada de árboles vivos, contiene al menos un 30% de agua, y esta humedad retarda la combustión porque el agua tiene que evaporarse antes de que la madera pueda arder.

Un recolector de madera que tenga experiencia en leña sabe buscar madera seca de árboles caídos para la quema inmediata, al mismo tiempo que hace acopio de madera verde para el futuro. Pero no toda la madera caída está igualmente seca. Si la madera se encuentra a cierta distancia del suelo, será perfecta. Un tronco que se haya enganchado quedándose en pie es casi siempre ideal. Algunas veces ya se habrá podrido y convertido en polvo, algo que les ocurre comúnmente a los árboles de hoja caduca como el chopo o el arce rojo.

Si la madera caída está en el suelo, puede que esté demasiado podrida como para quemarse. Esencialmente, quemar madera no es más que un proceso de putrefacción extremadamente rápido: lo que los microbios del suelo hacen en un periodo de tiempo prolongado, el fuego lo hace en un momento. Si el carbono que hace de combustible ya se ha descompuesto por la putrefacción, entonces no queda nada que quemar.

Todos los tipos de madera proporcionan más o menos la misma cantidad de calorías por kilo, pero diferentes maderas tienen un peso por metro cúbico distinto. Maderas pesadas como la del roble blanco y el nogal americano proporcionan dos veces más calor por metro cúbico que las maderas ligeras como la del chopo y el pino blanco.

Por lo tanto, para recoger madera correctamente hacen falta bastantes conocimientos. Más allá del conocimiento, está la habilidad para recogerla de forma eficiente. Obviamente, si vamos al bosque a recoger leña, llevaremos herramientas como la sierra mecánica (que es moderna), el serrucho o la sierra de bastidor (que son premodernas), o el hacha (que es antigua). O imagínate a los nativos americanos que, o bien usaban hachas de piedra, o prendían fuego alrededor de los árboles grandes para tirarlos abajo. Esto requería todo un conjunto de habilidades adicionales, habilidades que yo no poseo.

Pero yo sí que sé cómo usar una sierra mecánica, una invención moderna maravillosa. También sé cómo usar un hacha, afilarla, y reemplazar el mango, conjunto de habilidades que aprendí en mi juventud. Cuando la madera está cortada, hay que cargarla en algún recipiente: un remolque, la parte de atrás de una camioneta, la caja de la cosechadora de heno, lo que sea. Cuando voy al bosque, nunca deja de asombrarme cuánto tengo que enseñarles a nuestros aprendices y trabajadores en prácticas acerca de cómo recoger leña de forma eficiente. Primero, apilamos las ramas con la base mirando hacia el mismo lado y cuesta arriba, porque la parte superior abulta más y tiende a ganar más altura. Si amontonas las ramas de cualquier manera, la pila crece demasiado rápido. Si colocamos las ramas con cuidado, podemos apilar más.

Cuando empezamos a recoger los troncos de madera cortados, nos interesa que el remolque esté lo más cerca posible de la pila. Que no haga falta caminar, solo lanzarlos. Por supuesto, si el trozo de madera es demasiado grande como para lanzarlo, entonces puede que sí tengas que caminar, pero nos interesa seguir acercando el recipiente de carga a la pila de madera cortada para minimizar la distancia que andamos. Obviamente, si lanzamos la madera hacia el contenedor, nos interesa colocarnos entre el contenedor y la pila. De esta manera podemos reducir la distancia a la que hay que lanzar la madera en una cantidad equivalente a la anchura de nuestro cuerpo y la longitud de nuestros brazos, normalmente casi metro y medio.

Al pivotar de esta manera, conseguimos cargar la madera el doble de rápido que si nos colocamos detrás de cada pieza para lanzarla. Y tres veces más rápido que si la cogemos en brazos y la llevamos hasta el remolque. Sé que mucha gente estará leyendo esto y pensando: "Hala, eso es mucho trabajo. Me alegro de no tener que hacerlo y de que con solo encender el termostato se ponga en marcha la calefacción".

Ahora llegamos al propósito de esta historia: pocas actividades pueden proporcionar más satisfacción al corazón de un joven que regresar a casa montado sobre una enorme pila de leña. Esta tarea ofrece la oportunidad de entrar en contacto con el bosque, pero no como lo haría un "cerebrito" académico. Más bien, se trata de un entendimiento visceral y saludable de la abundancia del bosque, de la diversidad de las especies que lo habitan y sus diferentes propiedades, y del hecho de que algunos especímenes han muerto, mientras que otros han sobrevivido un día más.

Algunas de las experiencias más satisfactorias de mi juventud tuvieron lugar mientras recogía leña con mi padre. Normalmente hacíamos este tipo de trabajo en el otoño, cuando las hojas se tornaban en brillantes colores, y el aire tenía el frescor justo para vigorizar el cuerpo. Posiblemente, aún hoy, mi trabajo favorito sea el del bosque. Encuentro pocas cosas más gratificantes que meterse en ese revoltijo desordenado, sacar los árboles torcidos, los "crea viudas" (árboles muertos que se apoyan en árboles circundantes), los árboles caídos, y salir al cabo de un par de horas habiendo restaurado un orden hermoso y liberado a los árboles buenos para que puedan crecer mejor y más sanos, como cuando quitamos la mala hierba del huerto.

Lo considero la multitarea por excelencia. No solo hemos revitalizado los árboles sanos, y restaurado la belleza y el orden, sino que al mismo tiempo hemos acumulado nuestro combustible para la calefacción. Cada vez que lanzo la última pieza de madera al remolque, me gusta tomarme unos minutos, en silencio, y examinar el lugar donde he trabajado. Las ramas cuidadosamente apiladas proveerán de cobijo a topos, ardillas y conejos durante varios años. A veces las trituramos para usarlas en las camas del ganado. Los árboles sanos, de pie, rectos y vigorosos, alzándose hacia el cielo, crecerán mejor ahora, sin el estorbo de los árboles torcidos, enfermos, o de los matorrales que les arrebatan suelo y sol. El lugar donde hace dos horas casi no se podía caminar es ahora un lugar espacioso, abierto, organizado, parecido a un parque.

El espíritu triunfante y exuberante de nuestros residentes cuando cabalgan sobre la carga de leña recién recogida es un testimonio de la profunda satisfacción física, emocional, espiritual y personal que este trabajo genera. Un trabajo visceral como este, con un claro propósito, hace que cualquier espíritu se alce con sensaciones de autoestima y éxito. Es la autorrealización definitiva. No encontrarás esa sensación al terminar un videojuego, juegues las veces que juegues.

Espero que este análisis ayude a ilustrar la profundidad y amplitud de la normalidad en la que los jóvenes han vivido históricamente. Y es que, en general, recoger leña es algo que se hace con, al menos, otra persona. El tiempo en compañía, los lazos y la camaradería que forman parte del proceso son la guinda del pastel. Sí, es trabajo, pero también lo es tratar de averiguar qué hacer con las rebeldes hormonas juveniles a las dos de la madrugada. Históricamente, el desarrollo normal de la juventud conllevaba una contribución significativa en el hogar familiar. El trabajo define a los individuos. ¿Cuál es una de las primeras preguntas que hacemos cuando conocemos a alguien?: "¿y tú qué haces?". Eso quiere decir, "¿qué haces para ganarte la vida?, ¿cuál es tu vocación?, ¿cuál es tu profesión?, ¿qué te define cómo persona?". La vocación nos da pistas sobre una persona: un ingeniero, un abogado, un ceramista, un empresario, un ministro, un terapeuta.

En la tradición judía, los chicos se convierten en hombres a los trece años. La lectura de cualquier biografía escrita durante las colonias norteamericanas revela una intrepidez inaudita entre los adolescentes. De hecho, el término "adolescente" no apareció hasta la Revolución Industrial, cuando la contribución social significativa de este grupo de edad comenzó a declinar. Hasta ese momento, eran adultos jóvenes. Muchos de los jinetes del *Pony Express** eran adolescentes. Estos chicos sabían cabalgar, manejar una pistola, reaccionar con rapidez, detectar peligros y ser responsables.

Aprovisionarse de leña, recogiéndola en los bosques, era, por regla general, una tarea comunitaria. Esta tarea diaria también implicaba cortar la madera en trozos más pequeños y meterla en casa.

2. *Cortar leña era necesario para mantener la casa caliente.* Esta tarea, que normalmente se hacía con un hacha, requiere su propio conjunto de destrezas. Ser capaz de interpretar la forma de los extremos de un trozo de madera precisa experiencia y una observación cuidadosa. A medida que la madera se seca, la humedad de los extremos se evapora antes que la humedad interior. Esto provoca marcas, o grietas. Cuando colocas el bloque de madera que quieres cortar, estas marcas te indican la inclinación natural para el corte de la pieza. Si haces uso de esas pequeñas grietas, la tarea será mucho más fácil.

3. *Después de cortarla, había que meter la leña en casa para que el leñero estuviera lleno.* En este punto, la conexión entre el aprovisionamiento y la necesidad se hace evidente. Sin leña, no hay calor. Recuerdo muy bien que durante mi adolescencia hacía el pipí de la mañana en el baño del piso de arriba, y veía como el chorro salpicaba contra el hielo de la taza del inodoro. Eso sí que te motiva a mantener el fuego encendido, a traer leña, y a recogerla, la secuencia inagotable de tareas que mantiene agradable una casa.

Esta tarea me enseñó tanto a ser responsable como a que se pudiera confiar en mí. Si yo tenía frío no era culpa de nadie salvo de mí mismo. Si no me encargaba de que hubiera suficiente leña como para pasar la noche, yo era víctima de mi propio descuido. Tenía que planear por adelantado, y estar al tanto de la temperatura exterior, que determinaba cuánta leña quemaríamos durante la noche. Tenía que fijarme en el tipo de madera. Si era madera de combustión rápida, necesitaba más volumen que si era madera de combustión lenta. Necesitaba una combinación de piezas grandes para mantener el fuego, y de piezas pequeñas para conseguir un área superficial sufi-

* *[N. de la T.]* El *Pony Express* fue un servicio de correo rápido a caballo que cruzaba Estados Unidos y que estuvo operativo entre 1860 y 1861.

ciente para que el fuego siguiera encendido. Todo esto era responsabilidad mía.

Pero en última instancia, que dependía de la naturaleza para calentarme era patente día a día. El calor no venía de una tubería. Yo participaba en el esfuerzo de hacer crecer los árboles. Después, la lluvia y el sol hacían el resto. Participar en este intenso trabajo nos guía hacia nuestra dependencia de la "matriz ecológica". Romper esta responsabilidad y dependencia históricas puede parecer bueno durante un tiempo, pero si usamos el ocio resultante para convertirnos en seres absorbidos por nosotros mismos, o en adictos a los famosos de Hollywood, ¿ganamos algo? ¿Acaso liberarnos de esas tareas nos hace mejores personas? ¿Somos más responsables? ¿Somos más conscientes de nuestra dependencia ecológica? No estoy diciendo que calentarse con gas natural o con electricidad sea un pecado. Sin embargo, creo que debemos esforzarnos más por recordar nuestra responsabilidad y dependencia con el medio ambiente, incluso si no participamos en estas actividades tradicionales.

He aquí una tarea doméstica poco conocida:

4. Asegurarse de que haya algo de proteína animal en el corral de las gallinas una vez a la semana durante el invierno. Una de las primeras tareas "para hombres" que hacían los chicos de granja era proporcionar algún tipo de bicho muerto para que comieran las gallinas ponedoras durante el invierno, mientras los saltamontes y los grillos están hibernando. Como los pollos y gallinas son omnívoros, necesitan proteína animal, que es difícil de encontrar durante los fríos meses invernales.

Consecuentemente, los chicos jóvenes tenían a su cargo la tarea de conseguir algo para las gallinas. Normalmente era una ardilla, mofeta, comadreja, mapache, conejo, cualquier cosa pequeña. Esto requería disparar o poner trampas, y es una de las razones por las que los manuales para jóvenes escritos durante el siglo XXI y principios del XX estaban repletos de trampas de fabricación casera. A menudo aquellos chicos no eran lo suficientemente mayores como para usar armas, así que tenían que ser ingeniosos para poder conseguir bichos de un modo u otro.

Afilar el ingenio contra los animales que corretean por la casa acarreaba más de una discusión jovial y alguna que otra noche haciendo, montando y afinando trampas a la luz de la hoguera. Ocupaba conversaciones sociales, formando el tejido de verdaderas colaboraciones. Y era el trabajo perfecto para jóvenes que buscaran el sabio consejo de aquellos adultos que ya habían pasado por esto de atrapar o disparar para lograr la cuota de proteína invernal para el corral de las gallinas.

Ahora, queridos lectores, os pido por favor que cerréis los ojos y meditéis sobre esta tarea doméstica durante unos minutos, comparándola con esa ruidosa, antisocial, totalmente aberrante pasión juvenil desatada en forma de respuestas dactilares taladrantes sobre una pantalla. ¿Cuál de ellas creéis que preparará a los jóvenes para que ocupen su lugar como líderes en la sociedad? ¿cuál de esos procesos sienta las bases del ingenio, la persistencia y la autorrealización, para ofrecernos líderes mundiales que no dependan de nadie y que sean capaces de resolver un problema considerando todos sus matices?

En el caso de jóvenes de ciudad, construir y poner en marcha maquetas de cohetes, coches de carreras y un sinfín de otras manualidades ayuda a desarrollar estas habilidades tradicionales. Y sin duda dará lugar a grandes anécdotas. ¿Cuántas veces puedes contar la historia de aquella vez que conseguiste cien mil puntos jugando al *Crazy Maniac Highway Destructo*? Sin embargo, siempre puedes contar la de aquel súper cohete que se fue de lado a lado.

Esta es una tarea doméstica que me precede alrededor de una década:

5. *Recoger estiércol del redil de las vacas.* Cuando yo era joven, un vecino de la vieja guardia me contó que esta tarea constituía uno de los primeros rituales de iniciación de los chicos. Las carretillas se inventaron hace mucho tiempo. Hoy en día tienen neumáticos, pero antes las ruedas eran sencillamente de metal. Antes de los fertilizantes químicos y de que los expertos en agricultura dijeran que el estiércol no valía ni el esfuerzo de llevarlo a los campos, los granjeros conocían sus beneficios.

No conocían todos los nombres científicos de los nutrientes, ni los elementos que contiene, ni sabían de enzimas completamente saturadas, pero sí sabían que el estiércol era mágico. Siempre lo ha sido y siempre lo será. Para que quede constancia, aunque ahora sabemos mucho más acerca del estiércol que hace un par de décadas, todavía nos queda mucho por aprender. Cuanto más sabemos sobre la naturaleza, más conscientes somos de lo poco que sabemos.

Durante siglos, los agricultores intentaron averiguar cómo aprovechar mejor el estiércol. En una época, antes de que hubiera cercados eléctricos, palas de carga frontal, esparcidores de estiércol y trituradoras de madera, recoger estiércol requería trabajo manual. Gene Logsdon, en su maravilloso libro *Holy Shit* [Santa mierda]*, describe la tradicional cama estática de estiércol. Se hacía en invierno cuando las vacas y las ovejas apenas salían a los pastos; el estiércol del establo y estas camas constituían una de las pocas concentraciones de nutrientes en una granja. Durante la temporada de pastoreo, los animales esparcían su propio estiércol, pero estaba tan disperso que sus efectos no eran tan notorios. Esta cama de estiércol era tan apreciada que los granjeros llegaban incluso a recoger por las noches las bostas repartidas por el patio del establo para colocarlas dentro, bajo la protección del techo y en contacto con la paja absorbente: lo que yo llamo el "pañal carbonoso".

De ahí la tarea de darse una vuelta con la carretilla y la horca, recoger con cuidado esas bostas que se habían quedado fuera y acarrearlas hasta el establo donde se cubrirían con paja y se almacenarían hasta la primavera. Aunque esta no fuera una de las tareas domésticas favoritas, era un indicativo del paso a la edad adulta, porque un chico que podía utilizar la carretilla en el establo estaba a la vuelta de la esquina de convertirse en un hombre. Recuerdo bien el momento en que enseñamos a nuestros hijos a usar la carretilla, viendo cómo intentaban equilibrarla mientras les decíamos "¡Sí, tú puedes! ¡Tú puedes!". Cuando finalmente llegó el día en que fueron capaces de manejarla con destreza, les entregué el testigo.

Recuerdo como si fuera ayer la primera vez que mi hijo, Daniel, condujo el tractor él solo. Tenía unos ocho años y necesitábamos recoger una carga de balas de heno en un campo llano y grande. El

* *[N. de la T.]* Este libro (aún no traducido al castellano) lleva por título un juego de palabras difícil de traducir. La expresión "holy shit" se utiliza frecuentemente en inglés en contextos informales como muestra de sorpresa y significa literalmente "santa mierda". Al mismo tiempo, el título hace referencia a la importancia del estiércol como recurso para mantener la fertilidad de los suelos.

campo de cinco hectáreas era amplio, y como yo estaba recogiendo las balas a mano, él tenía que conducir despacio, a mi paso. El accesorio que llevaba era el remolque del heno, que es un accesorio bastante inofensivo, al contrario que una empacadora o una segadora.

Por supuesto, Daniel había crecido viéndome con el tractor, así que sabía dónde estaba todo: el embrague, el acelerador, el freno, la palanca de cambios y el volante. Le metí la marcha, solté el embrague, y salí de un salto, dejándole de pie frente al asiento, agarrado al volante. Empecé a cargar las balas de heno y él condujo con pericia a mi lado, avanzando despacio y con estilo al ritmo del viejo motor. Cuando terminamos, pisó el embrague para dejarlo en punto muerto y yo me subí al tractor para llevarlo hasta el establo. Seguro que algún agente de seguros está alucinando ahora mismo. Confía en mí, no te imaginas la de anécdotas que tenemos.

Eso era un sábado, y al día siguiente, en la reunión de la iglesia, Daniel deslumbró a todo el mundo contándoles lo que había hecho. Fue la única vez que se quejó por haber sido educado en casa: "Cómo me gustaría ir a la escuela mañana para poder contar esto". Fue un ritual de paso.

Recuerdo cuando, con más o menos la misma edad, trabajaba con mi padre. Un invierno estábamos dando de comer a un rebaño de vacas y teníamos el remolque grande lleno de balas de heno. Papá necesitaba repartirlas y yo era todo el personal disponible. Cuando alimentas con heno directamente en el campo, te interesa colocarlo a lo largo de una línea en lugar de apilarlo. Esto permite que todas las vacas lleguen a la vez al heno y también evita que lo pisen y se desperdicie. La forma más fácil de hacer esto es ir lanzando las balas con el remolque en marcha. Así que papá metió la marcha y soltó el embrague, y yo me puse de pie sobre el asiento mientras movía el volante. El camión, un *International* de 1951, tenía el acelerador en el tablero de mandos, así que no era necesario apretar el pedal del acelerador para que se moviera. Estábamos sobre una cresta larga y plana. Primero, mi padre puso una marcha corta, y después se subió a la parte de atrás para ir lanzando el heno. Cuando terminó, me felicitó por haber hecho tan buen trabajo.

Cuando nuestra hija Rachel tenía ocho o nueve años, empezó a hornear pan de calabacín y bizcochos para los clientes de nuestra granja. No solo era una excelente pastelera, sino que, como vendedora, ¿quién podría resistir esa cara angelical y su expresión impaciente? "Sí, claro que te compraré uno", le decían las señoras del club de jardinería. A la semana siguiente, las clientas volvían y, agachándose a la altura de Rachel, le pellizcaban cuidadosamente la mejilla y le decían con entusiasmo: "Ah, llevé tu bizcocho a la merienda del club y a las señoras les encantó. Estaba delicioso".

¿Qué influencia tiene algo así en la personalidad de un niño? Todos ansiamos aprobación, especialmente cuando se reconocen de forma auténtica nuestras contribuciones a la sociedad. Ser capaz de conmover a otros a un nivel profundo con nuestros dones y talentos genera una aprobación recíproca. Y a riesgo de ofender a algunas personas, creo que esta aprobación tiene una calidad e intensidad diferentes de las que se derivan del mero elogio por ganar un partido. Quizá actuar en una obra de teatro pueda acercarse un poco. Pero cuando creamos algo que podemos experimentar con los sentidos, y que representa nuestro ingenio, el aprecio de aquél que lo recibe llega a los niveles más profundos de nuestro ser.

En los primeros años de su adolescencia, el negocio de pastelería de Rachel creció. Entonces montó un servicio de limpieza, y a los quince años ya tenía empleados. Gracias a que educamos a nuestros hijos en casa y nunca tuvimos una televisión, había tiempo para dedicarse a actividades emprendedoras. En contra de la opinión general, yo diría que esta fue la mejor preparación para la madurez que mi hija pudo tener, mucho mejor que una adolescencia de caprichos y entretenimientos sin fin.

Cuando tenía ocho años, nuestro hijo Daniel puso en marcha un proyecto de cría de conejos. Unos amigos se mudaron a la ciudad y su nuevo contrato de alquiler no permitía animales. Tenían tres conejos que necesitaban un nuevo hogar y Daniel los acogió. Construimos un refugio portátil para conejos, que al moverlo por el patio fertilizaba y segaba. Conociendo la fama de estos animales, decidimos añadir "CONEJO" a nuestra oferta de productos en el formulario de pedidos de la siguiente temporada. Supusimos que no mucha gente comía conejo, pero esperábamos que fueran suficientes como para que Daniel pudiera vender alguno.

En las dos primeras semanas tras publicar el formulario de pedidos, Daniel recibió ciento cincuenta pedidos de conejo. Esto constituía un pedido importante, incluso tratándose de conejos. Comenzó su negocio y gradualmente lo desarrolló, hasta que se convirtió en una actividad de tamaño considerable que recientemente hemos traspasado a unos trabajadores independientes en nuestra granja.

Creo firmemente que los niños deberían tener sus propios negocios autónomos. Les enseña el valor de un dólar, a ser persistentes, a ser ahorradores y a tener buenas habilidades matemáticas. Cuanto antes aprendas la diferencia entre beneficios y pérdidas, mejor. Recuerdo muy bien a Daniel con unos doce años bajando a la tienda agropecuaria a comprar media tonelada de pienso granulado natural para conejos. Su nariz apenas libraba la superficie del mostrador y los tíos de la tienda bromeaban: "¿sólo media tonelada? ¿Por qué no compras una tonelada entera?".

Daniel les respondía como si nada: "no tengo suficiente dinero para comprar una tonelada". ¿Cuántos adultos hay que no han aprendido esa lección? Nuestros dos hijos llegaron a los veinte años con veinte mil dólares en el banco. Yo no creo en las pagas, ya que nadie debería recibir dinero a cambio de respirar. Esto no era dinero por hacer las tareas domésticas. Era dinero que ellos mismos habían ganado, ingresos ahorrados de sus negocios que les proporcionaron un estupendo colchón para futuros proyectos. Eso, amigos míos, te libera y te eleva.

Nuestro nieto Travis tenía tan solo cinco años cuando vino conmigo por primera vez a subir y bajar la pala del tractor. Lo único que tenía que hacer era manejar el *joystick* que controla el sistema hidráulico que mueve la pala arriba y abajo. Me observó cuidadosamente mientras le daba instrucciones y después hizo lo que había visto hacer a su papá y a mí muchas veces. Su sonrisa triunfante por haberme ayudado a hacer algo que yo no podía haber hecho solo rezumaba reafirmación. Sus pies apenas tocaron el suelo al día siguiente, mientras se aseguraba de que todo el mundo supiera que había ayudado al abuelito. Éramos un equipo, allí en el campo, el abuelo y el alumno de guardería, trabajando juntos para resolver un problema común, compartiendo el triunfo de un trabajo físico, visible, medible y bien hecho.

Hace poco estuve en el estado de Washington dando un seminario, y una señora de mediana edad me contó la historia de cómo creció en su pueblo. Me dijo que cuando era una niña, al terminar la escuela en el verano, las fincas de manzanos invitaban a la gente de la zona a recoger los frutos, alquilaban los autobuses de la escuela e imprimían un horario de recolección en panfletos que repartían con el periódico. Los buses pasaban por la ciudad siguiendo una ruta, igual que hacen los heladeros, y si eras mayor de diez años, podías subirte al bus e ir a los frutales a recoger manzanas todo el día. Esto otorgaba a los jóvenes dinero para gastar, ejercicio físico y reafirmación como miembros válidos de la sociedad. Cuando los autobuses les llevaban de vuelta a casa al terminar el día, estos chicos volvían más ricos que el dinero que llevaban en los bolsillos.

¿Te imaginas alguna actividad así de razonable hoy en día? Al agente de seguros del distrito escolar le daría un síncope si los autobuses de la escuela se usaran para algo que no fuera transportar cerebros a la escuela. Las leyes de trabajo infantil sentenciarían "¡Explotación!" y criminalizarían la noción misma de tal actividad. Para mí, es asombroso que hoy en día nuestra cultura piense que es razonable poner a un chico de dieciséis años tras el volante de un cacharro de acero de mil kilos, y mandarle a toda pastilla por la autopista a ciento diez kilómetros por hora y, sin embargo, si la misma persona empuja una segadora o utiliza un taladro inalámbrico, entonces esa herramienta es demasiado peligrosa.

En nuestra granja, a menudo recibimos peticiones de adolescentes cuyas edades van de los quince a los diecisiete años, y que quieren venir a trabajar durante el verano. Muchos de ellos fueron educados en casa y son bastante maduros, están ansiosos por ponerse manos a la obra con los objetivos de su vida, en este caso por poner en marcha una iniciativa empresarial relacionada con la agricultura. Aunque solíamos acogerles, ya no lo hacemos debido a las excesivas normativas de seguridad ocupacional, que clasifican un taladro inalámbrico como una herramienta eléctrica y por lo tanto de uso no permitido para menores de dieciocho años.

El mismo adolescente que no puede manejar legalmente un todoterreno por los caminos de una granja, puede conducir una camioneta F-250 con la suspensión levantada por una autopista llena de coches. Al negarles oportunidades de aportar valor a sus propias vidas y a la comunidad que les rodea, hemos relegado a nuestros jóvenes adultos a la estupidez adolescente. Y después, como sociedad, vamos por ahí perplejos meneando la cabeza ante estos jóvenes de madurez retardada. Nunca en la vida se tiene más energía que durante la adolescencia, y criminalizar que se haga uso de ella es sin duda una de las mayores equivocaciones que comete nuestra nación.

Actualmente, nuestra cultura niega a los jóvenes la posibilidad de realizar justamente aquellas actividades que sirven para desarrollar su autoestima y que les incorporan a la sociedad como miembros valiosos. En lugar de ver a los niños como una ganancia, ahora les vemos como una carga. Si algún hecho expresa el comportamiento aberrante de nuestra sociedad, es sin duda el análisis del "coste de los niños" que hace la prensa moderna. ¿Qué ha pasado con los días en los que les considerábamos un activo que merecía la pena?

Nuestra sociedad padece de estreñimiento imaginativo a la hora de sacar partido de la energía juvenil, y por eso no se imagina a un niño de mejor manera que jugando al fútbol, haciendo ballet o jugando a videojuegos. Este pudor protector que priva a nuestros jóvenes del riesgo y de la autorrealización les impide alcanzar su madurez emocional, económica y espiritual.

Crecer sin autoestima es peor que hacerse daño en el trabajo. Las bandas callejeras son un resultado directo de esta anormalidad social. Aunque no soy tan ingenuo como para creer que si fomentáramos estas actividades infantiles las bandas callejeras desaparecerían por completo, sí diría que su proliferación ha sido un reflejo del desahucio que ha impedido a los jóvenes contribuir visceralmente en la sociedad.

Que nadie piense que estoy promoviendo el trabajo infantil, también me encanta que los niños tengan tiempo libre para disfrutar del juego imaginativo. Nuestros hijos crecieron construyendo presas en el río, fuertes de paja, fuertes en la pila de leña, y fuertes en el bosque. Después de leer *El Robinson suizo* *, Daniel y Rachel se pasaron varios días en el bosque. Teresa y yo no estábamos muy seguros de qué estaban haciendo, pero sabíamos que se trataba de algún proyecto importante. Al cabo de tres días, los niños nos pidieron que

---

* *[N. de la T.] El Robinson suizo*, Johann Wyss, Literatura Random House, 2015.

fuéramos a atacarles, con instrucciones precisas acerca de por dónde debíamos asaltar primero su fortaleza.

A medida que Teresa y yo nos acercábamos por el camino designado, Rachel y Daniel empezaron a soltar gritos y alaridos, moviéndose con destreza de trampa en trampa, descargando un saco de palos sobre nosotros, para después enredarnos con una cuerda. Cuando por fin conseguimos atravesar los peligros y llegamos a su sanctasanctórum, nos lo habíamos pasado en grande con su versión del clásico.

Compara eso con pasarse todo el día en frente de un videojuego intentando adelantar a otro coche o decapitando invasores alienígenas. No soy psicólogo, pero me da la sensación de que, como técnica de desarrollo personal, la alternativa del videojuego está a años luz de la fortaleza en el bosque. Los chicos hicieron nudos, cortaron maderas, treparon, dieron volteretas, lanzaron cosas y construyeron algo utilizando su propia creatividad. Los videojuegos confinan la creatividad a la imaginación del programador. Y eso sin ni siquiera hablar de los beneficios físicos de trepar a los árboles para atar cordeles y recoger cargamentos de palos. Ah, y la fortaleza estaba a ochocientos metros de casa. Tenían que ir hasta allí y volver. Qué recuerdos tan preciados.

Las escapadas de mis nietos son ya épicas. Tienen sus banderas y sus fuertes repartidos por toda la granja y el establo, y cada día se aventuran a matar dragones y proteger la justicia. ¿Quién necesita montañas rusas y Disney cuando cada día, con un poco de sudor e imaginación, puedes crear tus propios castillos y tus propias historietas? Cuando les pregunto a Travis y a Andrew, a veces con Lauryn acompañándoles, que en qué andan metidos, me obsequian historias fantásticas, y descripciones nítidas sobre cómo "los malos" vinieron "desde detrás de esa colina y nosotros... nosotros les hicimos una emboscada justo ahí y... y...". Confía en mí, esta narrativa puede continuar sin fin si tienes tiempo para dejar que se despliegue.

Aunque los juegos infantiles al aire libre son maravillosos, también lo es trabajar. Cuando Daniel tenía diez años, ocurrió algo particularmente conmovedor que lo ilustra. Un vecino, que era un año más joven que Daniel, quería construir un fuerte bajo su casa, así que le reclutó como apoyo del proyecto. Desde que estaba en pañales, Daniel había venido conmigo a instalar vallas, y yo tenía la costumbre de marcarme el ritmo no parando a beber nada hasta que no llegaba a un punto concreto de la instalación. Si él me pedía algo de beber, yo le decía: "No, no beberemos nada hasta que no termine de poner este poste".

El primer día se fue a la casa de los vecinos a construir el fuerte, y unas dos horas más tarde la madre del chico nos llamó a casa: "¿qué le pasa a tu hijo? No deja que el mío beba agua hasta que no hayan acabado con el primer muro". Nos desternillamos de risa pensando en el bueno de Daniel haciendo de negrero con diez años. Pero amigos, esa es la esencia de la vida. De eso está hecha la madurez. Persistencia y fidelidad. ¿Se pueden aprender igualmente a través del entretenimiento y los espacios de ocio? Si relegamos a nuestros jóvenes a encontrar satisfacción solamente mediante el entretenimiento o las victorias deportivas, ¿no estaremos inhibiendo su entendimiento de los valores humanos?

Disfruto de un buen partido de béisbol tanto como cualquiera, pero si todo son juegos y nada de trabajo con un poco de trascendencia, creamos una visión prejuiciada de la vida y de tu rol en ella. Y eso me lleva a la sexta tarea doméstica de esta discusión:

6. *Trabajar el huerto*. Hace nada, en 1946, aproximadamente el cincuenta por ciento de todas las verduras cultivadas en Estados Unidos venían de los huertos domésticos. Labrar, sacar malas hierbas, plantar verduras y después hacer conservas, congelar, deshidratar y fermentar, ocupaban un tiempo y una energía nada desdeñables para las familias. Almacenar no era una opción; era una necesidad. Que alguien llegara a la temporada no productiva con la despensa vacía era sencillamente impensable, aparte de una imprudencia.

Con la proliferación de los sistemas de optimización del inventario como el *just-in-time* o JIT*, los supermercados donde los alimentos permanecen almacenados durante largos periodos de tiempo y la red de existencias globalizada, esta actividad doméstica, que históricamente había sido normal, ha sido relegada al plano de lo innecesario. La producción, preparación y procesado de alimentos en casa

* *[N. de la T.]* Sistema de organización que prima la producción en sincronía frente al gasto en almacenamiento.

se interponen a las actividades extracurriculares que se realizan fuera de casa.

Cuando un niño juega a un videojuego, si el coche de carreras se destroza, en pocos segundos el juego le proporciona uno nuevo y ya puede seguir jugando. Si está luchando con invasores alienígenas y le revientan la cabeza a su personaje, la máquina reemplaza a la víctima afectada en pocos segundos y el juego continúa. Nadie, en ningún otro momento de la historia humana, ha sido capaz de restituir sus materiales, sus herramientas o incluso sus juguetes con tal inmediatez.

La vida no se parece para nada a esto. En la vida real si conduces tu coche como un loco y lo estrellas contra un árbol no sales pavoneándote desdeñosamente del incidente para recibir en pocos segundos un coche nuevo otorgado por arte de magia. La pérdida es real, con consecuencias reales y trastornos reales.

Si tu tomatera se muere porque te olvidaste de regarla, no cuentas hasta diez y observas una resurrección milagrosa. La muerte es definitiva. Se acabó. La petulancia con la que nuestros jóvenes entran a la vida, viviendo en un mundo de recambios y gratificación instantánea sin límites, genera una arrogancia hacia la vida y la ecología que es al mismo tiempo alarmante y peligrosa. "Sin miedo" es el mantra de los tontos.

Cuando empezamos nuestro programa de voluntariado en la granja, observaba todo esto a diario. Aunque en aquel momento Daniel solo tenía trece años, era consciente del peligro y su visualización del entorno era muy superior a la de los aprendices que le doblaban la edad. Sabía lo que pasaba si la rueda del tractor pasaba por encima de algo. Había visto baldes aplastados y metal doblado. Sabía lo que un árbol en caída libre podía hacer. Era muy consciente de que una madriguera de marmota inesperada podía desmoronar un cargamento entero de heno y enterrar al operario bajo toneladas de balas. Sabía lo impredecible y brutal que podía ser la coz de una vaca en el corral, y dónde colocarse para no ser víctima de una.

Aprendices que le doblaban la edad se ponían en situaciones peligrosas de forma constante. No porque fueran imprudentes, sino sencillamente porque nunca habían estado en situaciones similares y por lo tanto no tenían ni idea de qué podría ir mal. A lo largo de los años solo hemos tenido que mandar a casa a un aprendiz por su incapacidad para calcular el peligro. Llegamos a temer por su vida porque era incapaz de captar lo grave de ciertas situaciones.

Saber a qué tenerle miedo es el primer paso para determinar qué hay que arreglar. Me temo que estamos trayendo a este mundo a toda una generación sobreexcitada a base de arrogancia, que piensa que tiene al mundo sujeto por los cuernos. Salomón, considerado el hombre más sabio que ha existido nunca, dice en el libro de los proverbios de la Biblia: "el principio de la sabiduría es el temor de Dios". Si esto no denota aprecio por la gravedad de las situaciones, no sé qué lo hace.

El hortelano teme los cambios de tiempo, la falta de agua, la pérdida de tierra fértil, o el descuido en la cría de animales. El hecho de que tan pocos de nosotros en esta generación hayamos experimentado cualquier tipo de carencia, hace que la mayoría de la gente, ante crecientes recortes de agua, erosión, cambios climáticos y toxicidad química, pueda seguir bebiendo su Coca-Cola, mascando sus nachos, y pasando horas pegada a las telecomedias, sin darse cuenta de las catástrofes que se amontonan a su alrededor. Un hortelano sensato estudia su entorno, busca malas hierbas, insectos, señales de sequía, de inundaciones, calor, frío y cambios en la tierra.

Cultivar esta atención al entorno y responder a sus matices permiten al horticultor la entrada a un mundo de misterio y grandeza. En definitiva, todo aquel que cultiva un huerto se da cuenta de que el paisaje que le rodea depende de algo mucho más grande que él mismo. Los ciclos estacionales, el comienzo de las heladas, el cambio de las temperaturas, la duración de los días e incluso el ciclo lunar de crecimiento y decrecimiento, todo esto forma parte de la majestuosa "danza del huerto". Un lugar asombroso y fascinante, que en última instancia imprime en el que lo trabaja una humildad palpable hacia el divino cordón umbilical que nos une a nuestro entorno natural.

La dicha en estado puro expresada por un niño que por primera vez descubre unas jugosas patatas en el huerto, enterradas bajo el verde follaje durante toda la estación, representa la exuberancia más desenfrenada. Ningún descubrimiento podría provocar una respuesta más entusiasta. No hay un tesoro oculto que pueda producir más entusiasmo que esas patatas recién sacadas de la tierra. Una de las ocasiones en las que más disfruto de las visitas a nuestra granja es cuando veo a los niños de ciudad echando un vistazo debajo de las gallinas ponedoras, y viendo huevos por primera vez. La euforia que muestran cuando cogen aliento, abren la boca con una enorme sonrisa de asombro, y le dicen a papá o a mamá: "¡Mira! ¡Huevos!". Y si por casualidad consiguen ver a una gallina agacharse y poner uno, parece que hubieran descubierto la luna.

Esto me recuerda un estudio que leí cuando Teresa y yo estábamos valorando la posibilidad de educar a nuestros hijos en casa. La conclusión principal del estudio era que cuanto antes enseñes a un niño datos específicos sobre el universo, menos espiritual será. Utilizando la Luna como ejemplo, lo que estos investigadores encontraron fue que cuanto antes aprende un niño que la Luna está hecha de esto y de lo otro y que está a tantos kilómetros de distancia de la Tierra, antes perderá su capacidad para asombrarse y maravillarse con ella. En la mente humana, pasa de ser un orbe majestuoso en el cielo, un místico objeto de admiración, a una simple roca aburrida.

Me parece que mantener una sensación de admiración y misterio hacia el universo, y cultivar un sentido profundo de dependencia hacia algo más grande que nosotros mismos, es una responsabilidad básica que nosotros, los adultos, deberíamos tener hacia nuestros niños. Renunciar a esta responsabilidad equivale a poblar nuestra sociedad con manipuladores e individuos hiperactivos de pensamiento dominante. A mis amigos religiosos de derechas les recuerdo que la primera ocupación de la humanidad fue la de cultivar la tierra, con restricciones específicas relativas a la arrogancia, también conocida como el fruto prohibido. Un exceso de autoridad resultaba en la pérdida del paraíso, lo que debería atemorizarnos lo suficiente como para no llevar el alcance de nuestra influencia más allá de lo que dictan las reglas de la creación.

Observar cómo brota nueva vida a partir de las difuntas reliquias descompuestas de la temporada pasada infunde esperanza. Los ciclos del huerto ayudan a los jóvenes a comprender que lo que es, no siempre será, que la regeneración requiere muerte y descomposición. Del sacrificio brota la vida. Ser testigo de ello, verlo, tocarlo, saborearlo y olerlo, desarrolla en los jóvenes sentido común y capacidad de razonamiento a la antigua usanza. Es el mundo real, no una ciberfantasía artificial que hace titilar a la mente con extravagancias. El juego de ordenador te pide más, más y más. Más violencia, más drama, más excitación. Más consumismo. Es como un colocón mental, siempre más desafiante, menos satisfactorio y más adictivo.

El huerto nos enseña armonía. Ningún hortelano cultiva un solo tipo de planta. Sí, la agricultura industrial lo hace, pero a ningún agricultor se le ocurriría semejante sinsentido. Los que cultivan un huerto equilibran plantas altas con plantas bajas, plantas que trepan con plantas rastreras, verduras con flores. El hortelano aprende a aprovechar al máximo el espacio y conoce la importancia de las lombrices, de la calidad de su tierra y del sinfín de comparaciones y contrastes que crean un espacio vivo. La densidad de siembra, expresada en semillas por metro cuadrado, nos enseña a ser disciplinados. Si quieres cultivar diez plantas de maíz en un metro cuadrado, prueba a hacerlo una vez. Te llevarás una gran decepción. Quién sabe, quizá apretujar a las personas muy cerca unas de otras tenga las mismas consecuencias.

Hay distintas formas de sabiduría. Disciplinarse para respetar y honrar los límites y los patrones ecológicos es una de ellas. No ser capaces de seguir estos principios debería hacernos temblar de miedo. Los niños que han trabajado en un huerto se llevan a la vida adulta la humildad y el cuidado amoroso hacia la creación. Aunque seguro que muchos diseñadores de *software* han intentado duplicar todo esto en un ordenador, ver como algo se marchita en una pantalla no puede comparase con ser testigo de cómo se marchita en la vida real.

Además de normalizar la actitud de estos niños ante la vida, sugeriría que el trabajo en el huerto también fortalece su sistema inmunitario. Las disfunciones autoinmunes están alcanzando niveles sin precedentes. Muchos investigadores están estudiando esta epidemia y la vinculan cada vez más con la hipótesis de la higiene.

Callaway, Harvey y Nisbet, en un artículo publicado en la revista *Foodborne Pathogens and Illness*, analizaron esta hipótesis, que según ellos comenzó a difundirse a mediados de la década de los noventa, y cuya credibilidad está aumentando entre médicos y otros expertos. Según estos investigadores: "La falta de exposición por parte de los niños (y de los adultos) a suciedad, bacterias beneficiosas, y "pequeños" ataques patogénicos, resulta en un sistema inmunitario que no funciona con normalidad. En los países desarrollados, la resultante falta de anticuerpos contra patógenos verdaderos ha dado lugar a un acusado incremento en la incidencia de alergias y asma a lo largo de los últimos veinte años". El artículo cita un estudio realizado por la Academia Norteamericana de Alergias, Asma e Inmunología, según el cual, desde 1990 hasta 2010, el número de personas con alergias se ha incrementado en un cien por cien.

Según esta hipótesis, el sistema inmune se debilita debido a la falta de actividad inmunológica, un problema especialmente común en los países desarrollados. La intuición me dice, y probablemente a ti también, que al igual que los músculos, el sistema inmunitario también necesita hacer ejercicio.

Aunque estas investigaciones tratan principalmente del consumo de alimentos esterilizados, yo diría que se pueden aplicar a cualquier infancia privada de contacto con la tierra. Casi todos hemos oído a nuestras abuelas decir que "todos los niños deberían comer medio kilo de tierra antes de cumplir los doce", o algún otro dicho similar.

Uno de los argumentos centrales del libro *Guns, Germs and Steel* [Armas, gérmenes y acero] de Jared Diamond es que las culturas que terminaron dominando el mundo fueron aquellas que desarrollaron el abanico más amplio de inmunidades derivado de la proximidad con el ganado. Para los que ya estáis pensando en la misma línea que yo, así es: una camada de conejos o unas gallinas para complementar el huerto serían un estupendo añadido al arsenal inmunológico de tu hijo.

Clavarse astillas, hacerse ampollas, y tener tierra de verdad bajo las uñas forma parte de una infancia normal que ayuda a desarrollar el sistema inmunitario. El hecho de que, como sociedad, estemos reduciendo o, incluso, eliminando este ejercicio inmunológico no solo es anormal si lo miramos a través de la lente de la historia, sino que además no nos augura un desarrollo apropiado del cuerpo y la mente. De hecho, puede llegar a ser devastador para la salud de los niños. Trabajar en el huerto es emocional y físicamente positivo. Escardar el bancal de las judías o recolectar pepinos debería formar parte del programa de desarrollo saludable de un niño. Desde luego mucho mejor que las pantallas de ordenador y los televisores.

¿Dónde deberían estar estos huertos? Cualquier césped, maceta o repisa de ventana ofrece un buen lugar. Incorporar un huerto en el paisaje doméstico familiar es a la vez normal y saludable. La noción de que involucrar activamente a los niños en la producción de alimentos equivale a explotar a pequeños inocentes sencillamente no es normal. Una infancia normal supone cavar, plantar, germinar, escardar, regar y preparar. Todo ello nutre tanto al sistema inmune como al alma.

¿Qué tal si hablamos de algunas de las cosas que podemos hacer?

1. Cultiva algo... lo que sea. Las lámparas solares siguen siendo mágicas, y pueden llevar la luz del sol a tu casa para que hagas descubrimientos extraordinarios.

2. Haz fuerza en tu entorno en defensa del trabajo infantil ligero para que los adolescentes puedan realizar de nuevo las tareas que históricamente han sido normales.

3. En vacaciones, en lugar de irte de crucero o a Disney, ¿qué tal si eliges una experiencia de trabajo familiar en una granja, o una aventura rústica en la naturaleza, donde podáis hacer trampas para cazar animales?

4. Haz una lluvia de ideas sobre posibles iniciativas empresariales apropiadas para los niños. Hay muchas que se os pueden ocurrir: artesanía, reparaciones, caligrafía, diseño de tarjetas, servicios de limpieza, cortar césped, recoger piedras, quitar malas hierbas. La lista de posibilidades podría llenar muchas páginas. No subestimes la creatividad ni la inventiva de tu hija de dieciséis años cuando quiera valerse por sí misma. Quítate de en medio y déjala correr.

UN GATO ES UNA VACA, ES UN POLLO, ES MI TÍA

Nunca antes ha habido una civilización con el nivel actual de ignorancia ambiental. En tiempos pasados, la gente que vivía en una región, ya fueran recién llegados o lugareños, tenían que ser íntimamente conscientes de su entorno y estar involucrados hasta los huesos en la producción y preparación de la comida que servían en la mesa.

Pero en las últimas décadas, en nuestra cultura, poner comida en la mesa no requiere ningún conocimiento o participación, excepto el de saber cómo pasar la tarjeta de crédito por un lector, abrir una bolsa de plástico y achicharrar la comida en el microondas. Ninguna civilización en la historia de la humanidad ha sido capaz de estar así de desvinculada de su cordón umbilical ecológico. Y cada vez más a menudo, en discusiones de sobremesa, me encuentro con más y más gente que se pregunta si una civilización así de desconectada puede llegar a sobrevivir.

En la actualidad podemos vivir día tras día tras día, incluso la vida entera, sin pensar en el aire, la tierra, el agua, la madera o la energía. Y si se llega a pensar en ello, lo hacemos en abstracto. No tenemos una relación instintiva con ninguno de estos recursos esenciales.

Por ejemplo, cuando menciono la palabra "hierba", la mayoría de la gente la asocia, en primer lugar, con el césped. Y sin embargo, esa es una noción irrisoria y desinformada de lo que es la hierba. Un césped de cinco centímetros plantado y mantenido artificialmente dista mucho de la hierba de la que estoy hablando. Yo estoy hablando de las praderas nativas, y de *La casa de la pradera*, donde Ma y Pa Ingalls temían que Laura se perdiera si salía de la casa. La Universidad de Nebraska aún mantiene una media hectárea de esta pradera en Lincoln. Mide tres metros y medio de altura, con tallos de más de un centímetro de grosor. Los primeros europeos que llegaron al valle Shenandoah en Virginia escribieron cartas a casa donde describían tallos de hierba que podían ser anudados por encima de la silla de montar.

Cuando digo "pasto", ¿piensas en un césped recién cortado? Imagina una hierba tan alta como tu cabeza y tan espesa que apenas puedes caminar a través de ella. Eso es hierba. Lo que intento trasmitir es que como cultura, nuestras referencias, incluso de los conceptos más básicos de la agricultura, provienen de una concepción urbana. En vez de ver el césped como un pasto artificial a pequeña escala que demanda constantes atenciones, vemos las praderas como un césped sobredimensionado de elevado mantenimiento al que debemos cuidar excesivamente; un agujero para el bolsillo.

Para tener una conversación sobre lo que es una vida normal, una ecología normal, todos mis lectores tenéis que reconocer lo ignorante que ha llegado a ser nuestra cultura. Con un marco referencial retorcido, y nuestras percepciones acerca de la agricultura y sobre lo que es beneficioso para el medio ambiente y lo que no, nos limitamos a abordar el tema de la producción de alimentos con la mente dañada y llena de prejuicios. Como resultado, tenemos ecologistas que pregonan la ignorante idea de que las vacas eructan metano y provocan el calentamiento global. Los estudios científicos que culpan a la vaca ven a este animal como un ser que solo toma, toma y toma, sin devolver nada a cambio.

Eso es como valorar a nuestros hijos en base al coste de los pañales. ¿Acaso no nos dan nada a cambio? Siento dentera cuando leo informes modernos sobre cuánto cuestan los hijos. Una cultura que ve a los niños como un valor negativo ha de ser la cultura menos creativa de la Tierra. Los hijos siempre han sido valorados como un tesoro y una bendición. A lo largo de la historia, la vaca ha sido considerada un recurso, e incluso ha sido venerada en algunas culturas. Es la base de la dote en las sociedades nómadas, la moneda de cambio por excelencia. La nuestra debe ser la primera cultura de la historia que demoniza la vaca.

La vaca, quizá más que nada en el mundo, representa la civilización. Tiene sentido pensar que la domesticación de esta bestia multiusos, que puede convertir el humilde pasto en carne, leche, fuerza motriz, ropa, cuerdas, herramientas, lubricante, jabón y materiales de construcción, dio forma a múltiples oportunidades de vida civilizada. Ecológicamente, la vaca reinicia la acumulación fotosintética de la biomasa. Nada desdeñable, diría yo.

La poda es una actividad universalmente aceptada como práctica hortícola. En nuestros matorrales, nuestros manzanos, nuestros viñedos, la poda estimula el desarrollo del follaje, fortalece la planta, y crea mejores frutos. Un animal herbívoro es una podadora de hierba. Sin los herbívoros, el forraje crecería hasta la senectud, se moriría, y se oxidaría emitiendo CO_2 a la atmósfera. La poda realizada por el herbívoro reinicia la fase de crecimiento juvenil en el "motor" de la biomasa, algo así como pulsar un botón de reinicio. Sin el herbívoro, la actividad fotosintética, entendida como un colector solar, se apaga y entra en letargo. A través de la historia y del mundo entero, el herbívoro se ha encargado de despertar a la biomasa, estimulándola para incrementar su actividad solar.

Cuando los ganaderos privan al herbívoro de poder cumplir su labor ecológica, este es incapaz de llevar a cabo la función positiva que tiene encomendada. En un libro que sin duda se convertirá en un clásico sobre este tema, *Meat: A Benign Extravagance* [*La carne: una extravagancia benigna*], Simon Fairlie proporciona los cálculos y las razones por las que el efecto de los herbívoros es positivo. La campaña antiherbívoros, que se vale tanto de informes sin rigor científico de las Naciones Unidas como de panfletos religiosos, es tan anormal como incorrecta.

Demonizar a la vaca porque algunas personas la utilicen de forma abusiva, negándole su función natural, es tan inapropiado como lo sería eliminar los automóviles porque algunos conduzcan de forma temeraria. No existe ni un solo sistema de labranza duradero en el planeta que no tenga un componente herbívoro. No se puede sustituir sin más al herbívoro por tofu (ese derivado de la soja producido mediante la labranza). Desde el punto de vista ecológico no funciona. Punto. Da igual cuánto te guste el tofu.

Puede que este sea uno de los mayores malentendidos en ecología agrícola. En su deseo de deshacerse de la vaca, pretenden sustituirla por plantas que requieren labranza. No existe ni un solo ejemplo de labranza continuada que sea sostenible. La labranza siempre requiere o bien la inyección de biomasa proveniente de fuera del sistema o un ciclo de recuperación de suelo fértil a través de la pradera. Creer que el cultivo de plantas que requieren labranza puede construir suelo fértil como lo hacen los pastos perennes es un disparate medioambiental.

La labranza, o remover el suelo, crea una hiperoxigenación que quema la materia orgánica. Aunque en el proceso se crea una enorme cantidad de energía de la que se benefician cultivos como la calabaza, el maíz o el trigo, el precio a pagar es la degradación de la tierra, especialmente de su capacidad para retener nitrógeno. En nuestra granja, utilizamos el césped de alrededor de la casa como una fuente de biomasa para el huerto. Acolchamos nuestras verduras con la hierba cortada, que se descompone lentamente, reconstruyendo la tierra que consumen. El césped acumula fertilidad y el huerto la consume. Esta es la naturaleza de los sistemas de labranza en contraposición con los sistemas perennes.

Da igual que la labranza se realice para cultivar algodón, maíz, soja, cacahuetes o tomates; siempre consume la materia orgánica del suelo y sus nutrientes vitales. Por eso todos los sistemas de cultivo tradicionales requerían un barbecho de varios años entre los ciclos de cultivo. El sistema de cultivo en barbecho de Newman Turner en el Reino Unido ilustraba la fuerza reconstituyente de las praderas. En este caso, Turner cultivaba, por ejemplo, trébol rojo y pasto ovillo durante tres años, y después un año de cereal seguido de un año de un cultivo de raíz como el nabo o la remolacha, antes de volver al forraje.

El sistema argentino de pastos seguidos por dos años de especies anuales como cereales de grano pequeño, maíz o soja, se desarrolló porque los fertilizantes químicos eran demasiado caros o inaccesibles. La mayoría de los productores sostenibles de Estados Unidos que cultivan especies anuales practican rotaciones plurianuales que incluyen pastos. Como mínimo, cultivan un abono verde entre ciclos vegetativos. Los abonos verdes suelen ser plantas anuales de hoja a las que se permite acumular biomasa para luego incorporarlas al suelo antes de sembrar el siguiente cultivo. La cuestión es que la economía biológica de la tierra requiere que se le devuelva algo. Históricamente, el ciclo herbívoro-pasto hacía efectiva esa devolución.

Algunos argumentan: ¿acaso utilizar a la vaca para pastar y desarrollar tierra fértil significa que nos la tengamos que comer?

Este es el tipo de pregunta que me asusta. Más que mostrar un nuevo entendimiento, ilustra un nuevo estado de insensatez. ¿Quién se va a encargar de estas vacas si su único valor es el de actuar como segadoras? ¿Qué pasa cuando una vaca envejece? ¿Quién va a gestionar a estos animales para que estén en la parcela que les corresponde en el momento adecuado? ¿Estás dispuesto a pagar cien dólares por una hogaza de pan para financiar el componente herbívoro necesario en la regeneración del suelo?

Esto me lleva a una de las mayores anormalidades a las que nos enfrentamos en la granja: el antropomorfismo. El verano pasado, un grupo de mujeres bienintencionadas, vecinas de una de las propiedades que alquilamos, nos denunció en la Oficina de Protección Animal por maltratar a nuestras vacas. Una de estas señoras había pasado en coche por el campo a las cuatro de la tarde y había visto al rebaño de trescientas cabezas apelotonado en la portilla de la siguiente parcela, esperando pacientemente. Cada día sobre esa hora movemos el rebaño a la siguiente parcela, y los animales se acostumbran a esta rutina.

Llamó a protección animal, insistiendo en que estas vacas estaban hacinadas, y en que como a ella no le gustaban las multitudes, estos animales debían estar descontentos. Amigos, este tipo de ignorancia no es normal. Que nuestra sociedad se pueda permitir el lujo de contratar a alguien para que se tome en serio a esta señora es sin duda una anormalidad en la historia de la civilización.

Nótese que este rebaño tenía una hectárea para desperdigarse si hubiese querido. No estamos hablando de que estuvieran apretujadas dentro de un pequeño espacio. Podrían haberse ido a cualquier lugar de la parcela, pero las vacas son animales gregarios. ¿Se capta? Gregarios. ¿Por qué se amontonan los ñus del Serengueti cuando podrían esparcirse a lo ancho de miles de kilómetros cuadrados? Se amontonan para protegerse de los depredadores, es un instinto gregario. Otra ventaja de apiñarse es que el roce entre sus cuerpos impide que las irritantes moscas se posen sobre ellas. Los enjambres de moscas alteradas son mucho más fáciles de atrapar al vuelo por los pájaros que cuando están posadas en el lomo de los animales. Desde el punto de vista de los nutrientes, el apelotonamiento de las vacas produce un pisoteo más agresivo del estiércol, hundiéndolo en el suelo y estimulando la fertilidad y, gracias a la sombra que generan, su orina puede penetrar en el suelo en lugar de evaporarse.

A un rebaño apretujado le pasan montones de cosas interesantes. Todas son positivas; no hay ninguna negativa. Los animales no son personas. Desgraciadamente, estamos en una época de nuestra sociedad en la que la única interacción que la mayoría tiene con animales es a través de las mascotas. Algunas personas llaman a sus mascotas "mis niños". De hecho, mucha gente se preocupa más por la nutrición de sus mascotas que por la de sus hijos. Mientras consienten a Fido con su comida ancestral cruda para perros, cien por cien natural, los humanos se pegan a la tele masticando nachos mojados en queso fundido. ¿Se nos está escapando algo?

Para poner el tema en perspectiva, recibo cartas de cuando en cuando en las que me ruegan que deje de criar ganado. Los autores siempre relatan algún encuentro metafísico o epifanía que les ha llevado a una dimensión espiritual superior de unidad con las vacas y los pollos. El resultado es una nueva comprensión, que los animales son humanos, son personas con cuatro patas, y que, si yo dejara de asesinarlos, entonces me convertiría en una mayor bendición para el planeta. Me imploran que me una a ellos en este nuevo nivel de entendimiento: una vaca es un niño, es un pez, es una mosca, es mi hija.

Esto no indica una evolución hacia una nueva conciencia cósmica agudizada, sino una desconexión involutiva sin precedentes de nuestro cordón umbilical ecológico. Esperando que me "inspirara", uno de los remitentes me proporcionó una lista de citas, empezando con un fragmento de la Biblia (Job 12:7-8): "Y en efecto, pregunta ahora a las bestias, y ellas te enseñarán; a las aves de los cielos, y ellas te lo mostrarán; o habla a la tierra y ella te enseñará; y los peces del mar te lo declararán también". No sé si habrá algo más consistente con mi consejo de honrar la "cerdalidad" del cerdo. Aprendo de mis animales todos los días. Aprendo de mis zanahorias y de mis tomates, e incluso aprendo de las personas... de vez en cuando.

Sin embargo, el autor de esta carta insistía en que yo debía tomar este mandato bíblico de educación animal y elevar a las bestias a la categoría humana. Esto no solo equivaldría a malinterpretar el consejo bíblico, sino que asume que todos los maestros han de ser humanos. Tal insistencia es un sinsentido pues prácticamente cualquier cosa puede enseñarme algo. Incluso los objetos inanimados, como un tornillo testarudo en un motor o una bomba que no arranque, todo puede enseñar. Que aprenda algo de un ente no lo convierte en humano.

En este pasaje bíblico está implícito un amplio concepto de "tierra". ¿Quién de nosotros no aprende de la tierra? ¿Pero acaso por eso debemos adorar a una zanahoria? Cuando la arranco del suelo, la machaco, desgarro sus fibras y la convierto en pulpa en mi boca, resulta total y brutalmente destruida. Pero este proceso me da energía para plantar otra; así, este sacrificio no hace sino asegurar la supervivencia de las zanahorias.

El hecho de que la vida requiera sacrificio tiene profundas ramificaciones espirituales. Para que algo pueda vivir, alguna otra cosa debe morir. Y esto debería servir de lección sobre cómo nos tratamos unos a otros, a la creación y al Creador que nos rodea. Todo come y es comido. El sacrificio perpetuo de un ser crea vida para el siguiente. Entenderlo como algo regenerativo es maduro y normal. Entenderlo como violencia a la que hemos de poner fin es anormal e infantil.

Para llevar este razonamiento un paso más allá, sugeriría algo más. Cuando el sacrificio se realiza con respeto y honrando la vida del sacrificado, se eleva a la categoría de lo sagrado. Por ejemplo, al ahorcamiento de un asesino no lo llamamos sacrificio; lo llamamos castigo merecido. Pero si el ahorcado es una persona honorable, entonces su muerte será por siempre considerada un sacrificio. Tras el sacrificio, una vida bien vivida otorga su sacralidad. Y por ello el valor de esa vida, consumado en el acto de la muerte, ya sea masticada, mordida, enterrada en nuestros intestinos para regenerar la carne de nuestra carne y los huesos de nuestros huesos, ese valor vendrá definido por la manera en la que el pollo, o la zanahoria, o la col, hayan vivido. Que no puede haber vida sin sacrificio es una verdad profunda tanto a nivel físico como espiritual. Y cuanto mejor ha sido la vida, mayor es el sacrificio.

No tengo ningún problema con los vegetarianos que eligen serlo para votar en contra de la ganadería industrial. Teresa y yo siempre hemos dicho que si no conociéramos a nadie como nosotros, probablemente seríamos también prácticamente vegetarianos. Y para que conste, no me hace gracia cuando Rush Limbaugh dispara a monos en la jungla. En efecto, los animales tienen derechos, pero eso no los eleva al estatus de humanos. Los defensores de los animales cruzan la línea cuando dicen que una vaca o un pollo son "humanos". No intento discutir con este tipo de gente, no sirve de nada. No será aquí donde traiga la discusión. De lo que quiero hablar es del grado de ignorancia generalizado sobre agricultura, y sobre la cría de animales en concreto, que hace que hasta las personas mejor intencionadas parezcan ridículas.

Por ejemplo, lo siguiente sale en un folleto de la United Poultry Concerns (Unión de concienciados por las aves) que encontré en una feria ecologista. Una visitante que decía haber venido a uno de los *tours* de Polyface "en un día sofocante" cuestionaba la "libertad" de los animales y nuestra "compasión" por ellos. "Los pollos estaban en minúsculas jaulas con techos de hojalata bajo el sol abrasador, resollando como locos. Las jaulas estaban colocadas sobre montones de estiércol en los que los pollos supuestamente comían larvas. Los conejos se criaban en condiciones industriales, en jaulas desnudas suspendidas, hechas de acero". No citaré los párrafos del folleto sobre otras granjas, pero sí analizaré estas afirmaciones porque tienen que ver con la nuestra.

En primer lugar, daos cuenta de que nuestra granja tiene una política de puertas abiertas. El hecho de que cualquiera pueda venir en cualquier momento, sin avisar, para ver cualquier cosa, es ciertamente signo de una transparencia extremadamente abierta, pero también es arriesgado. No seleccionamos a los visitantes para asegurarnos de que entienden lo que están viendo. Para empezar, tenemos que entender que estas personas se oponen fervientemente al consumo de animales. En la portada del folleto, citan al escritor Joe Bob Briggs, autor en internet de *We Are The Weird* [*Somos los raros*]: "El camarero dijo, 'todos nuestros pollos viven en libertad'. Y yo le dije: 'a mí no me parece muy libre en ese plato'". Aunque esto te pueda hacer reír, es un puro sinsentido. Una zanahoria tampoco se parece mucho a una zanahoria cuando está en mis tripas. Denme un respiro.

Esta visitante admite que el día que vino a Polyface hacía un calor tórrido. Entonces podemos decir que hacía un calor sofocante, ¿de acuerdo? Te garantizo que yo estaba sudando mucho más que los pollos en el campo. Los animales tienen una capacidad increíble de adaptación a las condiciones climáticas. ¿Has observado alguna vez a unos patos o unos gansos nadando en el estanque cuando hiela? ¿No te da la sensación de que estarán pasando frío? Y aun así esos patos y gansos están tan felices.

Un amigo me contó que su vecino le denunció a protección animal porque sus caballos estaban pasando frío. Habían caído cinco centímetros de nieve y los caballos tenían un poco en el lomo y estaban al raso. Los patos y gansos del vecino nadaban felizmente en el estanque. Esos caballos no solo no tenían frío; estaban más alegres que unas castañuelas. En invierno, los animales echan plumas, pelo o lana, que les aísla del frío. Mueren muchos más animales debido a un trauma respiratorio por estar encerrados en un edificio que los que mueren por estar a la intemperie.

Mientras no se moje y esté protegida del viento, una gallina es perfectamente feliz. Aunque se le queden helados los muslos, no le pasará nada. ¿Nunca has visto a un gorrión o a un carbonero apoyado sobre la rama de un árbol en un día tan frío que ni tú puedes estar fuera? Y sin embargo estas minúsculas criaturas van por ahí piando y revoloteando, aparentemente disfrutando como nunca. Que tu gato prefiera quedarse en casa no significa que sea un abuso tener a estos animales fuera cuando hace frío.

Con el calor pasa lo mismo. Los perros jadean e incluso los gatos también. Y sí, en un día sofocante nuestros pollos resollan. Yo sudo. Es el recurso de la naturaleza para hacer frente al calor, para sacar el calor del cuerpo. Si todos los días fueran así, es probable que hiciéramos algunos cambios. En zonas de calor extremo como Texas, los productores de pollos criados en pastos programan su temporada de producción para descansar en verano igual que nosotros en Virginia descansamos en invierno. No todos los días hay veinte grados y un cielo azul lleno de nubes esponjosas.

Lo que probablemente aquellos visitantes no sabían es que, justo antes de su llegada, habíamos estado pulverizando agua sobre las barracas de los pollos para enfriarlas y aliviar un poco a los animales. Así es la vida. Todos estamos incómodos de vez en cuando. Eso no significa que estés a punto de morir. Me pregunto si estos visitantes volvieron a casa para encender el aire acondicionado, que está destruyendo el planeta por un uso energético insostenible. Es muy fácil ir a casa de alguien y, sin ningún tipo de contexto, empezar a apuntar con el dedo en base a una visión distorsionada de lo que significa el bienestar animal.

Me pregunto cuántos de los que se suben por las paredes debido a la supuesta huella de carbono de los herbívoros vuelan a África para hacer un safari fotográfico. ¿Cuántos miembros de The Nature Conservancy queman copiosas cantidades de gasolina llevando a sus peques al fútbol o al ballet, para luego volver a casa a disfrutar de la comodidad del aire acondicionado? Seamos lo suficientemente adultos como para reconocer nuestras incoherencias. Yo también soy incoherente, pero es mucho más fácil verlo en los demás que en uno mismo.

La visitante dice que los pollos estaban amontonados dentro de pequeñas jaulas. Curiosamente, cada vez que sin darnos cuenta uno de estos pollos se queda fuera de su refugio (o jaula, como ella lo llama), inmediatamente empieza a dar vueltas, y vueltas, y vueltas, piando en modo de alarma y buscando un hueco por el que poder entrar. De forma instintiva los pollos saben que cuando están fuera son vulnerables a los depredadores. Además, siendo seres sociales, les gusta estar dentro con sus compañeros. Creer que estos animales preferirían estar fuera de sus "jaulas" indica una profunda falta de entendimiento de la naturaleza del pollo; una profunda ignorancia acerca del significado de protección frente a los depredadores y frente a las inclemencias del tiempo.

En aquel día sofocante, una tormenta vespertina haría estragos en esos jóvenes pollos *broiler**. Su "jaula" les protegía tanto del sol asfixiante como de la lluvia torrencial que se estaba gestando, oculta, al otro lado de las montañas del oeste. Curiosamente, la visitante

* *[N. de la T.] Broiler* es una raza de pollo desarrollada específicamente para la producción de carne.

no dice nada de si los pollos actuaban como si tuvieran calor o estuvieran incómodos. Solo se fijó en que el refugio no parecía un lugar en el que a ella le gustaría estar, asumiendo que a estos tampoco. Hasta dos semanas antes de su sacrificio, los *broilers* pueden soportar hasta treinta y ocho grados sin ningún problema. Cuando se hacen grandes, ponemos palos de apoyo debajo de los refugios para crear una corriente de aire a través del techo. Si la autora del comentario crítico es como la mayoría de los visitantes, ni siquiera se habría percatado de los apoyos, ni de la corriente de aire. La mayoría de los visitantes no perciben todos los matices de nuestros cuidados. Pero creen que lo saben todo y luego escriben sobre ello en publicaciones, propagando su ignorancia.

Es interesante el comentario que hace sobre los pollos colocados sobre pilas de estiércol de las que supuestamente comen las larvas. No tengo ni idea de qué pasaba por la cabeza de la visitante. De hecho, el estiércol de vaca contiene varias enzimas esenciales necesarias para la digestión de las aves. Que las aves sigan a los herbívoros es una relación simbiótica, y uno de los patrones más elementales de la naturaleza. Una vez más, estoy suponiendo que la autora de este informe pensó que era algo despreciable. Lo cierto es que estos letárgicos *broilers* no escarban en las bostas como lo hacen las agresivas gallinas no híbridas de nuestros gallineros móviles cuando alcanzan la madurez. Aun así, el estiércol de vaca les ayuda a hacer la digestión. Que una pila de estiércol resultara asquerosa para la visitante no significa que el pollo opine lo mismo. Para estos esa pila de estiércol es como las galletitas de la abuela. Qué rico. Nunca he visto un pollo que mostrara signos de aversión frente a un montón de estiércol de vaca, excepto aquella vez que trajimos vacas tratadas con ivermectina* a nuestra granja. Aquellas bostas estériles no tenían nada que ofrecer a los pollos.

La prejuiciosa visitante ni siquiera menciona que cada día colocamos estos refugios en un sitio diferente. Lo cierto es que a lo largo de su vida los pollos de Polyface tienen a su disposición más metros cuadrados por cabeza que las bandadas criadas en libertad; la dife-

* *[N. de la T.]* La ivermectina es un fármaco antiparasitario utilizado en la medicina veterinaria convencional.

rencia es que no acceden a ellos de una vez. En lugar de esto, disponen de un trozo de pasto fresco cada día para que no lo ensucien todo. Así mantenemos la higiene, reducimos la carga patógena y conseguimos que el *buffet* de ensaladas (el pasto) esté fresco, estimulando su apetito. Todos los animales se comen primero el postre y perciben cuando algo está rancio mucho antes que un humano.

En resumidas cuentas, supongo que esta visitante consideraría que un parque infantil es abusivo. ¿Cuál es la finalidad de un parque infantil? Es un entorno protegido que permite que el niño tenga una libertad limitada a una edad en la que tener libertad ilimitada supondría un riesgo. Esa es exactamente la finalidad de nuestros refugios en el campo. Estos pollos salen al campo antes de cumplir tres semanas de edad, a esa edad son apenas más grandes que un gorrión y un bocado sumamente apetitoso para un cuervo o un estornino. También son sumamente vulnerables a los cambios de tiempo. Honestamente, creo que lo que la visitante tenía que haber dicho es que considera la crianza de ganado doméstico como algo inherentemente pecaminoso. Vamos, que lo admita abiertamente.

Vayamos ahora al tema de los conejos, suspendidos en jaulas al estilo de la ganadería industrial. Me pregunto si esta visitante ha estado alguna vez en una instalación industrial de cría de conejos. Apiladas en varios pisos, las jaulas apestan a orina y heces. Nuestros conejos tienen jaulas espaciosas, en un solo nivel, con pollos debajo escarbando en las deyecciones depositadas en el suelo. Es curioso que en ningún momento se quejara la visitante de olores molestos. Esta es una omisión potente, que demuestra que esta mujer no podría apreciar algo diferente aunque lo tuviera delante de las narices.

A diario alimentamos a nuestros conejos con forraje, otra característica de la cría no industrial. En invierno les damos heno de alta calidad y en verano material verde troceado. Me pregunto si vio que a poca distancia había gazapos en refugios portátiles. Habría pensado que también estaban demasiado confinados. Pero cada día se mueven a un lugar nuevo y llegan a comer hasta el setenta y cinco por ciento de su ración del pasto. Siendo franco, en nuestra granja la cría de conejos es la que está más al límite en lo que se refiere a la expresión de la naturaleza del animal.

La razón por la que en la naturaleza los conejos no viven en grupo es que son extremadamente susceptibles a padecer coccidiosis, una enfermedad causada por un parásito protozoo que habita en el suelo. Para combatir este problema, la mayoría de los criaderos de conejos comerciales añaden al pienso coccidiostáticos en dosis subterapéuticas. Técnicamente, no hay consenso en cuanto a si estos medicamentos son antibióticos o no. En nuestra granja, no usamos coccidiostáticos. Al suspender las jaulas de los conejos sobre los pollos en un suelo recubierto con una cama profunda, los excrementos y la orina aportan nitrógeno al material carbonoso, evitándose así el olor. La cama en proceso de compostado produce bichos y gusanos que estimulan la acción escarbadora de los pollos a niveles profundos, aireando el material y promoviendo aún más la proliferación de bichos y gusanos.

Otro factor crítico: las madres conejas se comen a sus crías cuando se las molesta o asusta. Quién sabe por qué, pero las conejas estresadas se comen a sus conejitos. Tener conejas al aire libre, donde se asustan con los perros, los visitantes de la ciudad o la maquinaria, estimula este comportamiento caníbal. Nuestro "Raken"*, gracias al sonido de fondo que emiten los pollos, crea un ambiente tranquilo que amortigua el miedo causado por las visitas. Supongo que se podría argumentar que es mejor no criar conejos debido a todas estas limitaciones innatas.

Yo argumentaría que la gente come conejo, y lo va a comer igual, así los criemos o no. Ya que estamos, mejor reemplazar a los conejos convencionales por los nuestros en lugar de ceder todo el mercado a la mentalidad industrial. Además, las conejeras han formado parte del ganado doméstico durante siglos. Con ocho años mi hijo Daniel quiso montar una conejera como un negocio independiente. Esta empresa le dio la experiencia necesaria para animarle a convertirse en granjero. Ni por un segundo pediría disculpas por esta iniciativa, que ayudó a dar forma a su carácter y agudeza mental para los negocios. Apuntad con el dedo a otro sitio. El proyecto de cría de conejos ha sido fundamental para que Daniel expresara su propia naturaleza.

---

* *[N. de la T.]* "Raken" es una palabra inventada por el autor para referirse a las cuadras mixtas de conejos y pollos, que proviene de unir las palabras "rabbit" (conejo en inglés) y "chicken" (pollo en inglés).

La última afirmación del informe de la visitante dice que no había rastro de compasión o de libertad para los animales. ¿Qué es la libertad? ¿Qué es la compasión? ¿Sabes lo que un animal entiende por libertad? Recuerda, acabo de admitir que la cría de conejos es, de entre todas las actividades que hacemos en Polyface, la que se encuentra más al límite. Sin duda tenemos nuestras dificultades. Pero ofrecemos una vida sin estrés, con una dieta basada en forraje, que también tiene su parte positiva. Y el hecho de que estos conejos estén sanos sin tener que utilizar antibióticos ni otras ayudas artificiales indica que son felices en este entorno. Dicho esto, siempre estamos buscando maneras de mejorar las cosas.

¿Ni rastro de compasión? Uy. Eso duele. Eso es valerse de una brocha muy gorda, querida visitante. Quizá no haya visto todas las noches que pasamos en vela, los días a pleno sol afanándonos por cuidar a nuestros animales, poniendo cañerías de agua adicionales. Lo que nos lleva de nuevo al rebaño que esperaba a ser trasladado, el rebaño que parecía una muchedumbre. Otra acusación era que no les dábamos heno. Como todos los ganaderos del condado estaban dando heno a sus animales, aquella señora asumió que nosotros estábamos matando a los nuestros de hambre. Y para terminar, dijo que habían estado cuatro días sin beber agua.

La razón por la que no estábamos suministrando heno es que con nuestro sistema de gestión de pastos, teníamos una estupenda reserva de forraje sobre el que íbamos pasando sistemáticamente día tras día, parcela tras parcela. Cuando le explicamos esto, ella respondió: "Bueno, si ya lo habéis pastoreado, ¿qué queda para comer?". Le explicamos que dejábamos un tiempo de descanso. "¿Cuánto tiempo?", quiso saber. "Cien días". La señora no sabía nada de gestión de pastos controlada, y su entendimiento ni siquiera era suficiente como para darse cuenta de que los animales se movían cada día a una parcela con hierba alta, recuperada.

Por supuesto, el rebaño tenía agua a su disposición, almacenada en un abrevadero portátil que también movemos de parcela a diario junto con las vacas. Pero el abrevadero no era visible desde la carretera, así que ella supuso que no había agua. Le explicamos que el ganado bebía de un abrevadero que estaba siempre accesible. Entonces nos preguntó de forma incrédula: "¿Cómo llega el agua hasta allí?". Intentando aguantarnos la risa le respondimos: "la bombeamos a través de una tubería". Amigos, hablamos de una mujer con educación universitaria, de las que frecuentan los clubes de jardinería de alto postín, bienintencionada donde las haya, pero ignorante como un zapato. Pero los agentes de protección animal, sin importar que las acusaciones sean una barbaridad, deben seguir cada caso como si fuera legítimo.

Después de varios días de perder el tiempo acompañando a los agentes por toda la granja, el veterinario jefe dijo: "No tenéis ningún problema con los animales. Tenéis un problema con la gente". La denunciante nos acusó de no ser buenos vecinos. Le respondimos que ser buen vecino significa hablar con nosotros antes de avisar a protección animal. Eso es lo que hacen los vecinos. A las vacas les gusta estar en rebaños. No comen faisán con patatas, comen hierba. Les gusta estar fuera en invierno, igual que a los ciervos, a los alces y a los búfalos. Se las arreglan para guarecerse; hasta la minúscula protección de una pequeña peña puede marcar una gran diferencia.

Y, por último, a veces no todo es perfecto. Seguro que estas personas que exigen que todo sea perfecto cada día en Polyface nunca tienen su casa desordenada ni sufren un giro imprevisto en su matrimonio. El juicio de lo ajeno y la ignorancia son peligrosas cuando se mezclan.

Un ejemplo perfecto de esto es la cruzada que muchos defensores de los animales están llevando a cabo en contra del envío de pollitos por correo postal. Los pollitos no son bebés humanos. Cuando una gallina pone huevos para incubar, no los puede poner todos en un día. Los va poniendo a lo largo de una semana o más, y después adopta un estado de semihibernación llamado incubación. El primer huevo que pone, expuesto a la temperatura ambiente, no crece muy rápido. De hecho lo que hace ese embrión es esperar a que el resto sean puestos. Cuando la gallina termina de poner huevos y empieza a incubarlos, tiene que permanecer encima de ellos y no dejar que se expongan a la temperatura ambiente durante más de unos pocos minutos. Lo justo para salir del nido y beber un poco de agua. Durante cerca de las tres semanas que dura el proceso la gallina apenas come nada.

Finalmente, los huevos comienzan a eclosionar. El primero que lo hace es probablemente el primero que puso. Los pollitos seguirán saliendo del cascarón a lo largo de un periodo comprendido entre veinticuatro y setenta y dos horas. Si la gallina abandonase el nido para atender a los pollitos recién nacidos, los embriones que aún no hubieran salido de su cascarón se verían expuestos al frío en su momento más vulnerable. Así que no le queda más remedio que esperar a que salga el último. Por eso Dios diseñó a los pollitos con la singular habilidad de poder sobrevivir sin agua y sin comida durante tres días, mientras sus hermanos y hermanas rompen el cascarón y antes de que mamá gallina se los lleve a todos en la primera expedición en busca de comida. Por si acaso te lo estás preguntando, los pollitos no lactan. Su madre les lleva a donde hay comida y desde el primer día se alimentan ellos mismos. ¿Qué os parece eso, mamás? No está mal, ¿eh? Los pollitos no son humanos.

Esta característica tan singular permite que podamos enviar pollitos por correo postal sin hacerles daño. Las personas que quieren prohibir esta práctica están dificultando el éxito de la crianza tradicional. Cualquiera que entienda un poco de estos temas sabe muy bien el hedor y otros problemas asociados con la cría intensiva. El éxito de ventas de *The* CAFO *Reader* [El lector de la cría intensiva] de David Imhoff disipa cualquier duda acerca de este tipo de instalaciones industriales, que entienden la vida como algo mecánico en lugar de biológico. Las granjas industriales no necesitan un servicio de envío de pollitos por correo postal porque, gracias a los volúmenes que manejan, tienen incubadoras propias y vehículos de reparto que transportan miles de pollitos de una industria a otra.

Con demasiada frecuencia, los detractores de la ganadería industrial, entre los que me incluyo, no logran diferenciar a los animales bien criados del resto. El aborrecimiento por los abusos industriales les lleva al extremo opuesto, a una visión llena de prejuicios hacia todo el consumo animal. En ese punto, las acusaciones se vuelven maniqueas. Negarse a admitir que existen sistemas que honran y respetan a los animales equivale a mostrar sus verdaderas intenciones: un "no" al ganado en cualquier circunstancia. Esta visión no solo es altamente anormal desde el punto de vista histórico, además es poco realista y ecológicamente devastadora.

Por ejemplo, la función que cumplen los herbívoros estimulando la acumulación de biomasa es potente y real. Históricamente, las gallinas convertían los restos de comida en huevos; y los cerdos se han alimentado con desechos domésticos tan variados como el suero de leche, vísceras, bellotas y otros frutos del bosque y cereales en mal estado. Deberíamos considerar criminal que un alto porcentaje de los materiales que van a parar al vertedero sean restos de comida comestibles para algunos animales. Mejor que cubrir de premios "verdes" a los administradores de los vertederos que introducen tuberías en montañas de porquería para recolectar biogás, deberíamos usar esos desperdicios comestibles como alimento para pollos y cerdos, de modo que ni siquiera lleguen al vertedero.

En lugar de eso, enviamos ejércitos a todo el mundo para asegurarnos petróleo barato con el que mantener industrias de producción de fertilizantes químicos y después inyectar nitrógeno, potasio y fósforo (N, P y K) elementales acidulados en suelos labrados para cultivar cereales que después habrá que recolectar, secar con gas y transportar a las factorías animales. Y ahora que los vertederos se están llenando demasiado rápido, incineramos regularmente esos desechos utilizando sistemas de alta demanda energética cuyo resultado neto es más derroche de energía. Es una locura. Los sistemas naturales no generan desperdicios. ¿Cuándo vamos a aprender que no hay dónde tirar nada? Decimos que tiramos las cosas a la basura, pero no hay dónde tirarlas. Por eso la naturaleza está llena de ciclos y bucles.

Aquellos que piensan que es mejor incinerar los restos de la cocina, o extraer el biogás que generan, que utilizarlos como alimento de cerdos o pollos, han perdido el contacto con la normalidad. Este reciclado tradicional era básico para la economía de una granja o de un pueblo antes de este destello que ahora llamamos energía barata.

Otro argumento utilizado con frecuencia por los grupos anticriaderos de animales (observad que normalmente no se oponen a las mascotas) es el de que los criaderos generan demasiado estiércol. Suelen citar a expertos que apuntan al estiércol como uno de los diez mayores contaminantes de Estados Unidos. Esos dos mil millones de toneladas son vistos como un lastre en lugar de como un recurso.

Los granjeros que entienden realmente la ecología se dan cuenta de que el estiércol es la respuesta para mantener la fertilidad y desarrollar los suelos. El problema no es la generación de estiércol. Los cereales que se supone que tenemos que comer, presumiblemente cultivados en algún lugar del Medio Oeste de Estados Unidos, aún se benefician de las montañas de estiércol y biomasa acumuladas allí durante milenios por las manadas de bisontes. La que podría ser una de las mayores bendiciones de la naturaleza se ha convertido en una maldición a través de la anormal ganadería industrial moderna. Meter todo en el mismo saco y demonizar lo que históricamente ha sido una bendición indica una desconexión profunda con nuestro cordón umbilical ecológico.

Los grupos que van contra el consumo de carne suelen argumentar que se puede alimentar a más gente directamente con cereal que con la carne de animales que consumen cereal. En un mundo repleto de gente hambrienta, ¿cómo nos vamos a permitir modelos que despilfarran tierra como la cría de animales? De hecho, los más radicales culpan a la producción animal de incrementar los niveles de hambre en el mundo.

La mayoría de los artículos que promueven esta idea exageran enormemente la conversión de cereal a carne, utilizando cifras disparatadas como quince kilos de cereal para producir un kilo de carne. No sé de dónde sacan estas cifras los científicos, pero seguro que no de una granja. Probablemente las calcule un programa informático con prejuicios. Las cifras reales son de unos siete kilos para el vacuno, tres para el cerdo, y dos kilos para las aves. Pero una vez más, los animales herbívoros no necesitan comer nada de cereal y los cerdos podrían criarse en los bosques de la nación utilizando cercados eléctricos. Si todas las cocinas tuvieran el suficiente número de gallinas como para consumir los restos de comida, no existiría comercio de huevos. Los pastos permanentes hacen que estos animales pasen de ser una carga a ser un recurso. Y al contrario que los cultivos de cereal, los pastos sanan la tierra en lugar de debilitarla.

Yendo aún más lejos, nadie en el mundo pasa hambre por una escasez de producción de alimentos. Lo que crea hambrunas es la distribución y otros problemas. Debido a que pueden comer especies perennes que no requieren labranza, los herbívoros son siempre favorecidos en las sociedades empobrecidas. Por eso las agencias de lucha contra el hambre más eficaces con las que he tenido el placer de trabajar, como el Proyecto Internacional Heifer, se basan en el ganado. Si realmente quieres ayudar a los pueblos más necesitados, consigue que empiecen a criar sus animales.

Me resulta extrañamente anormal que se acuse a los consumidores de carne de elitistas. "¿Por qué queréis que la gente se muera de hambre?", preguntan. Lo cierto es que si alguien con poderes mágicos pudiera chasquear los dedos y doblar la producción de alimentos mañana mismo, nada de ello llegaría a un estómago necesitado. La dura realidad es que nadie pasa hambre por falta de comida. Pasan hambre por falta de distribución.

Conozco a una señora de Carolina del Norte que vive al lado de una fábrica de yogur. Ella cría cerdos, por eso nos conocimos, y los alimenta con leche en mal estado. Me dijo que la fábrica tira cada día cargamentos enteros de leche y ella puede coger toda la que quiera, gratis. Cualquiera que haya trabajado en una industria de procesado de alimentos sabe que las cosas son así. Si todo el suero derivado de la producción de queso se suministrara a cerdos, como se hacía antes, podríamos criarlos con productos de desecho y a cambio obtener carne y estiércol. En estos momentos, la mayor parte se tira o se utiliza en procesos que demandan grandes cantidades de energía para fabricar fertilizante ecológico que acaba en las macetas de geranios de los estadounidenses de clase media.

Estas personas, por cierto, podrían fertilizar sus geranios con el estiércol generado por un par de gallinas alimentadas con los restos de la cocina. ¿Por qué van a ser más sucias unas gallinas que unos periquitos? Yo propongo que nos libremos de los periquitos y en su lugar pongamos una pareja de gallinas. Harán mucho menos ruido y además darán hermosos huevos. Puro beneficio mutuo.

La densidad nutritiva de la carne es muy superior a la de los cereales, y mucho más fácil de conseguir. De hecho, eliminar el ganado genera hambrunas y empobrece a las sociedades en desarrollo.

Una gran parte de la superficie terrestre dedicada a pastos permanentes, si no la mayoría, es inadecuada para la labranza. Si la labrásemos, el asalto a los preciados recursos del suelo acarrearía incluso más crueldad que la que acarrea la ganadería industrial. La nutrición que proporciona, en relación al gasto de recursos, es mayor en un pasto perenne que en tierra labrada. Los prejuicios de los grupos contra el consumo animal son bastante evidentes en este punto.

Igual que lo es la idea inmadura de que la labranza es ecológicamente neutral. Nunca lo ha sido y nunca lo será.

Otro argumento esgrimido por los grupos contra el consumo animal es que la ganadería utiliza demasiada agua. Repito, he visto las cifras y muchas son ridículas. Me pregunto si se sacan estos números del sombrero.

En todo el mundo, en los lugares donde se están practicando patrones de pastoreo sobre especies perennes normales desde el punto de vista histórico (natural), los ciclos hidrológicos muestran una mejoría notable. El agua vuelve a brotar de los manantiales; los arroyos llevan agua durante más tiempo en la temporada seca. La cobertura protectora del suelo aumenta. Que los activistas contra el consumo de animales se nieguen a reconocer estos éxitos no los convierte en irreales. Solo un iluso asumiría que toda la carne proviene de factorías y calcularía sus cifras basándose en ese modelo como si fuese el único que existe. ¿Por qué no especifican sus acusaciones con las palabras "alimentado con cereal" o "estabulado", en lugar de decir solamente "carne"? Su enfoque impreciso no es ni justo ni científicamente correcto. Y para que quede constancia, si realmente quieren ahorrar agua, ¿qué tal si denunciamos el uso de agua potable en los inodoros?

La misma dicotomía existe con el consumo de plantas. Con demasiada frecuencia los defensores del cereal no diferencian entre los cultivos que respetan el medio ambiente y los que no. Si fracasamos a la hora de matizar los términos, fracasamos a la hora de entender el efecto devastador que la producción de cereales ha tenido en la ecología del planeta.

Dependiendo del historiador que consultes, el valle Shenandoah perdió entre uno y dos metros y medio de tierra fértil durante los primeros doscientos años de ocupación europea. Cuando nuestra familia se mudó a esta granja en 1961, la roca madre de pizarra afloraba en las laderas como un monumento natural a los años de pérdidas de tierra provocados por la producción de cereal. Y ahora, después de cincuenta años utilizando especies perennes y animales, montones de compost y paciencia, el suelo vuelve a recuperarse y estas heridas estériles, despojadas de materia orgánica, están cubiertas con varios centímetros de suelo fértil. Excepto, por supuesto, las áreas a las que el ganado no ha podido acceder debido al vallado. Esas áreas permanecen estériles y sin suelo, igual que estaban en 1961, a pesar de que las protegimos con vallas y dejamos que los árboles comenzaran a crecer.

Durante el último siglo, Iowa, conocida popularmente como el granero de Estados Unidos, ha perdido la mitad de su tierra fértil. ¿No habría sido mejor volver a alimentar al ganado omnívoro con restos de comida, y utilizar la avanzada tecnología de los cercados eléctricos para imitar el movimiento ondulante de las manadas de bisonte en los campos de Iowa? Hasta la llegada del cercado eléctrico, no era posible duplicar en la escala de la propiedad privada el comportamiento natural de las manadas salvajes. Pero ahora sí podemos, así que no hay excusa para no replicar con exactitud la gestión de la tierra mediante herbívoros que históricamente ha sido normal. Por cierto, esta es la gestión de la tierra que creó los profundos suelos fértiles y que hemos estado explotando durante el último siglo con el cultivo de cereales y que, desde entonces, ha dejado vacante las tierras erosionadas del valle Shenandoah.

Amigos, recordad que siempre hay que comprobar la autenticidad histórica y filosófica de lo que os digan. La carencia de conocimientos agroecológicos es ubicua en nuestra cultura. Soy consciente de que ignoro cosas. Habiendo crecido en una casa sin televisión, y después evitando que mis propios hijos la vieran, soy extremadamente ignorante acerca de Hollywood, cine y celebridades. He oído hablar de *Bonanza* y de *Los Beverly ricos y rústicos en Dinerolandia*, pero lo cierto es que prefiero los programas sobre *cowboys* o las comedias si es que voy a ver algo. De acuerdo, de acuerdo, no soy tan ignorante... pero soy bastante ignorante.

Me encantan esos programas antiguos. He descubierto que la manera de saber si te estás convirtiendo en un chapado a la antigua es observar si los anuncios que ponen durante los programas que te gustan son de pañales para adultos, sillas de ruedas y Viagra. ¡Ja!

De vuelta a la discusión sobre la ignorancia: En serio, ¿qué es importante saber? Aquello con lo que pasamos nuestro tiempo aprendiendo es un reflejo directo de lo que pensamos que es importante. Cuando miro las estanterías de las librerías durante las esperas en el aeropuerto me siento atraído por los títulos que considero importantes. Es uno de mis pasatiempos favoritos, muy a pesar de Teresa, que dice: "¿otro libro? ¿Y dónde lo voy a poner?". Es una realidad de la vida, y que conste que compro libros de los dos bandos y de todo el espectro político. Me gusta saber qué piensan los que están en el otro bando y a menudo aprendo cosas que no sabía.

Uno de los mensajes que quiero transmitir con este libro es la importancia de despertar nuestro apetito por conocimientos básicos sobre los alimentos y su producción, antes de que los temas técnicos y académicos dejen sin sitio al conocimiento históricamente normal. Por eso, en mi modesta opinión, es más importante que tus hijos se familiaricen con los agricultores de tu zona que con Bambi. ¿No crees que es igual de importante dar un paseo por el bosque en compañía de un leñador que con el club de observación de aves?

¿No es igual de valioso sacrificar tu propio pavo del Día de Acción de Gracias, o al menos pasar un tiempo con él en el campo, que pintarle la cara y ponerle plumas de papel de colores en el pelo a tu hija de cinco años? Sostengo que las granjas y la producción de alimentos deberían ser al menos tan importantes como saber qué famoso de Hollywood se ha hecho un *piercing* en el ombligo esta semana. Por favor, dime que no soy el único que piensa así. Por favor. Como cultura, pensamos que estamos muy bien educados, pero no estoy seguro de que lo que hemos aprendido nos ayude realmente a sobrevivir.

Me refiero a las habilidades y conocimiento que contienen, por ejemplo, los libros de la serie *Foxfire*. Estos libros escritos en la era *hippie* del movimiento "vuelta a la tierra" siguen encontrándose entre los mejores manuales de supervivencia que existen. Cada vez que las cosas se ponen feas, la sabiduría rural y la vida en el campo experimentan un renovado interés. Para mí, parece prudente adquirir algunos de estos conocimientos antes de que ocurra un colapso. Tener un entendimiento básico y rudimentario de ciertas cosas no significa que no podamos seguir reteniendo la información sobre los famosos o que no sepamos cómo usar el teléfono móvil. Confía en mí, no te ocurrirá eso. Me encanta la gente y me encanta aprender. Y me parece que una persona educada debería tener algunos conceptos básicos sobre la ecología de una granja. No mucho, solo un poco. Solo un poco. Os ofrezco los siguientes ejemplos como explicación.

"Si tus gallinas andan sin gallo, ¿cómo es que ponen huevos?".

Queridos amigos, las gallinas no necesitan gallos para poner huevos. Necesitan gallos para que del huevo salga un pollito, pero no para poner un huevo. Igual que las mujeres no necesitan un hombre para ovular. Hace tan solo un siglo, ni siquiera un uno por ciento de la población ignoraba este conocimiento agrario básico.

El siguiente más habitual es: "Mira, ahí está el toro, porque tiene cuernos". Queridos míos, tener cuernos no significa ser un toro. Lo que cuenta no es lo que hay en la cabeza si no lo que hay entre las piernas. No sé si los cuernos tendrán algo que ver con estar cachondo*, pero desde luego no tienen nada que ver con la masculinidad.

Un amigo granjero me contó hace poco lo que ocurrió durante una visita de colegiales a su granja. Los primeros dos niños que se bajaron del bus preguntaron: "¿dónde está el árbol de la salsa de tomate?". Pensaban que podrían recolectar salsa, como si fueran manzanas o melocotones. Madre mía. ¿Qué preguntan en los exámenes de admisión a la universidad para detectar esta ignorancia? ¿Le importa a alguien? ¿Qué tipo de decisiones puedes tomar acerca de tu alimentación cuando sabes tan poco sobre lo que comes? ¿Cambiará esta situación antes de que tengan edad para votar? Ese sí que es un pensamiento escalofriante.

¿Sabes cuál es la diferencia entre el heno y la paja? La paja es el tallo y las hojas de una planta de cereal de grano pequeño o de maíz. El heno es forraje secado al sol. Cuando el forraje tiene cierta altura, lo cortas y lo dejas tendido al sol. Así se deshidrata de manera que pueda empaquetarse sin que se enmohezca. El heno es comestible para los animales, mientras que la paja se utiliza normalmente para las camas porque la parte comestible era el grano, que no es más que una semilla muy grande. Si el forraje se empaqueta antes de deshidratarlo, y se le saca el aire usando un envoltorio hermético (de plástico), fermenta y se convierte en silo.

Para obtener un heno uniformemente seco, hay que colocarlo en hileras para que circule el aire y para que las hojas de abajo pasen a estar arriba y se sequen al sol. Una hilera es una fila larga de heno. La empacadora recoge las hileras y forma balas de heno: redondas,

* *[N. de la T.]* Juego de palabras en inglés. Cuerno en inglés es "horn" y estar cachondo es "horniness".

pequeñas y rectangulares, pequeñas y redondas, o grandes y rectangulares. Cada una de ellas se hace con una máquina distinta y tiene distintas finalidades.

¿Cómo manejas el ganado? Las vacas tienen una "zona de fuga". Como tienen los ojos en los laterales de la cabeza, tienen mucha más visión periférica que las personas. Su visión abarca unos trescientos grados a su alrededor. Si nosotros pudiéramos hacer eso, sería como tener ojos en la espalda. Dependiendo de cómo nos aproximemos a una vaca, reaccionará queriendo adelantarnos, dándose la vuelta y quedándose a cierta distancia, o escapando. Todas estas respuestas son el resultado de cómo nos aproximemos a su zona de fuga.

Los árboles crecen hacia fuera, no hacia arriba. Solo crecen hacia arriba justo en los brotes. Por eso si pones una cuerda alrededor de un árbol, permanece a la misma altura. Una vez que se forma la corteza, la altura no cambia. El cámbium ensancha al árbol horizontalmente, en diámetro, pero no verticalmente. Si no fuera así, la hamaca que colgamos entre dos árboles este año estaría treinta centímetros más arriba el año que viene y otros treinta el año siguiente. ¿No sería divertido?

Los hombres de campo hablan en un lenguaje preciso. En inglés, existen nombres específicos para las hembras de vacuno que han parido dos terneros, para las que solo han parido uno, para las que aún no han parido ninguno y para las que están preñadas por primera vez. Para los machos jóvenes sin castrar, y los que han alcanzado la madurez necesaria para poder procrear. Nada que ver con un toro plenamente maduro, créeme. También para las crías aún lactantes de cualquier sexo, las crías machos y las crías hembras. Los terneros destetados a punto de poder ser cebados, o los que ya se están cebando y queda poco para sacrificarlos. Las vacas que no están preñadas, las que no tienen leche, las que parieron recientemente o las que están a punto de parir. Estos hombres también saben que un toro puede cubrir entre treinta y cincuenta vacas.

Amigos, y esto es solo en el ganado vacuno. Y lo creáis o no, prácticamente todos los estadounidenses conocían esta jerga hace escasamente cien años. En inglés, cada especie tiene una gama de vocablos. No hace tanto, el vocabulario popular incluía términos diferentes para un macho de ovino castrado y un macho de ovino en edad de procrear. Para un cordero macho y un cordero hembra. Para un macho de cerdo castrado y una hembra de cerdo sin preñar. Términos para marranas y verracos. Y luego están todos los nombres para los agrupamientos: rebaño, bandada de pollos y bandada de gansos. Como si eso no fuera suficiente, los partos también adoptan nombres distintivos en las vacas, ovejas, conejas, cerdas y yeguas.

¿Puedes nombrar cuatro verduras que crezcan bajo tierra? Patata, zanahoria, cebolla, remolacha, salsifí, chirivía, nabo. ¿Y cuatro que crezcan por encima? Maíz, pimiento, brócoli, coliflor, col de Bruselas, colirrábano, judías verdes, lechuga, guisante, melón, calabaza, pepino. Los tomates son un fruto. ¿Qué verduras aguantan las heladas? ¿Cuáles hay que plantar después de la última helada? ¿Cuáles son leguminosas? ¿Cuáles crecen a lo alto? ¿Cuáles necesitan soporte? ¿Cuáles son perennes? Los espárragos y el ruibarbo.

Siempre que llevas a los niños a un huerto, el entusiasmo por aprender esta sabiduría tradicional agraria es insaciable. Esta interacción con la naturaleza y la comida, de una forma innata y funcional, es fundamental para desarrollar el sentido común. Cuando perdemos el contacto con estos pilares de la existencia, nuestro razonamiento pierde el rumbo. Permanecer anclados a tierra, literalmente anclados a la sensatez, requiere algún tipo de relación con la producción de alimentos. Esta es una de las razones por las que animamos a todo el mundo a visitar nuestra granja. Queremos que la gente interaccione con los animales, los huertos y las lombrices.

Recientemente he visto un documental francés titulado *Microcosmos*. Se estrenó en 1996 (voy retrasado) pero utiliza macrofotografía para mostrar, como indica el subtítulo, que "¡hay un Parque Jurásico en tu propio jardín!". Todo lo que vemos, el aire que respiramos y la comida que comemos depende de una vasta comunidad de organismos cuya magnitud oscila entre lo microscópico y el tamaño de un insecto. Es más grandioso y más hermoso que nada que podamos imaginar.

Cuando observamos este universo variado y extraordinariamente complejo como si fuera una especie de experimento científico, perdemos el norte de nuestra funcionalidad. La mágica y maravillosa comida que ponemos en el plato, las sustancias que absorbemos, todo ello tiene una historia que contar. La comida ha hecho un viaje. Deja una huella. Otorga un legado. Alimentarse con abandono irresponsable, sin conciencia, sin conocimiento; creánme, no es normal.

¿Qué deberíamos hacer al respecto? Es obvio que no todo el mundo puede vivir en el campo. Pero si todo esto te importa, aquí tienes algunas opciones factibles para reconectarte y reeducarte:

1. Pasa una temporada en una granja. Hoy en día muchas de ellas ofrecen días de trabajo y oportunidades de trabajo compartido. Pregúntale a tu granjero, porque le conoces, ¿no?, acerca de posibilidades de colaboración. Y cuando vayas, hazte a la idea de que no sabes nada y de que no has trabajado de verdad en tu vida. Esta mentalidad te preparará para absorber la información y el dolor muscular que te esperan.

2. Involucra a tu familia en las tareas del huerto. Busca huertos comunitarios, huertos escolares, o si no en tu propio patio trasero. Existen oportunidades de cultivar alimentos en todas partes. Un simple cobertizo de plástico colocado en la cara sur de tu casa te suministrará calor en el invierno y deleite hortícola. Si lo haces suficientemente grande, podrías hasta poner un comedor.

3. Hablo en serio cuando digo que deberíamos sustituir a los periquitos por gallinas.

4. Todos los empleados de los servicios sanitarios y de gestión de residuos deberían hacer campaña inmediatamente para que los restos comestibles se utilicen para alimentar animales en las propias instalaciones. Punto y pelota.

5. Olvídate de las vacaciones con Bambi y visita una granja cercana. Sencillamente pasa tiempo allí. Haz un pícnic en el campo con las vacas. Por cierto, sugiero vacas y no pollos ni cerdos por una razón. Un corro de vacas alrededor de tu pícnic es igual de emocionante que ir a ver ardillas al parque de la ciudad. No estorbes al ganadero. Déjale claro que solo quieres aprender, reconectarte y observar.

6. Sé consciente de que los intereses dirigen la información, no al revés.

7. Come más carne de pasto y menos pollo o cerdo.

8. Lee textos con los que sabes que estás en desacuerdo. Si eres un activista radical del movimiento en defensa de los animales, lee *Meatpaper**. Si eres un activista radical preocupado por el cambio climático, lee a Glenn Beck. Si eres un admirador de Rush Limbaugh, lee *Lies My Teacher Told Me* [Mentiras que me contó mi profesor] de James W. Loewen. Le hará bien a tu mente y te subirá las pulsaciones.

9. Cría algunos animales y prepáralos para cenar. En zonas urbanas lo mejor es criar animales pequeños. Puede que una vaca sea demasiado grande para tu jardín. Pero la cría de pollos y conejos es muy compatible con los entornos urbanos. En nuestra granja, animamos a los niños a ayudar en el sacrificio de los pollos, aunque a los padres les suele dar asco. Los niños de menos de diez años no tienen problema. A los doce ya no les parece *cool*. Hay que saber elegir el momento oportuno.

10. Lleva a tus hijos de caza o que se vayan un día con algún amigo que lo haga. Aprende a despiezar y preparar las presas. Esta práctica educativa es tan antigua como la humanidad y reconectar con ella puede ofrecerte algunas de las mejores lecciones para el futuro. Aquellos incapaces de conectar con su yo predador podrían perderse una oportunidad de completar su humanidad. Parte de nuestra misión, de la verdadera conexión con nuestro derecho de nacimiento, consiste en impregnarnos de nuestra naturaleza.

* *[N. de la T.]* Revista estadounidense dedicada a la carne.

LA MATANZA Y LA DESPENSA

¿Dónde se encuentra toda la comida de tu vecindario? Piénsalo. ¿Dónde está? En el supermercado. En los hipermercados Costco*. Las cifras oficiales dicen que, de media, dentro de los límites de una ciudad, se almacenan reservas de alimentos solo para tres días. Una simple interrupción de tres días en el suministro puede dejar sin existencias a una ciudad entera.

Desde ventiscas hasta inundaciones, de huracanes a terremotos, pasando por huelgas en el sector naval o interrupciones en el transporte por carretera, y eso sin mencionar anomalías en el suministro de carburantes, una reserva de tres días de comida no es gran cosa. Y no es nada si lo comparamos con la normalidad histórica.

He estado más de una vez en el asentamiento de Powhatan, cerca del museo etnográfico de Jamestown, en el estado de Virginia, y siempre me cautiva, incluso con más intensidad que los pueblos de los colonos europeos. Estos nativos norteamericanos eran los que construían viviendas de escasa altura doblando árboles jóvenes y cubriéndolos con pieles y hojas. En el centro ponían un círculo de

* *[N. de la T.]* Los hipermercados Costco son una cadena de mayoristas que funciona como un club de compras con descuentos.

piedras donde hacían un pequeño fuego, pero el humo no tiraba bien debido a la forma de la casa. Aunque había un agujero en el centro del techo semiabovedado, sobre el fuego no había una chimenea que creara la corriente necesaria para extraer el humo. Como resultado, la parte superior de estos refugios estaba siempre llena de humo. Seguramente, en la parte inferior también había más humo del que se consideraría saludable, y sin duda esto provocaba algunos problemas de salud. Pero cada vez que entro en uno de ellos me fascina ver la despensa colgada ahí arriba entre el humo. La totalidad del tercio superior consiste en un entramado de postes amarrados entre sí que sujetan carne ahumada, frutos del bosque y verduras.

El ahumado es probablemente uno de los métodos de conservación de alimentos más antiguos que existen, y, desde luego, uno de los que requieren menor dominio de la tecnología. Cuando nuestro hijo Daniel tenía doce años y un apetito insaciable por los libros de supervivencia de Tom Brown, construyó un ahumador rudimentario en el patio trasero utilizando una zanjita y un barril cubiertos por una chapa ondulada. El ahumado funciona, y estos ingeniosos nativos americanos lo incorporaron a sus primitivas casas, tumbándose cada noche con una despensa colocada literalmente sobre sus cabezas.

¿Te imaginas acostarte cada noche junto a tu media naranja, mientras levantas la mirada hacia el techo turbio de tu morada y observas un suministro para varios meses de comida? Compara eso con acostarte con tu ser amado en un hogar donde parpadea media docena de lucecitas LED (la del cargador del móvil, la del ordenador, la de la cafetera). ¿Me sigues? El zumbido del refrigerador que depende de un suministro ininterrumpido de electricidad que, sin lugar a dudas, utiliza un combustible que depende a su vez de la red de transporte global y donde los únicos alimentos no perecederos de la casa son los botes herméticos de condimentos como las salsas, el kétchup, la mostaza, los encurtidos y unas pocas latas de sopa comercial procesada o sopa concentrada deshidratada.

Para que luego hablen de vulnerabilidad. En el mejor de los casos, un sustento aceptable de hoy en día, no duraría más de dos días, o puede que una semana. Supongo que, por dormir bajo la despensa, el Departamento de Seguridad Nacional consideraría a los habitantes de Powhatan diabólicamente subversivos, etiquetándolos de acaparadores.

Pensemos en el museo etnográfico de Williamsburg, en Virginia, icono de los años de vitalidad desbordante de la época colonial. ¿Dónde estaba la comida? No estaba en el supermercado. Ni en Costco. Estaba en las despensas repletas de vino y patatas. Dios santo, hoy en día la mayoría de los jóvenes ni siquiera han oído la palabra "despensa". Incluso la versión reducida, la alacena, está cayendo en desuso. Ahora diseñamos las viviendas con la cocina metida en un armarito, ya ni siquiera tenemos habitaciones para las cocinas.

¿Y qué me dices de los tiempos de Laura Ingalls y *La casa de la pradera*? ¿Dónde tenían la comida? No en el supermercado, ni en Costco.

Supuestamente, el primer supermercado apareció en el paisaje estadounidense en 1946. Eso no es mucho tiempo. Hasta entonces, ¿dónde guardaban la comida? Queridos amigos, la comida estaba en las casas, en los huertos, en los campos y en los bosques. Estaba cerca de las cocinas, de las mesas, y de los dormitorios. Estaba en la alacena, en la despensa y en el patio trasero.

Soy muy consciente de que en los viejos tiempos mucha gente se moría de hambre. Por supuesto, muchos mueren de hambre hoy en día y quizá sean más que nunca antes en la historia de la humanidad. Al mismo tiempo, aproximadamente la mitad de los alimentos comestibles del planeta nunca llegan a ser comidos. Se echan a perder en almacenes y contenedores de transporte. Se golpean durante el tránsito. Exceden la fecha de caducidad en una distribución caótica. No llegan al campo de refugiados porque un grupo de matones retiene el camión de la Cruz Roja a punta de pistola.

Si con un chasqueo de dedos mañana se doblara la producción mundial de alimentos, ni un solo niño comería mejor de lo que lo ha hecho hoy. El mundo tira a la basura montañas de comida cada día. Nadie pasa hambre por falta de comida; pasan hambre por falta de distribución. La razón subyacente al colapso logístico de transporte puede ser la pobreza, una infraestructura de comunicaciones deficiente, la agitación sociopolítica u otros motivos. Los académicos y activistas de la alimentación, que han acuñado el término "desiertos urbanos de alimentos" para describir lugares en el centro de las ciudades donde puedes conseguir fácilmente tabaco o refrescos pero no carne o tomates frescos, no ayudan a la causa sosteniendo que este es un problema racial. Que la población de estas zonas sea predominantemente de raza afroamericana no es el motivo por el cual los mercados de productores, los supermercados y las tiendas de comida sana no quieran instalarse ahí. Sencillamente estas áreas infestadas de bandas callejeras y de drogas no son lugares atractivos para montar ningún tipo de negocio. El interés empresarial, legítimo, tiende a alejar estas iniciativas de los centros pobres de las ciudades, sin importar el color, la etnia o la religión de sus habitantes.

Cada vez que un huerto comunitario o una empresa de producción y procesado de alimentos consigue meter un pie en una de estas zonas difíciles, el efecto es civilizador. No tengo palabras suficientes para alabar a Will Allen y su *Growing Power*, de Milwaukee, por traer esperanza y oportunidades a estos lugares. Sin duda Will es el arquetipo del profeta emprendedor. Los modelos biomiméticos de producción intensiva que desarrolla, que se valen de sofisticados invernaderos y del apilamiento sinérgico de especies, que van desde peces hasta verduras y lombrices, son realmente modelos extraordinarios y harían palidecer a cualquiera de los proyectos que el círculo de la industria alimentaria tiene entre manos.

Cuando hace unos años fui a Terra Madre, el *convivium* internacional de Slow Food fundado por Carlo Petrini que se celebra en Turín, Italia, me propuse asistir a todas las presentaciones de las delegaciones africanas a las que me fue posible ir. La traducción simultánea era excelente. Todos y cada uno de los conferenciantes africanos a los que escuché decían algo similar a lo siguiente: "Lo que está acabando con nuestro sistema alimentario local es el vertido de comida occidental a bajo precio. Tenemos recursos, conocimientos y trabajadores de sobra. Lo único que necesitamos para poder alimentarnos nosotros mismos es que vosotros los occidentales (principalmente Estados Unidos, normalmente a través de las Naciones Unidas y otras organizaciones humanitarias) os quitéis del medio y [illegible] emplazar nuestra economía y sistema alimentario au[illegible] imentos de primera necesidad de baja calidad. Gracias[illegible]

De hecho, la delegación estadounidense pas[illegible] d del tiempo pidiendo disculpas por las acciones de nuestro [illegible] convenciendo a los delegados de los otros países de que no es[illegible] os de acuerdo con las políticas estadounidenses relativas al alin[illegible] y a la agricultura. Fue una experiencia bastante reveladora que jamás olvidaré. Siempre que la recuerdo, la pasión sincera y suplicante de aquellos delegados africanos resuena en mi cabeza.

Esto me recuerda a un intercambio que tuve en Canadá hace un par de años cuando fui a Ontario para dar una charla. Durante la cena estábamos sentados en mesas redondas en grupos de seis. Escogí un asiento al azar, esperando a que los otros cinco asientos se ocuparan, y cuando el salón estuvo lleno nos sentamos todos. Entonces el tío sentado a mi lado soltó un "odio a los cristianos".

"Bien, esto podría ser interesante", pensé, especialmente porque soy cristiano. En este tipo de situaciones lo normal es que cada cual se presente a los demás comensales entre magnánimos apretones de manos, sonrisas y el ruido ensordecedor de los pies en movimiento, las sillas arrastrándose y las conversaciones. No fue así en esta mesa.

"Odio a los cristianos". Todos le miraron con burla, sin estar seguros de si esperaba una respuesta o tenía algo más que decir sobre el asunto. Esperé lo suficiente como para imaginarme que quería una respuesta, y le pregunté: "¿Por qué?". No sé, me pareció lo más correcto en ese momento. ¿No crees?

"Su caridad destruye a los países en desarrollo", respondió. Resulta que acababa de volver de grabar en un par de países africanos. Nos contó que en varias ocasiones fue testigo de la destrucción completa de la economía de un poblado tras la llegada de un contenedor lleno de ropa enviado con la mejor intención por grupos misioneros cristianos conservadores. Nos explicó que la gente es gente y en todas las culturas hay holgazanes y emprendedores que saben cómo buscarse la vida. En estas culturas los emprendedores son los dueños de las tiendas y los comerciantes.

Cuando un contenedor lleno de mercancía extranjera llega a un poblado, una multitud se afana en conseguir los regalos occidentales. Esto colapsa los negocios locales y los empresarios se convierten en los famosos señores de la guerra que todos en occidente hemos aprendido a identificar con el origen de los problemas de estos pueblos. Desde entonces he escuchado varias veces la misma historia. Ahora tengo mucho cuidado cuando quiero ayudar a alguien. La ayuda no siempre consiste en dar algo. También se puede ayudar no metiéndose en los asuntos de los demás. Y la ayuda no siempre consiste en posesiones materiales. A veces requiere tener fe en que las personas experimenten su propia evolución social, en que puedan aprender de sus errores.

Es interesante que aquel hombre identificara la caridad cristiana como el problema y no mencionara que la intromisión y volcado de bienes que la ONU y otros grupos gubernamentales llevan a cabo origina los mismos problemas. Yo creo que lo hacen. No sé muy bien por qué, pero mi intuición me dice que probablemente la caridad de origen privado hace menos daño que la caridad gubernamental, extraída con violencia de una ciudadanía que de por sí es más caritativa. Si no piensas que la caridad gubernamental sea violenta, prueba a no pagar los impuestos este año. La caridad obtenida por la fuerza nunca puede funcionar.

La seguridad alimentaria requiere tanto cantidad como calidad. En los últimos años ha surgido un nuevo problema de seguridad: la amenaza del bioterrorismo, que probablemente encaja en ambas categorías. Me gustaría ahondar un poco más en ello porque es un tema muy candente.

Esto es especialmente importante porque yo mismo soy considerado un bioterrorista por los defensores del sistema alimentario industrial. Por supuesto que no lo soy, pero la etiqueta es tan real como perturbadora. La razón de que me hayan puesto semejante adjetivo es que en Polyface no vacunamos, no medicamos, no acidulamos, no erradicamos, no irradiamos, no adulteramos ni confiscamos. Por lo tanto, nuestros animales representan una amenaza sanitaria para el ganado de todos nuestros vecinos, y por extensión, para el suministro de alimentos de todo el planeta. Todo porque nuestras gallinas criadas en pastos se juntan con tordos alirrojos y azulillos índigos, que después llevan todos nuestros virus a las instalaciones de cría industrial de gallinas, que están científicamente respaldadas y controladas desde el punto de vista medioambiental, amenazando con destruir el suministro mundial de alimentos. No me lo invento. Volveremos sobre ello más adelante.

En cualquier caso, supongamos que yo fuera un bioterrorista y quisiera contaminar el suministro de alimentos. En ese caso supongo que querría actuar a lo grande, y llegar a la mayor cantidad de comida posible. ¿Me iría a una pequeña granja? No creo. Me iría a la granja más grande que pudiera encontrar, especialmente una de esas que tienen la señal de "No pasar" en la entrada. En la mayoría de ellas ni siquiera hay gente en los alrededores. Nadie quiere trabajar ahí porque huelen que apestan. Si te acercas a una de ellas a las dos de la tarde lo único que oyes es el rechinar de barrenas, ventiladores eléctricos y comederos. Normalmente están desiertas.

Si quisiera contaminar comida, ¿me iría a la despensa de una vivienda particular? No creo. Iría a un almacén enorme con un montón de trabajadores mal pagados, de los que cuentan las horas que quedan para salir. Las montañas de comida que hay allí sí que serían un blanco apetitoso. ¿Estamos todos de acuerdo? Los bioterroristas no van a atacar al granjero de animales criados a pasto ni al huerto del programa de Agricultura Apoyada por la Comunidad, especialmente porque estos trabajos requieren más mano de obra y en ellos siempre hay gente, personas a las que realmente les gusta estar ahí y que se preocupan por lo que ocurre.

Al principio de este capítulo pregunté: "¿dónde se encuentra toda la comida de tu vecindario?". Hace un siglo la respuesta habría sido que está en casa o muy cerca. Almacenar la comida en enormes almacenes, en unos pocos centros de distribución repartidos por el país, o en los silos de unas pocas compañías de procesado, es una práctica vulnerable al bioterrorismo precisamente porque no es normal.

Pasemos ahora a la cuestión de la cantidad. En nuestra casa tenemos montañas de comida. Teresa conserva y congela la producción de verduras del verano, llenando nuestra despensa con cientos de kilos de alimentos elaborados en casa. Puedo bajar a la despensa en cualquier momento y contar los tarros. Puedo verlos. ¿Sabes lo reconfortante que es eso? Puedo abrir el congelador y ver bolsas llenas de maíz, paquetes de carne y salchichas.

Con frecuencia Teresa me pasa su lista de la compra: judías verdes, puré de manzana, pepinillos dulces, salsa, calabaza, remolachas fermentadas. Obedientemente, como todos los maridos deberían hacer, bajo al sótano y vuelvo con los diferentes productos elaborados en temporada y dispuestos en las estanterías. No existe ningún intercambio de dinero en esta transacción. Esta es la verdadera economía del hogar.

No empezamos a hacer esto como resultado del efecto 2000. Lo hacemos porque es lo normal. Encuentro fascinante que los ecologistillas piensen que ya han conseguido la seguridad alimentaria solo porque van al mercado de productores y compran un par de manzanas para rumiar entre horas o una conserva artesana. No me malentendáis: estoy totalmente a favor de comprar en los mercados de productores. Pero seamos honestos, cuándo fue la última vez que viste a alguien, especialmente a uno de esos ecologistas de clase alta, preguntar en el puesto de verduras del mercado: "¿Puedo encargar tres cajas de judías verdes para la semana que viene? Necesito suficiente para hacer unos sesenta tarros de litro de conservas para el invierno, y me gustaría hacerlos la semana que viene si las tenéis".

Lo primero que oirías en una circunstancia así sería un grito de espanto: "¿Hay algún médico en la sala? ¿Algún auxiliar? ¡Necesitamos ayuda ahora mismo! ¡Tenemos un granjero en paro cardiaco!".

La incómoda verdad es que si la gente fuera a los mercados para comprar comida en serio, vaciarían el lugar en unos veinte minutos. El ciudadano promedio está aún bajo los efectos de un delirio aberrante según el cual, hasta que necesite comer algo, otra persona debería encargarse de aprovisionar los alimentos. La mayoría de clientes del mercado solo pueden comprar lo que les cabe en una mano porque en la otra llevan la correa de Fifi, ese caniche con pedigrí perfectamente acicalado, o algún otro cánido igualmente mimado. Me gustan los botes de conserva con cintas decorativas y los panecillos adornados con lacitos. Pero quisiera ver a la gente comprar de verdad su comida fuera del supermercado. Punto.

Un enero estuve en un programa de radio de Vermont y el presentador empezó a echarme la bronca por los precios de la comida ecológica. "Organicé una fiesta en mi casa la semana pasada y quería servir mazorcas de maíz, así que bajé al supermercado y la docena de mazorcas de maíz normal costaba 2,49 dólares, mientras que el ecológico costaba 4,89. ¿Cómo justificas eso?".

Pregunta incorrecta. La pregunta correcta sería: "¿por qué necesitas maíz dulce fresco en Vermont en enero? Deberías estar comiendo maíz en conserva, congelado o seco, que hayas preparado a finales de verano cuando los agricultores casi lo regalan porque la gente ya se ha hartado de comerlo y prefieren comprar calabazas o patatas". Este señor debería haber alimentado a sus invitados con lo que tenía en su despensa, acumulado meses antes cuando los vendedores de los mercados estaban tirando a la pila de compost la mitad de su cosecha de final de temporada. Ocurre todo el tiempo en todas partes. Restaurar la normalidad es problema nuestro, tuyo y mío, y de nadie más.

¿Cuántos de nosotros defendemos las energías alternativas o los parajes protegidos, pero no nos dedicamos a aprovechar la abundancia local para tenerla a mano el día de mañana, cuando esté fuera de temporada? Que, en general, ni siquiera pensemos que esta podría ser la solución a la crisis alimentaria, muestra lo dispuestos que estamos a que sean otros los que resuelvan nuestros problemas. Nuestra ecología y nuestro sistema alimentario son, sencillamente, la manifestación visible de todos los sistemas de valores y maneras de pensar de cada individuo en nuestra sociedad. Una persona, una organización, o un grupo no pueden conseguir un cambio profundo. Para que algo pase de ser una excentricidad periférica a un cambio cultural se necesita el entendimiento colectivo de muchos.

No sé cómo lo hacen las plantas de tomate, pero de algún modo saben cuándo van a llegar las primeras heladas. Se pasan el verano produciendo de forma uniforme un flujo razonable de tomates y, de pronto, una semana antes de la primera helada, pasan al modo de superproducción y te vuelcan kilos y kilos encima. Pasa todos los años. Los productores de verduras del mercado tiran carretillas y carretillas de tomates sobrantes justo al final de la temporada.

¿Dónde están las colas de gente apilándose para comprarlos a mitad de precio, sin importar que algunos estén golpeados, para volver a casa a secarlos, pasarlos por el pasapurés, trocearlos o conservarlos enteros? ¿O hacerlos kétchup, o salsa? A lo largo de toda la historia de la humanidad, antes de los supermercados, el frenesí de final de temporada era algo normal en todas las casas. Los niños se encargaban del pasapurés. Mamá supervisaba su despensa en expansión. Papá cortaba la fruta en rodajas para el puré y la mantequilla de manzana.

¿Has estado alguna vez en la matanza de un cerdo? El cerdo de Virginia es legendario, por supuesto. Permitidme que describa una matanza de cerdo. Primero tienes que esperar al otoño, cuando hiela un poco de noche pero de día las temperaturas están por encima de cero, aunque no tanto como para que te tengas que quitar la chaqueta. Estoy siendo poco científico a propósito, intentando explicarlo como lo hacían antes. Después de que la primera helada haya matado a las moscas y el tiempo sea lo suficientemente fresco como para que disfrutes del fuego por la noche, preparas dos calderos de agua hirviendo y la cuba de escaldado.

La cuba de escaldado es como una bañera de metal, hundida en el suelo y apoyada en unas pesadas rejillas de acero. Te vas al cobertizo y recoges el trípode, un artilugio de tres patas que se coloca como un tipi y que tiene unas varillas de madera en la parte superior. Cada pata mide unos tres metros. Afilas los cuchillos y sacas el medio tronco que sirve como mesa de corte. Tiene muescas de miles de cortes de cuchillo acumuladas durante su dilatada vida.

Temprano a la mañana siguiente, con todo preparado, te vas a las porquerizas y cargas entre tres y diez cerdos en la camioneta. Es importante asegurarte de que cargas a todos los que vas a sacrificar ese día. Una vez que le hayas pegado un tiro al primero y algo de sangre salpique el vehículo, ya no habrá manera de cargar uno más hasta el día siguiente. Esto es sabiduría. El número de cerdos depende de cuántos tengas que sacrificar y de cuánta gente te ayude. Los hombres cargan los cerdos, encienden el fuego bajo la cuba de escaldado, lavan la mesa de corte con jabón de sosa y encienden los otros fuegos debajo de los dos calderos parcialmente llenos de agua.

Mientras, las mujeres preparan la comida, que no es ninguna tontería. Pelan las patatas y hacen puré como para alimentar a veinte personas. Uno o dos pavos se prepararon temprano, junto con el jamón. Sobre el fogón borbotea un caldero grande lleno de judías verdes con grasa de cerdo, junto a los tomates guisados, las manzanas asadas con canela por encima y los fideos caseros con caldo de pollo. Hay que colocar en una bandeja tres variedades de encurtidos caseros preparados durante el verano, pelar los huevos cocidos para rellenarlos, y terminar de hacer la cazuela de boniatos. Seguro que te haces una idea. La masa madre está subiendo en un lugar cálido sobre la cocina, esperando a ser amasada en panecillos.

¡Pum! El primer disparo de rifle del calibre veintidós señala el comienzo del día. El hombre más viejo y experimentado hace una incisión en la carótida del cerdo para comenzar el sangrado, y comprueba con el dedo la temperatura del agua hirviendo. Tiene que estar a la temperatura justa para que una pasada rápida del dedo dentro del agua no pueda ser de más de unos veinte centímetros. Justo en su punto. Los hombres agarran al cerdo y lo sacan de la camioneta para ponerlo sobre la cuba de escaldado. Utilizando cuerdas colocadas alrededor del cerdo, lo bajan y lo suben varias veces, salpicando con el agua la piel del animal.

Ahora el hombre más viejo y experimentado se arrodilla y tira del pelo. Todavía no está listo del todo. Otro minuto más en el agua. Otro chequeo. Ah, ahora está justo en su punto. Utilizando el índice y el pulgar, pellizca un poco de pelo, que sale con facilidad. ¡Pum! Cae otro cerdo. Tras arrastrar al primero desde el agua hasta una amplia tabla, los chicos se abalanzan sobre él blandiendo pequeños raspadores metálicos ovalados. Estos raspadores, con empuñadura de madera, se utilizan para quitar el pelo de la piel del cerdo.

En unos diez minutos cuelgan el cerdo del primer trípode, clavando las varillas de madera en el ligamento principal de las patas traseras. Tiran de las patas del trípode hacia arriba hasta que la cabeza del cerdo cuelgue a ras de suelo. Uno de los hombres llena un cubo en uno de los calderos grandes con agua hirviendo y lo vierte sobre el cuerpo del cerdo para aclarar y limpiar la piel. Uno de los hombres más experimentados comienza a abrir la barriga para que salgan las entrañas. La abuela espera a un lado, porque ahora estamos llegando a los asuntos de las mujeres. Ella dice dónde tienen que ir el páncreas, los pulmones, el hígado, el corazón y los riñones. El objetivo es tener todos los cerdos sacrificados y colgados antes de la hora de comer para que dé tiempo a que se enfríen. Al enfriarse, la carne y la grasa se vuelven más firmes, facilitando el corte y el procesado.

Los hombres comen primero, después las mujeres. Muchas bromas, tomaduras de pelo, historietas. La frase "¿os acordáis de cuándo...?" se oye a menudo. Después de comer, todos menos las mujeres más viejas vuelven al lugar donde cuelgan los cerdos. Entre varios hombres cargan el cerdo que se sacrificó primero y lo llevan a la mesa de cortar. Ahí lo dividen en el jamón, la paletilla, la panceta, el lomo o las chuletas (que son el mismo corte, pero uno con hueso y otro sin él) y las costillas. Mientras tanto, casi todos los órganos han ido a parar a uno de los calderos, donde hierven poco a poco.

La grasa que hay encima del lomo se corta en pequeños trozos que van al otro caldero (que es de cobre) para hacer la manteca y las cortezas. Los hombres cargan los jamones, las paletillas y las pancetas a hombros y los llevan a la sala de curado, donde se refriegan con sal, azúcar moreno y pimienta, y después se sumergen en recipientes llenos de los mismos ingredientes. Las mujeres jóvenes cortan los trozos de piel en cubitos y después preparan las sartenes donde se hará el *ponhoss,* especialidad tradicional y exclusiva del valle Shenandoah.

El burbujeante caldo de entrañas está listo para el siguiente paso. Con una espumadera, se sacan con cuidado las piezas y se añade al caldo harina de maíz, un poco de sal y pimienta, hasta que todo el contenido del caldero adquiere la consistencia de una papilla espesa como la de las gachas. Una persona lo revuelve constantemente para que no se queme ni se pegue al fondo del caldero. En el momento justo, todos hacen cola llevando un molde y algo para no quemarse, mientras alguien vierte a cucharadas la masa del *ponhoss* en los recipientes, que se dejan sobre la mesa para que se enfríen.

Mientras tanto, se oye el zumbido de la picadora de carne triturando todos los restos del despiece y lo que haya quedado en la carcasa tras la disección. Bajo el sol débil del atardecer se extrae el aceite caliente de la piel y de la grasa con la prensa para manteca. El delicioso sabor de las cortezas hechas con los restos de piel es la guinda final a un día históricamente normal dedicado a la elaboración de comida, que proporciona seguridad. Como dicen los viejos del lugar: "todos lo pasamos de maravilla".

Mi última matanza fue en la granja de mi suegro hacia 1985, y todavía lo echo mucho de menos. Entre los partidos infantiles de béisbol y fútbol, el cine y los turnos de noche, al final se hizo muy difícil juntar a suficiente gente. Los viejos se fueron muriendo y los jóvenes estaban demasiado pegados a la televisión como para preocuparse por estas cosas. Ahora cuando les apetece lomo se van al Walmart o al Kroger. Ahora esos cerdos, en lugar de convertirse en alimento que al final de la matanza se guarda en las casas de la gente y que en una cena puedes llamar por su nombre, ya no se crían. Se encierran en instalaciones industriales, lejos del valle Shenandoah, transportados en camiones a lo largo de incontables kilómetros y procesados en enormes fábricas por personas sin cara ni nombre, que a su vez no son más que un número de empleado dentro del sistema industrial.

Esto no es normal. Lo que define al alimento normal, al alimento seguro, es que se encuentra a la espera, preparado para cuando lo llamemos desde la cocina. Tristemente, hoy en día las comunidades rurales son tan dependientes del supermercado y su correspondiente cadena de granjas-factoría, transportistas, procesadores y operarios de grúa de *megamercados* como los habitantes de cualquier área urbana.

Estuve recientemente en Nueva York, en las montañas de Delaware, donde durante las pasadas dos décadas el número de lecherías familiares se ha reducido de unas trescientas cincuenta a escasamente cincuenta, que sobreviven a duras penas. En este lugar, cuya belleza te deja sin aliento y que es abundante en recursos, la mayoría de los residentes se alimentan con la misma comida que los habitantes de los tan censurados desiertos de alimentos del centro de las grandes ciudades. El fiambre enlatado que venden en la tienda de ultramarinos de la esquina proviene de la misma cadena de suministro, de la misma picadora, de la misma factoría que el fiambre enlatado que venden en la tienda de la esquina del centro empobrecido de la ciudad. Y todo viene envuelto en plástico, almacenado durante meses en una nave distante, inaccesible para la comunidad. Lo nunca visto.

Recuerda que, a mediados de la década de los cuarenta, cerca de la mitad de las verduras de Estados Unidos se cultivaba en huertos particulares. El esfuerzo del *Victory Garden** fue la última escena en la obra de nuestra seguridad alimentaria. Ahora el escenario está vacío casi por completo. Observa el pánico que se propaga cuando las previsiones del tiempo anuncian tormentas de nieve inminentes u otros fenómenos meteorológicos. Sin pecar de arrogante, estoy seguro de que nuestra familia podría comer durante meses con lo que

* *[N. de la T.]* El concepto del *Victory Gardens* (Jardines de la victoria) surgió en varios países durante la Primera y Segunda Guerra Mundial como una estrategia para producir alimentos sin los recursos ni mano de obra que se estaban empleando en la guerra. Consistió en animar a la ciudadanía a utilizar los espacios urbanos públicos y privados (patios, parques, etcétera) para cultivar alimentos.

tenemos almacenado en la despensa. Lo tenemos bajo nuestras narices, en nuestro feudo.

Algo así no solo es normal, es seguro. Cuando los alimentos se encuentran repartidos entre las casas de una comunidad, éstas son menos vulnerables a cualquier tipo de amenaza, ya sea meteorológica, política, económica o bioterrorista. La naturaleza se prepara para los tiempos difíciles. Las plantas almacenan energía en sus raíces. Las ardillas entierran nueces en previsión de la nieve invernal. Las abejas se afanan en la fabricación de miel durante toda la temporada para sobrevivir el invierno. Los árboles se desprenden de sus hojas para conservar los carbohidratos que renovarán su crecimiento en primavera. El mundo entero late al ritmo de esta preparación y cuidado hacia la seguridad.

Actuamos como una mamá oso que, al llegar el periodo de hibernación, en lugar de comer más para acumular la grasa que necesita para el largo letargo, se tumbase a mirar cómo caen las hojas en otoño esperando que alguien le trajera comida en enero. De hecho, la pregunta evidente es si una civilización así de irresponsable hacia las necesidades básicas de supervivencia puede o incluso debe sobrevivir. La seguridad alimentaria no está en el supermercado. Tampoco está en el gobierno, ni en los servicios de emergencia.

La verdadera seguridad alimentaria es el acto históricamente normal de guardar los alimentos durante los momentos de abundancia, construyendo esa despensa dentro de casa y descansando tranquilo al saber que tus pequeños no dependen del mercado de productores de la semana que viene ni de los cajeros electrónicos del supermercado.

Un pequeño matiz más antes de cerrar este capítulo. Históricamente, la comida normal estaba a la vista de la comunidad. Como se producía en un lugar cercano al punto de consumo, la gente podía medir cuánta había. Podían prever. Cuanto más lejos se vaya la producción de alimentos, más difícil nos resulta saber cuánto hay. ¿Crees que es sensato depender de los técnicos en estadística del gobierno para saber si hay comida suficiente para ti y tu familia? A quién confiarías tus intereses nutritivos, ¿a los granjeros de tu comarca o a los burócratas de Washington? Cuando el gobierno publica datos como "las menores reservas de trigo de los últimos veinte años", ¿qué quieren decir? ¿Hablan de comida para animales o para personas? ¿Y dónde se encuentra?

Puede que el dicho antiguo "las cifras no mienten, pero los mentirosos hacen sus cálculos"* se ajuste a esta situación. ¿Realmente quieres que los responsables del último despilfarro o debacle del gobierno se encarguen del sustento de tu familia? O ya puestos, ¿confías en que Monsanto cuide de ti?

Tenemos unos vecinos (les llamaré Cleve y Matilda) que serían la peor pesadilla de los ecologistas liberales. Ten un poco de paciencia, esto podría ser instructivo. Son miembros de la Asociación Nacional del Rifle y cazan vorazmente, tanto que consiguen así toda su carne. Recolectan madera de los bosques de los vecinos para abastecer su caldera de leña construida por ellos mismos y que les calienta la casa. Su enorme huerto, lleno de moras, fresas y verduras, les obsequia con un festín de abundancia, que comparten libremente con sus vecinos, incluyéndonos a nosotros. Hacen conservas, congelan y deshidratan su exuberante cosecha.

No salen demasiado. Su entretenimiento consiste en divertirse en el huerto, procesar la cosecha cultivada en casa o terminar trabajos de carpintería para los vecinos. No compran coches nuevos, comen fuera poco o nunca y hacen chapuzas en el vecindario para ganarse la vida. No ganan enormes cantidades de dinero, pero tampoco gastan mucho. No compran cosas ni van de tiendas, visten sencilla ropa de trabajo que usan hasta que la gastan y que después reciclan para hacer trapos. Escuchan a Rush Limbaugh y plantan frutales alrededor de su casa, que está lejos de la carretera y escondida entre huertos, frutales y pilas de leña.

Conozcamos ahora a otra familia, viviendo en los suburbios, dependiente al máximo de los alimentos industriales, siempre ajetreados entre actividades benéficas y recreativas. Su rutina es ir de tiendas y comprar comida para llevar, acumular veinte pares de zapatos y una docena de pantalones. En vacaciones vuelan a Disney World y toman medicamentos para su supervivencia física y mental. Tienen grandes sueldos, montones de envases de papel, un enorme césped

* *[N. de la T.]* Refrán que hace referencia a que los datos no mienten, pero se pueden manipular para apoyar una idea o teoría.

para cortar y realizan una generosa donación anual a una organización ecologista. Dios mío, puede que incluso sean miembros del comité directivo de alguna prestigiosa ONG.

Permíteme que te haga una pregunta. De estos dos escenarios, ¿cuál es realmente ecologista? ¿Quién tiene en realidad una relación normal con la madre Tierra? En resumidas cuentas, ¿cuál de estas dos familias entiende de verdad de qué va todo esto? No voy a contestar, es una pregunta retórica. Como cultura, en seguida estereotipamos a los demás y los marginamos, pero por experiencia propia, los que llevan las vidas más normales son los que menos ruido hacen. Cleve y Matilda viven más de lo que hablan sobre su vida. Rodeados de los frutos de su normalidad doméstica, la abundancia en la que viven es transparente, visible, medible y entendible.

Los clientes de Polyface pueden venir a visitar nuestra granja. Pueden ver a las vacas en el campo, a los pollos en los pastos y a los cerdos en los bosques. Hacer acopio de provisiones durante las épocas de abundancia es sensato. Ir por ahí todo el día silbando con despreocupación y desdeño, asumiendo que Monsanto y Tyson se las arreglarán de alguna manera para rescatarnos, equivale a poner tu fe en gente bastante sospechosa. Intenta ir a sus granjas y veamos hasta dónde llegas. Pídeles sus datos y veamos si te los muestran. ¿Realmente confías en ellos?

Cuando el almacenamiento de comida para una comunidad es transparente, medible y cercano, se palpa una sensación de abundancia. En efecto, esta sensación sigue siendo uno de mis recuerdos de infancia más potentes: el huerto de mi abuelo. Algunos de mis recuerdos de infancia más intensos y valiosos sucedieron en aquellas visitas a Indiana al final del verano, cuando íbamos a ver a mi abuelo, un verdadero maestro de la huerta, y a mi abuela. Su huerto, enorme y cuidado con detalle, rebosaba abundancia. Tres de sus lados estaban ocupados por una parra Concord podada en forma de T de la que manaba, literalmente, dulzura frutal. Con ocho años, los pesados racimos de uvas colgaban por centenares a la altura de mis ojos, extasiando mis sentidos.

¿Por qué íbamos a preferir rodear nuestras casas de césped en lugar de poner emparrados de uva? El primer deber de una casa es la seguridad y sin duda la comida es la primera de la lista. Seguro que la empresa Tyson no colapsará mañana. Pero cualquiera en su sano juicio se da cuenta de que los pollos que crían son más vulnerables a las enfermedades, a los patógenos, a las huelgas de transportistas y a los cambios en las políticas globales que los pollos criados en pastos por el granjero local. Especialmente si los compramos en grandes cantidades y los congelamos para abastecernos todo el año. Esos pollos se encuentran en nuestra propia casa. Están al alcance de nuestra mano. Podemos saber cuántos hay. Podemos ir a verlos en cualquier momento para asegurarnos de que no hayan desaparecido ni se los hayan llevado para cumplir con unos planes de la élite global. Están en casa.

Eso es seguro y normal. Así que, ¿qué podemos hacer? He aquí algunas ideas:

1. **Encuentra granjeros en tu zona** y hazte su cliente, donde quieras, y después pregúntales si puedes ayudarles a resolver sus problemas con los excedentes de la cosecha. ¿Qué tienen de más que tú puedas adquirir, quizá con un descuento por comprar en grandes cantidades, y así reducir los desperdicios?

2. **Haz tus propias conservas:** deshidratando, conservando, fermentando con bacterias lácticas, desecando, congelando y procesando. Hay multitud de libros que te ayudarán a empezar. Pregúntale a tu abuela cómo lo hacía ella. Comprométete a conservar una sola cosa para no sentirte abrumado.

3. **Tómate un descanso de la comida rápida,** con una semana valdría para empezar. Cocina algo, pero haz de más, de manera que tengas sobras para otras comidas.

4. **Una noche, apaga el televisor y léeles algo a tus hijos** durante un par de horas. Apuesto a que querrán más y terminarás haciéndolo dos veces por semana. Hasta puede que resultes más encantador que cuando, entre agobios y prisas, les llevas al evento superfluo de turno. Además, leer juntos no requiere casi energía.

5. Retrasa tu viaje de vacaciones y descubre los tesoros agrícolas de tu zona.

6. Compra un congelador grande para poder comprar carne para toda la temporada. Puedes conseguir el dinero vendiendo el televisor de pantalla plana gigante y cancelando tu cuenta de Netflix.

7. Empieza a practicar algún hobby casero: carpintería, hacer velas, hacer colchas, tejer, tallar, así como reparación de muebles, electrodomésticos o aparatos electrónicos. Estas son las habilidades y labores que durante siglos han afianzado las civilizaciones.

8. Empieza a limitar tu uso de videojuegos. Hace poco vi un informe en las noticias que midió el tiempo medio de uso de videojuegos entre los varones estadounidenses de entre veinticinco y treintaicinco años: veinte horas a la semana. ¿Quieres decir que la flor de la masculinidad de Estados Unidos no puede pensar en otra cosa más importante que hacer con veinte horas semanales que sentarse en frente de la pantalla del ordenador? Esto no es normal. ¿Podemos desenchufarnos de una vez?

9. Si tienes aunque sea un pequeño terreno, cultiva algo. Cualquier cosa que sea comestible.

ENVOLTORIOS, ENVASES Y PAPEL DE ALUMINIO

Escribo este capítulo desde mi portátil a diez mil metros de altura sobre el océano Pacífico, camino de casa después de pasar un mes dando conferencias en Nueva Zelanda y Australia. Demasiado tiempo lejos de casa. Salimos de Sídney hace una hora y, como acabo de terminar el almuerzo que proporciona Virgin Australia, es un buen momento para entrar en el asunto del empaquetado de los alimentos. Para que los ejecutivos de V.A. no decidan vengarse de mí por la diatriba que sigue, que quede claro que es aplicable a todas las compañías aéreas del planeta, vuelen a donde vuelen. Ya puestos, no hay razón para no despertar la ira de todas ellas. No tiene sentido ser exigente solo con una.

En cualquier caso, esta comida ha aumentado de tamaño. Normalmente, cuando comes, el contenido del plato disminuye, pero en un avión comercial, crece. Viene en una bandejita cuidadosamente ordenada, con cada elemento envuelto en un paquete de plástico bien cerrado. A lo largo de la comida, y hasta que las azafatas vienen a recogerlo todo, crece y crece hasta convertirse en una pila ingobernable de plástico, aluminio y papel.

Veamos. Primero tuve que hacer un agujero en la bolsa de los utensilios de plástico. La bolsa contenía un tenedor, una cuchara y un cuchillo, todos ellos de plástico. También había un palito para dar vueltas al café y al té (al fin y al cabo, esto es Virgin Australia) y sobrecitos de azúcar, sal y pimienta. Tan pronto como agujereas la bolsa de los cubiertos, se expande y empieza a rebotar por toda la bandeja entre todas esas delicias aún sin abrir. Retiro la tapa de aluminio (¿no había una relación entre el aluminio y el Alzheimer?) de la bandeja caliente con cordero, verduras y arroz blanco. La doblo con cuidado e intento encontrar una esquina para ponerla. Cuando estiro mi mano para alcanzar el bollo de pan envuelto en plástico, el puño de mi chaqueta se engancha al papel de aluminio que acabo de doblar y lo manda de paseo al suelo. No hay sitio para recogerlo hasta que todos los de la fila pleguemos nuestras bandejas. Tendrá que esperar un rato ahí.

Continúo y abro el paquetito del pan. Ahora tengo otro trocito de plástico revoloteante. La mantequilla viene en un recipiente con papel de aluminio en la tapa. La retiro y ahora el tamaño del pequeño recipiente, que no da para más de un bocado, se dobla. Espolvoreo la sal y la pimienta sobre el cordero, el arroz y las verduras, lo que supone dos pequeños sobrecitos de papel para tirar. El platito cuadrado con tapa de plástico que contiene la ensalada necesita un poco de aliño. Es hora de abrir el bote de plástico de vinagre balsámico, operación que por supuesto duplica el tamaño del bote. Menos mal que algún ingeniero avispado descubrió cómo hacer que la tapa de plástico de la ensalada encaje bajo el platillo cuadrado. Muy ingenioso.

En ese momento se acerca otra azafata y ofrece bebidas. Me habían dado una copa para el vino (al fin y al cabo, esto es Virgin Australia) pero nunca me ha gustado el vino, así que pido zumo de naranja. Por supuesto, no ponen el zumo en la copa, lo que sería de mal gusto, sino que me pasan (exacto, lo has acertado) un vaso de plástico con el zumo de naranja. Me empiezo a comer la ensalada, el pan y el cordero. Mientras como el cordero, me pregunto de dónde vendrá.

Ayer, mientras estaba en las afueras de Mudgee, en Nueva Gales del Sur, pasé al lado de un rebaño de ovejas con un aspecto inusualmente deplorable. Cierto, era la excepción y no la regla (mi anfitrión me aseguró que en esa granja habitualmente se veían ovejas muertas esparcidas por el campo). Sin duda he disfrutado del cordero australiano durante este par de semanas, aunque hasta ahora siempre había comido con los ganaderos que habían criado el cordero. Este es el primero que como sin saber de dónde proviene. ¿Alguien de Virgin Australia visita las granjas para ver de dónde viene su cordero? De hecho, lo más probable es que este cordero ni siquiera sea australiano sino de Nueva Zelanda. ¿Alguien lo sabe? ¿Le importa a alguien?

Al terminar el plato caliente de cordero, arroz y verduras, mis ojos avistan un paquete de *crackers* con queso *cheddar* curado metido dentro de la taza de té. Abro los *crackers* e intento meter la bolsita de plástico de nuevo en la taza. Ahora es el doble de grande que la taza. Y eso que todavía no me he enfrentado al envoltorio de film transparente de la loncha de queso. Lo abro y pruebo a embutir los dos envoltorios dentro de la taza de té. Imposible, no hay manera de evitar que se salgan. Los sujeto entre mis piernas discretamente, bajo la bandeja.

Después de ventilarme el queso, voy a por el cuenco cuadrado de plástico que contiene la tarta de plátano. Como con el de la ensalada, la tapa se puede encajar debajo. Muy ingenioso. Solo queda una cosa: el bocado de chocolate de postre, envuelto por duplicado, con papel y film de aluminio. El papel de fuera implora a todos los comensales que salven al koala, con una foto de la típica carita triste y mona de un koala necesitado. El film de aluminio interior, fabricado gracias a las minas de basalto que destruyen el paisaje agrícola australiano, se puede quitar con facilidad, así que saboreo la pequeña chocolatina. Me acabo el zumo de naranja, y ahora tengo una bandeja llena hasta los topes de papelitos, plástico y film de aluminio revoloteantes, incluyendo el que recojo del suelo y pongo bajo la bandeja del cordero, esperando que el peso impida que todo se me caiga encima de la ropa y del portátil cuando la azafata se lo lleve.

Ah, no abrí el botecito de leche porque estoy harto de beber té. No he usado ni la cuchara de plástico, ni el utensilio para revolver, ni la copa de vino. Tampoco la taza de té. Pero igualmente he creado una bandeja llena de plástico, papel y aluminio. Un flujo de residuos muy productivo. Esto no es normal.

¿Podría hacer un par de preguntas? Lo primero de todo, ¿por qué no se pueden servir todas las bebidas en vasos de papel? El papel sale de los árboles. El papel captura carbono. Se descompone. Los árboles crecen con la luz del sol. He llegado a un punto en el que ya ni siquiera acepto las bebidas de los aviones porque vienen en vaso de plástico y, en los vuelos largos, cada pasajero utiliza dos o tres. Luego multiplica eso por todos los pasajeros que haya en el avión, después por todos los aviones que estén volando y de pronto tienes un cargamento diario de plástico. En un momento en el que puede que nos estemos enfrentando al pico del petróleo y con los basureros a rebosar, ¿por qué seguimos usando plástico? Es una locura.

Pasemos ahora a la comida. ¿Por qué no pueden poner un par de cazuelas en el pasillo, con tapas herméticas por si hay turbulencias, una con una sopa vegetariana de queso o de brócoli? Hay muchas sopas vegetarianas que están deliciosas y te quitan el hambre. En la otra cazuela podrían servir un guiso de cordero con verduras. Las azafatas solo tendrían que bajar por los pasillos con cuencos de papel y cucharones, llenando los cuencos de los pasajeros. No hace falta tanta variedad. Dios mío, si quisieras servir *crackers* con queso, trae una bandeja y deja que cada uno se sirva las lonchas de queso y los *crackers* que quiera. Sin envoltorios, ni aluminio, ni nada.

La fruta podría ser una manzana, una ciruela o un plátano, algo que no tuviera mucho jugo ni fuera una complicación. De postre podrían servir galletitas de una pastelería local, hechas con harina local, servidas en una bandeja. Sírvase una, sírvase una, sírvase una. Estoy seguro de que alguien podría encontrar la manera de fabricar un expendedor que evite que se manoseen las galletas. Después de todo, no se puede tocar la comida de otro. Eso sería asqueroso. Por eso en las cenas, los convites de la iglesia y las celebraciones de navidad, a nadie se le ocurriría poner una bandeja de galletas que permitiera tocar más de una (lo digo en tono irónico).

Ahí lo tienes. Ya hemos comido y al recoger solo quedan los vasos y cuencos de papel apilados unos encima de otros. El único utensilio necesario es una cuchara y puede ser de madera. He oído que los utensilios supuestamente ecológicos hechos de almidón de maíz compostable en realidad no se descomponen. Pero la madera sí lo hará. El plástico no. El papel y las peladuras de fruta también y no es necesario llevarlos al vertedero para nada. Por supuesto, sería mejor usar papel que no estuviera blanqueado. La cuestión es, que lo que acabo de describir sería una comida sencilla muy nutritiva, servida durante el vuelo y sin producir una montaña tóxica de envoltorios.

Soy consciente de que la industria aérea y la del plástico se originaron y crecieron simultáneamente, pero, ¿qué se hacía antes de este súbito destello en la historia de la humanidad al que llamamos "era del petróleo"? Cuando la gente viajaba también tenía que comer. En aquellos días, viajar implicaba normalmente varios días a lomos de un caballo o en un carruaje sin refrigeración, plástico ni film de aluminio. Llevaban consigo fruta deshidratada, cecina, hogazas de pan, un surtido de frutos secos y agua. ¿Todo bien? Desgraciadamente, muchos estadounidenses desconocen los densos panes europeos. Panes que te satisfacen y te llenan con tan solo comer un buen trozo. Masticados lentamente (no te queda más remedio) estos pesados panes integrales tienen una alta densidad nutritiva y están increíblemente ricos.

Mi comida favorita para llevar conmigo de viaje es una bolsita de frutos secos variados. No ensucias nada, pasas los controles de seguridad sin problema, no se estropean a temperatura ambiente y no se ponen rancios. Con un poco tienes para un buen rato. Lo mismo se puede decir de la fruta deshidratada, desde uvas pasas hasta albaricoques o rodajas de manzana. Y la cecina. ¡Ay, mami! Eso es la *crème de la crème*. Cuando cazamos ciervo en nuestra granja, Daniel y Sheri hacen una cecina deliciosa con los lomos. Hay que tener cuidado al comerla porque nutritivamente es muy densa. Una pequeña porción se hincha hasta el tamaño de una pelota de baloncesto en el estómago. Te sacia y es extremadamente liviana, sabrosa y duradera. De hecho, era el alimento preferido antes de los tiempos modernos. Si yo tuviera una compañía aérea serviría cecina, desde luego que sí.

Hasta ahora me he centrado en la comida de los aviones porque es probablemente el ejemplo perfecto de la fijación de la sociedad moderna con envolver cada pedazo de comida en plástico. Incluso cuando es un solo bocado. No solo es que esto no se hiciera hace tan solo un siglo, es que no se podía hacer. La producción en masa de envoltorios a medida no había progresado lo suficiente como para permitir el empaquetado individual de las cosas a un precio razonable. Si a eso le añadimos nuestra obsesión con la variedad y con no tocar la comida de nadie, el resultado es una verdadera montaña de basura que emana diariamente del sistema alimentario.

Imagina la huella de deshechos que deja cada bocado. Compara eso con las prácticas tradicionales de producción de conservas, curado de carne y deshidratado (tanto de verduras como de carne), así como la preparación diaria de las comidas a partir de ingredientes crudos. Antes de la existencia de los empaques para conservar alimentos, la mayoría de los víveres esperaban en crudo hasta que llegaba la hora de cocinar. Las despensas y alacenas conservaban a mano los tubérculos, las cebollas, el ajo, las manzanas, las peras, las calabazas. Sin envoltorios ni refrigeración.

En nuestra casa, el antiguo sótano hace las veces de despensa subterránea. Hemos llegado a almacenar patatas recogidas a principios de septiembre hasta mayo, cuando empieza a haber patatas nuevas pequeñas. Es cierto, puede que las yemas hayan brotado y que estén un poco mustias, pero se comen bien y nunca las metemos en ningún tipo de bolsa de plástico. Lo mismo para las cebollas, las calabazas y los boniatos. Almacenamos las zanahorias en el huerto durante todo el invierno, bajo una gruesa capa de acolchado. Cuando queremos comerlas, apartamos el acolchado y sacamos con la pala medio metro más de hilera. El manto de acolchado evita que se congelen con las heladas. A medida que avanza el invierno se vuelven cada vez más dulces.

Los cultivos de invierno, como las coles, aguantan mucho tiempo en la despensa del sótano. No tanto como las patatas, pero sin duda llegan hasta bien entrado el invierno. En cualquier caso, justo hasta que empiezas a estar harto de comer coles. Durante todo el invierno, los mini invernaderos y los huertos de patio se usaban ampliamente, y todavía deberían usarse, para alargar la temporada con el cultivo de verduras resistentes al frío y verduras de hoja. Cuando las plantas crecen cerca del lugar de consumo, no necesitan ser empaquetadas antes de llegar a la mesa. Las plantas cultivadas cerca de la cocina pueden transportarse en sacos o cajas reutilizables.

Cuanto más lejos y durante más tiempo se transporta algo, más envoltorios necesita. Si el esfuerzo que se ha invertido en transportar cada vez más lejos y en atrasar la caducidad de los alimentos mediante el uso de envoltorios se hubiera empleado en alargar las temporadas de producción, estaríamos mucho más cerca de la sostenibilidad y de la normalidad. En lugar de esto, la premisa es que tenemos que enviar un número escandaloso de camiones cargados de productos fuera de temporada a los centros de abastecimiento del norte y almacenarlos en naves hasta su consumo.

Posiblemente nadie ha alcanzado un éxito mayor con la extensión de la temporada que Eliot Coleman, autor de *Four-Season Harvest* [*Cosecha de cuatro temporadas*] y extraordinario horticultor. Sus zanahorias *baby* cosechadas en enero en Maine se han convertido en el elemento de intercambio más preciado por los niños a la hora del almuerzo. Que la mayoría de la gente de Maine (y de cualquier otro lugar, aunque especialmente de Maine donde las innovaciones y experiencias de Eliot son fácilmente accesibles a cualquiera) compre en enero las verduras de hoja en el supermercado, ya blanqueadas y en bolsas de plástico, transportadas desde California o más lejos, no constituye precisamente un tributo a la tecnología. Es una abdicación sin precedentes a la responsabilidad personal y un referente ubicuo de anormalidad.

Cualquier libro de horticultura que incluya especies tradicionales muestra montones de esquemas con técnicas de extensión de temporada. Los franceses hacían campanas de vidrio de uso individual. Hablaré más de la extensión de la temporada en el siguiente capítulo, por el momento dejémoslo en que es importante tanto para la cuestión del empaquetado como para conseguir un sistema alimentario local. La extensión de la temporada, aunque es muy importante, es solamente una parte del tema del empaquetado. La otra parte es la conservación.

El arte de hacer conservas, ya sea mediante la inmersión a presión o en agua hirviendo, permitía a los hogares conservar durante años las cosechas abundantes en tarros de vidrio. Cuando Teresa me manda a hacer la compra durante el invierno voy al sótano y elijo entre cientos de tarros de comida, que contienen desde sabroso venado o pollo en conserva, hasta *relish* (salsa de pepinillos), pepinillos o chucrut. Hablaré de esto más adelante como parte de la seguridad alimentaria normal, pero en este capítulo quiero promover la práctica de la conservación casera como la manera normal de empaquetar comida antes de este destello totalmente anormal en la historia de la humanidad al que llamamos era industrial o petroquímica.

Hace cien años los hogares no generaban las montañas de plástico, aluminio y acero que nuestro sistema alimentario genera hoy en día. Sencillamente, estas opciones de empaquetado despilfarrador no existían. Yo diría que merece la pena redescubrir las prácticas de economía doméstica para la conservación de alimentos, aunque solo sea para reducir el río de residuos que generamos. Eso imploraría, por sí solo, un retorno a la normalidad. El valor nutritivo, el sabor y la seguridad, todos contribuyen a la necesidad de volver a la normalidad. Pero la basura que generamos es razón suficiente por sí sola.

Pensemos en los alimentos altamente procesados. Los envoltorios de las patatas fritas y otras chucherías. Hace un siglo, las patatas estaban en las despensas subterráneas o en almacenes protegidos del calor. No dentro de millones de bolsas de plástico colocadas en las estanterías del supermercado, en camiones de reparto, ni encima de las neveras de la gente. Tampoco permanecían ahí durante meses. Puede que años. Y por descontado no estaban metidas en crepitantes bolsas herméticas de cuatro colores, ya cortadas en rodajas y fritas.

En nuestro propio negocio, hemos peleado estas batallas, que algunas veces hemos ganado y otras veces perdido. Hace un siglo, la práctica totalidad del pollo que se vendía era fresco y de procedencia local. Cuando mis padres tenían la granja en Venezuela a finales de los años cincuenta del siglo pasado, vendíamos todos los pollos vivos en el mercado del pueblo. Los vendedores ambulantes venían y escogían los pollos que pensaban que iban a vender en su ruta a través de la ciudad, sujetándolos a una vara que se apoyaban sobre el hombro. Caminando de casa en casa, los vendían vivos a domicilio.

Si la *señora** quería cocinar pollo para la cena, negociaba con el pollero, compraba uno, y lo sacrificaba y limpiaba en las escaleras de atrás. Después lo cocinaba para la cena. En muchos lugares del tercer mundo hoy en día, si vas a un restaurante rural y pides pollo, salen afuera, sacan uno de una jaula, lo sacrifican, lo limpian y lo cocinan. Cuando quedan pocos en la jaula, mandan al chico de los recados a por una tanda más, que trae en bicicleta desde la granja al restaurante. Para mí esto es genial.

Hoy, sin embargo, la logística del comercio de pollo hace difícil prescindir de los envoltorios. La mayoría de nuestros clientes no

* *[N. de la T.]* En castellano en el original.

quieren sacrificar y limpiar el pollo en las escaleras de atrás. Lo quieren desplumado y eviscerado, completamente muerto y dentro de una bolsa de plástico. Cuando empecé a vender pollos en Polyface hace treinta años, los clientes tenían que traer su propia nevera portátil para que pudiéramos ponerlos en algún sitio. No usábamos bolsas para nada. La gente se los llevaba a casa, a veces los despiezaba, y desde luego los metían en bolsas y los congelaban ellos mismos. Algunos utilizaban papel compostable en lugar de plástico. En la actualidad, casi ningún supermercado vende papel para envolver alimentos. La mayoría de la gente ni siquiera sabe lo que es.

Incluso ahora, con nuestros maravillosos clientes que saben de qué va esto, hemos llegado a la conclusión de que vender pollos sin usar bolsas ya no es aceptable. Así que tuvimos que sucumbir a las bolsas de plástico. Más recientemente nos han pedido, y luego exigido, que hagamos el despiece. Nos resistimos. Nos mantuvimos firmes, pero las insistentes peticiones terminaron por convencernos de que había que ofrecer este servicio. En los negocios, puedes aferrarte con nostalgia a los viejos tiempos, siempre que no te vuelvas tan arcaico que te quedes obsoleto. La línea que separa lo nostálgico de lo arcaico es muy fina.

En cuanto Polyface comenzó a ofrecer este servicio, nos enfrentamos con el problema del empaquetado. ¿Cuántas piezas pones en un paquete? ¿qué tipo de material de empaquetado debes usar? Los supermercados utilizan poliestireno, que es otro derivado del petróleo. De nuevo, toda nuestra percepción de lo que es normal viene definida por un invento que existe desde hace tan solo unas pocas décadas. ¿Te imaginas los días de antes del poliestireno? ¿cómo se las arreglaban? Se sentaban esperando a morir de hambre porque todavía no existían medios de transporte derivados del petróleo. Dadme un respiro.

Total, que empezamos a mirar bandejas de papel. Como se usan poco son extremadamente caras, y además se ablandan fácilmente. Así que finalmente optamos por el poliestireno, a regañadientes. Después de un año de desasosiego, Daniel propuso que nos olvidáramos de las bandejas y en su lugar usáramos una simple bolsita de plástico. Yo tenía mis dudas. La idea parecía demasiado alejada de los envoltorios habituales. Al fin y al cabo, nuestros clientes tienen un límite para la cantidad de cosas raras que pueden tolerar. Puedes ser nudista y puedes ser budista, pero ser nudista budista, eso ya es pasarse. Aun así, cedí y lo probamos. Daniel argumentó que nuestros clientes no necesitaban ver el pollo. Ya saben que es bueno. Todo lo que necesitábamos era una manera de poder dárselo.

En efecto, Daniel tenía razón. En esta ocasión, nuestros clientes aceptaron el nuevo formato sin pestañear. De pronto, lo que hubieran sido cargamentos de bandejas de poliestireno se convirtió en unas pocas cajas llenas de bolsitas. ¡Aleluya! Hace unas semanas, escuché a uno de nuestros clientes de toda la vida hablar bien de nosotros con una señora. Le decía que comprar directamente en la granja era imperativo para reducir los daños colaterales —¡uy!, quiero decir el río de residuos— de la producción de alimentos.

Mientras termino este capítulo sentado en mi asiento, me traen agua en una botella de plástico. ¿No podrían darle a todo el mundo un vaso de papel y decirnos que lo guardáramos durante todo el vuelo? Podrían pasar con termos llenos de agua en el carrito y llenar los vasos. Dios mío, incluso cuando reparten vasos de plástico los llenan con agua embotellada en plástico. Es una locura. En los viajes largos, un solo pasajero puede usar y tirar varios vasos de plástico. ¿Hay alguien que esté reflexionando sobre esto? ¿Dónde están los ejecutivos de las compañías aéreas? ¿Quién de vosotros será el primero en dar un paso al frente y comprometerse a compostar el flujo de residuos?

Desde mi asiento al fin pude pasarle mi bandeja a la azafata, no sin que varios envoltorios de plástico salieran volando un par de veces y tras tener que contorsionarme hacia delante con el portátil sobre las piernas para recuperar los trocitos errantes de petróleo que se habían caído al suelo. ¿Te imaginas cómo nos alimentaríamos en los aviones hace cien años si no hubiéramos descubierto el plástico? Dios bendito, tendríamos que limitarnos a comer cecina, frutos secos, orejones y denso pan alemán. Limitados a un menú tan poco sofisticado, hasta podríamos llegar a nuestro destino sin sufrir de indigestión.

¿Por qué es tan complicado? Esta pregunta me obsesiona. Es lo que quiero transmitir en este libro o al menos es una de las cosas que quiero transmitir. Para mí, la respuesta es muy sencilla. Viajando en un Boeing 747 con otras trescientas cincuenta personas, ¿soy el único que lo piensa? El hombre que tengo al lado está ocupado en varias cosas a la vez. Mira la pantalla encastrada en el asiento de delante mientras juega a un videojuego en su microordenador. Todo el mundo lleva puestos auriculares y la mayoría se entretienen viendo algo en sus pantallas. Todos ellos son personas maravillosas, reflexivas y honorables, estoy seguro. Pero apostaría que ninguno es consciente ni reflexiona sobre el hecho de que acabamos de participar en una experiencia culinaria totalmente anormal. Como si fuera poco con la anormalidad del propio vuelo, envolvemos cada bocado de comida en petróleo, y ocupamos metros cúbicos del precioso espacio de cabina con plástico y aluminio. Esto no es normal.

He aquí algunas cosas que podemos hacer para reducir los desperdicios originados por el empaquetado:

1. Conserva tu propia comida cuando sea temporada. Compra mayores cantidades y pasa un día haciendo conservas. Aunque las congeles en bolsas de plástico producirás menos desperdicios que si lo comprases en la tienda.

2. Las compañías aéreas deberían utilizar vajilla compostable y almacenar el agua en recipientes reutilizables. Que sirvieran un buen guiso sería estupendo, pero no me haré muchas ilusiones.

3. Si tienes un huerto, haz un esfuerzo real para extender la estación productiva mediante el cultivo de verduras resistentes al frío como las crucíferas, las zanahorias, las remolachas o las verduras de hoja.

4. Lleva recipientes al mercado de productores, como cajas o bolsas de tela.

5. Reduce la cantidad de comida procesada que compras. Ahí es donde se encuentran la mayoría de los envoltorios. Si no te queda más remedio que comprar en el supermercado, compra alimentos sin procesar. Normalmente las verduras crudas frescas no vienen rodeadas de plástico.

6. Dispón de un buen arsenal de contenedores reutilizables donde puedas guardar las sobras. Olvida esas versátiles bolsitas con cierre. Los *Tupperware* apilables funcionan de maravilla y duran toda la vida. Y son herméticos.

7. Para la comida del trabajo o la escuela, prepara contenedores reutilizables con sobras. Incluye una manzana y algunas lonchas de queso. Corta el queso en casa y mételo en un recipiente reutilizable. Cuando empieces a cocinar tu propia comida, tendrás sobras para llenar esos estupendos recipientes que puedes usar una y otra vez. Esto incluye los bocadillos (Teresa tiene recipientes reutilizables del tamaño justo). No hace falta envolverlos en plástico.

8. Los termos todavía funcionan. Los hay bajos para mantener la ensalada de patatas fría o los guisos calientes. Probablemente el termo sea la máxima expresión de los recipientes reutilizables. Y además son bonitos.

GRANJAS DE CÉSPED Y POLLOS DE COCINA

De media, cada bocado de comida viaja más y conoce mejor Estados Unidos que el granjero que lo produjo. Ese bocado viaja dos mil cuatrocientos kilómetros desde el campo hasta la mesa. Esto no es normal. Se han publicado numerosas estadísticas intentando expresar la magnitud de esta irregularidad. Por ejemplo, se utilizan quince calorías de energía por cada caloría que se pone en la mesa, y cuatro de ellas corresponden al transporte.

La distribución de larga distancia define al sistema alimentario moderno, y aun así, en una fecha tan reciente como 1946, el kilometraje medio de los alimentos en Estados Unidos estaba por debajo de los ciento sesenta kilómetros. El vagón de tren refrigerado, que probablemente revolucionó el transporte de alimentos más que ninguna otra cosa, no se inventó hasta finales de los años veinte del siglo pasado. El primer supermercado apareció a mediados de la década de los cuarenta. Hoy en día, en Canadá y Estados Unidos, tan solo el cinco por ciento de la comida es consumida en la ecorregión donde se produjo.

En otras palabras, cuando vas al supermercado, el noventa y cinco por ciento de lo que se vende procede de otro estado. Ahora piensa en lo que hay en las estanterías. Imagina que vas caminando por los pasillos, y después te preguntas: "¿qué es lo que se puede producir a ciento cincuenta kilómetros a la redonda de aquí?". Vamos, cierra los ojos e imagínatelo. Cuando doy charlas sobre alimentación local, les suelo pedir a los asistentes que cierren los ojos y digan a gritos los alimentos que podrían cultivarse localmente. En la mayoría de las regiones del país, la lista es enorme:

De acuerdo, este último alimento no entra, solamente estaba comprobando si me seguías de cerca con el discurso. No es una lista exhaustiva ni mucho menos, pero te haces una idea. La mayoría de los alimentos que consumimos pueden, de hecho, producirse cerca. Pero normalmente no durante todo el año, y ahí está el dilema. No se puede tener un sistema alimentario local viable si no hay un compromiso con el consumo estacional. Lo que incluye conservar la producción estacional para su consumo fuera de temporada.

A efectos de esta discusión, supongamos que estamos de acuerdo sobre la importancia de alimentarse con productos de temporada, incluyendo almacenar los excedentes. ¿Es una propuesta realista? Para la mayoría, incluso para aquellos que quieren sistemas alimentarios locales, no lo es. Al fin y al cabo, un sistema local limitaría nuestras opciones. La producción local no puede ser tan abundante como lo que produce la industria en zonas alejadas y más productivas. Después de todo, la razón por la que las patatas vienen de Idaho es que allí crecen bien. Cultivarlas en otro lugar sería menos eficiente. El motivo por el cual el estado de Washington produce manzanas es que allí es donde se dan mejor. Lo eficiente es que cada región produzca lo que se adapte mejor a ella e importe el resto. Y entonces, al cultivar más cantidad de una sola cosa en un mismo lugar, alcanzamos la economía de escala. Así funciona la agricultura científica moderna. Por lo tanto así pensamos hoy.

Estaría muy bien si fuera cierto. Esa manera de pensar se basa en una visión mecanicista y no biológica de la naturaleza. Hablaremos más de ello en el capítulo dedicado a los monocultivos. Por ahora, consideremos solamente la cuestión de si es realista pensar en un sistema alimentario local. Si no lo es, entonces mejor nos subimos todos al carro de Monsanto. Si el sistema alimentario que yo defiendo promueve el hambre, entonces mi modelo no es muy aceptable.

La cuestión parece agravarse y comprenderse peor en California, una tierra rica en términos agrícolas, irrigada y poblada. "No pensarás que California puede autoabastecerse, ¿verdad?". La pregunta la hacen tanto los de la derecha como los de la izquierda, tanto los ecologistas como los industrialistas. En efecto, quizá California sirva como la prueba del algodón de la viabilidad de los sistemas alimentarios ecorregionales. No soy científico ni estadístico; solo soy un chico de campo que pasa mucho tiempo entre vacas y cerdos por los bosques y las praderas, pero daré mi opinión por si sirve de algo.

Cuando los habitantes de California preguntan cómo pueden autoabastecerse, normalmente dan por sentado que seguirán su actual ritmo de exportación. No olvidemos que la mayoría de las bolsas de ensalada *mesclun*, las fresas, las almendras y otra multitud de productos consumidos en el país, provienen de California. Este estado proporciona el grueso de la producción de verduras frescas de fuera de temporada al norte y a la costa este del país. Ahora, esto es lo que intuyo: si todo el petróleo convertido en diésel que se gasta en enviar camiones al otro lado del continente y suministrar verduras fuera de temporada a zonas frías se utilizara para fabricar el plástico necesario para cubrir invernaderos en el este y el norte, entonces California podría autoabastecerse con las tierras liberadas de esa producción.

¿Lo veis ? No se puede poner un parche aquí y otro allá y esperar una recuperación de la normalidad. Todo está relacionado con todo. No puedes resolver un problema en un sector sin tener que lidiar con los problemas de muchos otros. Las cosas son demasiado anormales como para que podamos aislar sectores y tocar solamente uno sin afectar al resto. Las cosas no funcionan así.

Desearía que las cosas fueran más fáciles. Pero mientras el este y el norte no se pongan a la altura de sus responsabilidades ecorregionales, California seguirá sin poder autoabastecerse. Claro que si los californianos decidieran autoabastecerse igualmente, dejándonos colgados al resto del país, entonces tendríamos que hacer un cursillo acelerado sobre cómo alargar la temporada. Probablemente eso no ocurrirá. Es más, muchos argumentarían que, con la fascinación de nuestro país por construir carreteras y extraer petróleo, proponer la conversión del combustible diésel en cubiertas para invernaderos equivaldría a luchar contra molinos. Puede que tengan razón, pero yo seguiré defendiendo una solución, sin importar lo improbable que sea.

¿Por qué se empeñan en la costa este en comer arenques de la bahía de Monterrey? ¿por qué? ¿No pueden comer bacalao o pez espada? Me gusta la variedad tanto como a cualquiera, pero, ¿estamos teniendo todo en cuenta? A veces pienso que somos como un escalador que cuando le preguntan por qué sube a la montaña responde: "porque la montaña está ahí". ¿Acaso comemos lo que comemos porque lo tenemos ahí? ¿porque está disponible? Que los dioses nos asistan para que seamos más conscientes que eso. La pregunta del origen de los alimentos consumidos en California solo se puede responder en el contexto más amplio del origen de los alimentos consumidos en cualquier parte. El este y el norte del país deberían dedicar hectáreas y hectáreas al cultivo fuera de temporada bajo cubierta. Lo único que haría falta sería una redistribución de los recursos.

En mi opinión, si existe algún uso verdaderamente legítimo del petróleo, aparte de como combustible de trituradoras de madera y palas de carga frontal para hacer compost, es como materia prima para fabricar el plástico que se necesita para alargar la temporada de producción. Esta aplicación tiene muchas ramificaciones. Deja en el aparcamiento a muchos de los camiones. Reduce los gastos y emisiones derivados de la construcción y mantenimiento de carreteras. Reduce la energía utilizada en fundir el acero del que están hechos los motores y las carrocerías. Reduce los embalajes. Aumenta la transparencia porque el alimento se produce más cerca del punto de consumo. Su importancia es crucial. Simple y, aun así, profunda.

Con los camiones aparcados, los invernaderos y otras estructuras de protección, y unos hábitos de alimentación más locales, todavía debemos responder la pregunta candente de si podemos autoabastecernos. A continuación expongo algunas reflexiones al respecto.

En primer lugar, la mitad de los alimentos aptos para el consumo humano nunca llegan a ser comidos. Eso lo sabemos. Gran parte de esas pérdidas es atribuible al transporte de larga distancia y al almacenaje. Si no me crees, vete a rebuscar en los contenedores de basura. Se han escrito libros enteros sobre este tema y las estadísticas son impresionantes. Echa un vistazo a lo que sale por la puerta de atrás de un restaurante, de un supermercado o de cualquier planta industrial de procesado. En segundo lugar, existen enormes extensiones de tierra sin aprovechar. El ritmo de abandono de tierras está creciendo con mucha rapidez, como resultado tanto de la edad avanzada de los agricultores como de la compra de tierra por personas que no la cultivan. La edad promedio de los granjeros en Estados Unidos es de cerca de sesenta años, mientras que los analistas de negocios consideran que la edad promedio del personal de un sector económico próspero es de treinta y cinco años. La agricultura lleva mucho, mucho tiempo fuera de ese rango.

A medida que envejecemos, nos volvemos cada vez menos innovadores y agresivos. No tenemos la energía necesaria para seguir el ritmo que teníamos en nuestra juventud. Los granjeros viejos se vuelven menos productivos, sin importar a qué producción se dediquen. Eso significa que sencillamente van aguantando, haciendo lo justo para ir tirando. A medida que estos granjeros mueren, la tierra es heredada por sus hijos, que no son granjeros. También con frecuencia, un cónyuge, normalmente la viuda, aguanta la granja unos años hasta que finalmente esta desaparece.

Uno de nuestros aprendices, tras completar su estancia en Polyface, volvió a su granja familiar de cinco hectáreas en el norte del estado de Nueva York. Esperaba comenzar a trabajar ese pequeño trozo de tierra y ver qué pasaba. Se quedó pasmado cuando tres propietarios diferentes de la zona, que en total sumaban cuatrocientas hectáreas, le propusieron hacerse cargo de sus tierras. "Haz algo con ellas", le suplicaron.

En esta zona, en la que he estado varias veces en los últimos tiempos, está llena, kilómetro tras kilómetro, de tierras de cultivo de primera categoría abandonadas. No se trata de suelo rocoso, ni arenoso, ni altamente erosionado. Son suelos ricos, listos para que alguien los custodie. Este invierno di una charla en Nueva York junto a un profesor de Cornell que acababa de completar un informe sobre tierras de cultivo recientemente abandonadas en ese estado. Tierras que habían sido trabajadas intensamente hasta hacía tan solo diez o quince años y que ahora se convertían en matorrales, el estadio inicial de la sucesión forestal. En total, 1,3 millones de hectáreas. No son tierras cedidas al desarrollo urbano, a autopistas o a parques. Son tierras de primera abandonadas, todavía en las manos privadas de granjeros difuntos o de su descendencia. O, como ocurre a menudo, en las de un nuevo propietario que las compró como inversión con el dinero proveniente de un próspero negocio por internet. Aunque puede que en Nueva York este fenómeno sea más frecuente de lo normal ya que los impuestos sobre la propiedad echaron a muchos de los agricultores, este abandono no es inusual. Lo mismo ocurre en la mayoría de las zonas del país.

Me carteo con presidiarios, en parte porque estoy en contra de las prisiones. Eso no significa que sea permisivo con el crimen, todo lo contrario. Creo que encarcelar a una persona que nos cuesta cuarenta mil dólares al año, para que luego derrame la Coca-Cola por encima del televisor como resultado de una discusión con otro preso sobre qué programa hay que ver, no ayuda a nadie. Defiendo el castigo rápido acompañado de una segunda oportunidad. Los azotes me parecen geniales. Las cárceles no reforman a nadie. Son lo mismo que castigar a un niño durante un mes sin salir de casa. Olvídalo. Es mejor darle un azote seguido de un abrazo y que la vida continúe.

Durante años he regalado mis libros a todos los presos que me escribían preguntándome sobre la posibilidad de dedicarse a la agricultura al salir de la cárcel. Me gustaría que estas personas tuvieran la oportunidad de hacer algo que mereciera la pena y siempre me alegra que alguien quiera hacer algo por sí mismo. Pero en los últimos años no he conseguido enviar ni un solo libro debido a nuevas normas que regulan lo que los prisioneros pueden recibir, lo que es muy frustrante.

De todos modos, sigo carteándome con ellos y hace poco recibí una carta de un preso de Pensilvania que quería hacerse granjero. Escribió a tres productores del vecindario donde había crecido explicándoles la situación, y les preguntó si podría alquilar unas pocas hectáreas para empezar. Después me contó que no solo le contestaron los tres, sino que le ofrecieron la granja entera, "porque mis hijos no harán nada con ella".

Recibo muchas cartas de ancianos granjeros que quieren alquilar o regalar sus tierras a alguien más joven que las aprecie y las cuide. Dicen que lo único que harán con ellas sus hijos es venderlas al desarrollo urbanístico.

Hace un par de años, aquí en Virginia, estuve en uno de los talleres más interesantes en los que he participado, cuando una de las entidades ecologistas más importantes de nuestro estado, el PEC (del inglés *Piedmont Environmental Council*), organizó una sesión para que los propietarios de tierras contactaran con los aspirantes a agricultor. Históricamente, las organizaciones ecologistas no han sido precisamente amigables con los granjeros en activo. En muchos aspectos, tampoco yo soy muy amigable con la mayoría de ellos. Sin embargo y por desgracia, los ecologistas no suelen diferenciar con suficiente precisión a los buenos granjeros de los granjeros destructivos. La mayoría de nosotros generalizamos demasiado. Admito que yo también lo hago, especialmente cuando hablo de la USDA. Lo diré claro aquí para que quede constancia, algunos funcionarios de la USDA son una maravilla de personas. Solo que tienes que buscar mucho para encontrarlos, y su existencia no justifica a la organización. La gente maravillosa lo es sin importar dónde esté, ya sea en el gobierno, en una ONG, en una empresa, o donde sea.

Desde mi posición aventajada puedo ver que los miembros de la PEC, principalmente propietarios acomodados que adquirieron las tierras con riqueza generada en las ciudades, han visto casi siempre a los granjeros como si fueran el enemigo. Al fin y al cabo, ellos eran los que criaban a las vacas que derretían los casquetes polares con el metano de sus eructos. También eran los que mataban a las águilas con sus productos químicos. Ya sabes por dónde voy. Te aseguro que, en el ambiente conservador de mi vecindario rural, el término "ecologista" es una palabrota. Por lo tanto, para estos nuevos propietarios ecologistas, el uso preferido de la tierra no conllevaba buscar la amistad y consejo de la comunidad agrícola local. Conllevaba cortar el césped. En esencia, estas granjas se transformaron en céspedes venidos a más. Para mantenerlos bonitos, los granjeros ecologistas segaban el terreno un par de veces al año, manteniendo a raya a los matorrales. Hasta ahí llegaba su plan de gestión de la tierra.

Poco a poco, los empleados de la PEC se dieron cuenta de que este no era, en absoluto, un uso ecológico de la tierra. Pasar con la segadora un par de veces al año no era ni productivo ni mejoraba el medio ambiente. Consumía energía y despilfarraba la biomasa. Para mejorar la situación, concibieron un plan para ejercer de celestina entre los propietarios aburguesados miembros de su organización y granjeros activos con inquietudes ecologistas, "los buenos" dentro de la producción comercial de alimentos. Granjeros como yo. Fue el primer taller en Estados Unidos en el que escuché el término *tenure* con una connotación positiva. Esta figura, practicada en Europa, consiste en alquilar la tierra durante noventa y nueve años y ofrece a aquellos que no tienen tierras la posibilidad de tener una base de operaciones estable. También permite que los propietarios aburguesados se despreocupen de su gestión durante un buen tiempo.

En las dos últimas décadas, con el repunte de los precios de las tierras, puede que estemos entrando en una etapa en la que la gestión de la tierra se convierta en el plan económico defensivo que la gente con riqueza utilice para preservar su patrimonio. Por otro lado, la gestión de la tierra podría convertirse en el plan económico ofensivo de aquellos que quieran adquirir riqueza. De hecho, en Estados Unidos abordamos la propiedad de la tierra de una forma especialmente nuestra. Ninguna otra cultura venera así la propiedad particular. Canadá y Australia se acercan, pero su grado de atracción mística por la propiedad no alcanza los niveles a los que llega en Estados Unidos. A lo largo de la historia, el control normal de la tierra involucraba a toda una tribu. En sociedades no tribales, la realeza concentraba el control de la tierra en las manos de unos pocos. Los campesinos raramente podían siquiera soñar con adquirir tierras.

A riesgo de que parezca que no defiendo los derechos de propiedad, no creo que tenga derecho a hacer en mis tierras lo que yo quiera sin importar cómo afecte a mis vecinos. Esa noción eleva el concepto de comunidad a un nivel de arbitraje tribal. Si cada empresa o individuo que contaminara un cuerpo de agua o envenenara un terreno adyacente fuera castigado personalmente por el daño a las personas que ha envenenado, tendríamos una ética medioambiental muy diferente en este país. El reto que tenemos por delante es el de colocar en la tierra a administradores que se preocupen por ella, que la manipulen para convertirla en suelo fértil y reciclen la biomasa. En estos momentos, hay demasiados ecologistas y defensores de los espacios naturales pretendiendo preservar las zonas rurales sin poner atención en salvaguardar a los agricultores. No se pueden proteger las tierras agrarias sin apoyar a los granjeros. Lo que convierte las zonas rurales en espacios estéticos es el trato cuidadoso que los agricultores le hacen al paisaje. Sin ellos, el paisaje retrocede, convirtiéndose en una tierra baldía. La custodia de la tierra necesita de gente que aporte su innovación y su sudor al paisaje, para atrapar más energía solar y construir tierra fértil más rápido de lo que la naturaleza, con sus propios medios, lo construiría. La clave de la innovación ecológica, emocional y económica es una perturbación cuidadosamente orquestada. Albert Einstein dijo que no se puede construir sin destruir primero.

Si vas a hacer un huerto en tu jardín, no tiras unas cuantas semillas de zanahoria por encima de tu hombro y proclamas: "tengo un huerto". No, tienes que agarrar una pala y una azada y perturbar un poco el suelo. Ecológicamente, la sucesión innovadora requiere una perturbación, igual que todo lo demás en la vida. La metáfora egipcia del Fénix resurgiendo de sus cenizas nos muestra el contraste entre ambos aspectos. A todo el mundo le encanta fijarse en el Fénix sin poner atención en las cenizas que le permitieron renacer.

Tener un hijo es perturbador. Pero, ¿quién quiere vivir en un mundo sin bebés? Son la clave de las nuevas ideas y de la innovación. Un terreno reservado, sin usarse, es como una persona que lo único que hace es tirarse en el sofá, que termina atrofiada y desaprovechada.

Mientras aquellos que pretenden preservar las tierras de cultivo no se sienten en una mesa para averiguar cómo salvaguardar también a los agricultores, no estaremos resolviendo nuestro verdadero problema, que es el cuidado de la tierra.

Hace poco estuve en Saint Louis dando un seminario y disfruté enormemente de las visitas a las granjas del centro de la ciudad. Estuve en un lugar de una hectárea, empotrado entre una autopista y un aparcamiento, que no solo era increíblemente productivo, sino que además servía de centro de recogida de compostaje y de lugar de reunión para la comunidad. Después, visité el huerto del restaurante *Schlafly Bottleworks*, construido excavando el asfalto del aparcamiento de un viejo supermercado. El huerto permitía que el restaurante produjera la mayoría de sus ensaladas y verduras *gourmet* con el compost generado con los restos de cocina.

Y por último la estrella de la corona era una granja situada en un terreno de trescientos metros cuadrados, presidida por varios veinteañeros dedicados al reciclado de biomasa y a la comida local, construido sobre el solar donde antes había habido un bloque de apartamentos. El edificio estaba derrumbándose y se había convertido en el refugio de adictos al *crack*. El ayuntamiento lo demolió y estos jóvenes lo transformaron en una granja productiva. Para hacer un agujero donde clavar un poste y sujetar las plantas, había que atravesar capas de cables eléctricos inservibles, pantalones vaqueros y vasos desechables. Pertrechada con un gallinero a modo de centro de reciclaje, *vermicompost* y bancales elevados de producción intensiva, esta minúscula granja producía todas las verduras necesarias para alimentar a veinte personas durante todo el año.

Las sobras de la cocina iban al gallinero. Las gallinas comían de todo, escarbando, picoteando y haciendo sus necesidades por ahí. La acumulación de estos residuos iba después a los cajones de lombrices. El canal digestivo de las lombrices esteriliza el estiércol y los demás residuos, e intensifica aún más su poder fertilizador. A las gallinas se les daba el excedente de lombrices que les proporcionan proteína animal, y todo el sistema funciona en un ciclo cerrado excepto por la aportación de las sobras de la cocina. Las deyecciones de las lombrices, también llamadas *vermicompost*, proporcionan el eje para abonar, tanto el suelo del huerto como los sustratos de macetas y semilleros.

Una sencilla cocina improvisada bajo el invernadero servía de lugar de reunión para la juventud del vecindario, entusiasmada con la producción y elaboración de comida. En lugar de levantar una construcción convencional para la cocina, que resulta costoso y deja una enorme huella, colocaron una estructura de arcos y la cubrieron con plástico. Por muy poco dinero y en tan solo un día de trabajo, tienes una estructura que no está catalogada como edificio. Como no es un edificio, no se necesitan permisos de construcción, inspecciones ni todo el papeleo burocrático que conlleva una obra convencional. Si hiciera falta, todo el montaje se podría desmantelar y volver a montar fácilmente en otro lugar, ofreciendo flexibilidad a todo el proyecto.

Con unos cuantos armarios, un horno y unos utensilios colgados del cuadro de una bicicleta vieja sujeta a los arcos del invernadero, estos jóvenes disponían de una cocina totalmente funcional para la preparación y conservación de la comida. La ligereza de todo el sistema era realmente ingeniosa. Situada en un barrio pobre, esta pequeña granja era un muestrario de todo tipo de técnicas de optimización biológica, que abarcaban desde el cultivo en terrazas hasta la gestión del abono. En aquel momento, los restos de comida provenientes del vecindario sobrepasaban la capacidad de reciclado de la media docena de gallinas que las regulaciones les permitían tener. Estos jóvenes granjeros visionarios estaban negociando con el ayuntamiento de la ciudad la posibilidad de ampliar el tamaño de su bandada para poder convertir una mayor cantidad de residuos comunitarios en compost de alta calidad.

Les pregunté a aquellos jóvenes: "¿cuánta de la verdura consumida en Sant Louis podría ser producida así dentro de los límites de la ciudad?". Su respuesta fue rápida y firme: "Hasta el último kilo de verdura se podría cultivar en la ciudad". En efecto, podríamos decir lo mismo de la mayoría de las ciudades, en especial de aquellas como Detroit que sufren una rápida despoblación como resultado de la reducción de los puestos de trabajo en el sector manufacturero. En la costa este, Baltimore tiene dieciséis mil hectáreas de terreno desocupado.

El mentor de estos jóvenes visionarios había sido Will Allen, gurú de la agricultura urbana en Estados Unidos, y fundador de *Growing Power* en Milwaukee. Introduciendo peces, simulando ríos, usando macetas, invernaderos, y *vermicompost*, la productividad de las granjas que Allen ha construido dentro de la ciudad se sale de la escala de cualquier granja industrial basada en una sola especie. Su modelo prueba la viabilidad de la agricultura urbana como respuesta real para proporcionar comida a los desiertos de alimentos y las poblaciones urbanas. Simula los ecosistemas naturales, recreando de forma sumamente intensiva lo que la naturaleza hace de forma extensiva. La base de todo son los desperdicios de comida. Cientos de toneladas. "Y no hemos hecho más que empezar", dice Allen.

Allen hace pilas de compost utilizando restos de comida, que después procesa con lombrices. Las llama "mis nenas", y disfruta metiendo la mano en el rico *vermicompost* de color negro, sacando puñados de estos saludables gusanos, y viendo cómo se retuercen en su mano. El *vermicompost* proporciona el sustrato para las macetas en las que cultiva una copiosa variedad de lechugas y verduras regadas con el agua de los tanques de peces. Esa agua, cargada de nutrientes, se purifica igual que lo haría en un arroyo natural al pasar por un laberinto de plantas acuáticas.

Un modelo derivado de este, llamado SPIN *Farming**, está ganando fuerza por todo el mundo. Conocí hace poco en la Columbia Británica a un joven granjero que emanaba éxito empresarial. No tiene tierras, pero sí acceso a dos mil metros cuadrados, con los que gana cincuenta mil dólares al año, lo que equivale a un salario a jornada completa. Para alguien que nunca haya visitado uno de estos modelos apilados, multidimensionales, integrados, intensivos y altamente productivos, la inmensa capacidad productiva por metro cúbico (utilizan unidades de volumen, no lineales, debido al apilamiento en la vertical de plantas y animales en relación simbiótica) es sencillamente apabullante.

Demasiada gente se queda extasiada ante la imagen de una hilera de cosechadoras avanzando en formación a través de un inmenso campo de cereal, o de cosechadoras de verduras de quince metros de altura moviéndose lentamente a través de los campos de California.

---

* *[N. de la T.]* SPIN *Farming*, que deriva de Small Plot Intensive Farming (Producción intensiva en pequeñas parcelas), es un modelo de agricultura ecológica a pequeña escala de gran productividad y rentabilidad. Ver http://spinfarming.com/whatsSpin/

Pero los sistemas industriales extensivos, dedicados a una sola especie y que utilizan una maquinaria enorme, no tienen nada que hacer frente a la producción por metro cuadrado de los sistemas de diseño intrincado que acabo de describir. Los sistemas de agricultura inmersos en las zonas urbanas son fantásticos por lo intensivos que son. Lo mismo se puede decir de nuestra granja ganadera basada en pastos. La simbiosis entre múltiples especies funciona igual con animales que con plantas. Combinar plantas y animales te da lo mejor de los dos mundos. Así es como funciona la naturaleza.

La realidad es que alrededor de las ciudades y pueblos de este país, en aldeas rurales y urbanas, hay millones de hectáreas sin trabajar pidiendo a gritos un poco de ejercicio productivo. Estas hectáreas se pueden poner en marcha para producir alimentos que se consuman en el entorno local. Tenemos la tierra y sabemos cómo hacerlo. Cuando la sociedad lo quiera, estas tierras volverán a ser custodiadas de una forma diferente por granjeros ecológicos. No existe ninguna barrera intrínseca que impida que esto ocurra. La única razón por la que no está ocurriendo ya, es que la mayoría de los estadounidenses todavía piensa que es normal y no pasa nada porque cada bocado de comida viaje dos mil cuatrocientos kilómetros para llegar del campo a la mesa. El día que semejante viaje resulte demasiado caro en términos energéticos, o ecológicamente repugnante, estas tierras volverán a producir comida.

En Estados Unidos hay catorce millones de hectáreas de césped y otros catorce millones dedicados al alojamiento y alimentación de caballos de recreo y eso sin contar siquiera con los campos de golf. Di una charla en una reunión del consorcio *Fortune 500** titulada "Crecer sin vender tu alma" y pasé la noche en un alojamiento más grande que el noventa por ciento de las casas del mundo. Tanto, que me hacía falta un GPS para navegar desde la cama hasta el baño. Nunca vi a nadie más en mi cuarto, pero había sitio para media docena sin que yo me enterara de su presencia. Era algo obsceno. ¿Por qué razón puede alguien necesitar semejante lujo? Y para más inri en un desierto.

Por la mañana, había aspersores funcionando por todas partes.

---

* *[N. de la T.]* La lista *Fortune 500* es una lista publicada anualmente por la revista *Fortune* con las 500 mayores empresas estadounidenses según su volumen de ventas.

Setos, césped, árboles. Nada comestible, por supuesto. No tengo nada en contra de las flores y la belleza, pero pienso que las verduras, las uvas y los manzanos también son bonitos. Parece como si todos los paisajistas institucionales hubieran firmado algún tipo de código bajo el cual el paisajismo comestible es la peor lacra sobre la faz de la tierra. ¿Por qué?

Hace poco facilité un coloquio de todo un día en un internado muy prestigioso en la zona rural del sur del país, en el que estaban debatiendo sobre qué hacer con las tierras agrícolas que rodean la escuela. Como muchos de los internados inaugurados en el siglo XIX este solía autosustentarse con la producción de sus campos. Los estudiantes trabajaban en la lechería como parte de su desarrollo integral como personas. Las fotos antiguas colgadas en el edificio de administración mostraban ovejas pastando en el césped de la entrada. Había frutales moteando el paisaje que rodea los dormitorios y los edificios de aulas. Ahora esta granja se ha convertido en una carga. He visto muchas situaciones como esta, y tengo una cosa que decir al respecto, que un internado vea sus tierras agrícolas como un problema: no es normal. ¿Cómo puede ser que producir toda la comida para el campus se convierta en la manzana de la discordia entre los miembros del consejo de administración y en una cruz para la institución? Los consejeros ven que las tierras pierden dinero a chorros todos los años y quieren deshacerse de ellas en el atascado mercado inmobiliario.

Otros, desesperadamente, quieren reincorporar la granja al temario. Los profesores de ciencias medioambientales tienen un grupo de leales estudiantes listos para cultivar huertos y dar de comer a las lombrices. Aquel día en particular, en aquella escuela en particular, me llamó la atención que cada vez que la mitad del grupo proponía seguir adelante con el paisajismo comestible y los sistemas portátiles de gestión ganadera para producir los alimentos de la escuela, el departamento de admisiones daba voz a algo que todos sabían, pero nadie decía: "Los padres que mandan a sus hijos a un internado no quieren que trabajen con pilas de compost. No quieren venir el día de visita y ver una oveja en el césped".

Qué triste que nos hayamos vuelto una cultura tan sofisticada que la producción de comida nos dé asco. De acuerdo con un artículo publicado en el *Washington Post* el 12 de marzo de 2010, Jerry Weast, el gerente de las escuelas del condado de Montgomery en Maryland, envió una nota el 26 de febrero diciendo: "Debido a que los huertos son una fuente de plagas, suponen un problema para los niños con alergias a los alimentos y crean otras preocupaciones asociadas, el personal del Departamento de Gestión de Instalaciones no aprueba la utilización de zonas ajardinadas para la producción de comida". ¡Increíble! Amigos, esto no es normal. Demonizar huertos debería ser equivalente a insultar al papa, o al menos tan sacrílego como quemar la bandera. ¿Qué come este individuo? ¡Santo cielo!

De acuerdo con el informe, unos pocos meses antes Donna Marchick, gerente de este departamento, escribió a los profesores de la Escuela Elemental de Maryvale: "Como sabéis, las plantas que producen alimentos atraen a las plagas. Las leyes de Maryland restringen el uso de pesticidas en los terrenos de las escuelas. Por lo tanto, las escuelas públicas del condado de Montgomery no permiten el cultivo de plantas comestibles". Según la corresponsal del *Washington Post*, Jane Black, la prohibición no incluía a los jardines de mariposas ni a los jardines de lluvia. ¿Os imagináis el prejuicio contra la comida y los huertos con el que estos jóvenes entrarán en la vida adulta?

Los sistemas de producción de alimentos locales deben estar integrados. En su fantástico libro *City Chicks* [Pollos de ciudad], Pat Foreman habla sobre una ciudad en Bélgica que regaló tres gallinas a cada familia que las quisiera. Dos mil familias se apuntaron. En el primer mes del programa, esas seis mil gallinas disminuyeron la cantidad de residuos compostables del vertedero en cien toneladas. Es el programa de reciclaje definitivo.

Si cada cocina de Estados Unidos tuviera suficientes gallinas incorporadas a ella como para que se comieran todas las sobras, no sería necesaria la existencia de una industria de producción ni distribución de huevos en todo el país. Imagina que toda la industria de producción de huevos desapareciera. Los ecologistas y los defensores de los animales condenan las jaulas en batería y las condiciones industriales de cría de pollos, y yo estoy de acuerdo en que son deplorables. Pero vayamos hasta el final y vinculemos a los pollos con su labor tradicional, como recicladores de sobras y restos de comida.

Cualquiera puede tener un par de gallinas en casa. Sin duda no son más sucias que un par de periquitos, son mucho menos ruidosas y mucho más productivas y útiles. ¿Qué tienen de malo? Hay directores de servicios de comedores institucionales que reciben premios de grupos ecologistas por instaurar programas que transportan los restos de comida a un centro de compostaje situado a quince kilómetros. Pues muy bonito. ¿Qué tal si ponemos un pequeño gallinero pegado a la cocina para que los desperdicios no tengan que transportarse a ningún sitio? Dáselo a las gallinas y llévate los huevos. Aquí una sencilla acción produce múltiples beneficios.

Con eso se eliminaría la necesidad de cultivar todo el cereal que se produce para alimentar gallinas. Al reducir la producción de cereal, se reduciría la cantidad de tierra labrada, lo que reduciría la erosión, liberaría tierra para poder cubrirla con especies perennes, lo que a su vez crearía tierra fértil y en última instancia estimularía el flujo de agua de los ríos. Sé que esto suena como un cuento de niños, pero es cierto. Cuando vas al origen de un problema, se desencadena toda una serie de beneficios secundarios. Pero si vas de puntillas por los costados, con lejanas pilas de compost y soluciones no integradas, lo que haces es crear otro problema, como el de cómo transportar los residuos y pagar el combustible necesario para hacerlo. Vayamos a por la fruta que cuelga cerca del suelo, vayamos a por lo obvio. El resto se pondrá en su lugar por sí solo.

Hace unos años, cuando estuve en Terra Madre en Turín, Italia, me quedé impresionado con lo pequeño que eran los céspedes y con los huertos que había al lado de las carreteras. Los espacios verdes alrededor de las casas en la ciudad estaban llenos de verduras, no de césped. Las intersecciones de las autopistas, entre las rampas de entrada y salida, no se segaban con grandes máquinas especializadas como aquí en Estados Unidos. Estas enormes áreas estaban divididas en parcelas de mil metros cuadrados, cada una con su caseta de aperos y su choza para pasar la noche. Los urbanitas iban a sus huertos el fin de semana y volvían a la ciudad cargados con las verduras de la semana, para comérselas o compartirlas con sus amigos.

Qué idea tan buena. Cuando estuve en México, vi cómo segaban las autopistas con las vacas de las familias, que cada día siegan un nuevo círculo alrededor de donde están atadas. A última hora de la tarde, si pasas conduciendo por al lado, puedes ver a los propietarios recogiendo a sus vacas para ordeñarlas, y después traerlas de vuelta para pasar la noche. Los parques de las ciudades se siegan con vacas. El pastoreo de las zonas comunales ha sido parte de su cultura durante mucho tiempo. La noción de que la producción de alimentos es algo sucio y que debe ser apartada para que la gente no la vea ni la huela, ha calado en nuestra cultura solo por las atrocidades del sistema alimentario industrial.

¿Te imaginas que en Estados Unidos segáramos las carreteras interestatales con vacas y pusiéramos huertos en las intersecciones? Los defensores de los derechos de los animales nos acusarían de abusar de los animales al tenerlos pastando, sobretodo cuando todos sabemos que lo más justo y caritativo es segar con máquinas. Las compañías de seguros se subirían por las paredes solo con pensar en la posibilidad de que un vehículo fuera de control pudiera pasar por encima del huerto o la choza de alguien. Tolerancia cero. Esta es mi pregunta: ¿qué me decís de tolerancia cero para la producción de comida no ecológica? Si alguien quiere tener un huerto al lado de la autopista y está dispuesto a asumir el riesgo, ¿por qué no dejarle que lo haga?

Mi nuera Sheri piensa que las medianas de todas las carreteras interestatales deberían estar plantadas con frutales atendidos por presidiarios. Los presos van ahí igualmente a rociar herbicidas. ¿Por qué no dejar que poden los árboles y recojan fruta, vendiéndola después a la comunidad en un mercado de productores montado en la prisión? Saldrían y respirarían aire fresco, ganarían algo de dinero y harían algo útil. Yo les compraría. ¿Y tú?

La innovación siempre requiere riesgo. Son las reglas del juego. ¿Acaso habríamos ido al espacio sin riesgo? ¿Existirían los automóviles? ¿Habrían llegado a volar los hermanos Wright? No, habrían abandonado la idea de volar. Su compañía de seguros les habría dicho que el riesgo era demasiado elevado. Creo que será mejor que dejemos de poner exámenes en la escuela. El riesgo de trauma emocional es demasiado alto. ¿Dónde está el límite de esta cobardía? Una sociedad regida por el miedo se estanca. El nivel de temor que nuestra cultura exhibe hoy en día no es normal.

En estos tiempos, ¿habrían salido Lewis y Clark de viaje*? Por supuesto que no. Les habría asustado demasiado. El congreso habría tardado diez años en decidir si se debería lanzar o no la expedición. Pero señor presidente, cuando se trata de ejecutar a alguien, nos basta una simple orden ejecutiva. ¡Señor, sí señor! Trae los pistolones. Dispara. ¿Te imaginas a los agentes de seguridad del estado de hoy en día registrando a los tíos que se apuntaron a la expedición de Lewis y Clark? No habrían pasado el control ni en mil años.

Lo cierto es que si utilizáramos paisajismo comestible en todos los lugares donde fuera posible, tendríamos tanta comida que no podríamos acabárnosla. Con la llegada del supermercado y la abdicación de la responsabilidad alimentaria personal, el tejido de producción local de alimentos se ha perdido por completo. Desde los mataderos hasta las fábricas de enlatado, pasando por los huertos familiares, la infraestructura que apoyaba que carniceros, panaderos así como fabricantes de velas pudieran estar inmersos en la comunidad ha sido reemplazada por los megamercados y el transporte global de mercancías.

La única razón por la cual este derroche en transporte de comida y esta desconexión pueden ocurrir es que la energía barata enmascara los costes. Si el verdadero coste del combustible, incluyendo el coste de mantener la estabilidad en Oriente Medio, se añadiera a los costes del transporte, el kilometraje de los alimentos no nos parecería tan eficiente. Si apreciáramos el valor de la energía tanto como lo hacíamos antes de la era del petróleo, los almacenes refrigerados, el aire acondicionado y enviar bolsas de ensalada *mesclun* desde California hasta Boston serían prácticas prohibitivas. A lo largo de la historia, obtener energía requería un esfuerzo significativamente mayor. Cortar leña sin una sierra eléctrica, subirla a un carro tirado por tracción animal, cultivar la comida de esas bestias, solo eso ocupaba prácticamente un tercio de las tierras agrarias de los Estados Unidos.

El petróleo y los combustibles baratos liberaron ese tercio de tierras agrícolas en las que se plantaron cultivos, lo que se tradujo en excedentes, que bajaron los precios, lo que a su vez produjo un cla-

* *[N. de la T.]* El autor se refiere a la primera expedición llevada a cabo por estadounidenses que cruzó casi todo Estados Unidos, desde San Luis (Misuri) hasta el océano Pacífico.

mor popular por una solución gubernamental. Las estructuras de apoyo a los precios y los subsidios llevan funcionando solamente unas pocas décadas. Imagina una agricultura en la que se tuvieran que tomar decisiones en el marco de una economía en tiempo real.

En la actualidad, la intervención de un gobierno que manipula el mercado enmascara los verdaderos costes de los alimentos del supermercado. Al mismo tiempo, dificulta la viabilidad de la comida local. Hemos cambiado un sistema alimentario que siempre había sido fuerte por otro, el industrial, que es frágil y perjudicial. Nuestra cultura en su conjunto ha cambiado los huertos caseros y las granjas del vecindario por productos importados de China y megacampos fumigados y saturados de sustancias químicas, susceptibles a todas las enfermedades conocidas.

Si tomamos los resultados de producción calculados por John Jeavons, el gurú de los huertos biointensivos, podríamos cultivar todas las verduras consumidas en Estados Unidos solo valiéndonos de los céspedes y los centros de equitación, sin necesidad de granja alguna. Las granjas se podrían concentrar en alimentos de mayor densidad nutritiva como el queso, la carne roja y la carne de ave, que tienen un menor contenido de agua y por lo tanto su transporte es más eficiente. Las verduras y las frutas tienen un alto contenido de agua, lo que aumenta su peso y convierte su transporte en muy ineficiente. Uno de los argumentos de mayor peso en la defensa de los sistemas alimentarios locales es el de dejar de transportar toda el agua contenida en las verduras. La producción local de comida es la columna vertebral de cualquier modelo de alimentación razonable. Ha superado la prueba del tiempo porque tiene sentido desde el punto de vista de la energía, del movimiento y de la logística. Este destello conocido como la era del petróleo, o la era de la energía barata, no cambia las normas esenciales que han hecho que la producción local de comida sea la base de todos los pueblos estables.

Ninguna cultura ha sobrevivido a la escasez de alimentos. Las comunidades más fuertes son aquellas que pueden alimentarse a sí mismas. Eso es la normalidad histórica. Ayer, hoy y mañana. Reconstruyámosla. ¿Qué podemos hacer?

1. Paisajismo comestible. Es extremadamente importante. Los campus de las universidades, los céspedes, cualquier sitio donde crezcan plantas, reemplázalas por comestibles en lugar de jardines ornamentales. Se tarda lo mismo en podar un ciruelo o un manzano que en podar un peral ornamental.

2. Haz uso de los márgenes. Derechos de paso, parques, bajo las líneas de alta tensión, espacios públicos o sin usar, todos puedes ocuparlos con plantas comestibles.

3. Consume alimentos de tu biorregión. Reserva los alimentos provenientes de lejos para eventos realmente especiales. ¿Acaso necesitan en Boston fresas frescas en enero?

4. Construye una terraza acristalada en la cara sur de tu casa y cultiva plantas en ella.

5. Cambia los periquitos por un par de gallinas. No hacen tanto ruido y además ponen huevos.

LOS NUGGETS CON FORMA DE DINO, EL DINOSAURIO, NO CRECEN EN LOS POLLOS

"¿Cómo se hace una hamburguesa?". Eso susurró en mi oído una de mis clientas el día del reparto de su grupo de consumo. Sin creer haber entendido correctamente, le pedí que repitiera la pregunta.

"¿Cómo se hace una hamburguesa?". Así que sí había entendido correctamente. Lo único que me atreví a preguntarle fue: "¿Lo dices en serio?".

"Si", dijo en tono suplicante. "Hace unos diez años que mi marido y yo somos vegetarianos y ahora que sabemos que la cría de ganado en pastos es la mejor manera de sanar el planeta, él quiere comer hamburguesas y yo no sé cómo prepararlas". No me lo estoy inventando.

No hace mucho tuvimos un problema con un extracto bancario que requería que alguien nos ayudara en el ordenador de la oficina del banco. Nuestra maravillosa banquera y responsable de créditos instaló a Teresa en su oficina y la ayudó a resolver el contratiempo. Como agradecimiento, preparamos un pequeño paquete de regalo que contenía chuletas de cerdo, huevos, filetes y un pollo, y se lo llevamos. Al día siguiente recibimos una curiosa llamada de teléfono:

“Muchas gracias por las viandas. Me va bien todo menos el pollo. ¿Qué se hace con un pollo entero?”. Estamos hablando de una madre inteligente, educada en la universidad, con hijos adultos. ¿Qué se hace con un pollo entero? ¿de verdad? ¿me estás tomando el pelo?

Hace cuarenta años, cuando empecé a vender pollos, todas las mujeres de Estados Unidos sabían cómo despiezar uno. Estoy siendo sexista a propósito, porque disfruto siendo sexista. Casi todos nuestros clientes son mujeres. Los hombres solo refunfuñan y se quedan delante del refrigerador. Miran dentro y murmuran: “No lo encuentro”. Los únicos hombres que pueden adentrarse en la cavernosa profundidad del refrigerador y encontrar algo son los chefs.

Así que, hace cuarenta años, todas las mujeres sabían despiezar un pollo. Formaba parte del conocimiento general. Era como aprender a andar en bicicleta, o a leer, o a atarte los zapatos. Era una habilidad doméstica, como clavar un clavo con un martillo, poner la lavadora en marcha, encender la aspiradora, o usar el cortacésped. En la actualidad, más de la mitad de nuestros clientes ni siquiera saben que los pollos tienen huesos.

Señoras, tengo noticias para vosotras. Los *nuggets* de pollo con forma de Dino, el dinosaurio, no forman parte de la anatomía del pollo. No encontrarás un grupo muscular denominado “*nuggets*”. Las pechugas sin hueso y sin piel ni siquiera estaban disponibles en los supermercados antes de 1970. Si en tu receta ponía que tenías que usar una pechuga sin hueso y sin piel, tú mismo te la preparabas. Y cuando habías terminado, además de pechuga tenías cuello, espinazo, alas, muslos y contra muslos. También los cocinabas y te los comías.

Recientemente di una charla en una reunión anual con políticos de pueblos y pequeñas ciudades que tuvo lugar en Toronto. Un concejal de una ciudad de cincuenta mil habitantes me habló de un granjero de las afueras que cultivaba verduras a una escala bastante grande, unas veinte hectáreas de calabazas. El año anterior, tuvo una mala cosecha y sus clientes le penalizaron por no producir lo acordado en el contrato. Desesperado por asegurar que esto no ocurriera de nuevo, al año siguiente plantó el doble de lo que pensaba que iba a necesitar. Sí, has adivinado el resultado: una temporada perfecta y la cosecha del siglo.

Había plantado veinte hectáreas de calabaza pero con la producción de solo seis completaba el pedido contratado. El comprador no quería más, así que se encontró con catorce hectáreas de calabazas en el campo y sin mercado. No sé a ti, pero a mí me gusta la calabaza tanto como los boniatos. Y es muy versátil, sirve para hacer desde sencillos asados hasta pasteles lujosos. Este concejal, que estaba muy involucrado en temas de alimentación local, incluyendo un banco de comida, se enteró de la situación e intentó reunir fuerzas para ir a recolectar y rescatar lo que equivalía a dos tráileres llenos de calabazas.

Sin embargo, al final su petición cayó en oídos sordos porque nadie sabía qué hacer con todo eso. Finalizó su narrativa diciendo: "No podemos empezar siquiera a hablar de comida local hasta que no tengamos el conocimiento culinario suficiente como para saber qué hacer con los alimentos que tenemos disponibles. Ya nadie sabe cocinar". Tristemente, tiene razón. Cultivar las artes culinarias domésticas podría ser el mayor reto en la restauración de la normalidad alimentaria, más aún que la distribución, la producción o cualquier otra cosa.

La cocinera Anne Cooper, del célebre programa *De la granja a la escuela*, dice que uno de los problemas que tienen a la hora de llevar la comida de verdad a los comedores de los colegios es que los niños aprendan a comer pollo con huesos. "¿Qué se hace con esto?", preguntan, completamente descolocados ante la presencia de esta extraña sustancia que han encontrado dentro de la carne. Me recuerda a aquel grupo de chavales frente a un acuario que estaban buscando los palitos de pescado (*fish fingers*).

En una relevante universidad de Kentucky, que albergó una conferencia sobre alimentación a la que asistí como ponente, los anfitriones me contaron esta historia. Siendo breve y parafraseando, durante una campaña por el consumo local y ecológico, la universidad contrató a una ganadería de carne de pasto bastante grande para suministrar carne picada. Carne sin los típicos conservantes ni aditivos de relleno. ¿Has visto el documental *Food Inc.*, donde la pasta de carne es tratada con amoniaco, sale a chorro por unos conductos, rellena unas cajas que pasan por una cinta transportadora y van a las fábricas de los productores de hamburguesas de Estados Unidos? Pues estas no, estas hamburguesas eran de carne, carne.

Cuando empezaron a servir las hamburguesas de esta carne de pasto, los estudiantes se rebelaron, quejándose: "No estamos acostumbrados a masticar hamburguesas". Amigos, no me lo estoy inventando, os lo cuento tal y como me lo contaron. Al final la universidad respaldó la campaña y para cuando estuve allí, al año siguiente, habían contratado a una empresa de relaciones públicas para promover las hamburguesas de carne de pasto al cuerpo estudiantil. En ese momento el proyecto estaba en marcha y parecía tener éxito. Puede que sea demasiado pronto para apuntarse esa victoria, pero al menos parece que la cosa está encaminada. Gracias a Dios. Una profesora de arte de la ciudad de Washington vino a verme después de hacer mi presentación y me dijo que se iba a jubilar a finales de año. Como soy astuto, le respondí instantáneamente: "Ah, pero si tú no estás en edad para jubilarte".

A lo que ella me respondió:

—Bueno, es verdad, pero estoy frustrada.

—¿Por qué? —le pregunté.

"La semana pasada les mandé a mis alumnos de décimo el proyecto de arte que siempre les pido a principios de curso. Siempre les pido que traigan una cazuela para dibujarla. Hay cazuelas de todos los tamaños y formas, pero sus líneas son bastante simples. Cuando vi que todos me miraban como si viniera de Marte, les pregunté, '¿cuál es el problema?'. Y me dijeron: 'No tenemos cazuelas en casa'".

Y continuó: "Anonadada les pregunté: '¿qué utilizáis para cocinar?'. Y me contestaron: 'Bueno, solo tenemos que abrir la caja y ponerla en el microondas'". Y eso, queridos amigos, había llevado a aquella profesora de instituto a tal estado de agitación que estaba a punto de tirar la toalla y cerrar la puerta por fuera.

Hace poco, un amigo estaba comprando productos de consumo básico en el supermercado. Tenía harina, sal, azúcar, bolsas de patatas, paquetes de mantequilla, y la mujer que tenía detrás en la cola del cajero le preguntó: "¿Qué comes?".

Él respondió:

—¿Qué quieres decir?

—No tienes nada para comer ahí. ¿Qué comes? —insistió la mujer.

Después de unas cuantas preguntas y respuestas como estas, finalmente mi amigo se dio cuenta de que esta mujer nunca había visto ingredientes de consumo básico. Para ella, un carro lleno de estos ingredientes era algo desconocido. Mi amigo miró en el carro de la mujer y todo lo que llevaba eran productos listos para consumir: pizza congelada, raviolis precocinados o sopa en lata. Todo estaba completamente procesado y solo había que calentarlo en el microondas. Desde su punto de vista, mi amigo no llevaba nada comestible. Increíble. Ninguna civilización ha gastado más dinero remodelando sus cocinas y llenándolas de electrodomésticos, ni ninguna ha estado más perdida en ellas. Es como montar en un avión transoceánico para ir a diez kilómetros de distancia. Ponemos todos esos artilugios tecnológicos en nuestras cocinas para impresionar a los invitados y después nunca los usamos. Esto no es normal.

Históricamente, las cocinas han sido siempre la pieza central de los hogares. Siempre había algo en el fogón, asándose, guisándose, subiendo o lo que fuera. La sala de estar ha reemplazado a la cocina como centro de operaciones de la casa. Es una pena, porque no podemos conseguir una ecología normal sin un conocimiento culinario normal y sin involucrarnos en las tareas domésticas.

He escuchado que muchos jóvenes de hoy en día piensan que cocinar consiste en abrir una lata. No, queridos míos, preparar una comida consiste en utilizar ingredientes sin procesar y ponerlos juntos para crear un plato. Por increíble que parezca, se pueden hacer muchas cosas diferentes en una cocina. Sheri, nuestra nuera, se inventó una receta rápida y fácil para hacer manteca en la olla de cocción lenta. Lo único que necesitas es grasa de cerdo. Nuestros clientes miembros de la Fundación Weston A. Price (WAPF, por sus siglas en inglés) no paraban de pedir que sirviéramos manteca porque es mucho mejor, nutricionalmente hablando, que los aceites vegetales y las grasas trans. Pero no podíamos hacérsela legalmente debido a las normativas alimentarias y a los dedicados "policías de la comida", que se aseguran de que las cumplamos. Puedes hacer bases de tarta con manteca, patatas fritas en manteca o hasta bolitas de maíz fritas en manteca. Parezco Bubba de *Forrest Gump* hablando de platos hechos con gambas. Si nunca has cocinado con manteca, te estás perdiendo algo.

En la cocina puedes hacer mermeladas, confituras, gelatina. Nuestra granja vende las patas de los pollos por su gelatina, para hacer sopa. Sally Fallon, fundadora de la WAPF, le ha hecho un favor al mundo entero reviviendo las artes culinarias con su libro *Tradiciones culinarias**. Hacer una lista de todos los enunciados de este libro sería demasiado laborioso, pero sin duda la oleada de interés en cocinar con ingredientes básicos en su estado natural es un cambio cultural maravilloso. La industria del procesado de alimentos, con la promesa de liberar a las mujeres de la esclavitud de la cocina, ha hecho un trabajo impecable cuestionando el valor de hacer las cosas por nosotros mismos. En su fabuloso libro *Radical Homemakers* [Amas de casa radicales], Shannon Hayes describe este clamor popular contra la marginalización de las artes culinarias domésticas por parte de la cultura moderna. Si alguien necesita un empujoncito para regresar a este mundo históricamente normal, sin duda ella se lo dará.

Al contrario de la opinión popular, cocinar utilizando ingredientes locales sin procesar no requiere las veinticuatro horas del día, ni los siete días de la semana. No se trata de que las mujeres vayan descalzas, preñadas y se pasen el día en la cocina. Estoy de acuerdo con Shannon, que dice que su abuela hubiera dado su brazo derecho por tener los electrodomésticos que hoy en día nos ayudan a ahorrar tiempo en las labores de casa. ¿Qué hay más sencillo que meter una pieza de carne para asar, con algunas patatas, zanahorias y cebollas, en una olla de cocción lenta a las siete de la mañana y servir la comida en la mesa a las seis de la tarde? Sin latas que desechar, sin cajas que tirar a la basura. Y si tu olla de cocción lenta es bonita, ni siquiera te hace falta servir la comida en una fuente aparte.

La comida se queda ahí todo el día y lentamente se va cociendo, a tan solo cuarenta vatios de potencia, sin riesgo alguno. Gracias al fuego lento, no se secará si llegas tarde para la cena. Estará hecha mucho antes de que la necesites. Un sistema flexible, de bajo consumo y que tan solo requiere de diez minutos para ponerlo en marcha. Cocinar en casa es como cualquier otra habilidad: cuanto más la hagas mejor se te dará. Lo que ahora te puede parecer abrumador, acabará por convertirse en rutina. Y si alguien tiene miedo de meterse en la cocina, permitidme que le anime con una perogrullada. Todo

* *[N. de la T.] Tradiciones culinarias*, Sally Fallon Morell, editorial Diente de León, próxima publicación.

el mundo ha escuchado el refrán que dice: "Si merece la pena hacerlo, merece la pena hacerlo bien". Pues bien, tengo algo que decirte: no es cierto.

Lo cierto es lo siguiente: "Si merece la pena hacerlo, merece la pena hacerlo mal primero". ¿Quién hace algo bien por primera vez? Y aun así hemos tenido ese "merece la pena hacerlo bien" taladrado en nuestras mentes durante tanto tiempo, que nos da miedo hacer algo por primera vez por si nos sale mal y quedamos como tontos.

Imagínate un bebé en pañales intentando por primera vez ponerse de pie con ayuda de una silla. Se tambaleará, volverá a intentarlo, se tambaleará de nuevo, y finalmente conseguirá alzarse, insegura e inestable, mirando a su alrededor, sin saber si sentirse satisfecha o morirse de miedo. Los adultos que la vean exclamarán: "¡Mira a Roxanne! ¡Se ha puesto de pie! Miradla. Roxanne, eres una niña grande. Estamos muy orgullosos de ti".

Justo en ese momento, Roxanne pierde el equilibrio y se cae de culo sobre el pañal, sonriendo y meneando la cabecita ante el repentino alboroto. Imagínate a los adultos diciéndole: "Roxanne, por Dios bendito. Si no te puedes poner de pie mejor de lo que lo has hecho, déjalo. Si merece la pena hacerlo, merece la pena hacerlo bien". Por supuesto no puedes imaginártelo y yo tampoco. Entonces, ¿por qué cuando somos adultos nos asustamos ante la idea de caernos de culo? No creo que sea porque ya no llevamos pañales. Es porque nos paralizamos ante el miedo al fracaso. Algo ocurre en nuestra psique que nos intimida, nos inutiliza con el miedo a lo desconocido. Sé que la cocina puede causar aprensión, o resultar enigmática; sé que ese pedazo de carne para asar descongelándose en el fregadero tiene un aspecto primitivo, pero da el primer paso, lánzate a la aventura y hazlo mal la primera vez. ¿A quién le importa si la primera vez se te hunde el bizcocho? ¿Qué pasa si el helado se te pega a las paredes de la heladera? ¿Qué más da si las galletas quedan crujientes en lugar de esponjosas? Arremángate y hazlo. A medida que cultives esa habilidad, harás más con menos y en menos tiempo y mucho mejor de lo que nunca creíste posible.

Tuvimos un trabajador en prácticas un verano que acababa de terminar cuatro años de educación en dietética en una universidad prestigiosa del este del país y no había cocinado nada en su vida.

Nada de nada. Durante el verano que pasó con nosotros se adentró en este terreno desconocido y completó su título de dietista con algo real: experiencia culinaria. No se me ocurre un ejemplo mejor de aprendizaje disociado.

Que nadie piense que soy un sibarita, no lo soy. Para nada. Sé cómo rallar queso, hacer una tortilla para chuparse los dedos y freír salchichas. Solo he cocinado en dos periodos de mi vida y los dos duraron nueve meses (os doy una pista, tenemos dos hijos). La verdad es que tuve suficiente. Pero Teresa, mi compañera durante más de treinta años, es una experta de primera en cocina, una cocinera de las de la vieja escuela. Tampoco ella es una sibarita, pero los ruiditos que hacen los comensales cuando ella cocina son legendarios. Es buena comida, preparada de forma sencilla y servida con generosidad.

Teresa hace pasteles y pudin partiendo de ingredientes sencillos, natillas con leche cruda de vaca, helado y sopas contundentes. Resulta que me encanta la sopa. Su sopa de tomate, hecha con los tomates de casa, mantequilla fresca y leche cruda os lo aseguro, es para morirse. Sopa de guisantes, de lentejas, estofado de carne, sopa de patatas. Te aseguro que nunca encontrarás cosas como estas en una lata o en una bolsa y la lista de ingredientes es pronunciable y corta. Nada extraño y apenas ningún envoltorio que haya que desechar.

¿Para qué sirven las cocinas? En los países desarrollados modernos son un centro de desempaquetado. Un almacén de *nuggets* disponibles, al que los miembros de las familias acuden cuando tienen el antojo de picar algo ya preparado por una entidad que raramente tiene como objeto el bienestar de sus clientes. El objetivo de estas preparaciones normalmente tiene que ver con aumentar las ventas o la cuota de mercado. Puede que la integridad nutricional esté enterrada en algún lugar de la declaración de valores de la empresa, pero, ¿qué significa? ¿Nutricional según Monsanto? Que Dios nos asista.

Las cocinas son el enlace esencial entre el campo y el plato. Los alimentos que salen de los campos han de ser troceados, cortados en rodajas, hechos puré, salteados, marinados y muchas otras cosas. ¿Por qué nos negamos con tanta facilidad a darnos el gusto de prepararnos las cosas por completo? En efecto, el tiempo empleado en mezclar, revolver y medir ofrece un momento de meditación para establecer un lazo con el granjero. Creo que los productores que venden al sistema alimentario industrial se niegan a sí mismos la satisfacción de saber que su comida será manipulada por unas manos que la prepararán con cariño para sus seres más queridos.

Hace poco vino a hacer prácticas una mujer que se había criado en una lechería de las que venden la leche a la industria. Cuando el camión cisterna salía por la puerta de la granja, no tenía ni idea de a dónde iba la leche, quién la bebería o qué harían con ella. Pero cuando vino a Polyface y empezó a interactuar con los clientes que compraban los pollos que ella había criado y despiezado, pudo mirar a los ojos de las personas para las que había estado trabajando. De pronto madrugar para mover los refugios, dar de comer a los pollos, quitar plumas, eviscerar y preparar bolsas, se convirtió en algo especial gracias al contacto humano. Para ella la interacción con el cliente cerraba un circuito emocional.

Cada año que celebramos el Día de Acción de Gracias, nuestra familia se sienta a la mesa sabiendo que hay miles de otras familias sentándose a disfrutar de una comida que sale del trabajo de nuestras manos. Esta consciencia no es solo cerebral o académica. Es física. Hemos charlado con nuestros clientes, nos hemos reído con ellos. Han paseado por nuestros campos. De hecho, nos hemos cortejado mutuamente. O si lo prefieres, esta íntima relación con la comida fue precedida por el cortejo. El compañero de baile de la cena está aquí mismo, bien cortejado, bien enamorado y bien tratado. Para eso sirven las cocinas.

Que hoy en día tengamos que abordar el lazo emocional en estos términos indica lo lejos de la normalidad que se encuentra nuestra cultura. Hasta hace muy poco tiempo, el cocinero tenía que ser consciente de la temporada en la que estaba, de lo que hay disponible en cada momento. Los menús variaban dependiendo de lo que se podía conseguir en las cercanías. Ese anhelo nostálgico que nos invade en enero por comer los primeros brotes de espárragos, los primeros tallos de ruibarbo, nos ancla a la realidad y nos ayuda a apreciar la vida de forma más profunda.

La gratificación aplazada es una realidad poderosa y atempera el carácter. Puede que hasta problemas como la rabia al volante disminuyeran si todos nos sintonizáramos con los ciclos estacionales. Puede que hasta Wall Street, con su mentalidad de insaciable crecimiento, apreciara el valor de los ciclos de descanso. Uy, perdón, a eso le llamamos una recesión, ¿verdad? ¿Por qué solo nos reconforta lo que sube? Todo lo que sube baja. Es en la cocina donde una persona normal toca tierra, hace equipo y pasa el relevo de la conexión con el paisaje a la siguiente generación. Renunciar a esa responsabilidad está creando una generación ególatra y miope. Conozco el refrán que dice que la familia que reza unida permanece unida. Sugeriría que, de igual manera, la familia que cocina unida permanece unida. Que Jesús celebrara la última cena para conmemorar su muerte hasta la resurrección no es tan solo una forma bonita de contar una historia. La unidad convidada y conminada de ese sacramento tradicional constituye un monumento a una existencia con propósito.

Los recuerdos más profundos de muchas familias están llenos de platos y comidas favoritas. Una de mis tías nunca compró un lavavajillas. Cuando la gente le preguntaba por qué, ella decía: "Porque lavar platos es algo que puedo hacer con mis hijos". ¿No es genial? Convertir la cocina en el punto central de la camaradería doméstica es lo mejor que hay. Cuando las familias comienzan a darle importancia a la comida es como si hicieran una declaración política y social. Preocuparse de verdad por la comida, pensar sobre ella, verla como un acto consciente es un pensamiento revolucionario en el mundo actual.

Que Estados Unidos naciera tras el Motín del té* en Boston ilustra que la manera en la que vemos la comida y qué estamos dispuestos a hacer por ella, define nuestra visión cultural más esencial. Que tantas familias renuncien por completo hoy en día a la oportunidad de decidir que hacen con sus dólares es una tragedia. Con cada bocado estamos sanando o dañando a nuestros vecinos, al suelo y, en última instancia, al mundo entero. Por eso en Polyface nuestras bolsas isotérmicas llevan inscrita en un lateral la frase: "Sanando el planeta bocado a bocado".

La habilidad culinaria es la piedra angular que conecta las granjas

* *[N. de la T.] El Boston Tea Party* (Motín del té) fue un acto de protesta donde los colonos norteamericanos lanzaron todo un cargamento de té al mar en contra de la política de impuestos de Gran Bretaña. A este evento se le atribuye el inicio de la guerra de Independencia de Estados Unidos.

con la salud. Incluso me atrevería a decir que la salud de nuestro país está directamente relacionada con la actividad que tenga lugar en sus cocinas. Es obvio que cuanto menos énfasis pongamos en ese crítico componente del sistema alimentario, menos nos preocuparemos de todo lo demás: las granjas, el suelo y, por lo tanto, nuestra propia salud. No hay ningún sistema sanitario en el mundo, público o privado, que pueda funcionar si la gente sale de la cocina y subcontrata ese importante trabajo a terceros. A nadie le interesa tu salud más que a ti. Nadie está más interesado en tu salud que tú y nadie se preocupa más que tú sobre en qué se convertirá la carne de tu carne y la sangre de tu sangre.

La idea de que podamos liberarnos en masa del trabajo en la cocina mientras conservamos la integridad de los alimentos es ingenua. Es lo mismo que decir que la buena agricultura no necesita más agricultores. No podemos tener integridad agrícola si no tenemos más granjeros. Como cultura, nos damos palmaditas en el hombro por liberar a la población de la agricultura. Creo que una agricultura mejor requiere un conocimiento más íntimo de la tierra, que a su vez requiere más ojos, más oídos y más cabezas pensantes en el campo. ¿Te imaginas decir: "Eliminemos a la mitad de los profesores para poder beneficiarnos de la economía de escala y de la eficiencia en la educación"? Igual que muchos apoyaríamos la idea de que tener más profesores contribuye en general a una experiencia educativa mejor, yo opino que con más granjeros se conseguirá mejor comida, y con más personas involucradas activamente en cocinar se conseguirán mejores platos.

Nunca dejo de sorprenderme con la pasión que muchas personas sienten por los famosos. El ciudadano promedio está mucho más interesado en el último cotilleo de Hollywood que en qué hay para cenar. Esto no es normal. A las cuatro de la tarde del lunes, más de la mitad de los estadounidenses no sabe lo que va a cenar. No sugiero que nos obsesionemos con la comida, pero hay un gran trecho entre el lugar en el que estamos y la obsesión. ¿No sería bueno que como cultura nos interesara la cocina tanto como el último romance o la última separación del famoso de turno? ¿Y si una noche nadie viera la televisión porque todo el mundo está en la cocina preparando la cena con ingredientes provenientes de agricultores locales? Los niños no recibirían un bombardeo de anuncios de *nuggets* de pollo.

La familia podría conversar y disfrutar junta de los riquísimos aromas. Disfrutarían del trabajo de sus propias manos, no de los brebajes provenientes de las fábricas industriales que producen platos artificiales de pseudocomida.

Nuestro sistema alimentario en su conjunto solo puede ser tan bueno como nuestro compromiso y conocimiento de las artes culinarias. En efecto, podríamos calibrar la salud de nuestros cuerpos y nuestros suelos, y quizá, incluso, la de nuestras almas, por el tiempo que pasamos en la cocina. Con los electrodomésticos modernos, podemos convertir las horas en minutos. Con práctica nos volveremos más habilidosos. Con dedicación, podremos volver a la normalidad culinaria.

He aquí algunas sugerencias factibles:

1. Escoge una comida, cualquiera y prepárala utilizando exclusivamente alimentos sin procesar. El desayuno es fácil: huevos, salchichas o *bacon*, piezas de fruta y leche cruda. Después continúa con la comida o la cena.

2. Prepara una conserva sencilla, como puré de manzana. Compra unas manzanas y cocínalas, pásalas por el pasapurés. ¿No tienes uno? Date un capricho. Tu familia se volverá loca.

3. Hornea un pastel, desde cero. Sin mezclas preparadas ni cajitas de nada. Desde cero: harina, mantequilla (no margarina, qué asco), huevos. Solo ingredientes básicos. Utiliza miel en lugar de azúcar. Y observa cómo se iluminan las caras. Esto es un lujo.

4. Procura que la persona que cocina no tenga que limpiar los platos. Si hacéis turnos se reduce la carga de trabajo. Intenta reunir a toda la familia en la cocina durante media hora después de comer, solo para hablar. No se permiten aparatos electrónicos.

5. Haz mayonesa desde cero. Es posible. Este condimento es ubicuo y enigmático; si lo preparas te parecerá que puedes hacer cualquier cosa que te propongas.

SOLO SERVIMOS CARNE BLANCA

La comida rápida define el paisaje culinario de Estados Unidos. Como el príncipe Carlos expresa con gran elocuencia, una cultura se define por su religión, su arquitectura y su comida. Visto de esta manera, sin duda la cultura culinaria de Estados Unidos podría considerarse una cultura rápida.

Con toda seguridad, Eric Schlosser nos hizo a todos un favor con su éxito de ventas *Fast food: el lado oscuro de la comida rápida*, donde describe el desarrollo y alcance de esta peculiaridad. La comida rápida está tan generalizada que la mayoría de estadounidenses no pueden imaginar un paisaje culinario sin arcos dorados. Que una cuarta parte de la comida se consuma ahora en el asiento de un coche es ciertamente anormal.

Recuerdo los viajes en familia, cuando viajábamos durante un día entero. Mamá preparaba unos bocadillos y algunas golosinas para mantenernos entretenidos, porque parar nos retrasaba demasiado, era demasiado caro y sencillamente poco conveniente. Además, como la mayoría de los hombres, mi padre entendía los viajes como una cacería: la presa era llegar al destino. Cuanto antes llegáramos, antes podríamos considerar que la cacería había sido un éxito.

Pero comer en el coche en cualquier otra circunstancia era algo inaudito. Los coches modernos vienen casi con cocinas incorporadas, con sujetabandejas, calentadores de café y sujetavasos. En aquellos tiempos, ni siquiera teníamos cinturones de seguridad en el asiento trasero. Imagina que no hubiera Starbucks, ni McDonald's, ni Subway. Imagina tener que entrar, sentarte en una mesa y hacer tu pedido a una camarera con un bloc de notas solo para conseguir un café. ¿Puedes imaginarlo? Esto era lo normal hasta después de la Segunda Guerra Mundial.

Puede que te sorprenda saber que la comida rápida en sí no me resulte un problema. Una comida rápida puede ser muy conveniente y de hecho es un gran invento. En casa, Teresa guarda en el congelador hamburguesas ya preparadas para que, cuando nos apetezca una, solo tengamos que sacarla del envoltorio y cocinarla. Las hamburguesas están guardadas al lado de las chuletas de cerdo, los filetes de ternera y los asados de aguja.

Las reservas almacenadas en el congelador de casa incorporan todas las partes del animal. Me gustaría explorar la anormalidad de la comida rápida no tanto por la rapidez, si no en base a lo difícil que es para este modelo comerciar con los suministradores locales de alimentos. Al fin y al cabo, ¿qué hay más rápido que pasarse por la cazuela del estofado, servirse una ración con un cucharón y comérselo a sorbos? Durante siglos fue algo habitual en las viejas fondas y cocinas.

Lo anormal no es tanto que la gente quiera una comida rápida. Lo anormal es el porcentaje existente de comidas rápidas, su escasa variedad en contenidos, la uniformidad que las cadenas de comida rápida requieren y que sus protocolos dejan fuera al suministro local. Mi ejemplo de servirse un cuenco de estofado al pasar por la cocina, o incluso el de cocinar una hamburguesa para prepararte algo rápido, no deja automáticamente fuera al suministro local. El problema surge cuando el espectro de cortes que uso es demasiado estrecho y demasiado común como para crear un equilibrio con el resto del animal. Un pollo no es todo pechuga, ni una vaca es todo carne picada, ni un cerdo es todo lomo. En resumidas cuentas, tenemos que usar el animal entero, así como todas las patatas, ya sean alargadas o redondas, y todos los tomates sin excluir a los que no son perfectamente redondos. ¿A que sí? La variedad en la mesa es la clave para conseguir que se utilice todo.

Como pequeño productor necesito vender el animal entero. También lo necesita la industria alimentaria y para ello ha inventado soluciones ingeniosas. En una esquina coloca el restaurante de parrilladas y la hamburguesería en la otra. Entre los dos, se consume todo el animal. Pero la comida rápida, por el volumen que mueve y el estrecho espectro de ingredientes que usa, genera de forma inherente un dilema para los suministradores locales. Nuestra experiencia con la maravillosa cadena de comida rápida Chipotle Mexican Grill me ha reconciliado con todo el asunto. Este es un ejemplo de comida rápida en el que el corazón de las personas está donde debe. Continúan esforzándose en conseguir alimentos locales y ecológicos. Utilizando métodos de cocción de larga duración, cocinas abiertas y suministros íntegros, sus innovaciones han creado un buen revuelo en la industria de la comida rápida.

Para que quede claro, nuestra granja ha suministrado cerdo al restaurante de Chipotle en Charlottesville desde el 2008 y a la sucursal de Harrisonburg desde que abrió en 2010. Creo que explicar brevemente esta historia puede ayudar a poner las cosas en perspectiva. Para cuando Chipotle nos contactó sobre la posibilidad de ser uno de sus suministradores, nuestra granja ya estaba sirviendo a unos treinta restaurantes, la mayoría de ellos de alto nivel, en el oeste y el centro de Virginia. En pocas palabras, somos uno de los suministradores más importantes en el mercado hostelero local.

Cuando Steve Ells, fundador de Chipotle, visitó por primera vez nuestra granja, lo que él quería en realidad era pollo criado en pastos. Pero cuando calculamos cuántos pollos harían falta para satisfacer las necesidades de un solo restaurante, la suma ascendía a dos mil por semana porque ellos solo utilizan muslos. Son más jugosos que las pechugas. Habríamos necesitado encontrar otra salida para las pechugas. Y por supuesto querían un suministro constante durante todo el año. Criar pollos a pasto sobre treinta centímetros de nieve a varios grados bajo cero no es buena idea. Además, el pollo para Chipotle tenía que estar deshuesado y procesado según las normativas de inspección federales. Este tipo de servicio no existe en nuestra zona, o al menos no al alcance de explotaciones como la nuestra. Demasiados problemas. Olvida el pollo.

Después de darnos cuenta de las dificultades con el pollo, nos centramos en el cerdo. Una vez más, el estrecho espectro de piezas hizo acto de presencia: solo paletillas y en una cantidad de entre ciento cincuenta y doscientos cincuenta kilos a la semana. Esto estaba fuera de nuestras posibilidades porque habría requerido entre doce y dieciocho cerdos a la semana. Y hubiéramos tenido que vender el resto del cerdo en otro sitio. Sugerí que probaran nuestros jamones junto con la paletilla, para averiguar si la mezcla era lo suficientemente jugosa.

La paletilla es más jugosa que el jamón. Steve accedió a probar y, como era de esperar, se encontró con que nuestros jamones eran más jugosos que los que le suministraban otros proveedores, así que podíamos usar una mezcla al cincuenta por ciento. Eso bajaba el número de cerdos semanales a entre seis y ocho, un número mucho más accesible. Esa cantidad estaba cerca de nuestro límite, pero podía llegar a hacerse. Nuestros restaurantes locales estaban encantados de que hubiera más disponibilidad de lomo y panceta. El único problema eran las salchichas. Bromeé con Steve, diciéndole que tenía que empezar a hacer desayunos para diversificar su cartera de clientes y utilizar un rango de productos más amplio. Pero como cualquier empresario exitoso, Steve no quería modificar lo que claramente era una combinación ganadora añadiendo platos al menú o cambiando las horas de apertura del negocio. Finalmente, entre las familias con las que trabajamos y los perritos calientes hemos podido sacar las salchichas, que se hacen con los recortes y otros restos que quedan sin aprovechar.

Bromeé con Steve: "Bueno, seguro que funciona, pero solo mientras escojas cortes y piezas de un suministrador a gran escala y traigas cosas desde lejos". Ese es el dilema al que se enfrenta cualquier negocio altamente específico como un restaurante de comida rápida. Funciona en el contexto actual. ¿Es ese contexto sostenible? Yo diría que no, como ilustra esta historia.

No estoy intentando quitar importancia a los esfuerzos de Chipotle, es evidente que nuestra granja tiene una relación comercial maravillosa con Steve y con toda la empresa. Pero tampoco voy a dejar de incordiar y presionar y educar. Esta experiencia ha sido un baile encantador, creo que para los dos, y aún no ha terminado.

La carne de vacuno ha estado en la mesa de negociaciones desde hace tiempo, pero aún no hemos sido capaces de acordar un precio ni un volumen. Como antes, Chipotle solo utiliza aproximadamente un dieciocho por ciento del animal, así que su suministrador tiene que encontrar otra salida para el resto del bicho. La conclusión es que la falta de variedad en los menús de las cadenas de comida rápida es una barrera difícil de saltar para los pequeños productores locales que necesitan vender el animal entero. La única manera de que una cadena de comida rápida pueda existir es que pueda elegir lo que necesite de un inventario suficientemente grande.

En este sentido, la especialización, simplificación y sistematización del modelo de la comida rápida dificulta el acceso a las granjas locales no industriales. Aunque las pequeñas explotaciones podamos producir un volumen significativo, normalmente no producimos suficiente de ninguna pieza específica como para suministrar a clientes con requerimientos tan concretos a un volumen tan grande. En este sentido, la industria de la comida rápida ha sido uno de los impulsores del cambio en el paisaje del sistema alimentario.

Restaurantes como los de antes, que ofrecían una gama más amplia de opciones, encajan mejor en el paisaje de la comida local. Otra solución podría ser que un par de restaurantes más específicos colaboraran en un lugar, de manera que uno usara un par de piezas y el otro usara las piezas complementarias. Esta colaboración ofrecería al granjero local una opción de venta simbiótica.

Si Chipotle, por ejemplo, consiguiera que Shoney's sirviera salchichas y bacon de *pigaerator** de producción local, entonces se utilizaría más de cada animal. En la otra esquina podría haber un TGI Friday's que sirviera lomo, y con eso se consumiría el animal entero. Ese es el tipo de colaboración que realmente se necesita para incrementar la presencia de la comida local en el mercado, y eso hablando de un solo animal.

Los restaurantes a la antigua usanza, que a menudo servían hígado encebollado, costillas a la brasa o pollo con raviolis chinos, utilizaban mucha más variedad de piezas. No tenían reparos en escarbar en los recovecos y aprovechar los cortes periféricos. Estoy pensando en

* *[N. de la T.]* Juego de palabras con el que el autor se refiere a sus cerdos (*pigs*, en inglés), a los que utiliza para remover (airear) las camas de su ganado vacuno y hacer compost.

tomates guisados (que son un recurso fantástico para aprovechar verduras golpeadas) y en sopas contundentes. Crema de calabacín, que es donde van los calabacines golpeados. ¿Has visto alguna vez calabacín en el menú de un restaurante de comida rápida? Los calabacines son un alimento maravilloso e infrautilizado.

Por lo general las granjas intensivas que suministran a los mercados locales producen muchas especies, igual que hacemos nosotros. Este fue el problema que nos encontramos al intentar trabajar con Whole Foods. Solo querían comprarnos huevos. En Polyface, hay un equilibrio entre nuestros animales. El número de gallinas está limitado por el número de vacas, que son las que cortan la hierba por delante de nuestros gallineros móviles. Los cerdos entran a voltear el compost cuando salen las vacas. Todas las partes tienen que trabajar juntas para aprovechar las habilidades y talentos de cada una. Esta intrincada simbiosis solo funciona si permanece en equilibrio. Whole Foods solo quería huevos. Querían que nos convirtiéramos en una granja de huevos. Nosotros no queremos ser solo una granja de huevos. Los huevos son un subproducto de la tarea principal de las gallinas que es higienizar biológicamente el espacio bajo los conejos y detrás de las vacas.

Lo mismo ocurre con las verduras. Las granjas intensivas alcanzan su hiperproductividad en parte gracias al cultivo de una variedad de plantas. Las verduras que soportan bajas temperaturas se producen en primavera y la cosecha se dobla en verano con los cultivos que necesitan altas temperaturas. Si la temporada es lo suficientemente larga y se utilizan invernaderos, quizá la misma tierra se pueda volver a sembrar con una verdura resistente al frío en otoño. Eso hace tres cosechas, consiguiendo un sistema que funciona y alcanzando las altas producciones necesarias para que una pequeña superficie de tierra sea rentable.

Eso es justo lo que los sistemas industriales de monocultivo no pueden hacer tan bien. Utilizando un término empresarial, la competencia desleal que puede hacer un productor pequeño local se basa en su habilidad para alcanzar una productividad mayor por metro cuadrado a través de la variación sinérgica de cultivos. Eso requiere muchas variedades. ¿Cuántas variedades encuentras en la comida rápida? Veamos: tomate, lechuga, pimiento, cebolla. ¿Se me ha quedado algo por el camino? No. Eso no es mucha variedad. Y ahí yace la discordancia entre la industria moderna de la comida rápida y los sistemas de producción locales.

Veréis, los sistemas alimentarios, los históricamente normales, no solo eran locales, también estaban diversificados. La noción de que una zona produzca solamente una cosa siempre ha estado abocada al fracaso. La gran hambruna irlandesa de la patata o el bloqueo del algodón del sur de Estados Unidos durante la Guerra de Secesión fueron aberraciones históricas. Los sistemas agrícolas históricamente normales estaban altamente diversificados, con una mezcla de animales y plantas tal y como se observa en los dinámicos ecosistemas naturales.

Las granjas que venden localmente gravitarán de manera natural hacia un catálogo más diversificado para no saturar su zona de ningún producto. La comida rápida, debido a que no se adapta bien a esta diversidad, se convierte en aberrante. ¿Qué hace un garito de comida rápida cuando no hay tomates ni pimientos en el ámbito local? No cambia sus recetas. ¿Y qué ocurre cuando no hay lechuga? Si un restaurante quiere servir pollo criado en pastos, ¿qué hace cuando hay un metro de nieve en el suelo y nadie de la zona puede criarlos?

Esto me recuerda a una vez cuando le presenté a un chef nuestros huevos de gallinas criadas en pastos. Era primavera, que es cuando siempre tenemos huevos de más y además tienen la mejor calidad. En invierno, metemos a las gallinas ponedoras en invernaderos sobre una cama profunda, lo que nosotros llamamos el "pañal carbonoso", para mantenerlas calientes y cómodas durante todo el frío y nevado invierno. Empecé a explicarle al chef que la calidad de los huevos iba a fluctuar a lo largo del año debido a estas condiciones cambiantes.

Me paró a mitad de la frase y dijo, con su sofisticado acento francés: "Ah, no pasa nada. En la escuela de cocina de Suiza teníamos recetas para los huevos de marzo, recetas para los huevos de julio y otras recetas para los huevos de septiembre, para sacar provecho de los matices que aporta el paso de las estaciones". Para cuando terminó yo estaba mirándole con la boca abierta. ¿Te imaginas algo así en Estados Unidos?

¿Te imaginas que en McDonald's sirvieran "McHuevos McPrimavera" en marzo y al llegar julio cambiaran el menú por completo para los "McHuevos McVerano", y después de nuevo con la llegada de los gloriosos "McHuevos McOtoño" de septiembre? ¿Y después, que los quitaran del menú por completo en invierno porque las gallinas normalmente no ponen mucho en esa época? Podrían comenzar una campaña de apoyo a la comida local llamada: "Conecta con las gallinas de tu zona".

El texto del anunció diría algo así: "¿Cuándo duermen las gallinas? Si pusieras cinco huevos a la semana, ¿no necesitarías un descanso? Las gallinas de nuestro condado han estado trabajando duro para ofrecerte McHuevos durante toda la temporada, y se merecen unas vacaciones. De hecho, vamos a dejar que descansen, como hacen normalmente una vez al año en la naturaleza. Esto les permite recuperar energías, mudar la pluma para estar lustrosas y ponerse al día de los últimos cotilleos de su comunidad. En deferencia a la recuperación de la temporalidad de las gallinas, durante cien días sacamos los McHuevos de nuestro menú, hasta que nuestras chicas vuelvan a estar a punto. Mientras brindamos por estas incansables trabajadoras, disfrutemos de las tostadas, las salchichas y los pastelitos de patata para el desayuno: ¡La McCelebración de las vacaciones!". ¿No sería divertido?

Ah, espera un minuto. Suena el teléfono. "Dígame. Sí. Ah, ¿el agente publicitario de McDonald's? ¿Te gusta cómo suena? ¿Me compras la idea? Alabado sea el Señor, es lo mejor que...".

El éxito de los restaurantes de comida rápida se basa en tener el mismo menú, los mismos ingredientes, todos y cada uno de los días del año, tanto en Chicago como en Tallahassee. Solo unas pocas ecorregiones podrían siquiera intentar sostener semejante consistencia. El resultado es que la comida rápida tiene que proveerse de inmensos inventarios y producirse fuera de temporada y en un lugar lejano, donde los ingredientes puedan ser almacenados.

Mi enhorabuena a Chipotle por intentar hacer las cosas mejor, pero incluso una organización tan comprometida como esta puede avanzar solo hasta cierto punto dentro de ese modelo. Aunque obtienen el suministro de verduras en el entorno local, es difícil conseguir suficientes tomates en Chicago en pleno febrero. La realidad del negocio es que los suministradores industriales necesitan ventas uniformes. No les gustan los compradores que vienen y van. Si un comprador como Chipotle compra tomates en el entorno local durante seis meses del año y después recurre a un suministrador alejado durante los meses de invierno, por ejemplo, pierde fuerza como cliente para el gran proveedor. Y no os equivoquéis, los proveedores sirven a los clientes estables, favoreciendo la dependencia constante para dejar fuera de la ecuación a los suministradores locales alternativos. El mercado de alimentos es como una guerra. Históricamente, el precio y la enorme dificultad logística del transporte a larga distancia forzaban a los restaurantes a consumir productos locales y estacionales. Cambiaban el menú en función de la temporada. En consecuencia, la gente comía así, sabiendo que el panorama culinario estaba unido por fuerza al paisaje de la producción estacional.

**Desearía que hubiera una solución sencilla.
He aquí algunas reflexiones:**

1. Si cocináramos en casa y nos lleváramos las sobras al día siguiente para comer, no necesitaríamos tantos restaurantes de comida rápida. Podríamos seguir comiendo en el coche, pero sería una extensión de nuestra cocina en lugar de depender de una fuente distante, de escasa variedad y centralizada. Mirando las cosas desde una perspectiva general, quizá no necesitamos tantos de estos restaurantes y su disminución indicaría un retorno a la normalidad. Lo siento, accionistas de la industria de la comida rápida.

2. Las sopas contundentes y las cremas son extremadamente nutritivas, fáciles de comer y servir y ofrecen una alternativa realmente maravillosa a la comida rápida típica. No te olvides de las legumbres.

3. Por lo general, la carne de vacuno y porcino está disponible todo el año sin que esto suponga un compromiso con la estacionalidad. El pollo es más problemático debido al calor y al frío que pasan en las praderas. Las vacas y los cerdos son más resistentes. Los restaurantes de comida rápida podrían cambiar sus menús estacionalmente para reflejar esta realidad, aunque eso cambiaría la base de su modelo. Es una gran idea, pero difícil de poner en práctica.

ETILENDIAMINOTETRAACETATO DISÓDICO, ¡QUÉ RICO!

¿Has probado últimamente a leer las etiquetas de la comida industrial de supermercado? Tienes que ser químico y adorar la terminología científica multisilábica solo para entenderlas. Esto no es normal.

Volviendo a la afirmación del príncipe Carlos, una cultura se define por su arquitectura, su religión y su comida. Lo que diferencia principalmente a los distintos grupos de personas no es el color de su piel, sino la manera en la que viven, cómo piensan y cómo se alimentan. Estas son las características definitorias de cualquier cultura.

El lenguaje utilizado para describir la religión, la arquitectura o la comida debería ser un lenguaje común. Las personas necesitan hablar sobre estos temas y cuánto más capaces sean de hacerlo, mejor. El lenguaje especializado reduce las conversaciones, estratificando la comunidad en una jerarquía que separa a aquellos que dominan el lenguaje de los que no. ¿Cómo va una persona cualquiera a discutir las ventajas de un alimento sobre otro si la mitad de los ingredientes de la etiqueta son un batiburrillo de brebajes de laboratorio impronunciables, expresados en jerga científica? Leer las etiquetas de la mayoría de los alimentos modernos en Estados Unidos se parece más a un experimento científico que a la cena del domingo de la tía Matilda.

¿Qué ha sido de las palabras sencillas en las etiquetas? Melocotones, azúcar, agua. O en las salchichas: cerdo, albahaca, nuez moscada, sal y pimienta. Puedes pronunciarlo todo y todo el mundo sabe lo que es. Esto me recuerda a una ocasión hace cerca de veinte años cuando nuestros clientes nos imploraron que hiciéramos salchichas sin glutamato monosódico (GMS), un potenciador del sabor. Estaba en la mezcla de especias para salchichas de cerdo que utilizaba el matadero con el que trabajábamos entonces. La mezcla venía ya preparada y no lo podían sacar.

Me lancé a la búsqueda de una mezcla que no incluyera GMS. El ingrediente principal de una salchicha es sencillamente carne picada. El carnicero divide la canal del animal en chuletas de lomo. Puedes palparte el lomo ahora mismo tocándote la espalda y sintiendo esos dos músculos largos y redondeados que conectan la parte de atrás de las costillas con tus nalgas, con la depresión de la columna vertebral entre ellos. Ese es tu lomo.

Los que como yo trabajamos continuamente con carne solemos tocarnos nuestro cuerpo para describir las partes de los animales a nuestros clientes. Es una respuesta instintiva cuando vives con ello cada día y te ayuda a explicar de una forma fácil lo que de otra manera resultaría obstruso. Mucha gente no se da cuenta de que nuestra anatomía coincide con la de los corderos, los cerdos y las vacas.

Cuando yo era un chaval, uno de nuestros vecinos nos pasaba la mano por la espalda y proclamaba la categoría de nuestra carne, como si fuéramos corderos. En la feria de ganado, donde los granjeros vendían sus corderos, había un examinador que calificaba la calidad palpando los lomos para comprobar su firmeza y remate. Tenían un contenedor con cuatro compartimentos llenos de pintura de color azul, rojo, amarillo y verde. Cada compartimento tenía un aro sumergido y sujeto con un mango como el de los destornilladores, de manera que el examinador podía elegir el que quisiera y estampar con él el lomo del animal. Los colores coincidían con los típicos distintivos de competición: azul, rojo, amarillo, verde. Obviamente, todos los ganaderos querían que sus corderos fueran estampados con el distintivo azul, conocido como el "azul-O" (no cero, sino la letra O). Ese era el lenguaje que se utilizaba comúnmente.

Así que lo que este vecino hacía para alagar a un chico era pasarle la mano por la espalda, apretar esos dos músculos a cada lado de la espina dorsal, y anunciar triunfantemente: "¡azul-O!". Por supuesto, los chavales sabíamos exactamente lo que quería decir y le adorábamos por ello.

La paletilla, por supuesto, coincide con la nuestra y el jamón viene de la pata trasera, que sería la parte alta de nuestras piernas. Si realmente quieres entenderlo, ponte a cuatro patas como si fueras a llevar a tus hijos a caballito y verás que es obvio. Entonces, el carnicero divide la canal en los distintos cortes y lo pone todo bonito en formas redondeadas y cuadradas. Para hacerlo, descarta las esquinas y los trozos de forma extraña, obteniendo lo que se conoce como recortes. Después pasa los recortes por la picadora, obteniendo carne de cerdo picada. Añadir especias a esa carne la transforma en salchichas. Es profundo, ¿verdad?

Según las normativas alimentarias, tan pronto como añadimos algo a la carne picada, esta se convierte en un producto procesado, entrando en un nivel de supervisión totalmente distinto. Cada aditivo, incluso la sal, debe ser aprobado por la policía de la comida y cada elemento que se incorpore debe figurar en la etiqueta, usando letras de un tamaño determinado, en una fuente determinada y en un orden determinado. Curiosamente, las regulaciones alimentarias no especifican nada ni se preocupan por la cantidad de aditivos. Solo les preocupa que los aditivos figuren en la etiqueta y que su uso para consumo humano haya sido aprobado.

Estoy seguro de que algunos de los que estáis leyendo esto os estaréis preguntando: "Bueno, ¿por qué no les pedisteis a los del matadero que utilizaran una mezcla de aditivos sin GMS?". O, "¿por qué no formulasteis vuestra propia mezcla de especias y se la llevasteis para que la usaran en las salchichas? Mucha gente hace sus propias mezclas y las usa".

Me alegra que penséis eso, porque es exactamente lo que pensé yo... en mi inocencia. Pero esto ocurrió al principio, antes de que aprendiera lo retorcidas que son las normativas alimentarias. Llamé al matadero y les pregunté si podían usar una mezcla diferente. "No conocemos ninguna mezcla que no lleve GMS", me dijo el carnicero. No hay problema, pensé yo. En ese momento éramos suministradores de nuestro primer restaurante en Staunton, el primero de todos y de nivel. Teníamos una relación laboral muy estrecha con la pareja que lo regentaba, así que les llamé y les pedí que formularan una mezcla para nosotros. Estaban encantados con la idea y durante las siguientes semanas experimentaron con distintas proporciones y especias para obtener la mezcla perfecta.

Llamé al matadero y les dije que yo conseguiría las especias, las mezclaría en casa, les llevaría una bolsa, y ellos la usarían para hacer nuestras salchichas. Usarían un cuarto de taza por cada cinco kilos de carne de cerdo picada y listo. Me sentía triunfante al imaginar nuestra propia mezcla, y a nuestros clientes felices. La vida era maravillosa. Hasta que los empleados del matadero me informaron de que un plan como ese era ilegal. Para que fuera legal necesitaban un paquete con precinto.

Queridos amigos, necesito que lo entendáis bien. Incluso si la policía de la comida aprobara la mezcla, mis especias y mis etiquetas, tendría que ir en paquetes precintados según el protocolo vigente. Nada de mezclas caseras. Tenían que ser mezcladas en una instalación con licencia y, que yo supiera, no había ninguna en todo nuestro estado. No podría guardar los paquetes en nuestra casa, en la granja. La policía de la comida dijo que ni siquiera podrían estar en nuestra posesión y según la ley tenían que ir directamente desde la instalación de procesado hasta el matadero.

¿Sabíais que es ilegal que yo tenga en mi posesión mis propias etiquetas certificadas por la USDA? En fin, encontrarme con todo este fastidio burocrático acabó con mi pequeña fantasía de crear una mezcla personalizada que yo pudiera llevar al matadero en un recipiente para que lo añadieran a mi carne picada. Olvídate de una idea así de sensata y fácil. No, teníamos que volver a empezar desde el principio. La única solución viable para mí era intentar encontrar una mezcla que ya estuviera en el mercado, aprobada y con su licencia de empaquetado, sin glutamato, que yo pudiera utilizar.

Empecé a buscar compañías que hicieran mezclas y me encontré con que la que nuestro matadero utilizaba provenía en realidad del único proveedor comercial de todo el país. Madre mía, ¿cómo es posible? Llamé al proveedor y me enteré de que en realidad ellos no hacían las mezclas de especias; eran un intermediario y no tenían ni la más remota idea de cuál de ellas no contenía GMS, si es que había alguna. Me dieron el número del que formulaba sus mezclas, que era el único del país, y le llamé. Quizá hoy en día existan más, pero en aquel momento, antes de que hubiera computadoras, fue el único que pude encontrar.

Después de que la secretaria me pasara al encargado y de este al jefe, finalmente pude hablar con alguien que me daría una respuesta... después de investigar unos días. Esperé un tiempo y le llamé de nuevo. Tenía una respuesta: "Tenemos cuatro". Queridos amigos, desearía poder plasmar, a través de estas palabras, el alivio que sentí. Llegados a este punto, no me importaba qué sabor tenían. Me daba igual de qué estaban hechas las mezclas. La búsqueda de medio año solo para encontrar una mezcla sin GMS que yo pudiera poner legalmente en mi carne picada estaba por fin a punto de terminar. O eso pensé.

Me dio los códigos de producto de estas cuatro mezclas y, afortunadamente, una de ellas era la típica mezcla de salchichas de desayuno, otra una italiana suave, otra una italiana picante y la otra una tipo *bratwurst*. Perfecto. Ya casi lo teníamos... pensé. Aunque este proveedor podía enviar las especias directamente, yo aún necesitaba el sello de aprobación de la USDA en la etiqueta para que las pudiéramos usar. Atendedme ahora. Las mezclas irían directamente al matadero, desde el proveedor con licencia que las mezclaba, en bolsas precintadas con el contenido necesario para aderezar diez kilos de salchichas, evitando tener que medir nada, que sobrara nada o que se quedaran abiertos los paquetes. Estamos hablando de mezclas, transporte y empaquetado aprobados por la USDA. Pero el matadero no podía ponerlas en mi carne hasta que no estuvieran designadas en mi etiqueta de Polyface. Esto requería todo un proceso aparte a través de la USDA: tamaño de la etiqueta, fuente, tamaño de letra, orden, etcétera. Desearía estar inventándome todo esto, pero no lo estoy haciendo. La verdad supera la ficción y nos preguntamos por qué no hay disponibles más alimentos artesanales y locales, a pequeña escala. Como me ponga a hablar de esto no acabaremos nunca.

Desesperado por resolver este sórdido asunto, me tomé un día libre para conducir, sí, conducir, hasta las oficinas de la USDA en Washington D. C., llevándole los papeles de tramitación de la etiqueta a un policía de la comida, que de hecho fue extremadamente amable.

La parte graciosa de esta pesadilla fue que el agente que tenía que aprobar mi etiqueta de salchichas era judío, llevaba puesta la kipá y en su *tupper* para el almuerzo llevaba comida *kosher*. ¿Qué probabilidades había de que, entre todos los agentes de la USDA, yo fuera a presentarle los papeles para la etiqueta de mis salchichas de cerdo a un hombre judío? Me sentí como si Dios mismo hubiera montado esa escena para mí, para aligerar un calvario que estaba siendo indescriptiblemente frustrante.

El encuentro duró poco menos de quince minutos, tras los cuales me encontré ahí fuera, dando vueltas en el laberinto de pasillos para encontrar la salida del templo de la nutrición de la capital de nuestra nación. Sí, muy bien. Durante el viaje de tres horas de vuelta a casa, mientras conducía por la autopista interestatal, el sabor de mi victoria era agridulce. Sí, tenía una etiqueta aprobada. Sí, podía poner en mis salchichas la etiqueta de "sin GMS". Sí, me sentía aliviado. Pero este calvario de medio año de incontables horas, llamadas de teléfono, y el coste emocional de todo ello para... ¿qué? Al final, ¿qué habíamos conseguido?

El hecho es que cualquier persona en el matadero, por mucha bata blanca que lleve, que quisiera adulterar nuestras salchichas, podría hacerlo. Bolsas precintadas. ¿Y los policías de la comida daban por sentado que yo quería poner algo en la mezcla que hiciera daño a la gente? Dadme un respiro. En resumidas cuentas, los tíos que manejan la picadora en la sala de despiece podrían poner cualquier cosa en esas salchichas si quisieran hacerle daño a alguien. Tienen que coger una bolsa, abrirla y verter los ingredientes sobre la carne. Muchas manos manipulándola, pasando por encima, dando forma a las salchichas. En cualquier punto de ese proceso alguien podría contaminarla.

¿Cuántas iniciativas de producción artesana local de alimentos están siendo frenadas por este sinsentido? Todo para crear una apariencia de seguridad alimentaria. Recuerda, todo este esfuerzo no comenzó a raíz de querer poner GMS en las salchichas, sino a raíz de querer quitarlo. ¿No es una locura? ¿No sería más razonable que todas estas molestias fueran necesarias para añadirlo? Pero la triste realidad de nuestra situación alimentaria es que todos estos requerimientos son necesarios para sacar de la comida un ingrediente que tiene efectos secundarios inciertos, que es extraño para nuestra comunidad bacteriana interna y que además es impronunciable.

Para cuando los procesadores de comida cumplan con sus términos impronunciables, lo que estamos comiendo es irreconocible para nuestra microflora y microfauna internas. Nuestros tres billones de bacterias digestivas, que disfrutan de la ópera y las vacaciones soleadas en nuestra comunidad intestinal, hablan un lenguaje sencillo que han desarrollado a lo largo de milenios. Esos bichitos no saben nada de la izquierda liberal, ni de la derecha religiosa ni tampoco saben nada del *Tea Party*. No saben quién está en la Casa Blanca o en el trono británico. De hecho, a lo mejor eso sí les importa.

Estas bacterias digestivas han desarrollado sistemas de reconocimiento que haríamos bien en apreciar. Cuando el colorante alimentario número veintinueve aparece por ahí abajo, tienen que formar un consejo de investigación. Convocan a un comité y se sientan en las salas de reuniones de la universidad para evaluar cómo deben interactuar con el extraño visitante.

—Nunca antes hemos visto esto —dice el profesor Tracto Intestinal.

—¿Cómo lo digerimos? —pregunta una de las bacterias del doctorado.

—Creo que tendremos que dejar que pase —remata el profesor Intestino Delgado.

Y así funciona. Debaten entre ellos y perturban el conjunto de una comunidad cuyos engranajes normalmente van como la seda. A la vez intentan decidir qué hacer con este extraño invasor. Puede que este ejemplo no sea científicamente correcto, pero pone la realidad en perspectiva. Nuestros cuerpos nunca, jamás de los jamases, habían comido cosas que no fueran pronunciables hasta hace unas pocas décadas. Hasta entonces, el lenguaje era comprensible, igualitario, cualquiera podía aprender a cocinar y todo lo que había en la comida se podía cultivar en el huerto, en un campo, o en un bosque. Podía recolectarse, trillarse, cortarse. No se fabricaba en un laboratorio.

Curiosamente, nuestro conocimiento del mundo bacteriano está creciendo exponencialmente a medida que los científicos investigan las profundidades del ADN y la genética. En su maravilloso libro

Making Supper Safe [Hacer segura la cena], Ben Hewitt escribe sobre Justin Sonnenburg, un profesor auxiliar de microbiología e inmunología de la Universidad de Standford, que cuestiona la adaptabilidad de nuestros microbios a estos nuevos componentes. Un proceso denominado transferencia genética horizontal (TGH) permite que los organismos compartan información. Sus resultados son claros. El diálogo que he descrito más arriba no está tan desencaminado. Las bacterias realmente hablan entre ellas. Por eso deberíamos pensárnoslo dos veces antes de echar un montón de sustancias extrañas ahí dentro.

Últimamente, a mi héroe y evangelista de la leche cruda Mark McAfee le gusta abrir sus presentaciones con una charla TED cuyo autor es un microbiólogo del Instituto de tecnología de Massachusetts, que fotografía y describe el mundo microscópico no humano dentro y alrededor de nosotros. ¿La conclusión? Somos solo un quince por ciento humanos y un ochenta y cinco por ciento no humanos. Sus fotos de esta aura microbiana son profundas. En realidad, todos nosotros vamos por ahí como *Pigpen*, el personaje de las tiras de cómic de *Snoopy*, llevando toda una nube polvorienta de seres invisibles alrededor de todo nuestro cuerpo.

Desde que el famoso Proyecto Genoma Humano se quedara corto por un buen trecho en su búsqueda de los cien mil pares de genes que los científicos "sabían" que tenían que encontrar para poder explicar las variaciones conocidas de proteínas y enzimas, toda una rama de la ciencia llamada epigenética se ha desarrollado. El fundador de la Nutritional Therapy Association (Asociación de Terapia Nutricional) y autor de *Pottenger's Prophecy* [La profecía de Pottenger], Gray Graham, dice que esta nueva ciencia explica cómo los alimentos consiguen encender y apagar genes. La mala noticia es que las sustancias extrañas hacen estragos por todas partes en la estructura genética. La buena noticia es que esta estructura se puede reparar a sí misma con bastante rapidez si introducimos una buena nutrición. La epigenética es la nueva ciencia que explica estas variaciones adicionales.

Es como si cada vez que encontrásemos un mundo invisible que explica aquellas piezas que habíamos descubierto hace un tiempo, acabáramos descubriendo otro mundo más, más pequeño y multitudinario, que subyace al anterior. Más que llenarnos de arrogancia, estos descubrimientos y nuevas ciencias deberían llenarnos de humildad. En lugar de poner GMS en las salchichas y exigirle al granjero que supere una montaña de dificultades para poder sacarlo, ¿por qué no hacemos que la industria tenga que, como mínimo, romper el paso a la hora de introducir estos elementos? ¿Qué nos estamos haciendo? ¿acaso alguien lo sabe?

¿Qué ha sido del principio de precaución? Al parecer, como cultura hace mucho tiempo que hemos dejado de prestarle atención a ese principio. Vadeamos este mundo lleno de aditivos alimentarios impronunciables como si fuéramos un puñado de piratas intrépidos, buscando el beneficio económico y rellenando la caja fuerte con millones de dólares invertidos en médicos y medicamentos que nos mantienen vivos, mientras nos destruimos con productos químicos artificiales. ¿Alguien más aparte de mí piensa que esto es una locura?

Todos nosotros, nos guste o no, somos total y completamente dependientes de una comunidad que no se ve, un mundo invisible. Nos acicalamos y consentimos para que la parte visible de nuestro cuerpo sea más atractiva, pero, ¿qué hacemos para embellecer a nuestro mundo invisible? Con nuestra mentalidad grecorromana occidental, compartimentada, fragmentada, sistematizada, lineal, reduccionista, individual y orientada a la división en partes desconectadas, tendemos a disociar lo que vemos de lo que no vemos. Lo hacemos a nuestra propia costa. Nosotros, todos y cada uno, somos sencillamente una manifestación de ese mundo invisible.

Encuentro curioso que, en nuestra cultura, supuestamente desarrollada, se hable de forma condescendiente de culturas más primitivas que otorgaban cualidades divinas o místicas al mundo físico. En un esfuerzo por describir lo que ocurre más allá de lo visible, muchas culturas asocian títulos y nombres a lo inexplicable. ¿Acaso es menos salvaje o primitivo conocer mejor este mundo físico, viéndolo a través de un microscopio electrónico, para después darle la espalda pensando que tal mundo puede estar separado de nosotros? ¿que lo que ocurre en el mundo bacteriano no se manifiesta como acné, o infertilidad o diabetes tipo 2?

En última instancia, ¿acaso importa si lo llamamos diabetes tipo 2 o si utilizamos un nombre místico como el "dragón del azúcar", que vive en cuevas y sale para contagiar a la gente de ceguera, amputaciones y ataques de epilepsia? Si lo nombramos utilizando una palabra científica, estudiamos sus orígenes, continuamos subvencionando las sustancias que lo producen, y nos negamos a ponerle remedio, ¿acaso somos menos salvajes? Entre hacer una danza ritual para aplacar al dragón o ir por la vida esperando que los dioses de la medicina y la farmacéutica nos ayuden con nuestra adicción al azúcar, ¿qué diferencia hay? Ambas opciones son ridículas.

Lo que me lleva a lo siguiente. Estamos comiendo alimentos que ni siquiera podríamos hacer en nuestras cocinas. ¿Alguna vez has intentado hacer jarabe de maíz alto en fructosa? En el estupendo documental *King Korn**, para cuando reunieron todos los aparatos necesarios para hacer jarabe de maíz alto en fructosa, la cocina parecía un laboratorio de ciencias. Con la nueva ciencia de la epigenética, podemos documentar el daño que este edulcorante produce en el ADN y en las células.

Al crear sabores, texturas y propiedades de conservación artificiales que van más allá del alcance de nuestras cocinas, el sistema alimentario industrial crea una infraestructura y unas sustancias extrañas que suponen un asalto tanto para nuestro sentido de la normalidad como para nuestra comunidad bacteriana interna. Provoca hambre por algo que no debería existir. Sed por algo que no debería existir. De hecho, provoca que la gente se pregunte: "¿Para qué quiero una cocina?". Y eso, por supuesto, es la victoria definitiva de la comida industrial. La creación de alimentos hechos de cosas que no se pueden hacer en la cocina de casa produce confusión en nuestro ente físico al tiempo que confunde a nuestro ente mental.

Incapaces de hacer estas cosas en casa, nos apartamos del conocimiento y la consciencia culinarios. ¿Cuántas veces has oído a alguien responder a la pregunta "¿Sabes lo que lleva eso?" con la respuesta "No lo quiero saber"? Esto va más allá de la simple negación; es demasiado difícil de comprender. Es la clásica salida cuando algo es demasiado complicado. Cuánto más complicado es un tema, más nos cuesta decidir entenderlo.

* *[N. de la T.]* King Korn es un juego de palabras que combina el personaje "King Kong" con lo que equivaldría a "El rey maíz".

Como muchos de nuestros clientes nos piden manteca, pero la policía de la comida no nos permite venderla, hemos creado una receta para hacerla en la cocina de casa utilizando una olla de cocción lenta. Sheri, mi nuera, transformó esta técnica en un arte y la compartió con nuestros clientes. Podíamos vender grasa de cerdo legalmente, pero no manteca. La manteca es un producto elaborado y como tal requiere cocinas con licencia y otras complicaciones. Al instante muchos de nuestros consumidores empezaron a hacer manteca. Fue algo realmente empoderador. Sin secretos, sin confusión. Cocina y alimentación de acceso libre. Compara eso con hacer aceite vegetal hidrogenado. Igual que antes, te haría falta un laboratorio entero.

Estas enormes instalaciones de procesado de alimentos, donde todo pasa por kilómetros de acero inoxidable y torres de refrigeración, no son amigas de un proletariado con soberanía alimentaria. Son un monumento a una jerarquía elitista que quiere consumidores ignorantes, una clase dependiente de la industria demasiado temerosa y confundida como para descubrir el placer del gusto en sus propias cocinas.

Nosotros compramos la mantequilla de cacahuete a una empresa menonita de venta a granel de nuestro condado. ¿Los ingredientes? Cacahuetes, sal. Y si quieres, la puedes conseguir sin sal. ¿No es sencillo? Honestamente, no necesita nada más. De verdad.

Los alimentos no tienen por qué adulterarse ni prostituirse. La comida no tiene que estar cubierta por un velo de jerga científica. La comida, la más común de las sustancias, la única cosa sin la que no podemos pasar, debería ser comprensible, pronunciable y accesible para cualquier persona.

Personalmente, estoy de acuerdo con Michael Pollan, el gurú de la alimentación y autor de *El dilema del omnívoro*, en que una buena regla general es comer solo alimentos que estuvieran disponibles antes de 1900. Menos mal que los perritos calientes aparecieron por primera vez en la Exposición Universal de Chicago en la década de los noventa del siglo XIX. ¡Uf! Por los pelos.

Antes de 1900, no teníamos las sofisticadas capacidades de procesado industrial que tenemos ahora. Aunque muchos estén enamorados de la idea de comida en pastillas de *Star Trek*, cuanto más aprendemos de asimilación y eliminación, más nos damos cuenta de que la comida en pastillas no reemplazará a la comida de verdad en mucho tiempo.

Esto me recuerda a los proyectos de las ferias de ciencia de los institutos de hace años, en los que se hacían experimentos de alimentación con ratas vivas. Cuando alimentaban a las ratas con cereales de desayuno industriales su salud se deterioraba gradualmente, el pelo se volvía áspero y desarrollaban problemas cognitivos. Si los ingredientes que aparecen en la caja se suministraban en crudo, las ratas prosperaban en todos los sentidos. Ahora, ¿qué supones que tienen en la cabeza los científicos de la alimentación cuando manipulan ingredientes crudos perfectamente saludables hasta el punto en que dejan de ofrecernos salud?

No soy de la clase de personas que utilizan la palabra conspiración. Prefiero llamarlo camarilla de ideas. Pero al final, creo que a las compañías estadounidenses de alimentación, por mucho que publiciten lo contrario, no les podría importar menos la salud. El objetivo último es manipular los sabores, alargar la fecha de caducidad y obtener un producto más barato. Y, normalmente, más barato implica que sacas lo bueno y lo sustituyes por porquerías.

En última instancia, lo que obtienes es una combinación que nuestra comunidad intestinal ve como una invasión desconocida. Un lenguaje así de extraño en nuestras entrañas es una invasión diabólica. Esto no es política, es una realidad biológica. Algo así como una nueva forma de entender el significado de "hacer de tripas corazón".

Entonces, ¿qué podemos hacer?

1. Deja de comprar alimentos procesados con ingredientes que no puedas pronunciar. Decide dejar de comprarlos y pon fin a esta agresión a tu comunidad intestinal. A pesar de lo que puedas pensar, en realidad no tienes por qué comprar esa comida.

2. Compra alimentos ecológicos, locales, compra en mercados de productores, forma parte de un programa de Agricultura Apoyada por la Comunidad. Básicamente, los alimentos hechos en casa o en pequeños obradores son más puros.

3. Métete en la cocina.

4. Durante cinco minutos, medita sobre qué crees que le gustaría comer hoy a tu comunidad intestinal. Dáselo.

SIN COMPOST NO HAY DIGESTIÓN

La comida que no se pudre no es normal. A través de la historia, la comida viva tenía la capacidad distintiva de descomponerse. Hasta la aparición de las conservas, y después de la congelación, la preservación se había limitado a secar, ahumar, curar (el cerdo) y lactofermentar.

Incluso los alimentos conservados con estas técnicas se pudrirán si se extraen de su estado protegido. Si hidratas fruta deshidratada, por ejemplo, se volverá mohosa, después se agriará y finalmente se pudrirá. El maíz secado en un horno o deshidratador solar, se enmohecerá al ser rehidratado, para después transformarse en una masa agria.

Si Teresa me pide que vaya con la lista de la compra a nuestra despensa del sótano, que está llena de verduras en conserva, venado y encurtidos, cualquier tarro que no esté bien sellado mostrará una buena cosecha de moho blanquecino. Ese se lo damos a los pollos. Si dejamos carne congelada fuera de la nevera demasiado tiempo, primero se volverá babosa, después olerá a pescado, y por último se pudrirá delante de tus narices. La capacidad de la comida para pudrirse es una de las protecciones históricamente normales que impiden que nos comamos alimentos en mal estado.

En Virginia durante el siglo XVIII, curar panceta con sal y pimienta se convirtió en una costumbre en el mundo rural. El curado del cerdo en casa, antes de la refrigeración, requería fluctuaciones de temperatura que se daban de forma más consistente en los otoños de Virginia que en los de ninguna otra ecorregión. El cerdo fresco debe permanecer suficientemente frío como para que no se estropee mientras absorbe la sal. No se puede congelar, o los jugos dejarán de penetrar en la carne. Los jugos son el elemento conductor de la sal al interior de los tejidos musculares.

En los estados al norte de Virginia el clima era demasiado frío y la probabilidad de heladas demasiado alta como para confiar el preciado cerdo al curado natural, y al sur, el frío era demasiado impredecible como para evitar que la carne se estropeara antes de absorber la sal. Por eso Virginia se convirtió en el principal estado en la producción de cerdo curado. No fue porque a los cerdos les gustara Virginia, ni porque a los habitantes de Virginia les gustara especialmente el cerdo. Fue porque en los tiempos anteriores al almacenamiento en condiciones controladas, las noches frías y los días cálidos de Virginia en otoño proporcionaban precisamente las condiciones perfectas para curar cerdo de forma segura.

Pero incluso aquel cerdo, si permanecía desprotegido y expuesto durante mucho tiempo, empezaba a pudrirse. La putrefacción es descomposición, el programa de reciclaje de la naturaleza. Si algo no se pudre o descompone, lo solemos llamar algo distinto de "comida". Es plástico, metal o piedra. Y aunque todas esas cosas se degradan, no se pudren en el sentido biológico; se erosionan, oxidan o deshacen en estructuras moleculares más básicas.

Hace muchos años recuerdo que leí un artículo sobre una granja en la que no podían compostar el estiércol de su cebadero porque no contenía suficientes microbios. El estiércol se había convertido en una sustancia prácticamente estéril, con todos los parasiticidas, antibióticos y otros aditivos añadidos a las raciones del ganado. Sin lugar a dudas, un estiércol que no se descomponga es totalmente anormal.

En una ocasión, muchos años atrás, nos sobró hierba al llegar el invierno y no teníamos suficientes vacas para que se lo comieran todo. Hicimos un trato con un vecino para que sus vacas pastaran en nuestra finca a cambio de una retribución por día. Para no causarnos ningún problema, el vecino las trató con un antiparasitario antes de traernos el rebaño a la granja en otoño. Nuestro protocolo habitual incluía seguir a las vacas con nuestro gallinero móvil que permite que las gallinas pasten libremente por detrás de los herbívoros. Este mimetismo biológico replica los patrones naturales presentes en todo el mundo, donde los pájaros sanean detrás de los herbívoros, escarbando en las bostas, comiéndose las larvas de las moscas y repartiendo todo el estiércol para una descomposición más rápida.

En nuestros campos una bosta de vaca no dura mucho tiempo. Las gallinas se abalanzan sobre esas larvas de mosca gordinflonas como un niño sobre un helado *gourmet*. En pocos instantes tras abrir el gallinero móvil por la mañana, las gallinas se lanzan a la búsqueda y arrasan las bostas con frenesí ante lo que para ellas es un delicioso *buffet*.

Cuando este nuevo rebaño de vacas llegó a nuestra granja, me preocupaba lo que podrían traer con ellas, así que decidí trasladar el gallinero móvil, que sigue a nuestro pequeño rebaño, y ponerlo detrás de las vacas recién llegadas. Solo por precaución. Yo sabía lo que había en las bostas de nuestras vacas, pero estas bostas extranjeras podían tener dentro hasta alienígenas. Sin duda no quería nada de eso. Así que mandé a las gallinas.

Las gallinas ni se acercaron a las bostas. Acostumbradas a abalanzarse sobre ellas, se limitaban a mirarlas con recelo, moviendo sus cabezas hacia un lado y hacia otro, sin duda tratando de evaluar la naturaleza de algo que parecía bastante normal, para luego recular sin excepción como si las bostas estuvieran envenenadas. Asombrado, supuse que estaba ocurriendo algo que yo no podía ver. Dales tiempo, pensé. El segundo día ocurrió lo mismo. Y el tercer día. Y toda la semana.

No podía creerlo. ¿Habían decidido de pronto mis gallinas expresar su "gallinidad" de una manera diferente? ¿Se habían olvidado súbitamente del principio más básico de la esencia de una gallina? El octavo día decidí trasladar de nuevo el gallinero móvil al rebufo de nuestro pequeño rebaño para comprobar este fenómeno sin precedentes. ¡Maravilla de maravillas! En el instante que abrí la puerta, las gallinas bajaron las escaleras y atacaron las bostas, con más vehemencia de lo habitual, como si quisieran recuperar el tiempo perdido. Su deleite era evidente mientras escarbaban, picoteaban y lo esparcían todo. "Uy, una golosina", parecían decir "volvemos a tener bostas comestibles".

Después de un par de días, las volví a llevar con las vacas de fuera. Ocurrió lo mismo. Vuelta con el gallinero móvil detrás de nuestras vacas y ¡alegría! Bienvenidos al mundo del estiércol estéril. Ahora bien, no soy un científico, pero os garantizo que cualquier bosta de vaca que no haga salivar de gusto a una gallina no es normal. Me entran ganas de crear un nuevo mantra para la granja: "Nuestra caca les chifla a las gallinas".

La vida no es estéril. La biología no es estéril. Las cosas que no se pudren, o no se descomponen, o los sistemas de gestión de residuos que evitan la descomposición, todos ellos son inanimados, mecánicos. Estamos rodeados, por dentro y por fuera, de bacterias y descomposición. El principio del reciclaje se basa en la capacidad de las cosas para descomponerse. Imagínate si los seres que murieran no se descompusieran. Hojas, césped, cadáveres de bichos y animales. Árboles caídos. El ciclo de la vida, la muerte, la descomposición y la regeneración es física y ecológicamente fundamental, además de profundamente espiritual.

Cuando masticamos una zanahoria entre los dientes, estamos tomando la vida de esa zanahoria, machacándola, inundándola de saliva repleta de bacterias y descomponiéndola en nuestro propio cuerpo, con nuestra propia comunidad bacteriana, que extrae nueva vida de ella y construye nuestras células, carne de nuestra carne y sangre de nuestra sangre. La metáfora espiritual es poderosa. Sin sacrificio, no puede existir vida. Ya sea una planta o un animal, algo debe dar su vida para que haya más vida.

Que tantos sacramentos y ritos religiosos giren en torno a la comida indica una apreciación histórica de la realidad de la vida y la muerte. También refleja un entendimiento bien asentado de que la comida está fundamentalmente viva. No es un protoplasma inerte, sino una entidad biológica, plenamente viva y que otorga vida. Es frágil. Si se queda expuesta a los elementos, en breve comenzará a pudrirse, o descomponerse.

Que nuestra cultura haya almacenado millones de toneladas de desperdicios de comida en vertederos y continúe haciéndolo, sin un protocolo de descomposición respetuoso, es un alarido por nuestra inmensa irreverencia por la vida. En las culturas que nos preceden, las peladuras y corazones de la fruta, o cualquier resto de un alimento sin consumir, eran desechados sin negarles a esos restos de seres vivos la oportunidad de convertirse en vida para algún otro ser. Todos hemos leído reportajes de excavaciones en vertederos. Perritos calientes sepultados desde hace décadas a profundidades de cientos de metros que salen a la superficie y son perfectamente comestibles. Por ahora, nadie sabe a ciencia cierta cuánto tiempo tardarán estos restos de comida y otros residuos orgánicos en convertirse en vida de nuevo.

Si incluimos el césped cortado y los restos de poda en el porcentaje de entradas orgánicas que van a los vertederos, la cifra asciende aproximadamente a un setenta y cinco por ciento. Es inmoral. Negarle a toda esa vida la oportunidad de descomponerse para reiniciar el ciclo de la vida no solo es poco considerado, es ecológicamente reprochable. Si se hubieran puesto los medios necesarios para que ese material se descompusiera, ese material habría alimentado la tierra y mantenido la fertilidad sin la necesidad de utilizar fertilizantes tóxicos no biológicos fabricados con petróleo. No es que no tengamos suficiente biomasa para mantener la vida; sencillamente desperdiciamos los tesoros que la energía solar y la fotosíntesis nos conceden.

Recientemente hice una presentación en una conferencia de gastronomía en una gran ciudad y una mujer, visiblemente desgarrada por la angustia y la frustración, dijo: "Vivo en un apartamento. Cada día me devano los sesos para encontrar una manera de deshacerme de mis restos orgánicos. ¿Sabes lo difícil que es gestionar los residuos orgánicos en un complejo de apartamentos de una gran ciudad?". Lo que es fácil para nosotros en la granja, en la ciudad es una historia completamente diferente.

Por eso animo a la gente a librarse de la jaula de periquitos y reemplazarla por una pareja de gallinas. Hacen mucho menos ruido y son mucho más trabajadoras. No necesitan más espacio que un acuario de doscientos litros. ¿Cuántos hogares tienen un acuario? Cada vez que me meto en este terreno resbaladizo la gente se empieza a reír, y me doy cuenta de que mi forma de pensar es muy poco convencional. Pero lo digo totalmente en serio.

Si no quieres tener gallinas, consigue un kit de vermicompostaje. No son caros aunque sean bastante sofisticados. En un espacio no mayor de lo que ocupa media docena de cajas de zapatos, puedes usar tus restos de comida para alimentar a los gusanos y utilizar sus deyecciones ricas en nutrientes y totalmente libres de patógenos, en las macetas de tus plantas. Si no tienes plantas, guarda esa fertilidad de olor maravilloso en una bolsa transpirable y llévala contigo en tu próxima visita al mercado de productores. Estoy seguro de que encontrarás algún granjero más que dispuesto a quitarte ese oro negro de las manos.

En mi opinión en los mercados de productores debería haber contenedores para restos orgánicos, de manera que los clientes pudieran depositarlos. Los granjeros podrían llevárselos a casa y alimentar a sus gallinas, o incorporarlo a sus pilas de compost. Es importante que lo entiendas, nunca antes en la historia de la humanidad se pusieron los restos de comida en lugares donde no se fueran a descomponer, añadiendo fertilidad a la tierra. Nunca. Meterlos en plástico, transportarlos de aquí para allá, para finalmente depositarlos en vertederos anaeróbicos donde pueden permanecer en el mismo estado durante siglos no solo es anormal, es una farsa ecológica.

Continuando con los retos de la ciudad, que se dan en muchas áreas, desde los huertos de las escuelas hasta este problema con el compostaje, es fácil empezar a farfullar: "Pero, pero, ¿y qué pasa con...?". Lo confieso, no tengo todas las respuestas. Sé que es decepcionante, pero siendo totalmente sincero, no pretendo tener una respuesta para todo. Cuando hablo de cocinar, siempre hay alguien que pone el ejemplo de una madre soltera trabajadora que no tiene tiempo. Cuando hablo de comprar alimentos de alta densidad nutritiva, siempre hay alguien que me reta con un: "¿y qué pasa si alguien no puede permitirse comprar ese tipo de comida?".

Si menciono los huertos, la respuesta es rápida. "Yo no tengo tierras". Si estamos con el tema del compostaje, los cajones de lombrices o las dos gallinas, siempre hay alguien que argumenta que no tiene sitio, o tiempo, o lo que sea. El típico "no me dejan tener mascotas en mi apartamento" pone punto pelota a la cuestión de las gallinas. ¿Se consideran mascotas las lombrices? No lo creo.

Imparto muchas conferencias y estos 'y si' periféricos siempre surgen desafiando mis descabelladas soluciones. Aquí y ahora, admito que no tengo una solución para todas las excepciones. Cuando un granjero de Idaho que vive a cientos de kilómetros de una máquina expendedora de Coca-Cola me pregunta cómo vender en el mercado local, no tengo un plan a su medida.

Sin embargo, teniendo todo esto en cuenta, en lugar de poner pegas utilizando casos particulares y desafiar estos argumentos con las excepciones más peregrinas, ¿por qué no nos centramos en la gran mayoría para la cual la idea puede ser factible? En lugar de decir que mis ideas son estúpidas porque no todo el mundo tiene tierra o sitio para un corral de gallinas, ¿qué tal si nos fijamos en la cantidad de gente que vive en urbanizaciones, en los suburbios o en pequeñas casas rurales y que no hace ninguna de estas cosas? Lo cierto es que si la mayoría actuara de una manera correcta e innovadora, nuestra cultura cambiaría de una forma tan dramática que ni siquiera nos podríamos imaginar cuál sería el siguiente refinamiento.

Si todos los hogares que se pueden permitir alimentos de alta densidad nutritiva cultivaran un huerto y redescubrieran sus cocinas, y si realmente hicieran estos cambios, entonces nuestro sistema alimentario retornaría a un estado de normalidad. Llegados a ese punto, las respuestas a los problemas puntuales serían más evidentes. El cuarto paso no parece tan inalcanzable una vez que hemos dado el primero, el segundo y el tercero. Yo digo que no hemos dado ni siquiera el primer paso en la mayoría de estas soluciones. No estoy sugiriendo que tengamos que lanzarnos despreocupados a lo desconocido sin planificar nada, pero, ¿puede alguien decirme una sola razón por la que los habitantes de los suburbios no puedan cultivar su propia comida? ¿O criar algunas gallinas y conejos? ¿O tener un arcón congelador para las compras a granel? Ninguna de estas ideas es peligrosa, a no ser que seas el presidente de una industria alimentaria. En ese caso, te parecerán directamente subversivas.

Mi padre era todo un innovador y cuando diseñaba una nueva máquina o sistema, los chicos siempre sacábamos los 'y si'. En lugar de responder a cada uno de ellos, recuerdo muy bien que se reía y contestaba: “bueno, en treinta minutos sabremos mucho más que ahora”. Qué maravillosa actitud. Lo que nos estaba diciendo era que aunque no lo tenía todo solucionado, lo que hay que hacer es avanzar inmediatamente con el mejor plan que tengas basándote en la información de la que dispones. Terminará funcionando porque es cuestión de moverse y ajustar, moverse y ajustar.

Si nadie se puede mover hasta que todo el mundo pueda, nunca nos moveremos. Si tenemos que considerar cada imprevisto antes de empezar a movernos, terminaremos con la conocida parálisis por análisis. La realidad es que si todos hiciéramos ahora mismo lo que sabemos que es correcto y justo, el cambio cultural sería como un terremoto épico. Y eso haría sitio para el siguiente conjunto de cambios. Defender nuestra propia resistencia al cambio señalando la situación desesperada de aquellos que no pueden cambiar es, sencillamente, irresponsable en el mejor de los casos y negligente en el peor. Podemos seguir poniendo excusas hasta que las vacas vuelvan a casa. Lo que necesitamos es tener fe en lo que sabemos hasta que aparezcan. Puede que aparezcan o puede que no, pero ahora mismo tenemos una lista de tareas. Pongámonos a ello. Los alimentos vivos, la descomposición de los restos de las cocinas y la tierra viva deberían ser incorporados en la vida de todo el mundo. Pongámonos a ello.

Para que nadie piense que no existe vida en el suelo, voy a describir el verdadero mundo que yace bajo nuestros pies. No se trata de materia inerte que solo da asco y nos obliga a poner la lavadora. Se trata de una comunidad viviente, dinámica, tan poblada que en un par de puñados de tierra sana hay más vidas individuales que personas sobre la faz de la tierra. Y eso solo en un par de puñados.

Veamos cómo este mundo cobra vida bajo los aumentos de un microscopio electrónico: adentrándose en el campo visual, aparece un microbio de seis patas pastando con tranquilidad sobre lo que parecen unos cilios con forma de pelillos. Sin previo aviso, un depredador de cuatro patas con pinta de nautilo se abalanza como un cohete desde las dos en punto, ensarta al microbio comepelos con un apéndice en forma de sable que le sale de la cabeza y empieza a sorber los jugos internos de su barriga. Sin embargo, antes de que al pobre microbio comepelos le dé tiempo a tocar el peludo suelo, aparece en el campo visual, entrando por las diez en punto, otro depredador que le corta la cabeza, devorándolo con satisfacción al tiempo que el cadáver desprovisto de fluidos, ahora decapitado, golpea el suelo. En escasos momentos, aparecen pequeños carroñeros y se ventilan los restos del cadáver.

Todo esto ocurre en un momento normal de la actividad que tiene lugar en el suelo, y haría palidecer la imaginación del mismísimo Steven Spielberg. Mejor que una película de ciencia ficción, mejor que una historia de Dr. Seuss, el mundo real de la vida microbiana del suelo interpreta el drama de la vida, la muerte y la vida en cada momento. Y, aun así, la mayoría de nosotros vivimos cada día sin ni siquiera pararnos un solo momento a pensar que nuestros cuerpos, nuestra propia existencia, nuestro aliento y nuestro ser, dependen total y absolutamente de este mundo invisible.

Que nadie piense que me dirijo hacia una disertación sobre el animismo o el paganismo, ni siquiera sobre el romanticismo, no lo hago. Más bien, en este laberinto de complejidad veo la voluntad divina que está en este mundo maravilloso, místico, microscópico y me postro de rodillas con humildad. Los pueblos tradicionales e indígenas de influencia oriental en todo el mundo mantienen esta reverencia que nos conecta a todos con el cordón umbilical ecológico. Nuestra absoluta incapacidad de vivir, de hacer nada, sin la participación activa de esta comunidad invisible de microbios recicladores y regeneradores, debería infundir en todos nosotros la admiración y el respeto hacia la tierra fértil y el alimento como sustancias vivas. El mundo que vemos, tocamos y oímos está ligado literalmente a una base formada por esta comunidad invisible que vibra, se mueve, se comunica, interactúa y se relaciona.

Y así llegamos al meollo del asunto: ¿qué ha sido de la comida que se pudre? Hace tan solo un siglo, no solo se reutilizaban todos los restos de comida alimentando a pollos y cerdos, sino que no podías poner comida sobre una mesa y dejarla ahí indefinidamente sin que se descompusiera. Hasta el vino de mesa, si se expone al aire, se deteriora rápidamente. El almacenamiento en despensas subterráneas se ha utilizado desde tiempo inmemorial para preservar alimentos, pero solo sirve durante unos meses. Esas verduras, cuando se traen a casa, empezarán a deteriorarse en un par de días.

Reducir el deterioro mediante la fermentación, el sellado al vacío, el secado o el congelado es normal y ancestral. Lo que es nuevo es que haya alimentos que se anuncien como comestibles y que no se pudran en su estado de consumo. Conocí a un tipo en una conferencia que me dijo que tenía un museo de hamburguesas en su casa. Me dijo que había comprado una hamburguesa al año durante veinte años en una cadena de comida rápida concreta, que permanecerá en el anonimato por razones obvias de protección contra el litigio. Las hamburguesas no habían cambiado significativamente en todo ese tiempo. No se encogieron apreciablemente, no les salió moho, no se pudrieron. Se quedaron ahí, con un aspecto perfecto. Día tras día, día tras día.

Piensa en las cosas que hay en tu cocina o en tu despensa. ¿Se estropearán si no las comes pronto? La peor es la comida basura. Muchas variedades de golosinas pueden durar de forma prácticamente indefinida. ¿Durante cuánto tiempo guardan los niños el botín de *Halloween* en sus habitaciones? ¿meses?

Hace varios años participamos en una feria de alimentación y queríamos ilustrar la diferencia entre nuestra carne y su contrapartida industrial. Fuimos al supermercado y compramos medio kilo de carne de vacuno picada y cocinamos unas hamburguesas. Hicimos lo mismo con medio kilo de nuestra carne. Medimos la grasa, la pusimos en tarros de cristal y nos llevamos las hamburguesas a la feria. La pérdida de tamaño por el cocinado era significativamente mayor en las hamburguesas industriales. Cuando la gente se queja del precio de la comida de verdad no se da cuenta de que es mucho más nutritiva.

La feria se hacía al aire libre y hacía calor. Cuando terminamos, no quisimos tirar las hamburguesas así que nos las llevamos a casa. En aquel momento teníamos cuatro gatos (nuestra sección biológica de control de plagas) y solo por diversión, puse las cuatro hamburguesas del supermercado en un plato y las hamburguesas de pasto de Polyface en otro. Los cuatro gatos vinieron corriendo cuando puse los platos en el porche de atrás. Coloqué las hamburguesas del supermercado más cerca de los gatos a propósito, para que las vieran primero.

Los gatos se aproximaron a las hamburguesas de supermercado, las olieron, y a continuación pasaron por encima para acercarse al otro plato, que tenía las hamburguesas Polyface. Devoraron hasta el último pedazo de esas hamburguesas, lamieron el plato hasta dejarlo limpio y se negaron a tocar las hamburguesas del súper. Cuento esta historia en parte porque es una buena historia, pero sobre todo porque la mayoría de la gente se siente impotente a la hora de verificar todas las afirmaciones sobre la integridad de los alimentos que la gente como yo hacemos. La mayoría de la gente no se cree que en una cultura tan iluminada como la nuestra podamos estar consumiendo malos alimentos.

Al fin y al cabo, si es porquería, ¿no debería ser ilegal? Quiero decir, si alguien adulterase la gasolina de los coches, rodarían cabezas. Nadie toca mi motor. Pero cuando se trata de comida, no solo nos metemos porquería en el motor de nuestros cuerpos, sino que cuando se nos estropea una junta no parece importarnos. Como si fuera normal que se estropearan las juntas o algo así. Si se nos estropea una junta en el motor de nuestro coche, todos nuestros amigos nos ofrecen sus condolencias solidariamente y disfrutamos de la depresión todos juntos. Pero si ocurre un colapso similar en nuestro cuerpo, asumimos que hemos sido víctimas de unos genes defectuosos o de los duendes de la patología, que nos han espolvoreado caprichosamente con una enfermedad desde los cielos.

Así, la historia de las hamburguesas y los gatos es una forma fácil de comprobar lo que digo. No te creas lo que te digo. Duplica el experimento con tus propios gatos. Ellos no están financiados por un conglomerado de industrias alimentarias. No tienen alianzas políticas. No dependen de sus colegas ni están influenciados por haber visto horas de anuncios publicitarios en la televisión. Son solo seres primarios cuyas defensas sensoriales aún funcionan. En efecto, tus mascotas probablemente dominan el tema de la nutrición mejor que tu médico. Así que pregunta a tus gatos. Haz la prueba. Las hamburguesas que son repulsivas para los gatos no son normales. Si los gatos no las quieren, ¿qué piensas que dirán tus bacterias intestinales? ¿Y los organismos descomponedores?

Piensa en el compost. Mezclas virutas de madera, estiércol, recortes de césped, pieles de plátano y ceniza de madera, y en cosa de unos días cambia completamente de aspecto. No puedes distinguir los materiales originales. No huele como ninguno de los componentes individuales que incorporaste. Se vuelve homogéneo, oscuro, terroso, lleno de gusanos, bichos, escarabajos y otros bichejos serpenteantes. ¿De dónde han salido? ¿Cómo se han convertido los ingredientes originales en eso? Es una sustancia completamente distinta. Esto, queridos amigos, es muerte que cobra vida.

Si pones leche cruda en la mesa de la cocina por la mañana por la noche se habrá estropeado. Puedes comprobar que lo ha hecho con tu olfato y gusto. Lo mismo con la carne cruda o los huevos. ¿Pero qué me dices de la leche ultrapasteurizada? Promocionada como una forma de extender la fecha de caducidad, este procedimiento inhibe la descomposición que otorga vida y que necesita vida. ¿Podríamos incluso decir que destruye el sacrificio necesario para la vida? Sé que esto equivale a flirtear con una verdad espiritual profunda, pero algo en lo que creo firmemente es que la verdad, la verdad verdadera, se infiltra y abre paso continuamente entre lo físico y lo espiritual. Si no funciona en el plano espiritual, no funcionará en el plano físico. Y si no funciona en el plano físico, no funcionará en el espiritual.

Un bizcocho casero, hecho con ingredientes de verdad, en su estado natural, durará solo un par de días a temperatura ambiente y después aparecerán manchas blanquecinas de moho en su exterior. Por eso me como el bizcocho rápida y agresivamente, el consumo inmediato es mi política de conservación particular en lo que se refiere a bizcochos. Pero no, no es conservación, es muerte, descomposición y nueva vida. Especialmente en mis cartucheras. Observa cuánto dura un bizcocho industrial de supermercado en la encimera de la cocina. Días. Semanas. Te espera ahí.

Piensa en la diferencia entre un pan casero y su equivalente industrial del supermercado. ¿Quién mete el pan de molde en el refrigerador? Nadie. Lo dejas ahí encima del mostrador y permanece perfectamente comestible durante días. Pero si utilizas harina de verdad, en especial si la mueles tú mismo y luego haces el pan, comenzará a enmohecerse en veinticuatro horas. Eso no es porque el pan esté mal hecho.

Al contrario, indica que el pan casero está lleno de vida. Y solo las cosas plenamente vivas pueden descomponerse con la fuerza suficiente como para resucitar después en nosotros como vida plenamente vibrante. Nosotros, como personas, solo podemos ser tan vibrantes como la vitalidad de la comida que hemos descompuesto en nuestro sistema digestivo. A la comida que entra sin vida, no le queda nada que dar, nada para crear nuevas células, nueva carne, nueva sangre. Este es un principio tan básico e intuitivo que no deberíamos necesitar que la ciencia lo corroborara para convencernos de ello, aunque sería interesante que lo hiciera. Y aun así la industria de procesado de alimentos sigue inventándose productos incorruptibles tras productos incorruptibles.

¿Durante cuánto tiempo puede permanecer ahí fuera una golosina antes de que se estropee? Un pastel con fecha de caducidad de un año no es en absoluto comida de verdad. Puede ingerirse, pero sin duda no se pudrirá. En lugar de ingerir cosas que no se pudran, todos deberíamos dedicarnos a comer solo cosas que se pudran. Los alimentos en estado natural cocinados y los guisos tienen que refrigerarse de inmediato. ¿Por qué? Porque si no lo haces se pudrirán.

Así puedes comprobar la viabilidad de los alimentos con facilidad. El queso es un buen ejemplo. Te propongo un reto: pon unas lonchas de queso Velveeta o queso líquido en la encimera, al lado de un queso artesano. El queso de verdad se enmohecerá en un día o así. El otro queso se quedará ahí durante días sin que nada crezca en él. Si nada crece en él, ¿puede crear células para ti? Amigos, no deberíamos necesitar dietistas o terapeutas nutricionales para decir: "¡No!". No es difícil de entender. Aun así, si echas un vistazo a un carrito de la compra cualquiera al salir hoy del supermercado, verás pocas cosas a las que les salga moho si se exponen al aire y a la temperatura ambiente durante cuarenta y ocho horas.

Podemos estar todos agradecidos de que las verduras y las frutas, en su estado íntegro, sin procesar, crudo, aguanten sin estropearse tanto tiempo. Si no fuera así, nuestros predecesores antes de la refrigeración lo habrían pasado mal. Tan pronto como rompemos la piel, la cáscara o lo que sea, se inicia el proceso de putrefacción.

Mientras reflexiono sobre estos principios, se me ocurre que quizá Dios (yo prefiero llamarlo así, pero si quieres también vale Naturaleza, Gaia, o el cosmos) diseñó las cosas de esta forma para que podamos a modo de la prueba del pH saber qué comer. Si no, ¿cómo íbamos a diferenciar qué es comestible? Podíamos distinguir observando el ciclo de la descomposición. Si algo producía moho con rapidez, era comestible. Dicho de otro modo, si se descomponía, era comida. Si no, como ocurre con un palo o una piedra, no es comestible. Si volviéramos a hacer esa prueba hoy en día, eliminaríamos mucho más de la mitad de la comida que ingerimos los estadounidenses.

Creer que podemos desvitalizar (puedes leerlo como 'faltarle el respeto a') la vida de la comida hasta este punto y tener una población sana es una locura. Ninguna civilización puede estar más sana que la energía vital de la comida que consume. Y a un nivel aún más fundamental, ninguna sociedad puede estar más sana económica o ecológicamente que la tierra de la que depende. Una política de la tierra en bancarrota creará de forma natural un sistema alimentario en bancarrota, que a su vez creará inevitablemente una realidad sanitaria en bancarrota. Ninguna nación puede estar sana si la vida de su tierra y su comida no está sana.

El procesado moderno de alimentos en Estados Unidos parece estar dedicado a sacarle la vida a la comida. Sacar nutrientes para añadir después productos sintéticos sirve para alargar el eufemismo llamado "vida útil" de los alimentos. No tiene mucho de vida. Es como embalsamar un cadáver y llamarlo extensión del cuerpo. Si queremos ser fieles a las bacterias digestivas, tenemos que comer cosas que perecerán. Para perecer, tienen que estar vivas. Si no están vivas, no pueden perecer. Si no pueden perecer, no pueden dar vida. Al contrario de lo que la mayoría de las personas piensa, que algo se estropee es en realidad algo bueno, no algo malo. La próxima vez que compres comida, déjala en la encimera de la cocina durante un par de días. Si no cambia significativamente de apariencia, de sabor, olor o textura, habrás malgastado tu dinero en comprar algo que está muerto. Excepto cuando está deshidratada, la comida viva a temperatura ambiente tiene una existencia relativamente corta. La comida viva es comida normal.

¿Qué podemos hacer?

1. Toma la determinación hoy mismo de aprovechar los restos de la cocina en tu propia casa, con animales, con lombrices o haciendo compost. No los tires a la basura o a la cuneta con el resto de los desperdicios. Sepáralos y alimenta a la tierra con su propia alfombra de biomasa.

2. Los servicios de alimentación de las instituciones tienen la misma obligación. En nuestra granja, hemos intentado que nuestros restaurantes separen sus restos de comida para que nos los podamos traer a casa para ir cargados de alimentos comestibles y volver con un cargamento de comida para nuestros animales. Pero hasta ahora no hemos hecho verdaderos progresos. Esto tiene que cambiar.

3. Si tienes dudas acerca de tu comida, déjala fuera un par de días y observa si se enmohece. Si no lo hace, deja de comprarla. Compra solo alimentos que se estropeen.

4. Los únicos alimentos estables a temperatura ambiente son productos deshidratados y frutos secos. Si los rehidratas deberían enmohecerse. Los frutos secos son la excepción a todas estas reglas y están deliciosos.

LA CACA, TODA LA CACA Y NADA MÁS QUE LA CACA

La revolución verde*, basada en una agricultura de sustancias químicas, es reverenciada universalmente como el cordón umbilical que permitió que la mitad de la población mundial viviera en lugar de morir de hambre. Incluso muchos ecologistas y gastrónomos apoyan está noción en algún profundo recoveco de su alma. La idea de que sin fertilizantes químicos, herbicidas y pesticidas, tendríamos que elegir qué mitad del mundo tendría que pasar hambre es aceptada sin opción a debate. ¿Por qué?

Imagina que vives en el año 1910. Estados Unidos se encuentra en pleno cambio cultural entre una economía agraria y una industrial. Queda prácticamente un siglo para la llegada de la economía de la información. El perrito caliente solo existe desde hace unos pocos años. La máquina de escribir está revolucionando la escritura y la reproducción. Al tráfico de aviones pesados le queda aún algunos años para aparecer y las bicicletas tienen un diseño primitivo y son difíciles de usar.

* *[N. de la T.]* La revolución verde hace referencia al incremento de la productividad agrícola que tuvo lugar a partir de la década de los sesenta del siglo XX como consecuencia del uso de fertilizantes de síntesis química y plaguicidas.

Los periódicos metropolitanos escriben editoriales sobre uno de los temas más candentes del momento: el declive de las ciudades estadounidenses. ¿Por qué? Estiércol de caballo. Atascando las calles, apilado en las caballerizas. La sucia cúspide de la urbanización, sin electricidad, ni sistemas de alcantarillado, ni automóviles, está sofocando a las ciudades, literalmente, en estiércol de caballo. Está por todas partes. No puedes andar por la acera sin mancharte los zapatos. Cuando cruzas la calle, pilas de estiércol te saludan a cada paso. Los viandantes se lo llevan pegado a los zapatos al entrar en las tiendas y galerías de moda. Frotar, lavar, apartarlo a patadas, todo gira en torno a quitarse el estiércol de los zapatos.

Los carros de las mulas que transportan a diario paja, avena y heno al interior de la ciudad para alimentar el apetito insaciable de las caballerizas, no dan abasto para sacar todo ese estiércol. Las alcantarillas al descubierto que surcan las calles se atascan. Las granjas cercanas, a un día de distancia en mula, no pueden suministrar suficiente heno para alimentar a la ingente cantidad de caballos hacinados en la ciudad. Es más fácil encontrar una habitación de hotel que un establo para dejar el caballo por la noche. Y, por todas partes, las pilas de estiércol en descomposición atraen a las moscas y apestan.

La gente está harta del estiércol. En la granja, la mitad del trabajo consiste en darle al estiércol con la pala. Cada tarde, hay que reponer la paja en las camas de los establos semienterrados, oscuros y húmedos, para absorber todo el estiércol acumulado. Con frecuencia, estos establos deben limpiarse y solo se usan horcas accionadas por espaldas poderosas. Las camas, apelmazadas por el peso de los caballos, consisten en paja y estiércol prensado. La paja sirve para aglutinar la mezcla. Sacar las camas de los establos a paladas requiere romper las hebras de paja, inclinándose sobre la pila y respirando el rancio aroma del estiércol.

En la ciudad y en el campo, el estiércol domina la vida. La letrina, el orinal. Estiércol humano. Estiércol animal. Está en todas partes y todo ha de moverse a mano, con simples horcas y palas. Los esparcidores mecánicos de estiércol aún no se han inventado. En el tiempo que se tarda en llenar un carro con estiércol, los animales que esperan pacientemente para arrastrarlo hasta el campo ya han depositado varias paletadas de estiércol en el suelo que estás limpiando. De camino al campo, depositan más estiércol en la carretera. Cuando llegas al campo, tienes que sacar todo el estiércol a paladas. Siempre paleando. Siempre oliendo. Estiércol, estiércol, estiércol. Está por todas partes. Atrae a las moscas. Moscas negras y enormes.

Las moscas se posan en tu bizcocho. Se meten en la jarra de nata que tienes en la encimera de la cocina porque no tienes nevera. Las heladeras han empezado hace poco a utilizarse, pero todavía son un artículo de lujo. Maldices el estiércol que atrae a las moscas que se meten en la nata. Te secas el sudor de la frente, suspiras y te preguntas cuándo se terminará este tsunami de estiércol. A la hora de comer la gente habla de estiércol. Comentan cuánto han movido hoy, cuánto se acumula en la esquina entre la tercera y la calle principal y cuánto forraje han traído hoy a la ciudad. La vida, en resumidas cuentas, gira en torno al estiércol.

Si al menos no hubiera tanta gente, el problema del estiércol no sería tan grave. Todas estas personas hacinadas necesitan alimentos y muchos de ellos ya ni siquiera tienen huerto. Pero, ¿por qué motivo van a la ciudad? ¿Por qué tanto caballo? ¿Qué justifica esta congestión infernal? Es el murmullo de una nueva era, la era industrial. La gente está empezando a oír hablar de un carromato sin caballos. Henry Ford todavía está jugueteando. La nación está lista, preparada, pero, ¿llegará el cambio con suficiente rapidez como para poder lidiar con estas infernales montañas de estiércol de caballo? Muchos editores de la ciudad pensaban que no. Parecía que no había esperanza.

Al mismo tiempo, el grande y fértil oeste que había sostenido a la cultura estadounidense, la que violó y saqueó las tierras sanas y profundas con sobrepastoreo y labranza, estaba llegando a su fin. El grande y fértil oeste. La salvación de los estériles suelos del este. Hasta ese momento siempre habíamos podido ir más al oeste. Nuevas tierras. La nueva frontera. Ahora ya no quedaba más. Aparecieron los primeros atisbos de la gestión de recursos. El *Soil Conservation Service* (Servicio de Conservación del Suelo) fue lanzado en medio de la paranoia generalizada ante una sola cuestión: "¿Cómo podemos alimentar al mundo?". Australia ya había sido colonizada. Tampoco le quedaban más tierras al oeste.

Las tormentas de polvo, *Las uvas de la ira* de John Steinbeck y el declive del búfalo americano, todos eran señales de una nueva amenaza para la población mundial: el miedo al hambre. El desgaste del suelo fértil, el avance de los desiertos y el crecimiento de la población urbana, significaban que había que encontrar respuestas a la fertilidad de los suelos, y rápido. Esta búsqueda fue dominada por dos escuelas de pensamiento. Una basada en una visión mecanicista del mundo, que la tierra en realidad no era más que un proceso mecánico. Discípulos de Justus von Liebig, el austriaco que en 1837, utilizando burdos tubos de vacío, anunció al mundo que las plantas eran simples agrupaciones de nitrógeno, potasio y fósforo (NPK), vislumbraron la respuesta en la química. Cuando podamos fabricar NPK de forma más barata y fácil, razonaron, habremos resuelto el problema de la fertilidad y del suministro de alimentos a las ciudades y liberaremos a la población del estiércol.

La otra escuela de pensamiento creía que la respuesta era básicamente una cuestión de biología. Los primeros ecologistas estaban empezando a ganar audiencia. John James Audubon, Aldo Leopold, John Muir y por supuesto *Walden* de Thoreau, hablaban de una nueva percepción de la ecología. Ellos comenzaron a dar forma a la ética medioambiental, intentando describir el mundo físico en términos que iban más allá de lo mecánico.

La búsqueda global de respuestas a la fertilidad de la tierra motivó a científicos de cada una de las escuelas. El automóvil, especialmente el modelo T de Ford, supuso una primera respuesta a los problemas del estiércol. Mientras tanto, el problema de la fertilidad se agudizó. Las factorías de Henry Ford atrajeron a multitudes de personas a las ciudades. Para el año 1930, los automóviles habían reemplazado en gran medida a los caballos. Los tractores comenzaban a verse en las granjas más adineradas. La mayoría de ellas no tendría uno hasta finales de los cuarenta o principios de los cincuenta. Hasta bien entrada esa década, el tiro con caballos se siguió utilizando de forma masiva. Pero me estoy adelantando.

Durante este periodo de cambio cultural ocurrieron dos eventos enormemente perturbadores: las dos guerras mundiales. Ambas necesitaron de explosivos. Muchos explosivos. Y por cosas del destino, los explosivos están hechos de NPK. Como resultado, el esfuerzo bélico incentivó avances vertiginosos en la química, la fabricación, la adquisición y la distribución de NPK. Los científicos especialistas en el suelo y los desarrolladores de bombas trabajaban mano a mano. Para utilizar, fabricar y distribuir NPK, la industria creció veloz y eficazmente, financiada en gran medida por la guerra.

Por suerte para este esfuerzo de fabricación, el petróleo era barato y abundante. Históricamente, el NPK lo habían suministrado los estiércoles, los residuos vegetales, las bacterias, la ceniza y las rocas. Por supuesto, la mayor reserva de nitrógeno de la naturaleza está en la atmósfera. Pero estos elementos, en su estado natural, no existen de forma aislada. Para concentrarlos, se utilizan el acidulado y el calor para separarlos de los demás compuestos a los que se encuentran unidos.

Por ejemplo, el fósforo, que existe en la naturaleza principalmente en las rocas, puede separarse del resto de elementos en un proceso de fabricación. Normalmente, se calienta una mezcla de fosfatos, rocas, arena y coque en un horno eléctrico. Si se proporciona suficiente aire, la masa caliente forma pentóxido de fósforo en forma de un denso vapor blanco. Si se añade agua, se forma ácido fosfórico, o fertilizante químico. Este compuesto nunca se presenta en la naturaleza en proporciones tan elevadas, y sin duda es una sustancia extraña para las bacterias del suelo.

Lo mismo ocurre con el potasio, la "K", que nunca se encuentra por sí solo en la naturaleza. Una corriente eléctrica libera las sales de potasio de los compuestos en los que se encuentra. Es un proceso que requiere mucha energía.

Finalmente, el más importante, el nitrógeno, se encuentra en compuestos de tipo amoníaco, consistentes en un átomo de nitrógeno y tres átomos de hidrógeno. Bajo altas presiones y temperaturas, estos elementos se pueden combinar y almacenar. El denominador común en la fertilización química es disponer de energía barata para el proceso de fabricación. Mientras que la naturaleza siempre había utilizado bacterias y procesos químicos poco violentos en combinación con intrincados sistemas de amortiguación, ahora estos podían ser reemplazados por laboratorios y plantas de fabricación de alta tecnología y altos requerimientos energéticos. Quédate con esta idea.

Mientras tanto, en un pueblo aislado del protectorado británico en la India, un humilde agrónomo profesor de fertilidad del suelo en la facultad de biología se dedicó a trabajar duro para encontrar una respuesta. Observó los cíclicos sistemas indígenas de abonado. Sin los beneficios de los que disfrutaban las ciudades occidentales desarrolladas, en la estación experimental de Indore, India, Sir Albert Howard se afanó en sus investigaciones sobre el compost. Toda su carrera de veintisiete años dedicada a este fin culminó en 1943 con la publicación de su éxito de ventas mundial *Un testamento agrícola*. Es muy apropiado que esta codificación científica del compostaje aeróbico, un auténtico regalo para la humanidad, viera la luz en la India.

Llegados a este punto, la mano de obra necesaria para hacer compostaje a gran escala sin maquinaria ya era demasiado costosa en las culturas occidentales. Pero la mano de obra barata y abundante constituía un prerrequisito para poder desarrollar el prototipo. Los materiales tenían que ser troceados y transportados a mano, y en Estados Unidos la industria ya desembolsaba mucho dinero como para poder emplear mano de obra poco cualificada en las granjas. Hasta la llegada de los equipamientos de manipulación baratos y eficientes, esta clase de compostaje realizado en las propias granjas no pudo generar el potencial de ingresos que disfrutan las fábricas tecnológicas. Pero me estoy adelantando de nuevo.

Como ya hemos discutido, la innovación nunca ocurre en todos los frentes al mismo tiempo. Tras un momento de epifanía, vienen las políticas entorpecedoras, el saber y la infraestructura, que gradualmente metabolizan, asimilan o aprovechan la epifanía. Ese metabolismo requiere tiempo, información y capital. En 1943, había poco capital en el mundo para gastar en compost. Todo se estaba invirtiendo en NPK.

Además, el compost no era ni de lejos tan *sexy* como hacer bombas. Aunque yo argüiría que mucho más sexo tiene lugar en las pilas de compost que en las bombas.

En cualquier caso, el esfuerzo de la guerra promovió un avance de las aplicaciones del NPK en la agronomía que fue mucho más rápido de lo que hubiera sido en otras circunstancias. Y la razón por la que el trabajo de Howard ocurrió tan apropiadamente en la India fue que para las décadas de los veinte y los treinta, durante los momentos más álgidos de sus investigaciones, nadie en occidente tenía interés en palear más estiércol. Las palas de carga frontal, las trituradoras, las picadoras y los esparcidores mecánicos de estiércol aún no habían sido inventados. Pero en India, donde había mano de obra barata y abundante, Howard pudo cortar y transportar carbono, trocearlo con machetes, transportar estiércol, añadir minerales cuidadosamente, todo a mano, y confeccionar la panacea de la fertilidad: el compost aeróbico científico.

Para ayudar a concretar este argumento, si visitas cualquier granja histórica viviente en los Estados Unidos, desde Plymouth hasta Williamsburg o el Frontier Culture Museum en Staunton, Virginia, no verás ni una sola pila de compost. Puede que veas pilas de otras cosas, como pilas de estiércol crudo. Pero no verás la manipulación científica del carbono, nitrógeno, minerales, oxígeno, agua y microbios que define el verdadero compostaje moderno.

La razón por la que la epifanía de Howard no llegó a ser metabolizada rápidamente fue porque la infraestructura necesaria para construir una pila de compost aeróbico científico de forma eficiente no se había inventado todavía. Los granjeros aún estaban paleando el estiércol a mano. Seamos justos. Pongámonos en el lugar de un granjero en 1946. Te enfrentas a suelos menguantes, cultivos escasos y pastos anémicos. Tienes dos opciones.

Puedes conseguir unos cientos de kilos de algo barato que viene en bolsas y espolvorearlo con un simple dispositivo. O puedes palear toneladas de biomasa, toneladas de estiércol, hacer una pila, voltearla de nuevo para ponerla en un remolque, y después voltearla una vez más para esparcirla en el campo. ¿Cuál elegirías?

Lo veis, queridos amigos, aquellos de nosotros que estamos en el bando ecologista, en el bando biológico de la agricultura, tendemos a apuntar con el dedo a nuestros abuelos y otros ancestros para acusarles de ser gente horrible que esparcía bolsas de NPK en lugar de hacer compost. Pero si nos tuviéramos que enfrentar con la decisión, la mayoría de nosotros habríamos hecho lo mismo. Lo cierto es que cuando en 1946 se dio el pistoletazo de salida en la carrera para alimentar al mundo, que después se vino a llamar la revolución verde basada en la química, el bando de las sustancias artificiales llevaba dos vueltas de ventaja.

El Pentágono financió el conocimiento, la fabricación y la distribución de NPK, ofreciendo una ventaja desleal a la escuela de pensamiento mecanicista. La incipiente escuela de pensamiento biológica, que era mucho más normal desde el punto de vista histórico en todo el mundo, tenía mucho que hacer para ponerse al día. De hecho, tenían unos treinta años que recuperar. Eso fue lo que tardaron en desarrollarse los tractores diésel altamente manejables, con tracción en las cuatro ruedas y palas hidráulicas frontales, a un precio suficientemente asequible como para que su presencia fuera universal.

Pasó un tiempo antes de que las eficientes trituradoras y picadoras de tolva llegaran a las granjas y a otros lugares donde se acumula biomasa. Pasó un tiempo hasta que las carreteras, los camiones y el transporte llevaran componentes minerales puros y asequibles a las áreas rurales. Y los esparcidores de estiércol con tomas de fuerza (*Power take-off* o PTO, por sus siglas en inglés) no llegaron en masa a las granjas hasta mediados de los años sesenta. Este fue un gran adelanto, porque hasta la llegada del eje de transmisión PTO, los aperos agrícolas o bien estaban accionados mediante el giro de las ruedas o eran estacionarios.

Las segadoras de heno, los esparcidores de estiércol, las rastrilladoras, todos estos aperos eran accionados por el propio giro de sus ruedas. Una serie de correas, cadenas y engranajes conectados a éstas transmitían potencia a la máquina. El tractor o los animales de tiro sencillamente tiraban del apero. Si el tractor o los caballos se paraban, el apero se paraba. Disponer de actividad en un apero independientemente de la velocidad del tractor era, por tanto, imposible. Sin embargo, si el apero es accionado por un eje estriado en giro directo situado en la parte trasera del tractor, zumbará, batirá, girará, o lo que sea, sin tener que moverse a ningún sitio. Esta posibilidad ofreció una infinidad de ajustes en la velocidad del tractor, sin tener que cambiar la función de la máquina. De pronto, apilar compost en hileras fue posible utilizando esparcidoras de estiércol, algo imposible hasta mediados de la década de los cincuenta.

Con todas las piezas en su sitio, el compostaje comercial a gran escala se adoptó, recuperando el tiempo perdido, no solo en granjas sino también en entornos urbanos y patios traseros. Hoy tenemos compostadores de patio, vermicompostaje, inoculantes, y todo un arsenal de artilugios y conocimiento para que el mundo saque partido de la epifanía de Howard.

En resumen y dejando un poco de lado la corrección técnica, si hubiera habido un proyecto Manhattan para desarrollar el compostaje, no solo habríamos podido alimentar al mundo, sino que lo habríamos hecho sin crear por el camino salamandras de tres patas, ranas estériles y una zona muerta del tamaño de Rhode Island en el golfo de México. Aún conservaríamos la mitad del suelo fértil de Iowa, que en tan solo un siglo ha sido arrastrado al océano, y Rachel Carson no habría tenido que escribir *Primavera silenciosa*.

¿Cómo se convirtió la agricultura basada en químicos en el paradigma dominante? A través de una confluencia de factores que nadie pudo haber previsto o incluso quizá cambiado. Mejor que atascarnos con teorías de la conspiración o divagando, aceptemos sin más el contexto histórico y sigamos adelante. En las décadas de los años veinte y treinta, había tanto estiércol que la gente no sabía cómo quitárselo de encima. Las ciudades no conseguían librarse de la pestilencia. Los granjeros no daban abasto paleando estiércol. Que Dios les bendiga, hicieron lo que pensaron que sería mejor y más fácil. Pero en la gran hoja de balance ecológica lo que hicieron no es normal.

En el *Yearbook of Agriculture* [Anuario de agricultura] de la USDA de 1957, fíjate en la apreciación del gobierno y de las autoridades agrícolas. "Los métodos de manejo de los fertilizantes también han cambiado. Antes el granjero tenía que comprar y manejar sacos de fertilizantes que pesaban al menos cuarenta kilos. El uso de fertilizantes líquidos, que se pueden manejar en grandes cantidades, ha ayudado a liberarle en parte de esta tarea". Si la comunidad agrícola estaba emocionada con el cambio de fertilizantes químicos sólidos a fertilizantes líquidos, imagina las ansias que habrían tenido por pasar del estiércol a los sacos de fertilizante. Pero esta comodidad suponía un atajo ecológico.

Al fin y al cabo, el suelo es básicamente un organismo vivo. Es un universo biológico que yace bajo nuestros pies. Sí, puedes hacer trampas durante un tiempo, pero al final la hoja de balance estará repleta de números rojos. Y los microbios del suelo, los actinomicetos (descomponedores bacterianos que otorgan al suelo su característico olor a tierra), los azotobacter (microbios que recogen nitrógeno atmosférico y lo incorporan a la tierra, donde alimenta a las plantas), las micorrizas (hongos que generan inmunidad en las plantas) y las lombrices pedirán a gritos y demandarán, una nutrición adecuada. Como dijo Howard, buscarán algo que no sea artificial.

El paradigma químico dominante recibió un estímulo dañino a través del recién creado Servicio de Extensión Agrícola*. Introducido por la Ley Smith-Lever en 1914, también conocida como la Ley de extensión agraria, esta colaboración entre instituciones locales, estatales y federales extendió la investigación de las universidades agrícolas estatales a todos los pueblecitos del país. Esta iniciativa financiada por los contribuyentes aseguró que el pensamiento científico dominante en aquel momento se propagara rápidamente por los campos de cultivo de Estados Unidos. Si este impulso educacional, autorizado y financiado por el gobierno, no hubiera existido, la adopción de los productos químicos habría sido más lenta y el bando biológico se podría haber establecido como la alternativa legítima. Pero con un impulso tan vigoroso de promoción por parte del gobierno, que repartía información aparentemente gratuita, cualquier visión alternativa jugaba contra cartas trucadas. Esta competición desleal a la hora de conseguir la atención del granjero aún existe hoy en día.

Poco después de la publicación del tratado de Howard en 1943, al final de la Segunda Guerra Mundial, se produjo una gran interrupción en el sector agrario estadounidense. Probablemente el mayor defensor de la visión biológica era un hombre llamado Louis Bromfield. Su Malabar Farm en Ohio se convirtió en un punto de reunión para los postores por el paradigma biológico. Novelista adinerado, Bromfield fue capaz de comprar los equipamientos y artilugios más novedosos, para demostrar la eficiencia de la fertilidad biológica del suelo. Con él llegó Edward Faulkner y su *Plowman's Folly* en 1943 que vendió quinientas mil copias en seis meses (¿qué te parece?). Faulkner, que había sido instructor del servicio de extensión agrícola, reventó el mito de que la fertilidad tenía que venir de fuera de la granja y postuló que, con una gestión adecuada, la simbiosis entre la tierra y las plantas podía generar fertilidad a partir del aire y las rocas.

Como era de esperar, unas enseñanzas tan radicales le convirtie-

* *[N. de la T.]* El Servicio de Extensión Agrícola estadounidense es un servicio educativo destinado a hacer llegar los últimos avances científicos y tecnológicos en agronomía a la población rural.

ron en un paria para su anterior empleador, el servicio de extensión agrícola del gobierno. Él transmitió el concepto de que una descomposición activa es la clave de la fertilidad del suelo. Era una idea revolucionaria porque en aquellos momentos el axioma agrícola dictaba que la fertilidad requería que se importaran elementos a las granjas. Que un sistema autoregenerador pudiera existir era, en efecto, una noción extraña.

Aproximadamente en esta época J. Russel Smith escribió *Tree Crops* [Cosechas de los árboles], una obra temprana que sirvió de base para el trabajo en permacultura de Bill Mollison y Dave Holmgren. J. I. Rodale empezó a publicar la revista *Organic Gardening and Farming* antes de 1950. Mientras tanto, en Gran Bretaña, el famoso autor de *The Farming Ladder* [La escalera de la granja], George Henderson, desarrolló estructuras ligeras y portátiles para la cría de ganado y aves sobre pastos. Newman Turner escribió *Fertility Farming* [La agricultura de la fertilidad] en 1951 y *Fertility Pastures* [Los pastos de la fertilidad] en 1955, delineando el enfoque biológico aplicado a la fertilidad del suelo para el conjunto de una granja y arrasando por completo la noción de una agronomía basada en compuestos químicos de NPK.

Después vinieron los cercados eléctricos, quizá el mayor momento de inspiración desde el compostaje científico de Howard. El control del ganado mediante los cercados eléctricos permitió que el francés André Voisin incorporara el clásico *Productividad de la hierba* al cóctel en 1959. Hasta la llegada del cercado eléctrico, los granjeros no podían manejar su ganado de forma eficiente imitando a la naturaleza con sus grandes rebaños, sus patrones de migración y sus depredadores. Mover cercados de madera físicamente de un lado para otro no era factible.

El cercado eléctrico fue la tecnología que permitió a los pequeños propietarios imitar los patrones de la naturaleza. Los grandes rebaños migratorios, junto a su séquito de aves, depredadores y otras especies, que son tan cruciales para el desarrollo del suelo fértil, la captura del carbono y la acumulación de biomasa, no podían ser replicados a escala doméstica de una forma práctica. Los pastores nómadas lo habían intentado, con éxito variable, pero en general eso requería viviendas portátiles y normalmente terminaba con la tragedia de los pastos comunales: el sobrepastoreo. Sin un plan de pastoreo formal y consensuado, que incluya un control adecuado del progreso, la gestión de las tierras comunales generalmente no incluye una planificación a largo plazo que permita la renovación biológica. Por supuesto, lo mismo ocurre con la mayoría de las tierras de propiedad privada. Pero con parcelas privadas más pequeñas, la duplicación de los masivos rebaños naturales se vuelve más difícil. Aquí es donde entra la salvación por imitación, de la mano del cercado eléctrico.

El libro *The Complete Book of Composting* [La guía completa del compostaje] de Rodale, que quizá sea todavía hoy el volumen más reconocido sobre este tema, se publicó en 1960 y puso el último clavo en el ataúd de las excusas utilizadas por los incrédulos que todavía pensaban que los fertilizantes basados en sustancias químicas eran la respuesta a la fertilidad de la tierra. El romance de la sociedad con todo lo que saliera de las industrias y las fábricas alcanzó su cénit con el abandono casi universal de la lactancia materna, de pronto considerada como algo bárbaro y neandertal. ¿Bárbaro algo tan común a lo largo de la historia como la lactancia materna? Esto no es normal. Así fue como criamos una generación de alérgicos y asmáticos, alimentados con Enfamil y Similac. A veces pienso que posiblemente esos treinta años, entre 1945 y 1975, durante los que todos esos pechos se quedaron sin usar, constituyen el mayor despilfarro de recursos que nuestra cultura ha realizado nunca. Qué lástima tan grande. Y ahora, como no, las investigaciones están mostrando en todas partes una correlación directa entre la lactancia materna temprana y una menor incidencia de cáncer de mama.

Después vino *Primavera silenciosa*, el movimiento ecologista de collares de cuentas, con barbas y sin sostenes, Woodstock, la vuelta al campo, los *hippies*, el *Whole Earth Catalog* y *Mother Earth News*, y el aumento gradual de la conciencia y el entendimiento del paradigma de fertilización química. Hacia mediados de los sesenta, con el cercado eléctrico, los esparcidores de estiércol eficientes, las palas de carga frontal, las trituradoras, las picadoras, la electrificación de las zonas rurales y las carreteras, el jurado de la tierra había emitido su voto. Era evidente para cualquiera que quisiera ver y escuchar. La fertilidad del suelo es una cuestión puramente biológica. Incluso los científicos de la USDA especializados en el suelo modificaron sus dogmas para incluir una docena más de elementos traza necesarios además del estándar NPK.

Pero muchos no querían ver o escuchar. Estaban centrados en la gratificación a corto plazo y en objetivos a lo Wall Street. Centrados en los últimos dogmas de los prestigiosos científicos de las universidades, que llegado este momento habían optado en masa por el bando del NPK. Recuerdo como si fuera ayer una ocasión a principios de los ochenta en la que asistí a un seminario sobre el suelo patrocinado por la USDA, que impartía un doctor en agronomía del servicio de extensión universitaria, y que comenzó su presentación con esta frase: "Las sustancias más abundantes en el suelo son el carbono, el oxígeno y el hidrógeno. Pero no vamos a hablar de ellas, vamos a hablar de nitrógeno, potasio y fósforo".

Los granjeros en la sala, sentados en el borde de sus sillas, se lo tragaron como si de miel se tratara. Miré a mi alrededor, sintiéndome de pronto muy incómodo y dándome cuenta de que yo era el único en aquella sala que pensaba que semejante afirmación era absurda. Imagínate a Dan Barber, el extraordinario chef del restaurante Blue Hill at Stone Barns en Pocantico Hills, Nueva York, presentando un seminario sobre cómo cocinar cerdo rematado en el bosque diciendo: "Lo más importante es la cocción, la dieta del animal y una atención cuidadosa a la fase de sacrificio y despiece. Pero no vamos a hablar de eso. Vamos a hablar de la pimienta que usamos como aderezo". Venga ya, esto no tiene sentido.

En lo que atañe a la tierra, si te ocupas del carbono, del hidrógeno y del oxígeno, el NPK se corregirá por sí mismo. Pero claro, las compañías químicas no ganan dinero con carbono, hidrógeno y oxígeno. Todo esto lo puede conseguir el granjero gratis. Y las investigaciones del profesor de agronomía están financiadas por una compañía química o algún otro conglomerado industrial, así que la charla cumplirá con los formalismos académicos y se limitará exclusivamente al NPK. En esta universidad somos buenos chicos, ya sabes. La camarilla de los buenos chicos, los de siempre, debe mantenerse unida, todos para uno y uno para todos, cueste lo que cueste. Los tres mosqueteros se han transformado en profesores de universidad que protegen al rey de la química.

Estos textos clásicos de la ciencia del suelo basados en la biología conformaron la base para la multitud de opciones tecnológicas e infraestructuras que existen hoy. La razón por la que he profundizado en el trabajo de estos gigantes de la fe, por así decirlo, es porque el estadounidense medio nunca ha escuchado sus nombres o estudiado sobre ellos en la escuela. Sabemos quién eran Liebig, Bosh, Faber y qué es la revolución verde (o química). Sabemos quiénes son Tyson, Monsanto y Cargill. Pero aquellos de nosotros que entendemos la agricultura y la alimentación como procesos fundamentalmente biológicos estamos subidos a hombros de gigantes que en general fueron vilificados en su época y, sin duda, sus méritos no figuran en las conversaciones del circuito convencional de la actualidad. Y aun así, estos científicos e investigadores cimentaron las bases de los sistemas agrobiológicos modernos, viables y ecológicos. Estas personas estaban ahí antes de que existiera un movimiento ecologista. Antecedieron a los evangelistas de la agroecología más modernos como Wendell Berry; Charles Waters, fundador de *Acres U.S.A.*, Allan Savory, fundador de Holistic Management International; Stan Parsons, fundador de Ranching for Profit; Allan Nation, fundador de la revista *Stockman Grass Farmer*; J. D. Belanger, fundador de *Countryside and Small Stock Journal*; el movimiento de permacultura de Mollison y Holmgren; la Fundación Weston A. Price de Sally Fallon Morell y el movimiento Slow Food de Carlo Petrini.

La lista crece cada día, a medida que el movimiento hacia la integridad ecológica gana impulso. En la actualidad tenemos RegenAG en Australia; los microbios esenciales y la *soil-food web* (la red de la tierra y el alimento) de Elaine Ingham; el té de estiércol; Phil Callahan con su comunicación infrarroja entre insectos; Paul Stamets con la descontaminación por hongos; la *Nutritional Therapy Association* (Asociación de Terapia Nutricional); y la página web de Jo Robinson, *eatwild.com*. Madre mía, hoy en día sabemos cómo pulverizar emulsiones foliares de harina de pescado magnetizadas sobre estomas estimulados a abrirse completamente al son de la música calipso que emana de unos altavoces. Amigos, hemos avanzado mucho desde los tiempos de palear estiércol.

No te equivoques, en una era de energía costosa, estas serán las epifanías, los nuevos líderes y los recursos que alimentarán la fertilidad de la tierra según avance el próximo milenio. La fertilidad no se generará calentando sustancias y elementos químicos. No vendrá a bordo de un petrolero procedente de Oriente Medio. Vendrá de la biomasa solar cosechada en tiempo real y reciclada *in situ* para alimentar la biología del suelo. He profundizado en la obra de algunos de mis héroes de la fe, si los puedo llamar así, tanto pasados como presentes, con la esperanza de que escuches sus voces alternativas. No habrás visto sus nombres en la literatura popular norteamericana, en los medios o citados en las revistas científicas. Y aun así estas organizaciones, publicaciones e individuos forman la columna vertebral, la base que soporta y fomenta una visión fundamentalmente biológica de la tierra y los alimentos.

Sin duda sería descuidado si no mencionara a Michael Pollan y su libro y punto de inflexión *El dilema del omnívoro*, o a Eric Schlosser con su impresionante *Fast food: el lado oscuro de la comida rápida*, o la obra maestra de Barbara Kingsolver, *Animal, vegetal, milagro: un año de comida natural*. Dudo al introducir una lista como esta, sabiendo que me faltará alguien y lo lamentaré. Pero cuando encuentras uno inevitablemente terminas encontrando a otro y luego a otro. La cuestión es que ahí fuera existe todo un mundo de apoyo filosófico y científico, que no recibe la cobertura de los medios o un reconocimiento acreditado. Es como el camino menos frecuentado de Robert Frost*. Te lo garantizo, marcará la diferencia. Me gustaría gritar estos nombres desde la cima de una montaña. Me gustaría que aparecieran en *Oprah*. Me gustaría que el mundo entero escuchara lo que tienen que decir, porque tiene sentido y porque ha sido probado empíricamente cada día en incontables campos y bosques. Este mensaje marea a los dinosaurios de la vieja escuela que todavía piensan que la tierra es un medio inerte y sin vida.

¿Cómo se nutre el suelo en la naturaleza? Cubriéndose con materiales carbonosos de color marrón. Las hojas no caen hasta que se vuelven de color marrón. La pinaza no cae hasta que no se vuelve de color marrón. La hierba no cae hasta que no se vuelve de color marrón. Y no hay nada que incorpore estos elementos al suelo median-

* *[N. de la T.]* Esta frase hace referencia a un poema del escritor, *The Road Not Taken*, aún no traducido al castellano, que habla de que existen dos caminos, y que uno está lleno de telarañas y ese, el que es menos frecuentado, es el que merece la pena seguir.

te una labranza profunda. Se incorpora mediante la perturbación periódica de la superficie provocada por herbívoros o pájaros cuando escarban y por las lombrices que suben a la superficie y se llevan los materiales a capas más hondas.

Si diésemos un paso atrás y dejásemos que la naturaleza fuera nuestra maestra, ella nos enseñaría todo lo que necesitamos saber. Cuanto más intentemos hacer trampas, tomar atajos o adulterar estos procesos, menos productiva y eficiente será la naturaleza. Por eso en nuestra granja hacemos compostaje a gran escala. Se trata de reciclar la biomasa, retener nutrientes y permitir que los animales hagan el trabajo. Esta es la versión que hacemos aquí, en Polyface, de todo lo que he discutido en este capítulo y espero que sirva para ilustrar lo mejor de lo viejo y de lo nuevo. Utilizamos tecnologías apropiadas para sacar provecho de la sabiduría tradicional de la biología.

En invierno, cuando alimentamos a las vacas con heno, después de que hayan consumido el pasto, las trasladamos a un sencillo cobertizo donde el estiércol está protegido del lixiviado producido por las lluvias y de la evaporación de los nutrientes, que son propensos a la oxidación, inducida por la exposición al sol. Diariamente cada vaca expulsa unos veinte kilos de nutrientes por su parte de atrás. Siempre he pensado que sin duda este animal es la máquina de movimiento perpetuo por excelencia (no es que la vaca sea una máquina, pero la expresión es demasiado común como para modificarla). Una vaca come doce kilos de heno al día, que entran por un lado y por el otro salen veinte kilos de abono. Claro, la vaca también bebe treinta litros de agua y una gran parte de los veinte kilos que salen por detrás es un líquido de alto contenido en nutrientes. Pero en cualquier caso, la vaca es una recicladora eficiente.

Durante el periodo de letargo invernal, la vida del suelo está dormida, lo que significa que no puede metabolizar nutrientes. No importa que sean orgánicos o inorgánicos. Cuando estás durmiendo, no comes. Lo que nos interesa es preservar estos nutrientes en una disolución estable hasta que la vida del suelo se despierte y pueda volver a comer. ¿Pero cómo podemos hacerlo? Nosotros lo hacemos utilizando una cama profunda, también conocida como "*pack* de estiércol".

Utilizando serrín, madera triturada, hojas, heno pasado y otras fuentes de carbono disponibles, como en algunas ocasiones cáscaras de cacahuete, cubrimos el suelo del cobertizo de las vacas para absorber todos los nutrientes. Este pañal carbonoso retiene los nutrientes, nunca se congela debido a la fermentación anaeróbica que se produce en su interior y ofrece una zona de descanso caliente y agradable. A medida que lo construimos, añadimos grano de maíz entero que las vacas pisotean contra el suelo. Después el maíz fermenta. En primavera, la cama llega a tener entre uno y, uno y medio metros de profundidad.

Cuando sacamos a las vacas al comienzo de la temporada de pastoreo, metemos a los *pigaerators*. Mientras rebuscan el maíz fermentado, los cerdos airean las camas, convirtiéndolas en compost aeróbico. Esto no requiere ni petróleo ni maquinaria. Los animales hacen todo el trabajo. Esparcimos este compost en los campos en primavera, después de que la comunidad del suelo haya despertado con la nueva estación, cuando estos microbios se atiborran con los nutrientes del compost y producen más biomasa a través de la actividad fotosintética.

Esta práctica ha sido el eje de nuestro programa de fertilidad durante décadas. El compostaje, junto con la gestión intensiva de los pastos utilizando herbívoros y cercados eléctricos, ha transformado gradualmente nuestros campos yermos llenos de maleza en posiblemente los campos más productivos de nuestro condado. Lo sé de buena tinta.

Hace unos años nuestro viejo vecino empezó a segar nuestro heno porque tenía una máquina mucho más eficiente y podía cubrir la superficie mucho más rápido que nosotros. Era un veterano que en sus tiempos había segado muchos campos de heno por toda la zona. Cuando vi que ya casi había terminado de segar, fui a su casa a llevarle su cheque y me acerqué caminando por el campo para encontrarme con él.

Hay algo que tienes que saber sobre los auténticos granjeros: nunca apagan su tractor para hablar. O se bajan y se alejan un poco, dejándolo al ralentí, o no hablan mucho, lo justo para liquidar el asunto por encima del ruido de la máquina en marcha. Comparados con los motores de gasolina, los motores diésel no gastan mucho cuando están al ralentí. Pues bien, mi vecino terminó la última hilera y condujo su tractor hacia mi. Después apagó el motor. Pensé para mis adentros: "Ay, Dios mío, esto es grave".

Me subí al tractor para hablar con él e hizo otra cosa en la que aprendemos a fijarnos la gente de campo: movió su tabaco de mascar de un lado de la boca al otro. Deja que te explique, cuando un granjero del valle Shenandoah mueve su tabaco de un lado de la boca al otro, préstale atención porque está a punto de decirte algo realmente importante. Lenta y deliberadamente, mi vecino siguió moviendo su tabaco a un lado y otro, lo colocó bien y después exclamó con acentazo de pueblo: "Nunca he visto *ná* así. Habré *segao* heno por *tó* el *condao*, pero no tenía ni pajolera idea de que se pudiera *cultivá* heno con mantillo".

Él no conocía la palabra "compost", así que la palabra más cercana que se le ocurrió fue "mantillo". Continuó diciendo que era el heno más tupido, bonito y libre de malas hierbas y madrigueras de marmotas que había visto nunca. Y eso hablando de una granja que hacía tan solo unas pocas décadas era la más pobre, la más erosionada y estéril de todo el condado.

Dos años después, otro tipo segó nuestro heno en una de las granjas que alquilamos. Esta granja es muy visible desde una autopista de dos carriles bastante transitada, así que, como aves rapaces, los vecinos observan lo que hacemos. Creo que los quiroprácticos de la zona deberían pagarnos comisión por el número de casos de traumatismo cervical que producimos. "¿Que están haciendo qué? ¿has visto eso, Marvin?" Una noche, me gustaría poder convertirme en una de las moscas que se posan en los muros de las casas de los vecinos y escuchar a estos veteranos mientras intentan descifrar qué están haciendo los locos de los Salatin.

En cualquier caso, este tipo se bajó de su tractor al terminar el trabajo y dijo básicamente lo mismo: era el campo de heno más bonito que había visto. Después empezó a hacer preguntas:

–¿Y no echasteis fertilizante?.

–No. –Daniel hablaba con él.

–¿Y cómo lo habéis hecho?

Daniel le explicó, por enésima vez, lo que este señor había visto desde la carretera.

–Movemos a las vacas cada día de parcela a parcela. Cuando la hierba vuelve a crecer y tiene suficiente altura, el rebaño vuelve y la rasea.

Meneando la cabeza, el segador dijo: "Bueno, me encantaría hacer un análisis de suelo para ver qué hay que poner para conseguir una mina como esta". Lo veis, queridos amigos, tu corazón determina lo que tu cabeza cree. Te lo puedo explicar, te lo puedo enseñar, te lo puedo demostrar, pero mientras sigas enganchado en el paradigma del NPK, nunca te lo creerás. Hasta que tengas tu propia epifanía divina, y entiendas que la tierra es fundamentalmente una comunidad biológica y no una masa mecánica, no podrás entender nada acerca de la verdadera fertilidad.

Nutrir el suelo con sustancias químicas reconfiguradas no es normal. Como tampoco lo es entenderlo como una pila inerte de materia muerta. Espero que como resultado de esta discusión aquellos que defendéis la opinión de que la tierra es una comunidad biológica y que en ocasiones os sentís un poco intimidados por las credenciales de los agrónomos, vosotros alcéis la cabeza bien alta y os deis cuenta del contexto histórico de nuestra dependencia química en la gestión del suelo. También es una dependencia que requiere grandes cantidades de energía.

Se me hace difícil culpar a los granjeros de los años veinte a los años cuarenta por echar mano de una bolsa de NPK. Pero siento poca simpatía hacia aquellos que continuaron por ese camino después de los años cincuenta, menos aún por los que lo hicieron después de los sesenta y ninguna en absoluto por cualquiera que continuara por ese camino a partir de los años setenta. En la década de los setenta, estaban disponibles todas las herramientas necesarias para sacar partido de la integridad biológica. Cualquiera que en ese momento se haya negado a bajarse de la moto de las sustancias químicas se merece la bancarrota, perder su granja, o lo que sea. Suena duro, pero es como decir que un pedófilo no puede hacer nada para no serlo. Lo siento, pero, ¿acaso quien abusa del suelo no puede evitar hacerlo? De ninguna manera. Todos podemos.

Durante los primeros pasos del compostaje, allá por los años veinte y treinta, incluso a principios de los cuarenta, puedo entender que recurrieran a una solución anormal. Yo también me he cansado de palear estiércol. Pero ya no estamos en 1930. Vivimos en una época sin precedentes en lo que se refiere a la infraestructura biológica. No solo es posible alimentar al mundo utilizando el enfoque biológico, sino que esta es la única forma regenerativa de hacerlo a largo plazo. Luz solar. Biomasa. Comunidad del suelo. Esa ha sido la receta durante milenios y cualquier otra cosa sencillamente no es normal.

Entonces, ¿a dónde vamos desde aquí?
Permitidme que sugiera algunas estrategias positivas:

1. Un compromiso a nivel nacional para que ningún tipo de biomasa termine en el vertedero. Si se descompone, no debería ir al vertedero. Debería pudrirse en algún lugar donde después pueda volver a la tierra.

2. Se debe sacar el máximo provecho posible de todo el estiércol. Dejar de quemarlo para obtener electricidad. Dejar de almacenarlo en balsas de purines.

3. Poner en marcha las trituradoras y empezar a transformar árboles caídos, enfermos o torcidos, así como otro tipo de biomasa, en elementos compostables. Empezar a producir y recolectar de forma sistemática la biomasa de las medianas de las autopistas así como de las rampas de salida y otras vías públicas de paso.

4. Dejar de alimentar a los herbívoros con cereales. Punto. Solo eso cambiaría los ciclos de fertilidad de una forma tan profunda que no nos podemos imaginar las ramificaciones. Los herbívoros volverían una vez más a dispersarse por las praderas perennes de policultivos, gestionados mediante el uso de cercados eléctricos en lugar de por los relámpagos y los depredadores. El estiércol se depositaría sobre la biomasa en tiempo real, sin requerir nada de energía para su transporte.

5. Empezar a desmantelar los sistemas de alcantarillado basados en agua y sustituirlos por digestores de metano, compostaje y descomposición con lombrices rojas. Debemos dejar de desechar estiércol. Ese y no otro es el secreto de la fertilidad.

APARCA EL COCHE, CULTIVA LA TIERRA Y GENERA ENERGÍA

Pico del petróleo. Solo la gente que tiene todo el día metidas las narices en las revistas del corazón no ha oído hablar nunca de ello. El debate que rodea los suministros y el pico del petróleo te puede llegar a marear. Recuerdo muy bien cuando a finales de los setenta, cuando yo estaba en el equipo de debate interuniversitario, citaba a expertos acreditados que predecían que para 1990 el petróleo se habría acabado. Por esto, amigos, nunca profetizo. La única pregunta que nunca contestaré en una entrevista es esta: "¿Qué crees que ocurrirá en los próximos veinte años?"

Algunas personas que respeto incluso argumentan que el petróleo aún se está produciendo. Quizá no tan rápido como lo usamos, pero al fin y al cabo se produce. De hecho no sé si estamos a punto de quedarnos sin petróleo o no, pero lo que sí sé es que las curvas que ascienden abruptamente no ascienden indefinidamente. Siempre acaban bajando en picado. No quiero volver a discutir aquí todos los detalles del debate del petróleo. Ya se han escrito tantos libros y tan buenos con los que puedes engolfarte de lleno (va con segundas) con el temita.

Para continuar con la temática de este libro, voy a retroceder y reflexionar sobre la energía en su sentido más primitivo. Cuando aprietas el interruptor de la luz o escuchas como el termostato apaga la caldera o enciende el aire acondicionado, ¿qué está ocurriendo? Creo que si alguna vez nos vamos a poner creativos a la hora de resolver problemas, necesitamos restablecer lo que es normal históricamente. Mientras no tengamos algún tipo de referencia, no tendremos ninguna manera de medir el progreso. Podríamos pensar que estamos avanzando cuando en realidad estamos retrocediendo. La realidad es que muchos de los que estamos preocupados por la huella energética o por la huella de carbono o por el agotamiento energético, aún vivimos en casas con aire acondicionado, consumimos alimentos industriales que derrochan energía, utilizamos la secadora de ropa en lugar del tendedero y tenemos dos coches cuando nos podríamos apañar con uno. Y la situación no siempre es sencilla.

Al principio de la década de los setenta, durante la crisis del petróleo causada por el embargo de los países árabes, mi padre tenía poco más de cincuenta años y trabajaba en un taller de soldadura de metal a veinte kilómetros de distancia. Revisaba planos, hacía los presupuestos y llevaba las cuentas. El taller estaba en la otra punta de Staunton, una ciudad de veinte mil habitantes situada a doce kilómetros de nuestra granja. Es posible que recuerdes que Jimmy Carter era el presidente y que prometió romper nuestra dependencia con el petróleo extranjero. Sí, claro. Miles de millones de dólares y un Ministerio de Energía más tarde, está claro que no nos hemos desenganchado del petróleo extranjero, ¿verdad? No puedo entender que la gente aún se crea que las agencias gubernamentales puedan ser la respuesta a algo.

La gasolina se volvió tan escasa que por ley las gasolineras solo podían suministrar combustible a los coches cuya matrícula finalizara en un número impar en días impares, y en uno par en los pares. Mi padre decidió desengancharse a sí mismo del petróleo extranjero comprándose una bicicleta de diez velocidades para poder recorrer esos veinte kilómetros que le separaban del trabajo y así lo hizo. No podía entender por qué no todo el mundo hacía lo mismo y les demostraba a los árabes quién mandaba. Pero muy pocos de los que se quejan están dispuestos a incomodarse para solucionar el problema.

Con toda sinceridad, en aquel momento yo estaba en el instituto y pensaba que mi padre estaba loco. Yo era un adolescente, y por supuesto tenía que poner los ojos en blanco y avergonzarme. Sin entrar en toda la dinámica familiar que rodeó a la situación, te aseguro que a día de hoy me impresiona tal grado de convicción. Me pregunto cuántos ecologistas habrían hecho lo mismo o lo harían en la actualidad. Cuando llegaba a casa, sudoroso y sin aliento por el viaje, mi padre tenía un verdadero sentido de lo que significa la energía. Antes de la era industrial, el ciudadano medio tenía este mismo nivel de entendimiento respecto a la energía.

Vivo exactamente en el centro del valle Shenandoah en Virginia, el cual se extiende de norte a sur entre las montañas Blue Ridge al este y las montañas Allegheny al oeste. El valle va de norte a sur desde prácticamente Woodstock hasta Natural Bridge. La depresión se eleva en el centro y se hunde hacia ambos lados. Sobre el mapa, por supuesto, lo fácil es decir que desde el área de Staunton, en medio del valle, bajamos hacia Natural Bridge y subimos hacia Woodstock. Pero los veteranos del lugar dicen "bajar" hacia ambos lados. ¿Por qué? Porque en los días previos al transporte mecánico, esos trescientos metros de desnivel en ochenta kilómetros suponían una gran variación.

Claro, en un coche no notas la ligera pendiente hacia abajo. Pero un tiro de caballos o mulas desde luego que lo notaría. No hace tanto, este entendimiento visceral de la energía era normal. Hoy en día, si dices que bajas a Winchester, la gente te mira como si estuvieras loco. "Winchester no está abajo", te corrigen. "Está al norte, arriba".

Pero en el terreno es cuesta abajo. El agua que escapa de nuestra granja se va al norte, a Harpers Ferry, donde se encuentra con el Potomac y después fluye hasta más allá de Washington D.C. Solo dos millas al sur de nosotros, el agua fluye hacia el sur hasta que se encuentra con el James y fluye hacia el Atlántico vía Richmond. Estos pequeños detalles del terreno, la energía y el esfuerzo, solían formar parte de una conciencia normal del entorno. Pero las cosas son distintas hoy en día.

A lo largo de la historia, la gente ha tenido una relación mucho más directa con la energía que la que tenemos ahora. Llenamos nuestros vehículos de gasolina con una manguera. Pagamos por ella con una tarjeta de plástico. Nos montamos en el vehículo y salimos pitando por la carretera, sin pensar ni un segundo en si vamos cuesta arriba o cuesta abajo, ni en la energía relativa que requiere llegar al lugar al que vamos. Lo mismo ocurre con las luces eléctricas, la caldera y el aire acondicionado. Y eso sin mencionar el equipo audiovisual de la sala de estar y el ordenador.

Retrocedamos un poco. No hace tanto, ese viaje por la carretera requería tener un caballo. Un caballo que necesitaba comida, agua y cuidados. Había que revisar sus pezuñas, domarlo, frotarlo con un cepillo especial después de cada salida. No se podía aparcar el carruaje y dejarlo ahí durante una semana mientras nos íbamos de vacaciones a las Bahamas. De hecho, era imposible ir a las Bahamas en un avión. Se tardaba semanas en llegar en tren o en barco de vapor o velero.

En la actualidad, si se nos antoja podemos llamar a un taxi y subirnos a un avión camino de las Bahamas. No hace mucho, un viaje así estaba reservado para personas extremadamente adineradas y requería meses de planificación. No estoy diciendo que debamos dejar en tierra todos los aviones y aparcar todos los coches. Estoy diciendo que lo que hacemos no es normal. Somos la primera generación en la historia de la humanidad que tiene este tipo de energía a su disposición. Pensar que nuestras mentes y nuestra visión del mundo no están conformadas según esta disponibilidad de energía barata, de energía fácil, equivale a menospreciar la influencia que unos cambios tan profundos pueden tener en la psique cultural.

Quizá sea el momento de explicar un poco acerca de cómo me crie. Recuerda, mi padre conducía una bicicleta. Papá, aunque extremadamente conservador en lo político, fue uno de los primeros seguidores de *Mother Earth News*. Tengo el recuerdo de ver hippies que apestaban a marihuana en casa durante mi infancia, extraños a nuestras inclinaciones conservadoras y nuestro fundamentalismo cristiano. Pero nuestra familia encontró una camaradería maravillosa en estos tipos de izquierdas, cuyo punto de vista respetuoso hacia los recursos naturales no encontrábamos entre nuestros amigos de la derecha religiosa.

La custodia de la tierra, para mi familia, no era un ente cerebral que pudieras recitar en clase de catecismo y tirarlo por la ventana con la primera mención de la palabra dominio. Si significaba algo, era justamente vivir de una manera diferente. Me refiero a tener una nueva percepción. Por eso durante la década de los sesenta, cuando mi hermano y yo crecimos lo suficiente como para cortar y cargar leña, papá desconectó la caldera de gasoil. Calentar este caserío lleno de recovecos requería gastar más de cuatro mil litros de combustible cada invierno.

Compramos una estufa antes de que se pusieran de moda. La compañía Riteway empezó a fabricar estufas de madera en Harrisonburg, a unos cincuenta kilómetros al norte de nosotros y fuimos a echarles un vistazo. El taller era minúsculo, daba trabajo a un par de empleados y producía una o dos estufas a la semana. Había una media docena de ellas en el suelo, en distintas fases de fabricación. Compramos una. En dos años, Riteway se convirtió en una de las empresas más importantes cuando estalló a nivel nacional el auge de este tipo de calderas.

Nuestra familia siempre había tenido presente la independencia, la custodia de la tierra y el objetivo de mantener los recursos en el suelo durante el mayor tiempo posible. Si queremos que las gotas de lluvia permanezcan durante el mayor tiempo posible en la tierra sobre la que caen, ¿no deberíamos desear que la energía permanezca el mayor tiempo posible en su reservorio? ¿Por qué extraerla lo antes posible? ¿por qué no ser todo lo conservadores que podamos?

Encuentro sorprendente que los mantras liberales y conservadores, cuando se trata de la custodia de los recursos, se hayan cambiado los papeles. Pensarías que los liberales, con su tendencia a regalar el dinero de los demás, serían los primeros en querer saquear las reservas de energía. Pero no es el caso. Los conservadores, que correctamente piensan que la gente debería quedarse con el dinero que ganan, son aparentemente los menos interesados en conservar los recursos naturales. Las agendas políticas estereotipadas siempre me parecen demasiado impredecibles. Si me preguntan digo que soy un cristiano libertario ecologista capitalista lunático. Creo que así abarco lo fundamental de mis principios.

Instalamos aquella enorme Riteway en el recibidor delantero, empotramos un tubo en la chimenea y le pusimos madera para calentarnos. Aunque tenía una capacidad bastante grande, nuestra vieja y enorme casa estaba mal aislada y el calor se disipaba con rapidez. Para no congelarnos, cada noche me levantaba sobre las dos de la madrugada para reabastecer la estufa. En nuestros intentos por mantener caliente la casa estoy seguro de que la forzamos más allá de lo que su diseño permitía. Aún no me puedo creer que no quemáramos la casa hasta los cimientos porque muchas veces, en la oscuridad, la parte trasera y la chimenea brillaban con un color rojizo. Así ardía. Es increíble que no se fundiera allí mismo. Afortunadamente, tenía un termostato detrás que terminaba por cerrar la entrada de oxígeno. Entonces, se formaba tal vacío que las planchas de acero de los laterales acabaron deformándose y arrancando los tornillos que las sujetaban. Sin duda me declaro culpable de haber abusado de aquella estufa.

Unos pocos años después compramos una Riteway más nueva y más grande. Trasladamos la antigua al comedor. Como era una habitación más pequeña, la estufa ardía poco a poco y mantenía una temperatura agradable en la habitación. Pero exprimimos al máximo la estufa del piso de arriba. Acarreé madera día y noche para aquel trasto. A lo largo de los años, tuve que reconstruir todo el interior de acero tres veces, porque siempre terminaba deteriorándose hasta deshacerse.

Cada semana me costaba medio día traer la madera a casa con una carretilla y apilarla al lado de la estufa. A no ser que la temperatura pasara de los diez grados bajo cero, con eso teníamos para una semana. Aunque había que esforzarse con la madera, lo veíamos como uno de los mejores ingresos que hacía la granja, eliminando gastos anuales en combustible que ascendían a unos tres mil dólares al año. La estufa no tenía ventilador, así que no necesitaba electricidad. Si se iba la luz, estábamos tan calentitos como siempre. Hasta podíamos cocinar en su superficie cuando hiciera falta.

Durante años he vendido montañas de leña y todavía lo hago. Es un recurso renovable, sus emisiones son muy diferentes a las del petróleo y de hecho produce partículas atmosféricas necesarias para favorecer la condensación y la lluvia. Algunos científicos dicen que necesitamos más fuegos humeantes para favorecer unos patrones climáticos apropiados. Si tienes en cuenta que los nativos norteamericanos quemaban de forma rutinaria el paisaje, te darás cuenta de que en la actualidad hay muchos menos fuegos. Según algunas fuentes que he leído, la idea es que las partículas que se producen en la quema de madera tienen el tamaño microscópico necesario para estimular que la humedad pase de estado gaseoso a líquido.

Hoy por hoy nos hemos actualizado con una estufa de agua de exterior que calienta tanto nuestra casa como la de mi madre, ahorrándonos en total cerca de diez mil dólares cada invierno en costes de energía. La estufa también calienta toda el agua de uso doméstico. La tecnología de las estufas de agua se desarrolló a principios de la década de los ochenta como una respuesta a los recortes de energía. Es una forma de disponer de un sistema de calefacción central sin el fuego y la suciedad que supone tener leña dentro de casa.

Afrontémoslo, un fuego de leña dentro de casa supone una situación de alto riesgo. Incluso si tienes una caldera de madera en el sótano, por ejemplo, podría saltar una chispa y prender una pila de leña que hayas acumulado cerca. La estufa de agua funciona con una cavidad donde se quema la leña que está encapsulada en un depósito de agua. El fuego calienta el agua a una temperatura de unos ochenta y cinco grados, lo que está por debajo de su ebullición. Esta es una de las mejores cosas de esta tecnología; no utiliza presión y de hecho está completamente abierta al aire. Una tubería conecta el depósito de agua y elimina cualquier exceso de presión, incluso si algo ocurriera y el agua comenzara a hervir. Un termostato controla un ventilador que se encenderá oxigenando el fuego cuando el agua baje de los setenta y cinco grados.

La idea es cortar el suministro de aire cada vez que se apaga el ventilador, para transformar la madera en carbón vegetal, que arde más eficientemente que la madera. Dentro de casa, hay termostatos en las paredes, iguales a cualquier termostato, que están conectados con los intercambiadores de calor y las bombas de circulación situados en la parte trasera de la estufa. Cuando el termostato indica que se necesita calor, la bomba envía agua a la casa, y esta pasa por el intercambiador, que es como un radiador de coche grande colocado en el extremo de un ventilador enorme que es como la jaula de una ardilla. El ventilador induce una corriente de aire a través del radiador y el aire se calienta a medida que pasa. Ese aire caliente llega a nuestra casa igual que lo haría con cualquier sistema de calefacción central. Sin ensuciar, sin peligro de incendio y manteniendo cada rincón de la casa bien calentito.

Todavía corto casi toda la leña que usamos y disfruto mucho haciéndolo. Encuentro una gran satisfacción en negarles a los barones del petróleo la venta de unos pocos miles de litros al año. Si las personas estuvieran todavía involucradas en adquirir su propia energía, seríamos más activos a la hora de liberarnos del yugo del petróleo. Si toda nuestra economía depende de la disponibilidad de petróleo barato, ¿qué pasaría si se encareciese?

Ahora bien, a aquellos que piensen que cortar árboles para hacer fuego en la estufa es una atrocidad, les respondería que nuestra fijación cultural con que los árboles son un recurso no renovable es una muestra de desconexión ecológica equivalente a la de pensar que un pollo es como un bebé humano. Aunque es cierto que muchos árboles, especialmente en el este del país, se cortaron durante las primeras etapas de la colonización, la forma de utilizarlos fue un despilfarro increíble. Con un serrucho, cortando a metro veinte de altura, se desperdiciaban las mejores partes de la base del árbol. En la actualidad, con las sierras mecánicas, podemos cortar a ras del suelo e incluso extraer la cepa para aprovechar lo mejor de la madera.

Piensa en la cantidad de madera que se utilizaba en las cabañas de troncos y compárala con las actuales vigas de los muros y los tejados hechos con bastidores. La tecnología de calefacción doméstica es tan diferente de las chimeneas antiguas como un automóvil híbrido lo es de un Ford modelo T. Una chimenea pierde la mayoría del calor que produce por el tiro. Pero las estufas modernas de hoy en día, con convertidores catalíticos, cámaras de combustión doble y toda clase de diseños llamativos, alcanzan grados de eficiencia extremadamente altos.

Mira lo que hemos conseguido en la eficiencia al cortar madera. Hasta hace medio siglo, toda la maquinaria de corte desperdiciaba más de medio centímetro de madera. Eso significa que cada cuatro cortes o cuatro tablas, habías perdido más de dos centímetros de madera. Eso es mucha madera. Pero las sierras de banda modernas solo pierden entre 0,3 y 0,25 centímetros, lo que significa que se puede aprovechar mucho más cada tronco para hacer tablas, en lugar de perderse en forma de serrín. Hace tan solo cincuenta años, las piezas de madera de pequeñas dimensiones que ahora se pueden aprovechar nunca podrían haberse utilizado. La tecnología de corte ha avanzado tanto como la calefacción o la construcción.

Lo cierto es que necesitamos cortar mucha más madera. Los terribles incendios de Yellowstone fueron el resultado de la política de no talar, que permitió que se acumulara demasiado combustible para el fuego. El Parque nacional de Shenandoah es una farsa silvicultural. Un bosque es un ser vivo, igual que un viñedo y necesita ser podado para seguir estando sano y siendo productivo. El hecho de que un bosque sea bonito hoy no significa que lo vaya a ser mañana. Que hayamos cerrado millones de hectáreas de bosque y le hayamos negado el masaje cuidadoso con el que se mantendría sano es una política de gestión de los recursos domésticos desastrosa. Los árboles sanos, en crecimiento, capturan carbono y crean oxígeno mucho más eficientemente que los árboles viejos, maduros.

Sé que muchos de vosotros me tacharéis de violador desenfrenado de bosques por decir estas cosas, pero disfruto llevando a gente a nuestros bosques para enseñarles cómo las zonas taladas hace treinta años (todas de menos de media hectárea de superficie) son ahora de nuevo bosques productivos y hermosos. Las talas masivas me gustan tan poco como a cualquier ecologista, pero una tala de media hectárea es una maravillosa herramienta para mantener vivo un bosque. Desgraciadamente, los excesos de la industria han creado una reacción autocorrectora que es tan inapropiada como el problema original. Me encantan los árboles, especialmente los árboles sanos. Por eso corto árboles viejos, enfermos, torcidos e improductivos.

No entiendo que alguien que utilice una segadora para cortar el césped para mantenerlo sano y hermoso, no pueda apreciar los mismos principios en el cuidado de los bosques. Los árboles pasan por el mismo proceso de nacimiento, crecimiento rápido y muerte que todos los seres vivos. El aclarado concentra los recursos de sol y suelo disponibles en la biomasa más sana y productiva. Eso no constituye una violación medioambiental, más bien es un cuidado. De hecho, negarle al bosque el beneficio de la custodia del hombre daña la ecología. Con la tecnología de gestión de los bosques existente hoy en día, aplicar este cuidado puede proporcionar un rendimiento mucho mayor, al tiempo que se renueva la capacidad del bosque para alcanzar su magia ecológica.

Cuando camino por nuestra vieja casa y pienso que durante cien años fue calentada por cinco chimeneas en una época en la que no había sierras mecánicas, ni palas de carga frontal, ni tractores, el tema de la energía se me hace más crítico. Antes del petróleo, no hace tanto, la gente obtenía y era responsable de su propia energía.

Históricamente mi ruta energética habría sido esta: tenía que mantener un caballo para poder ir a cualquier parte. Ese caballo requería cuidados y comida. Tenía que cortar la leña con un hacha o serrucho para poder abastecer la estufa y, antes de las estufas, la hoguera, ineficaz por antonomasia. Los aserraderos y los molinos de grano solían moverse por ruedas hidráulicas. Más tarde, se usaban máquinas de vapor en los molinos y también en los trenes. Gradualmente, el carbón reemplazó a la madera. La luz se obtenía con velas hechas de grasa animal. Todo esto requería mucho tiempo. Supongo que alguien habrá calculado la cantidad de mano de obra involucrada en la obtención de energía. Cada día, las personas invertían una enorme cantidad de tiempo en transportar agua y generar energía.

Debido a que la energía era muy preciada, la gente tendía a vivir cerca de donde trabajaban. Conducir a la oficina era demasiado caro y trabajoso. El diseño cultural estaba definido por el elevado coste de la energía. Los artesanos solían vivir encima de sus talleres. Viajar para ir al trabajo no solo era poco práctico, era poco deseable e ineficiente. El desarrollo de los barrios residenciales solo se hizo posible y solo seguirá siéndolo mientras la energía sea barata. El día que la energía vuelva a la normalidad, los suburbios colapsarán o se volverán autosuficientes al convertir sus céspedes en huertos y pequeños bosques comestibles, y acoplando sus terrazas acristaladas a la parte soleada de las casas.

La comida tenía que producirse cerca del punto de consumo porque el transporte era demasiado caro. Los piensos de los animales, ya fueran hierba o cereal, tenían que cultivarse y consumirse en la misma granja, no había otra opción. Por primera vez en la historia de la humanidad el ferrocarril transcontinental hizo posible la alimentación del ganado con cereal. Pero el auge del ferrocarril fue en gran medida una consecuencia del auge del carbón, que precedió y sentó las bases del auge del petróleo.

A medida que la energía se divorció de las actividades cotidianas y se abarató, otras interdependencias y relaciones económicas se desmoronaron. La que había sido una comunidad social altamente interconectada se transformó en una altamente estratificada. La desconexión de la energía, la falta de apreciación de su valor, abrió la puerta a otras desconexiones. En efecto, permitió que la cultura rural, cimentada sólidamente en la comunidad, se convirtiera en un *apartheid* económico.

La carnicería, la panadería, la tienda de candelabros, en un principio situadas dentro del pueblo, fueron eliminadas en seguida de la comunidad porque con energía barata, sus negocios podían crecer para abastecer a un mercado más allá del local. Antes de la energía barata, toda la industria se encontraba de forma natural dentro de los límites energéticos de la comunidad. Pero a medida que el combustible barato fomentó la escala de negocios que no dependían de la comunidad, el carnicero, el panadero y el fabricante de candelabros se convirtieron en actividades cada vez menos apropiadas en el vecindario.

Sin duda podríamos pasar mucho tiempo discutiendo cuál es la escala humana apropiada. No profundizaré en ese tema porque realmente no lo sé. No estoy en contra de los grandes negocios por sí mismos. Pero me da la sensación de que cuando la mayoría de la gente vivía donde trabajaba y dependía de recursos locales para llevar a cabo sus oficios, ya fuera cuero para los zapatos que hacían, madera para los muebles que fabricaban, cera para las velas o hilo para las telas, la dependencia ecorregional ponía límites al tamaño de los negocios. La energía barata rompió esos límites y por ende con la normalidad que durante siglos había gobernado el panorama de las zonas rurales. De pronto, las industrias ordinarias que habían sido aprisionadas en los confines de la escala rural crecieron sin impedimentos, ya fuera en el sector textil o en el de fabricación de mobiliario.

Las enormes fábricas industriales no podían alojarse dentro de los pueblos. De hecho, sus dueños no querían alojarse allí. Ni siquiera los habitantes querían tenerlas en sus pueblos ¿Qué te parecería vivir al lado de una fábrica enorme? Estas instalaciones monstruosas eran muy distintas de las antiguas zapaterías, mercerías y ebanisterías.

De hecho estas megaindustrias se volvieron repugnantes para los vecinos, tanto que levantaron grandes vallas de seguridad para alejar a los curiosos que pudieran ser testigos de los abusos medioambientales o laborales. Cada vez que un sector económico se recluye a sí mismo detrás de la opacidad, comienza a tomar atajos medioambientales, sociales y económicos. La integridad tiene lugar cuando la gente puede ver desde la puerta de entrada qué es lo que está pasando dentro y qué sale por la puerta de atrás. Sin rendir cuentas se pierde la integridad.

Rendir cuentas es un resultado directo de la transparencia y la transparencia es un resultado directo de un negocio accesible para los vecinos que esté incrustado en la comunidad. El *apartheid* económico actual se expresa de muchas maneras, una de ellas es la estricta calificación urbanística. Al crear distritos de negocios, comerciales, industriales y residenciales, hemos aumentado las restricciones hasta tal punto que en un mismo distrito residencial todas las casas tienen el mismo tamaño. Si solo puedes permitirte una casa de cien metros cuadrados no puedes vivir al lado de los que se pueden permitir una de ciento cincuenta.

Para que luego hablen de esnobismo. De hecho, me gustan los países extranjeros donde las chabolas de los campesinos rodean los rascacielos del distrito de negocios. Creo que caminar al lado de las chabolas en su camino hacia la todopoderosa bolsa es sano para los adinerados hombres y mujeres de negocios. La segregación económica protege a los ricos de ver a los necesitados e impide que estos vean posibilidades.

Los requisitos en cuanto al uso del campo también son una manifestación de este *apartheid*. Muchos desarrollos urbanísticos residenciales restringen el uso agrícola junto a otros usos perniciosos. La agricultura sufrió el mismo problema que la industria desbocada. Libre para expandirse sin las limitaciones de la dependencia de la energía local, las granjas se expandieron hasta el punto de causar malos olores y contaminación de aguas. La granja bucólica se transformó en un ente repugnante para el ciudadano medio. Se desarrolló una mentalidad de "No en mi patio trasero" (NIMBY, por sus siglas en inglés) contra las granjas y con razón. ¿Quién quiere vivir al lado de una granja de pollos Tyson?

La industria agrícola se defendió con las leyes que aseguraban el derecho a realizar actividades agropecuarias y que yo llamo leyes por "el derecho a apestar el vecindario". A medida que todo esto progresó, la paranoia se apoderó de la gente, que empezó a demandar protección y una integridad impuesta a través de la regulación del gobierno. Por supuesto, eso nunca funciona, porque los negocios más grandes siempre disponen de recursos para ganarse el favor de los burócratas y los políticos. La consecuencia, como no, es un clima regulador que protege a los negocios gigantes y opacos, de escala antihumana, y amedrenta a los innovadores empresariales que podrían atreverse a competir.

La realidad es que los tiempos de bonanza no duran mucho y eso es lo que es la energía barata: un tiempo de bonanza. No sé cuánto tiempo durará, pero lo lógico es apostar a que volveremos a unos costos energéticos más normales en algún momento del futuro. Eso es lo más cercano a una profecía que estoy dispuesto a hacer. El objetivo de este libro es mostrar lo anormal que ha sido el último siglo. Cualquier dato que, al ser mostrado gráficamente, muestre una subida abrupta, siempre terminará cayendo en picado. Siempre. Y ahora mismo sin duda el uso de la energía muestra este tipo de subida.

Puede que la era de la energía y el petróleo baratos parezca un tiempo de bonanza, pero a largo plazo lo que ha hecho ha sido pulverizar los límites y las proximidades que definieron la normalidad económica y social durante siglos. En el continuo de la historia de la humanidad, la era del petróleo no es más que un destello. La energía barata, vista en la línea del tiempo, supone apenas un puntito en el gráfico. Y aun así tenemos la audacia, la irracionalidad, de zambullirnos en diseños arquitectónicos, suburbanos y de transporte como si este destello fuera a durar para siempre.

Mi amigo Martin Payne, fundador de Anvil Energy LLC, me escribió hace poco lo siguiente:

> He estado estudiando los suministros de petróleo desde la mitad de la década de 1980. Mi padre fue el primero en hablarme del trabajo de King Hubbert en los años setenta, pero no presté atención al tema durante bastantes años. En algún momento después del año 2000, el concepto del pico del petróleo me enganchó. Me quedé fascinado por la magnitud del problema, junto con el hecho de que casi nadie había oído hablar de ello. Además, la mayoría de los que lo habían hecho eran incrédulos. Intenté con ahínco encontrar una razón para no creérmelo, y terminé convenciéndome más aún de que era algo real.

> En resumen, lo que creo es que el pico del petróleo será una alteración de la escala de la Revolución Industrial. Es un incendio en la montaña, una estampida de búfalos a escala planetaria. Muchos piensan que llevará al colapso total, a la extinción, etcétera. Yo elijo creer que podemos evitar el colapso total.

Según Payne, el pico del petróleo se alcanzó en 2008, y el resultado está siendo retrasado como consecuencia de la desaceleración económica. En uno de sus artículos en el *Energy Bulletin*, Payne añade lo siguiente:

> La realidad es que, aunque tenemos un largo camino por delante, también están sucediendo muchas cosas y la mayoría de ellas ha ocurrido a lo largo de los últimos cinco años. Ninguno de los siguientes pasos, tomados en solitario, salvará al mundo. Sin embargo, de una forma simbólica representan los cambios en el comportamiento y en las creencias que, si continúan extendiéndose, tendrán efectos significativos:
>
> • Horticultura. El interés ha aflorado en los últimos años (y si no, pregunta a los dependientes de la sección de jardinería del Home Depot*).
>
> • El movimiento de la comida local, que está en pleno auge en varias ciudades, por todo el país. Los mercados de productores están apareciendo por todas partes.
>
> • La carne de pasto de vacuno y los pollos y cerdos criados en pastos, que son más saludables y menos intensivos en cuanto a sus requisitos energéticos. Todos ellos pueden proporcionar un punto de partida accesible para las nuevas granjas familiares.
>
> • El auge de los gallineros en el patio de casa, que también está creciendo en todas partes. Por lo que parece ahora tener gallinas está de moda.
>
> • La elección del vehículo. En el año 2000 en Texas no veías más que enormes todoterrenos familiares y camionetas, incluso en la ciudad. La diversidad de vehículos y las preferencias de la gente son muy diferentes hoy en día.

* *[N. de la T.]* Home Depot es una cadena estadounidense de centros de bricolaje y jardinería.

• Las bolsas de la compra reutilizables. Un paso pequeño, pero importante y simbólico ya que ahora se utilizan mucho más.

• Casas más pequeñas y eficientes. El sinfín de reportajes en las noticias y de libros sobre casas más pequeñas o incluso minúsculas lo atestiguan. Las supermansiones ya no están en boga.

• La producción de energía a pequeña escala. Además de los grandes esfuerzos comerciales, está habiendo cambios con los aerogeneradores domésticos, la energía fotovoltaica, el gasógeno, el alcohol, las algas, el biodiésel y más.

Me parece una lista bastante interesante. De hecho, se parece mucho a los Estados Unidos de hace un siglo. Y en efecto, ese es mi principal argumento. Prepárate para todo ello mientras se acerca el retorno a la normalidad.

Payne me envió el documento final de un encargo realizado en 2005 por el Departmento de Energía (DOE, por sus siglas en inglés), titulado *Peaking of World Oil Production: Impacts, Mitigation, and Risk Management* [Alcanzando el pico de la producción mundial del petróleo: impacto, mitigación y gestión del riesgo], preparado por el líder del proyecto, Robert Hirsch. Inicialmente, el DOE decidió no publicar el informe. Según el mismo, dos tercios de los veinte millones de barriles de petróleo consumidos en Estados Unidos cada día se van en el sector del transporte. Esta es la primera frase de la introducción: "El petróleo es la savia de la civilización moderna".

Yo reescribiría esta frase como: "Desde el punto de vista histórico nada en la civilización moderna es normal, ya que su funcionamiento depende por completo del petróleo". Dicho así cambia la perspectiva, ¿verdad? Piensa en los barrios residenciales, en los partidos de béisbol de la liga infantil que obligan a los padres a viajar dos horas para ver jugar a sus hijos, en el reparto de pizza a domicilio, en los viajes en avión a las Bahamas o a cualquier sitio, en los rascacielos y en lo poco que pensamos acerca del coste de la energía.

Una vez más, si se lee este informe final, se aprecia que en el periodo entre 1973 y 2003, en el que el producto interior bruto se incrementó en un ciento cuarenta por ciento, el consumo de petróleo en el sector industrial permaneció invariable gracias a las tecnologías de ahorro y al aumento de la eficiencia. El informe dice: "en contraste con el resto de los sectores, el consumo de petróleo del sector del transporte en Estados Unidos se ha incrementado de forma constante cada año, subiendo desde poco más de diecisiete quads en 1973 hasta veintiséis en 2003". Y añade: "el sesenta y siete por ciento de los viajes personales en automóvil, y cerca del cincuenta por ciento de los viajes en avión [sic] son innecesarios". Lo que nos lleva a la pregunta: ¿qué pasaría si sintiéramos tanta excitación por meternos en la cocina como la que creemos que vamos a encontrar cuando viajamos innecesariamente?

No me opongo a los viajes y no soy un ermitaño, pero ¿realmente necesitamos viajar tanto? Creo que la razón por la que necesitamos viajar tanto es que ya no tenemos nada emocionante que hacer en casa. Pero si tuviéramos un huerto, cocináramos o montáramos un obrador artesanal nuestra casa podría ser tan emocionante como cualquier viaje superfluo. Nos hemos desligado de nuestra casa, que ya no es la pieza central de nuestras vidas. Esa separación se manifiesta en el hecho de que salimos corriendo a otro lugar buscando satisfacciones. Eso requiere mucha energía. ¿Qué puede haber más emocionante que observar cómo los restos de la comida se transforman en huevos por la intermediación de un par de gallinas?

Curiosamente, el informe del DOE también apunta que "de media, los países en desarrollo utilizan más del doble de petróleo para fabricar una unidad de producto que los países desarrollados". En una muestra de humor poco habitual para un documento del gobierno, el informe dice: "lo que se solía denominar el principio 'no en mi patio trasero (NIMBY)' ha evolucionado hacia la máxima 'no construirás cerca de nada (BANANA, por sus siglas en inglés)', que cada vez se aplica más a construcciones de todo tipo, incluyendo las casas de los sectores pobres de la sociedad, las torres de telefonía móvil, las prisiones, los estadios deportivos, los centros de tratamiento de aguas, los aeropuertos, las instalaciones para la gestión de residuos peligrosos, e incluso las nuevas estaciones de bomberos". ¿No es fascinante el parecido entre esta afirmación y mi análisis sobre cómo la energía barata creó un *apartheid* económico?

Tal y como yo lo veo, la energía barata permitió que la gente se disociara. Permitió que las comunidades se fragmentaran. Eliminó la transparencia en los negocios. Y provocó un esnobismo universal.

Hasta entonces, el esnobismo había estado limitado a los extremadamente adinerados. Ellos eran los únicos que se lo podían permitir. Ahora todos podemos ser esnobs.

¿De qué otra forma explicarías la historia que me contó una mujer durante una conferencia que di recientemente en Texas? Según me contó, le pusieron una multa por violación del paisaje porque tenía una tomatera en su bancal de flores. Un vecino la denunció por practicar la agricultura y el juez estuvo de acuerdo. "Señora, solo rosas y capuchinas. Pensándolo mejor, capuchinas tampoco. Son comestibles. No queremos nada comestible por aquí".

¿Cómo podría alguien pensar que una planta de tomate en el patio trasero de alguien es una ofensa para la vista? Eso solo lo pensaría alguien que no haya reflexionado sobre la energía desde hace mucho tiempo. El vecino estirado probablemente también piense que deberían subir los impuestos. Todo para ayudar a los necesitados, por supuesto. ¿Y qué pasa si tu vecino con huerto está intentando ahorrarse un par de dólares cultivando un poco de su comida? ¿y si está intentando reducir el kilometraje de la comida que pone en el plato? Me pregunto si los esnobs piensan alguna vez sobre esto. A lo mejor esta señora se había quedado sin trabajo y estaba intentando cultivar algo para comer.

Dedicado a todos los esnobs que me estén leyendo, permitidme que presente varios cambios que creo que ocurrirían si regresáramos a un entorno más normal.

1. Vivir donde se trabaja. Ya sea por teletrabajo, que ciertamente es una tendencia en alza, o por montar un negocio en tu residencia, este es el punto de partida para una cultura más normal. Las agencias que otorgan licencias y los departamentos de clasificación urbanística tienen que favorecer la unión de la vivienda y el negocio porque esta consolidación es uno de los primeros pasos hacia la recuperación de un tejido empresarial a escala humana que pueda integrarse en las comunidades dentro de los límites de las distancias recorridas a pie.

Puede que alguien comience a hornear galletas, otro cree un negocio de tartas para bodas, un tercero un taller de telas, el de más allá un taller de reparación de electrodomésticos. Antes de que te des cuenta el vecindario se asemeja a Williamsburg en 1750. La mayoría de las cosas que necesitas en tu día a día, así como de las habilidades que mejoran tu calidad de vida, estarían localizadas en las cercanías. El esnobismo de las zonificaciones urbanísticas es lo que impide que esto ocurra. La zonificacion y la energía barata.

2. *Dispositivos de aprovechamiento pasivo de la energía solar en todas las casas.* Una terraza acristalada no cuesta demasiado dinero. Por lo que a mí respecta, construir cualquier edificación hoy en día sin dedicar espacio suficiente en la parte soleada para una terraza acristalada, que proporcione calor, es inmoral. Con todo lo que sabemos ahora sobre los costes de la energía y su agotamiento, no puedo creer que haya alguien, sin importar quién sea, que construya una casa en estos tiempos sin colocar una terraza acristalada en la parte soleada. Es poco costoso y puede eliminar por completo las necesidades energéticas del invierno.

La estructura sombría de la cara norte se puede conjugar con lo anterior para mover aire a través de la casa. Soy un gran defensor de las casas enterradas o protegidas con tierra. La casa se mantiene caliente en invierno y fría en verano, sin necesidad de energía suplementaria, solo aprovechando la temperatura constante de la tierra. No podemos permitirnos poner en marcha equipos de aire acondicionado.

3. *Entretenimiento y ocio en casa.* Los juegos de mesa, los deportes de patio como el bádminton y las competiciones caseras pueden proporcionarte todas las oportunidades de ocio y entretenimiento que necesites. No se me ocurre ninguna razón que justifique visitar parques temáticos o *resorts* como parte del entretenimiento normal. Disfruta de la familia y de los amigos cercanos. Toca un instrumento musical.

Escribe libros. Lee libros. Monta un grupo de discusión en tu comunidad. Organiza un campeonato de Apalabrados, un espectáculo de variedades en el barrio, un concurso de arte. Nuestro mundo compartimentado está tan segregado que hemos llegado a pensar que el ocio solo nos puede llegar a través de la industria del entretenimiento. Mi familia nunca ha tenido una tele en casa y todavía no la tenemos. La única tele que veo ahora es cuando viajo y la enciendo en la habitación del hotel. Convierte tu ocio en un ocio local, deja el coche aparcado y el avión en la pista de despegue.

4. Paisajismo comestible. ¿Por qué tener un césped aberrante? No puedo creer la cantidad de gente que se llaman a sí misma ecologista, se unen a The Nature Conservancy y después conducen cada semana su cortacésped de media tonelada sobre media hectárea de hierba en su finca de la urbanización. Venga, amigos, sed más realistas. Cultiva un huerto, planta árboles frutales, planta unos arbustos de frutos del bosque como, por ejemplo, unas moras sin espinas.

Reduce el kilometraje de tus alimentos con unos pollos y conejos criados sobre pastos. Cocina la comida que produzcas y deja de frecuentar los establecimientos que venden comida industrial devoradora de energía, donde cada bocado viaja dos mil quinientos kilómetros. No solo es anormal, sino que roza lo inmoral cuando la energía es un bien tan preciado.

Dicho esto, uno de los mejores usos del petróleo es la fabricación de plástico para cubrir invernaderos y estructuras similares. Instala un par de ellos en tu patio, o incluso mejor, acopla uno a la cara soleada de tu casa. Cultivarás lechugas en invierno y tu casa estará calentita. Si dejáramos de derrochar petróleo en la producción de alimentos industriales y en el transporte innecesario, quedaría más para fabricar plástico y producir nuestra comida en el patio durante todo el año.

El diseño puede ser tan elegante como un acristalado sobre marcos de madera de secuoya (puedes comprar un kit), o tan sencillo como unos cuantos cercados de ganado (rectángulos de alambre soldado de cinco por 1,20 metros) doblados en forma de arco con dos metros y medio de altura en el lado pegado a la casa y cubiertos con plástico. A lo mejor no tienen una apariencia perfecta, pero ¿qué tal suena una factura de calefacción de cero dólares? Incluso si no pudieras cultivar verduras en su interior durante todo el año, estas estructuras deberían instalarse por el mero hecho de su potencial de ahorro energético. Una vez más, piensa en cómo nuestra cultura gasta miles de millones en programas energéticos de alta tecnología, pero nadie dice: "Sencillamente, acopla una terraza acristalada a la cara soleada de tu casa". Simple, y aun así tan profundo. Tan solo hazlo. Y además no tendrás que dorarles la píldora a los inspectores urbanísticos. Si te parece que el invernadero que ha instalado tu vecino es poco agradable a la vista, cierra la boca y dale las gracias por hacer posible conducir tu coche un día más.

5. *La abolición de las políticas de energía barata sacando al gobierno del negocio del petróleo.* No deberíamos destinar miles de millones de dólares a acciones militares que aseguren un suministro barato de petróleo. Las compañías petrolíferas deberían pagar todos los costes, sin tratos preferentes, reducciones de impuestos, ni ayudas gubernamentales cuando surjan problemas.

El día que Estados Unidos abandone la política de energía barata será el día en que la innovación explote. Mi mecánico dice que a finales de los años sesenta ya existían carburadores de veinte kilómetros por litro, pero que nunca vieron la luz porque las grandes corporaciones compraron las incipientes empresas que los habían desarrollado y las cerraron. Hace mucho que leo acerca de este tipo de historias. Que alguien mantenga estas innovaciones secuestradas a propósito es (¿me atreveré a decirlo?) pura maldad. Es moralmente reprobable.

En la misma línea, sugeriría eliminar los impuestos del petróleo y crear uno sobre el número de kilómetros recorridos por litro de combustible. Una de las razones por las que los impuestos de la gasolina no cubren los gastos de infraestructura de la red viaria es que los vehículos de bajo consumo por kilómetro ocupan la misma superficie en la calzada, pero utilizan mucho menos combustible por metro cuadrado de ocupación de carretera. Cuando los impuestos de la gasolina se concibieron, nadie estaba pensando en coches de bajo consumo y combustibles caros. El coste del transporte es el área de carretera ocupada por los vehículos. A medida que la eficiencia aumente, la tasa sobre el combustible se quedará obsoleta. Un Prius ocupa la misma superficie de carretera que un Suburban. Un impuesto sobre los kilómetros por litro sería un sistema mucho más justo para financiar la infraestructura del transporte. Para mí este concepto es tan simple que no habría ni que pensarlo. Y aun así, si lo sugieres en una audiencia pública del departamento de transporte, probablemente recibas una amonestación. Por mi parte, cobrar por la superficie de carretera que transitan los vehículos es la única manera sensata de recaudar impuestos por el uso de las infraestructuras de transporte. ¿Por qué es tan difícil de entender?

6. *Abolir la Agencia de alcohol, tabaco y armas de fuego.* Permitidme que me explique. El Ford modelo T podía funcionar tanto con

alcohol como con gasolina ya que era un híbrido. El alcohol ha estado en todas partes en el paisaje estadounidense, desde el brandy de manzana hasta el aguardiente de maíz y ha tenido diversos usos. Como antiséptico, anestésico y conservante.

Debido a la presencia ubicua del alcohol en aquellos años, Henry Ford concibió su automóvil como una máquina que funcionaba en base a los recursos disponibles en la comunidad. En aquellos tiempos, las zonas rurales no disponían de gasolineras. La única manera de conseguir una aceptación generalizada era con un vehículo que funcionase con alcohol. Instaló un interruptor en el tablero de mandos que permitía cambiar la carburación y otro en el motor para calibrar las bujías.

Pero una pequeña agitación cultural alteró esa independencia energética. Se hizo llamar la *Woman's Christian Temperance Union* (Unión Cristiana de Mujeres por la Templanza o WCTU, por sus siglas en inglés), que culminó en la ley seca. He leído que John D. Rockefeller, un abstemio presbiteriano y el primer magnate del petróleo, se empeñó desesperadamente en que el interruptor del alcohol del modelo T fuera eliminado. Así que financió a la WCTU, incrementando su influencia política, hasta que finalmente ganó la batalla al ser instaurada la ley seca*. No estoy seguro de que eso fuera lo que realmente sucedió, pero es una buena anécdota.

En cualquier caso, aunque la ley seca duró solo una década, fue lo suficiente como para eliminar el molesto interruptor del alcohol del modelo T, y acabar con la producción de energía local en las comunidades de Estados Unidos. En la actualidad, miles de entusiastas de las energías alternativas producen alcohol y biodiésel en sus casas, pero sus esfuerzos se ven mermados por las ridículas regulaciones que existen sobre esta producción.

El cáñamo es un ejemplo parecido. En aquellos tiempos constituía uno de los recursos más básicos de las granjas, proporcionando la fibra necesaria para fabricar cuerdas y otros productos. Henry Ford construyó un automóvil cuya carrocería estaba hecha de cáñamo. Era un material más fuerte, ligero y duradero que las planchas de

* *[N. de la T.]* La ley seca estadounidense fue una ley constitucional a escala nacional que prohibió la producción, importación, transporte y venta de bebidas alcohólicas. Estuvo vigente entre 1920 y 1933.

acero. Hoy en día, la prohibición del cultivo de cáñamo en Estados Unidos mantiene ese tipo de soluciones innovadoras, basadas en la energía solar, lejos de la imaginación de los innovadores. Criminalizar el cultivo del cáñamo en el nombre de la guerra contra las drogas es una política increíblemente antiecológica.

La respuesta a los problemas de energía no se encuentra en las megainstalaciones de producción de alcohol subsidiadas con el dinero de los contribuyentes, ni en las centrales eólicas financiadas por el gobierno. Deja que los costos de la energía sean los que tengan que ser, como con cualquier negocio, y deja que los emprendedores privados entren en el mercado. Si algo es grande, da igual lo que sea, es grande. Las plantas industriales de producción de alcohol forzarán a la sociedad a usarlas, se necesiten o no. Las infraestructuras desarrolladas para un solo uso, que requieren grandes inversiones, cuestan tanto dinero y esfuerzo para ser construidas que a medio plazo terminan esclavizando a la sociedad económica y emocionalmente. No importa si necesitamos o no la energía, no importa si es apropiado o no, no importa que destruya las tierras circundantes con un monocultivo de maíz, nada impedirá que procesemos maíz en una planta megalítica porque, cueste lo que cueste, la hemos construido y tenemos que utilizarla.

Sugiero que permitamos a los cientos de miles de innovadores que brinden sus habilidades y pasiones al mercado. En mi caso, sería la caldera de biomasa e introduciría la energía generada en la red eléctrica unos cuantos días al mes. Un vecino que tenga una buena caída de agua podría pasarla por un generador hidráulico tipo Pelton e introducir la energía en la red. Otro vecino que tenga cerdos podría hacer alcohol de maíz y darles a los animales los residuos de cereal. Ese subproducto les alimenta muy bien. Alguien más que tuviera en su finca una colina con vientos intensos podría instalar un molino de viento y engancharlo a la red. La cuestión es que entre todos, la comunidad obtenga su energía a través de fuentes integradas en el entorno, transparentes y participativas.

Alguien podría preguntar: "¿Y qué pasa con las grandes ciudades?". En primer lugar, si todo el mundo que no vive en grandes ciudades hiciera lo que sugiero más arriba, habría más energía disponible para las ciudades. En segundo lugar, en el gran esquema de las cosas los barrios residenciales tienen una huella energética por habitante mayor que las ciudades, y muchos de los habitantes de estos barrios podrían hacer las cosas que he discutido en este capítulo, o por lo menos instalar una terraza acristalada y cultivar un huerto. Tienen tierra y para ellos el paisajismo comestible, los gallineros y las terrazas acristaladas son muy factibles. Como ya dije antes, que todo el mundo no pueda hacerlo todo no significa que algunos no deban hacer algo.

En tercer lugar, quizá algunas ciudades sean demasiado grandes. Los que censuran los grandes negocios, como si todo lo grande fuera negativo, deberían aplicar el mismo razonamiento a vivir en grandes ciudades. Puede que me equivoque, o puede que una gran ciudad sea mejor si disminuye un poco de tamaño. Esta discusión es casi un tabú en los sectores urbanos, pero no tengo miedo de, al menos, mencionarlo. Las comodidades y el dinamismo de una ciudad de cincuenta mil habitantes no son muy diferentes de las de una ciudad de quinientos mil. Diría que quizá en aquellas se puede vivir de forma más ecológica. Los que adoran las pequeñas granjas y quieren proteger los pequeños negocios, los que piensan que lo pequeño es hermoso, deberían darse cuenta de que si quieren ser consistentes, ese mismo razonamiento probablemente debería aplicarse también a las ciudades.

En cuarto lugar, la mayoría de las ciudades disponen de mucho espacio para hacer cosas. Ya lo he tratado en otro capítulo. Cultivar en la periferia o en los tejados es posible. Tomemos un ejemplo extremo: Nueva York o Los Ángeles. No tengo las cifras delante, pero la diferencia sería enorme si en esas ciudades todos los desperdicios de comida sirvieran para alimentar a gallinas domésticas en lugar de terminar triturados en el sistema de alcantarillado o en la basura, esperando a ser recogidos por los servicios de limpieza. Solo eso eliminaría los camiones y camiones que trasportan huevos hasta la ciudad y eliminaría toneladas y toneladas y toneladas (¿te lo imaginas?) de basura que ya no tendría que ser recogida, cargada, transportada y compostada o acumulada en el vertedero. Todo esto derrocha energía.

¿Y si todo el mundo en la ciudad se alimentara adecuadamente e hiciera suficiente ejercicio para no tener sobrepeso? En el periódico de hoy he leído una noticia sobre los autobuses municipales, que están pensando en reducir su capacidad de pasajeros porque la gente pesa tanto que están sobrecargando los autobuses. Cuando nuestros autobuses solo pueden llevar al ochenta por ciento de los pasajeros que llevaban antes, eso es un gasto energético.

Hace poco di una charla en un simposio sobre vida sostenible que tuvo lugar en el centro de formación profesional de nuestra comunidad y uno de los otros ponentes era un profesor que hacía poco que había vuelto de un viaje a China. En su presentación, mostró una fotografía de una ciudad de doscientos cincuenta mil habitantes que había sido construida recientemente en ese país. Según él, se fueron a un área rural y sin más la construyeron, cosa que se puede hacer si eres comunista, supongo. En cualquier caso, la condición fue que la construcción de la ciudad no podía disminuir el volumen de producción de cultivos de la región.

La foto aérea era increíble. Todos los edificios tenían unas cinco plantas de altura y con todo el follaje apenas se distinguían algunas de las ventanas de los pisos más altos. Todos los tejados eran planos y en ellos crecían plantas frondosas. Incluso había matas de vid colgando sobre los bordes y entre los edificios. Las azoteas vivientes absorbían el agua de lluvia, reduciendo o eliminando el desbordamiento de las alcantarillas durante las tormentas. Construir sistemas de contención y drenado de aguas fluviales requiere energía. El follaje mantenía frescos los edificios durante el verano, eliminando la necesidad de utilizar aire acondicionado. Eso es energía. Los cultivos alimentaban a las personas, eliminando el tráfico de cientos de camiones que si no tendrían que entrar a la ciudad para traer comida. Queridos amigos, esto es algo que podemos hacer. No es alta tecnología, es alta normalidad con algunas adaptaciones modernas.

De acuerdo, la comida no cuelga de los techos ahumados como en el poblado de nativos norteamericanos de Powhatan, está en la azotea de un complejo de apartamentos de cinco plantas. ¿Ves la normalidad con adaptaciones modernas? Yo afirmo que este es el futuro y que además es un futuro mucho más factible que la ingeniería genética y que las plantas industriales de producción de alcohol de maíz del medio oeste del país.

Por ejemplo, me alucina que hace veinte años se otorgaran premios a granjas lecheras industriales de confinamiento subvencionadas por el gobierno. Hoy, las mismas instalaciones reciben dinero del gobierno para tapar las balsas con cubiertas que capturan el metano y reciben premios por unirse de pronto a la energía verde. Eso no es energía verde. La energía verde se financia a sí misma y crece del suelo, de abajo a arriba, no de arriba a abajo. Una instalación concentrada de cebo es un complejo antiecológico, anti derechos de animales y devorador de energía desde el primer minuto.

Poner una cubierta que capture el metano emitido por un sistema de gestión de estiércol inapropiado, utilizando el gas para mover una miríada de motores inadecuados de alto consumo ubicados en la misma instalación y llamarlo pensamiento ecologista, es una locura con todas las letras. El pensamiento ecologista consiste en, para empezar, eliminar la instalación de cebo, eliminar de una vez por todas los motores, llevar a las vacas a las praderas, utilizar un sencillo sistema de compostaje, y eliminar el noventa por ciento de las necesidades energéticas de buenas a primeras. Eso es pensamiento ecologista.

Las respuestas al problema de la energía no van a venir de otros. La solución que resuena con la normalidad es la que implica que todos hagamos algo. El efecto acumulativo de todos esos miles de pequeñas acciones es enorme. La respuesta a los problemas de energía no es una panacea tecnológica proveniente de las grandes industrias. Podría serlo, pero no pondría la mano en el fuego. La respuesta es una energía participativa, conectada, que ocupe una parte significativa de nuestro tiempo y nuestro capital, como lo hizo durante milenios hasta el destello del petróleo. La anomalía de la energía barata, amigos, sencillamente no es normal.

¿Qué podemos hacer a nivel individual para disminuir nuestro consumo energético?

1. Produce tu comida tanto como puedas.

2. Haz tu casa y tu comunidad el centro de entretenimiento y ocio.

3. Hazte cliente de aquellos pequeños negocios que estén a una distancia que puedas recorrer a pie.

4. Si estás construyendo una casa, incorpora las ideas que he expuesto en este capítulo.

5. Si eres un inspector de urbanismo, demanda, patalea y chilla para que las normativas de construcción permitan la incorporación de técnicas innovadoras.

CASAS DE ENSUEÑO SUBTERRÁNEAS SIN TEJADO

Por primera vez en la historia de la civilización humana, podemos pulsar un interruptor o presionar un surtidor para obtener energía de quién sabe dónde, abrir un grifo y tener agua de vete tú a saber qué lugar, enviar las aguas residuales por una tubería que no sabemos por dónde va y construir una casa con materiales cuyo origen ni siquiera sospechamos. Esto no es normal.

Una de las razones por las que la religión, la comida y la arquitectura definen a una cultura es que las tres cosas solían tener una base local. La logística para importar materiales lejanos no existía para las cosas comunes. Por eso era normal encontrar variaciones pronunciadas entre unas regiones y otras, en lugar de un paisaje homogéneo.

Hasta hace poco tiempo los materiales de construcción se obtenían del entorno local, no se traían desde Tombuctú. En las comunidades nómadas donde no había muchos árboles, como en Mongolia, la *yurta* constituía el domicilio de preferencia. La gente disponía de pieles de yak y necesitaban algo fácil de transportar para poder trasladarse con sus rebaños. Los beduinos de Oriente Próximo tenían necesidades similares y habitaban en tiendas.

Las rocas excavadas se convirtieron en el material preferido por los más ricos en Europa, mientras que para las gentes humildes, un entramado de cañas y barro, recubriendo estructuras construidas con postes y vigas, era suficiente. En las planicies americanas, en gran medida desprovistas de árboles, las casas de tepe servían como hogar temporal, mientras que en el suroeste el adobe tenía más sentido, ya que la arcilla roja de buena calidad era abundante. La cabaña de troncos representaba la habilidad de una familia para salir adelante por sus propios medios. En el este de Estados Unidos, con madera abundante, tenía sentido construir utilizando los recursos disponibles a unos pocos metros de distancia.

Siempre he estado enamorado de las casas de los nativos americanos en la región central de la costa atlántica de Estados Unidos, construidas a base de árboles jóvenes doblados, cordajes, pieles de animales y ramas. Duraban unos quince años y después se compostaban. Esa es, aproximadamente, la duración de las fases que atraviesa una familia. Una pareja de recién casados necesita una casa minúscula. Después llegan los niños y necesitan una casa más grande. Los niños se marchan y vuelven a necesitar una casa más pequeña. Esas etapas duran aproximadamente diez o quince años. Que la casa sea compostable parece una idea bastante buena. Son baratas y fáciles de construir y retornan enteras a la tierra. Por lo tanto, los recursos naturales locales definían tanto los materiales de construcción como el diseño y generaban economías locales. La búsqueda local de materiales de construcción otorgaba valor a los recursos locales. Se podría decir que las casas y los edificios crecían de la tierra, como si fueran una expresión orgánica de los materiales disponibles.

El conocimiento íntimo de estos materiales, así como los diseños que se adaptaban a ellos, era la normativa universal de construcción hasta hace muy poco tiempo. En la generación de mi padre, la de la Segunda Guerra Mundial, todos los hombres sabían al menos construir un cobijo rudimentario o al menos sabían cómo clavar un clavo. En el programa de trabajo en prácticas de nuestra granja no dejo de sorprenderme ante el gran número de hombres de veintitantos que no saben clavar un clavo.

Temo que el sentido de la masculinidad se esté erosionando. Cuando los chicos saben cómo jugar a un videojuego pero no como clavar un clavo, ¿a dónde se va la autoestima masculina? La confianza en poder afrontar actividades que históricamente han sido normales ni siquiera existe. En ningún caso estoy sugiriendo que una mujer no pueda clavar clavos (nuestras trabajadoras en prácticas los clavan igual que los hombres) pero hay algo en el hecho de que un hombre llegue a la edad adulta siendo incapaz de hacerlo que me parece directamente antinatural.

Recolectar materiales y construir refugios tanto como tener un conocimiento preciso de lo que hay disponible, es una responsabilidad masculina primaria. La destreza necesaria para cortar, dar forma y ensamblar materiales recolectados en, como mínimo, una estructura básica ha sido parte esencial de la madurez desde tiempo inmemorial. Cuando nos apartamos de este proceso, perdemos la capacidad de apreciar cómo encaja en el paisaje. ¿Es positivo para nuestra comunidad o lo es para la comunidad de otros? ¿Tiene sentido desde el punto de vista ecológico? ¿Es un proceso apropiado?

Mientras viajo por el país y observo incontables mansiones opulentas, construidas en terrenos de dos hectáreas parcelados en tierras agrarias de primera calidad, me surgen varios interrogantes. En primer lugar, ¿quién necesita una casa tan grande? Muchas de ellas están construidas por parejas de mediana edad que finalmente han conseguido reunir los ahorros suficientes para levantar la casa de sus sueños. En aras de la máxima transparencia, deja que comparta contigo mi idea de una casa de ensueño.

Primero, debería estar enterrada en la tierra. ¿Por qué construir casas por encima del suelo en climas donde nieva? Al menos las casas deberían construirse semienterradas en una ladera con la cara desprotegida mirando al sol. El resultado es una temperatura fresca en verano y cálida en invierno, de forma natural. Si para calentar la casa en invierno partes de la temperatura constante de la tierra, de unos diez o doce grados, necesitas mucha menos energía que si partes de temperaturas de bajo cero. En los climas cálidos las casas enterradas proporcionan una refrigeración natural y reducen la necesidad de aire acondicionado. En los dos casos, la temperatura exterior tiene que atravesar la tierra y la pared, lo que es difícil. En nuestra vieja casa de granja, cuando soplan los vientos de invierno, las cortinas se arremolinan en las corrientes de aire. Enterrar la casa en la tierra proporciona muchos beneficios en términos de aislamiento, frescor veraniego y calor invernal.

Segundo, ya que uno de los elementos más caros de una casa es el tejado, yo pasaría sin uno y en su lugar instalaría un tejado como el de los invernaderos. Los invernaderos probablemente sean el mayor logro arquitectónico de la era moderna ecotecnológica. Utilizando un simple tubo doblado, un arco, estas sencillas estructuras redondeadas cubiertas de plástico son baratas y fáciles de montar. El plástico es como el vidrio de los pobres, permitiendo que los rayos ultravioletas del sol entren y atrapando el calor dentro. Esencialmente, un invernadero es una serie de arcos, colocados a unos dos metros de distancia como si fueran costillas. La cubierta es como una piel. Cuando no se suplementan con una fuente de calor, se les suele llamar *tall tunnel*. Si disponen de calor suplementario, entonces se denominan *greenhouse**.

En estos momentos en nuestra granja tenemos cuatro invernaderos para alojar cerdos, pollos y conejos durante el invierno. El avance actual de la ingeniería y los costes nos permiten comprar grandes invernaderos, cubiertos con materiales poliméricos estables frente a la radiación ultravioleta y utilizarlos para almacenar heno, maquinaria, cereales o cualquier otra cosa. Como no tienen mucho volumen (peso), son extremadamente sencillos y baratos. Todo el material de una estructura de trescientos metros cuadrados cabría en la parte trasera de una furgoneta. Soy fan de los invernaderos, en todas sus formas. El tejado de la casa de mis sueños, por lo tanto, sería un simple invernadero con cubierta de plástico. La cubierta es lo suficientemente barata como para que, en los diez años de vida media, puedas comprar una nueva. Para entonces, es posible que ya no las hagan de plástico derivado de petróleo. Puede que las vuelvan a fabricar con piel de búfalo. ¿Quién sabe?

Obviamente, necesitaré un techo que separe los habitáculos enterrados en la tierra de la cubierta del invernadero. Este techo tendría un doble propósito: como techo para la zona habitable y como suelo para el invernadero. Tendría un par de entradas de aire equipadas, quizá, con pequeños ventiladores tipo jaula de ardilla, que ayudarían a circular el aire de arriba a abajo. Durante los días soleados de

* *[N. de la T.]* En castellano ambos tipos de estructuras se denominan invernaderos. Por falta de una terminología equivalente, se han mantenido los términos originales en inglés.

invierno, cuando el sol calienta el invernadero, un ventilador introduce el aire caliente en la zona habitable inferior. De noche, esta zona se convierte en una fuente de calor, cediéndolo lentamente a medida que éste asciende de forma natural por las entradas de aire hasta la zona del invernadero.

En el caso de una casa semienterrada en una pendiente, habrá dos entradas: una que da a la zona habitable y otra que da al invernadero de la segunda planta.

Las habitaciones que miren hacia el sur (en el hemisferio sur, habría que darle la vuelta para que miraran hacia el norte) tendrían paredes de cristal para aprovechar la energía solar. El agua del cuarto de baño se conduciría a un biodigestor de metano. El efluente ya depurado y de alto contenido en nutrientes se vertería en el jardín, regando árboles y flores. El metano saldría del digestor a través de una tubería, entrando en un barril lleno de agua hasta la mitad en el que se colocaría un cubo de basura invertido y móvil, como una manga, que atrapara el metano que fuera entrando por la base del barril. Un ladrillo o una roca colocado encima del cubo de basura proporcionaría la presión suficiente para enviar el metano a la cocina.

Hace veinte años pude ver una demostración de este sistema en Perryville, Arkansas, en el proyecto de construcción de casas en Guatemala de Heifer International. El Proyecto Internacional Heifer es una organización sin ánimo de lucro para el desarrollo agrícola y la sostenibilidad alimentaria con la que he tenido el enorme privilegio de trabajar a lo largo de los años. Las Naciones Unidas podría aprender mucho de ellos. Los sistemas sencillos, regenerativos y localmente apropiados siempre funcionan mejor que el típico vertido tecnológico-burocrático de los sabelotodo occidentales. Total, ellos tenían el sistema que he descrito más arriba y funcionaba maravillosamente. Si tengo alguna habilidad, es la de reconocer las buenas ideas y después apropiarme de ellas.

Los excrementos diarios de cada ser humano pueden producir suficiente metano como para cocinar toda su comida. Detrás de la cocina, en la elevación que hay detrás de la casa, habría una despensa, así como una habitación dedicada al refrigerador. Esta zona más fresca reduciría drásticamente la energía que el refrigerador necesita, porque este no tendría que partir de la temperatura ambiente de las zonas habitadas. Partiendo de la temperatura de la tierra, la bajada de temperatura necesaria sería de cinco grados en lugar de quince.

Arriba, en el invernadero, por supuesto, tendría gallinas que se comerían las sobras y conejos que se comerían la abundante vegetación del jardín irrigada con el efluente del biodigestor. Durante todo el año se podrían cultivar verduras resistentes al frío y por supuesto el calor del sol acumulado durante el día mantendría caliente la zona habitable de la primera planta. Por la noche, el calor acumulado en los muros de la parte de debajo de la casa subiría de forma natural, evitando que las plantas de arriba se congelaran.

Una placa solar térmica colocada en el invernadero suministraría agua por gravedad para las duchas y grifos de la parte de abajo. Un hilo para tender la ropa colocado en el invernadero ofrecería espacio de sobra para secar la ropa, incluso durante el invierno. La mayoría de estadounidenses de hoy en día desconoce el característico placer de colgar ropa a temperaturas bajo cero, con los dedos adormecidos por el frío. La ropa se congela antes de secarse, colgando tan rígida como un tablón. El tendedero sigue siendo uno de los aparatos domésticos más ecológicos que existen.

Recientemente impartí un seminario para una iniciativa de apoyo a la alimentación natural en Comox, en la Columbia Británica. Era un grupo de gente fantástica y en la zona existía un próspero mercado de productores. Pero en toda la ciudad era ilegal utilizar un tendedero para la ropa. ¿Por qué? Son feos a la vista y hacen que la comunidad parezca pobre. Desgraciadamente, este tipo de desconexión es muy frecuente. La gente parece entender la importancia de la normalidad en unos aspectos, mientras que en otros no tienen ni idea.

Las aguas grises servirían para regar verduras y frutales. Un canalón situado en el borde del invernadero recogería toda el agua de lluvia, enviándola a un depósito. El autosuministro de agua, de calor y de energía para cocinar, suplementado con una pequeña estufa de leña si fuera necesaria y el autosuministro de refrigeración obtenido al estar semienterrada en la tierra, harían que esta casa se integrara en el paisaje mediante el uso de la mejor tecnología moderna y aprovechando al máximo los recursos. Obviamente, unas placas solares o un aerogenerador podrían suministrar electricidad.

Esa es la casa de mis sueños. No entiendo la fascinación por las esquinas y tejados llenos de adornos costosos, las buhardillas con múltiples aristas y ese tipo de cosas. En muchas de estas opulentas mansiones modernas parece que alguien ha estado jugando a las adivinanzas con el arquitecto. ¿Realmente no tenemos nada mejor en que gastarnos el dinero que intentar que el exterior de nuestra casa forme ángulos más absurdos que los de la casa del vecino? La ostentación de nuestro país financia suntuosas estructuras que emanan del paisaje como una cacofonía arquitectónica. ¿Por qué no encontrar una manera de integrar y camuflar las edificaciones humanas?

La mayoría de estas mansiones llenas de habitaciones se construyen durante los dos años siguientes a que los hijos abandonen el hogar. Casitas de juguete que devoran energía, engullen madera y requieren un mantenimiento bestial no solo en el exterior, sino también en el interior. ¿Quién quiere envejecer a solas en un castillo de dimensiones desproporcionadas?

Me encanta el concepto de la *tiny house* o casa minúscula. Este amplio género arquitectónico incluye tanto casas autocontenidas, que sencillamente tienen un tamaño muy pequeño, como casas prefabricadas que se montan por módulos. El primer módulo puede ser una estructura básica con todos los elementos necesarios embutidos en diez metros cuadrados. Más adelante, si el matrimonio o los niños necesitan más espacio, se puede añadir otro módulo al inicial. Esencialmente, se pueden añadir unidades que funcionen como habitación, sala de estar o cocina según la necesidad. En uno de los diseños, cuando el primer hijo se marcha, su habitación puede desacoplarse y convertirse en su propio módulo inicial.

Algunos las montan sobre un chasis, como si fuera una caravana, solo que con un aspecto más parecido al de una casa normal o una cabaña. Combinar al gusto de cada uno las habitaciones de la casa, como si se tratara de un puzle gigante, es una gran idea. A medida que la familia crece, puedes añadir otro compartimento. Cuando decrece, vendes algunos compartimentos a una familia más joven que esté creciendo. Tiene mucho sentido. ¿Quién querría esclavizarse a una monstruosidad para el resto de su vida?

En nuestro condado, de las cinco mil a ocho mil casas que se construyen cada año, no más de cinco utilizan madera local. La importamos de Canadá, del Pacífico noroccidental, o de otros países. Mientras tanto, los bosques privados sin explotar de nuestro propio condado se encuentran en un estado de terrible abandono porque no tienen ningún valor. Si estas casas se construyeran con madera local, inyectaríamos millones de dólares en la economía forestal local, incentivando una mejor custodia de los bosques.

La custodia se deriva del valor de las cosas. La razón por la que existen cajas fuertes para guardar joyas es que los diamantes son caros. El valor lleva al cuidado. Lo mismo ocurre con los recursos naturales. Podemos darle mil vueltas y pedir todas las ayudas legislativas que queramos, pero en última instancia, lo que realmente impulsa la custodia es el valor de algo. La gestión de nuestros bosques es directamente proporcional a los incentivos económicos que justifiquen una mejor gestión. La poda, el aclarado, la tala controlada, el aprovechamiento de árboles enfermos, todo ello forma parte de un plan de gestión forestal y tiene que poder financiarse por sí mismo.

Conseguir que una cuadrilla de obra utilice madera local se parece mucho a intentar introducir huevos de producción local en un gran hipermercado como Kroger o Walmart. Los lazos de camaradería entre los que ya tienen grandes negocios se blindan, casi herméticamente, ante nuevos competidores. Y los que realmente dificultan el cambio son los inspectores de infraestructura que exigen que se utilice madera clasificada y definen qué tipo de construcciones se permiten. Te garantizo que la casa de mis sueños nunca pasaría una inspección.

Cuando nuestro hijo Daniel empezó a construir su casa en la granja, cortamos los árboles, serramos los troncos en nuestro aserradero, los secamos en el invernadero después de sacar a las gallinas a los pastos y la construimos nosotros mismos. Nuestro plan original era un diseño de casa pequeña y nos encontramos con que era ilegal construir una casa que tuviera menos de ochenta metros cuadrados. ¿Por qué? ¿Con qué autoridad puede alguien decirme en qué tipo de casa tengo que vivir?

La "policía de la construcción" dijo que era para proteger a un futuro comprador en caso de que la casa se vendiera alguna vez. Una vez más pregunto, ¿con qué autoridad? Si quiero construir una casa que nadie querrá nunca comprar, ¿no estoy en mi derecho? ¿Desde cuándo un burócrata del gobierno tiene derecho a decirme dónde puedo o no puedo vivir? Si quiero vivir en una *yurta* hecha de piel de yak, ¿qué tiene de malo? Si quiero construir y vivir en una casa que nadie querrá comprar, ¿no es mi problema?

Si quiero vivir en una casa cuya construcción no es estándar, ¿por qué razón no debería tener derecho a innovar? Creedme, las edificaciones erigidas mucho antes de que hubiera normativas de construcción sobrevivirán con mucho a las edificadas desde que las normativas entraron en vigor. Nuestra casa fue construida en 1750 y me alegro de que ningún burócrata se asegurara de que todas las vigas se unieran correctamente. La gente ha estado viviendo en casas durante miles de años antes de que apareciera ningún inspector. Esta penetración de la burocracia crea un mercado político para que las entidades reguladas se congracien con los oficiales, agasajándolos con grandes banquetes y ganándose su favor. Dado que los negocios privados más importantes que existían en el momento de entrada en vigor de las normativas tienen la mayor capacidad para agasajar, esos negocios ganan el juego de las concesiones especiales para detrimento de los sectores más pequeños e innovadores, que aún no se han convertido en la práctica general.

Hace poco estaba hablando sobre esto con un visitante de la granja que dijo "no entraría en un edificio que no tuviera un permiso de construcción. Un edificio sin inspeccionar no es seguro". Acabábamos de atravesar nuestra casa, construida cerca de 1750. En ese momento, estábamos de pie en nuestro local de ventas, que construimos hace veinte años con la ayuda del grupo de la iglesia, sin ningún plano, proyecto ni inspector. ¿De verdad alguien piensa que los edificios se han derrumbado más a lo largo de la historia, antes de que hubiera burocracias inspeccionadoras?

¿Cómo sobrevivía la gente antes de la llegada del Departamento de Inspección de Edificios? ¿No será que los que los construían eran responsables de sus edificios y su orgullo les mantenía fieles a las necesidades constructivas? ¿Sería eso posible? ¿Cómo se promueve la responsabilidad personal en los oficios? Yo digo que la responsabilidad personal se promueve igual que lo hacemos con los niños. Si los deberes de mi hija se convierten en la calificación a otros, ella no se esforzará igual que si fuera solo su responsabilidad. Si un edificio se derrumba y el constructor puede decir: "Es culpa del inspector porque no me dijo nada", entonces no estamos promoviendo la responsabilidad personal. La creación de un ambiente de excelencia requiere responsabilidad personal.

Cuantas menos faldas haya donde esconderse más responsabilidad personal se generará. Hoy en día, si una casa tiene un problema y al final hay una demanda, lo más probable es que se considere un fallo de juicio del inspector y no del constructor. "Él lo vio. Él lo firmó. No es culpa mía", dice el constructor. Tan pronto como eliminemos ese manto protector, los constructores se volverán más cuidadosos.

¿Cómo de seguro se encontraría en su profesión un constructor negligente o poco profesional, si él y solamente él fuera responsable de los problemas de construcción? La noticia correría como la pólvora y se quedaría sin negocio. A eso se le llama el poder del mercado y es lo que ha guiado la integridad de los oficios durante siglos. Y es normal. La supervisión burocrática ha hecho más por la estandarización de la construcción y la estigmatización de la innovación que ningún otro factor. ¿Por qué todas las edificaciones modernas se parecen entre sí? Porque todos los policías de la construcción fueron al mismo campamento y leyeron la misma normativa. Intenta hacer algo innovador y te cerrarán el proyecto.

La policía de la construcción se ha desarrollado en paralelo a la falta de implicación de la gente en la construcción de sus casas. Una vez más, los enigmas generan desconfianza y la desconfianza impulsa la manipulación gubernamental. Cuando construyes una casa, ¿reflexionas sobre de dónde procede la madera? ¿O crees que crece al lado del Lowe's o del Home Depot? Te diré algo nuevo, esa madera crece ahí tanto como los huevos crecen en el supermercado.

Los huevos y la madera vienen de algún sitio. ¿Dónde está ese sitio? ¿Qué tipo de valores gobiernan ese lugar? ¿Qué tipo de economía local o ecología local, se está creando con su elección? La mayoría de los bosques de Estados Unidos necesitan desesperadamente una renovación a través de una tala estratégica. Los bosques son organismos vivos. Crecen, envejecen y, después, mueren.

Los nativos norteamericanos mantenían ese ciclo vivo mediante la quema masiva. En la actualidad, disponemos de sierras mecánicas y de un vasto conocimiento de silvicultura. Podemos tomar muestras del interior de los árboles para determinar su vigor, salud y edad. Podemos sacar provecho de pequeños trozos, pegándolos juntos y formando tableros de contrachapado o tableros OSB*. Podemos entrar fácilmente en una zona subidos en vehículos con ruedas de caucho y eliminar árbol por árbol con precisión quirúrgica, sin dañar al resto. Por desgracia, estas prácticas no son todo lo comunes que deberían, pero donde se practican reflejan un sistema de valores que honra al entorno.

La utilización de caballos en los trabajos del bosque, para minimizar el impacto, está experimentando cierto auge en la industria maderera. Se trata de un intento de ajustar la maquinaria y la técnica al lugar de trabajo.

Nuestro condado ha establecido zonas naturales que se están convirtiendo en asilos forestales. La cantidad de carbono que estos bosques en decaimiento están bombeando de vuelta a la atmósfera no tiene precedentes. Su madera debería recolectarse para reiniciar el ciclo de captura del carbono. Los robledales de la región de los montes Apalaches están muriendo por falta de perturbaciones como incendios y búfalos. Si hiciéramos pasar cerdos por ellos para crear una perturbación periódica y realizáramos talas estratégicas, podríamos devolver estos bosques a su estado primitivo. Encerrarlos en parcelas sin fuego ni tala no es normal y destruye su salud. Abrir el acceso a estos bosques permitiría que los árboles alcanzasen con plenitud su potencial genético.

En su exhaustivo libro *Fire in America: A Cultural History of Wildland and Rural Life* [Fuego en América: Una historia cultural de la tierra virgen y la vida rural], Stephen J. Pyne realiza la siguiente observación: "Podría decirse que la consecuencia general de la ocupación indígena del Nuevo Mundo fue el reemplazo de los bosques por praderas o sabanas, o en los lugares donde persistió el bosque, la limpieza de los mismos liberándolos de maleza". Los colonizadores europeos encontraron bosques espesos solo en ciénagas u otras tierras húmedas, donde la quema era más difícil. El increíble e importante argumento que Pyne expone con esta afirmación es que los magníficos bosques de las leyendas norteamericanas se extendieron con la desaparición de los nativos norteamericanos. Dicho de

* *[N. de la T.]* Oriented Strand Board o tablero de virutas orientadas.

otro modo, los europeos trajeron los bosques; no estaban allí antes de los asentamientos que vinieron del viejo continente.

Sin ninguna duda, existían muchos árboles de gran tamaño, pero estaban repartidos por el paisaje como parte de un sistema silvopastoril. Los bosques densos se desarrollaron solamente después del colapso de las poblaciones nativas. Aunque denominar "anormales" a los densos bosques actuales pueda parecer una herejía ecológica, la realidad es que las ricas tierras norteamericanas se desarrollaron durante siglos de árboles espaciados rodeados de hierba.

En su maravilloso libro sobre los sistemas alimentarios preindustriales, *The Moving Feast* [El festín móvil], Allan Nation lo describe en mayor detalle:

> El efecto neto de los incendios provocados durante miles de años por los indios norteamericanos fue el de transformar un paisaje boscoso en una sabana abierta y abundante en pasto. Solo los robles y pinos resistentes al fuego sobrevivieron en números significativos en zonas de mayor altitud. Se decía que las zonas pantanosas, resistentes al fuego, se asemejaban a los bosques de secuoyas de California, con enormes cipreses y eucaliptos que se levantaban treinta y cinco metros sobre el suelo. Muchos de los primeros exploradores utilizaron el término 'catedral' para describir el efecto visual que causaban estos árboles adultos. Algunos revisionistas de la historia están proponiendo ahora que los bosques de las tierras altas del este siguieron a la civilización europea en lugar de precederla, porque la mayoría de los europeos terminaron con el régimen de incendios de los indios.

Acicalar de forma estratégica los bosques locales para adquirir materiales de construcción es un componente clave para recuperar el esplendor precolonial de estos bosques "catedral" de Norteamérica. Más que importar la madera de ultramar, deberíamos masajear los bosques de nuestra propia comunidad utilizando la tala y la perturbación (idealmente con cerdos criados a campo abierto), para sanar y rejuvenecer este valioso recurso forestal. Los árboles evidentemente muertos, caídos, enfermos, atrofiados y con muchas ramas torcidas indican un bosque en declive.

Aquí en el valle Shenandoah, mientras nuestros propios bosques imploran atención, usamos madera importada de mala calidad procedente de monocultivos para construir mansiones opulentas, en lugar de utilizar nuestros propios recursos regenerativos. Exportamos nuestros dólares a lugares lejanos mientras nuestros bosques locales mueren por falta de atención. En última instancia, el bosque es uno de los mejores recursos renovables. Darnos cuenta de que cada uno de nosotros puede conectar con él a través de nuestros proyectos constructivos debería instarnos a tener en cuenta su salud y beneficios.

Nuestra despreocupación hacia la procedencia de nuestros materiales de construcción obliga a hacerse una pregunta: ¿por qué no utilizar los materiales de aquí? ¿Por qué no? He aquí algunas ideas que nos pueden ayudar a construir de forma responsable, que pueden aportar transparencia entre nuestro deseo de ser ecológicos y el tablón que estamos a punto de taladrar. Permitidme que construya la casa que yo quiera, construida de lo que sea. Es mi casa y soy yo el que viviré en ella. Si quiero que tenga un aspecto extraño, no es asunto tuyo. Esto fomentaría la recuperación de materiales de construcción locales e insuflaría un dinero muy necesitado en la economía forestal local.

He aquí algunas ideas:

1. Permitir el uso de madera sin clasificar en la construcción. Si el constructor dice que sirve, entonces sirve. Si quiere contratar a un clasificador para que la certifique, puede hacerlo. Pero la decisión es suya. Las vigas no tienen por qué estar trabajadas. Pueden estar cepilladas o sin cepillar. A más madera menos carbono en la atmósfera.

2. Fomentar que los cerdos se alimenten en los bosques. Utilizando cercados eléctricos, se puede hacer fácilmente y de hecho estimula el crecimiento de los árboles.

3. Liberar las zonas públicas estratégicas que se encuentren bajo regímenes de gestión silvicultural, que actualmente no se pueden tocar y están enfermando debido a políticas de prohibición de la tala.

4. Demanda madera local para tus proyectos de construcción. Es tan importante como comprar comida local.

ODA AL AGUA

Si hiciéramos una lista de los recursos que los estadounidenses dan por sentado, el primer puesto sería para el agua. El agua es tan esencial para la vida que a lo largo de la historia su disponibilidad dominó la toma de decisiones y la planificación de las comunidades. Su acopio requería una inversión considerable.

¿Cuándo fue la última vez que te paraste a mirar el chorro de agua fluyendo a través del grifo de la cocina y contemplaste su presencia, en tu casa, con tan solo un movimiento de tus dedos? Esa agua se condensó en algún lugar en torno a pequeñas partículas presentes en la atmósfera, formando una neblina que gradualmente creció hasta convertirse en una nube. Cuando las partículas se hicieron grandes y rollizas, obedecieron a la fuerza de la gravedad y comenzaron a caer.

En un mundo perfecto, esas partículas impactarían contra una vegetación espesa y no directamente sobre la tierra. La vegetación divide las gotas de nuevo en una fina neblina, que se desliza por los tallos y suavemente abraza al suelo. Tras rellenar los espacios entre los terrones de tierra, el agua se filtra hacia el interior del subsuelo y gradualmente llena acuíferos, grietas y fisuras subterráneas. Siempre en descenso este flujo basal forma manantiales, que después se transforman en ríos.

El agua que sale del grifo de la cocina llegó hasta ahí desde gotas de verdad formadas por la lluvia, atravesando el suelo de alguien, que espero que estuviera cubierto por vegetación, para finalmente llegar hasta tu fregadero. Piensa en ese viaje. Ese camino enrevesado es la esencia de tu ecología. Si no dispusieras de esa agua durante un día, podrías morir. Somos total y absolutamente dependientes de esa condensación que ocurre ahí arriba en la atmósfera, de la formación de neblina y nube, la caída de esa gota y, finalmente, de la humedad que se filtra a través de la tierra y mantiene el ciclo del agua.

En estos tiempos, las necesidades más básicas para mantener la vida reciben apenas un pensamiento. Agua, comida, cobijo, energía, ropa, no les dedicamos ni un pensamiento como cultura. Otras personas se encargan de todo eso. A mí déjame ir de compras, o ver mi televisor gigante de pantalla plana. Nuestra relación visceral con los fundamentos de la vida ha sido amputada y el resultado es una arrogancia, una actitud despreocupada hacia los cimientos de la vida.

Imagina por un momento cómo la mayoría de la gente se ha relacionado con el agua a lo largo de la historia. Los pueblos indígenas cultivaban habilidades casi espirituales para localizarla. No conducían sus coches entre gasolineras equipadas con dispensadores de agua. Ni siquiera tenían termos para rellenar. Por supuesto, esta es la razón por la que todas las civilizaciones han surgido cerca del agua. Las Vegas no habría existido hace un par de siglos.

A lo largo de la historia, la disponibilidad de agua era un factor limitante en el desarrollo de una comunidad. No solo la disponibilidad de agua, sino la capacidad para conducirla. Los acueductos romanos, por supuesto, ilustran intentos tempranos de desarrollar una manera de mover agua de un lugar a otro. Pero requerían inversiones gigantescas de trabajo y materiales.

Durante la colonización norteamericana, muchas de las casas situadas en la frontera y todos los fuertes sin excepción, estaban construidos encima o cerca de un manantial, para disponer de una fuente de agua constante. A lo largo de la historia de la humanidad, el agua potable ha sido mucho más valiosa que el oro. El hecho de obtener agua potable solo con abrir sin ningún esfuerzo un grifo sería considerado algo mágico, incluso fantástico, por la mayoría de nuestros predecesores. No habrían podido concebir algo así.

En el pasado, incluso si ubicabas tu domicilio al lado de un manantial o arroyo, o excavabas un pozo, tenías que acarrear agua hasta tu casa. La fontanería de interiores es un invento relativamente reciente. Hace varios años estábamos excavando alrededor de un manantial en nuestra granja, intentando mejorarlo y descubrimos seis metros de tubería vieja. Era de madera. Taladrada con una barrena, esta sección databa probablemente de principios del siglo XIX. Nuestra casa fue construida en torno a 1750.

Imagina taladrar un agujero a lo largo del centro de un tronco recto de quince centímetros de diámetro, de quizá unos cuatro metros de largo. He visto algunas de esas largas barrenas en museos, pero lo que no puedo imaginar es la destreza y paciencia que harían falta para taladrar ese agujero con la suficiente precisión como para que la barrena no saliera por un lateral del tronco a mitad de camino (a unos dos metros). Ser capaz de alinearla así de bien, con un par de centímetros de tolerancia a lo largo de dos metros, es algo que se escapa por completo de mi imaginación.

La exquisita habilidad y el tiempo necesarios para taladrar lentamente una tubería partiendo de un tronco recto es algo inconcebible para mí. El agua era tan preciada que la gente dedicaba una gran parte de su vida a averiguar cómo conseguirla y conducirla a lugares donde podría ser más útil. Imagínate recostado en tu cabaña con tu amada, hablando en voz baja sobre cómo traer más cerca de la casa el agua del manantial situado a cien metros de distancia, para que no tengáis que esforzaros trayendo y llevando los pesados cubos de madera en los que transportáis el agua. Dios santo, no me extraña que la gente se bañara una sola vez cada invierno.

A Thomas Jefferson le encantaban los depósitos de agua y diseñó su residencia Monticello de manera que se recogiera toda el agua posible en depósitos bajo tierra. Llegó a utilizar canalones en pasarelas elevadas para incrementar la recolección de agua de sus depósitos. A lo largo de la historia, los depósitos han sido una parte fundamental de la acumulación y el almacenamiento del agua. Aquí, en el valle Shenandoah, todos los graneros antiguos tienen un depósito de agua en una esquina. Todos los canalones de los tejados desembocan allí. En la granja de mi suegro, un depósito almacena unos ochenta mil litros de agua. Es redondeado, tiene unos tres metros de diámetro, fue excavado a mano y recubierto con ladrillo y mortero, y llega a seis metros de profundidad. Piensa en la inversión que hicieron en estos depósitos. Se trataba de proyectos de gran envergadura, que ocupaban días y semanas de excavar a mano.

El mayor trabajo de excavación que he hecho nunca lo hice durante las vacaciones de verano de la universidad. En mis años universitarios, los veranos los pasaba aquí en la granja, que es donde más me gustaba estar. Junio era el mes de segar heno. Julio lo dedicábamos a algún proyecto grande. Después, en agosto, yo cortaba leña para calentar la casa durante el invierno y en nuestra vieja casa de granja mal aislada, eso es un montón de leña. Para aquellos de vosotros que sepáis de leña, necesitábamos unos veinte *cords* por invierno (un *cord* es una pila bien apretada de metro treinta por metro treinta en la base, y de dos metros sesenta de altura). Papá la iba cortando a medida que la quemábamos, pero yo la talaba y la cargaba hasta el almacén del cobertizo. Nunca olvidaré, en una ocasión en la que volví a casa por navidad, el aspecto que tenía el mazo que mi padre usaba para insertar cuñas en las piezas grandes y poder cortarlas. La madera que estaba cortando era de sauce y sicómoro, ambos tienen un grano tipo corcho y son increíblemente difíciles de cortar, aunque su madera sea ligera. La cabeza del mazo parecía un champiñón, con el borde totalmente deformado por los impactos contra los bloques de madera. Mi admiración creció.

Durante la mayor parte de la historia de la humanidad la gente ha acarreado agua, excavado depósitos y agujereado conductos de agua fabricados con madera. Se han involucrado, visceral y personalmente, en la obtención de su propia agua. No tenían un teléfono para llamar a la compañía de servicios. Tenían que mojarse. Tenían que considerar el acceso, la gravedad y, ya que no tenían bombas, la distancia entre su vivienda y la fuente de agua.

Cuando tienes que acarrear toda el agua que usas se convierte en algo valioso. No la despilfarras. Cuidas de ella y la reutilizas. De ahí las referencias bíblicas a los vasos para honra y los vasos para deshonra. Por ejemplo, el agua utilizada para lavar los platos se ponía en un vaso para deshonra, es decir, no potable. Esta agua usada solía dirigirse cuidadosamente al riego de verduras y otras plantas cercanas a la casa. Incluso el agua de la bañera se guardaba cuidadosamente para un uso posterior.

El mayor insulto al agua en los tiempos modernos, por supuesto, es el de utilizar agua potable para la cisterna del inodoro. Este censurable derroche de agua jamás podría haber ocurrido antes de los tiempos modernos. El lujo de disponer de agua potable ilimitada ya está experimentando una frenada en seco. En 2009, cuando los niveles en el embalse de Atlanta descendieron por debajo del suministro necesario para treinta días, el gobernador de Georgia organizó una vigilia en las escalinatas del Capitolio para implorarle a Dios todopoderoso que concediera un indulto hidratante.

Mientras tanto, Georgia estaba peleando con Tennessee para que un meandro del río Tennessee pasara lo suficientemente cerca de la frontera de Georgia como para poder meter una tubería en él y sacar agua. Georgia batalló con Alabama por el agua, pero Alabama se negó. Muchos libros profetizan un futuro de guerras por el agua que eclipsarán a las guerras del petróleo y de la sal. El año pasado di una charla en una conferencia sobre paisajismo en climas secos en Arizona y pude escuchar una charla sobre el uso del agua en la zona de Las Vegas.

En una localización desértica como esa, donde el agua es más preciada que en ningún otro lugar, el conflicto entre constructores y granjeros se agudiza. En un esfuerzo por justificar el desvío de agua al desarrollo urbanístico de Las Vegas, los oficiales del gobierno analizaron el impacto económico de un litro de agua utilizado en la ciudad en comparación con ese mismo litro utilizado en agricultura. No tengo ni idea de cómo se calcularon estos números, pero el mensaje era que los cuatro millones de litros de agua utilizados por los *resorts* generaban cien mil dólares, mientras que cuatro millones de litros utilizados para cultivar generaban dos mil. ¿Adivinas quién ganará la guerra por el agua?

Para mí, solo el hecho de descubrir que había importantes oficiales del gobierno con credenciales haciendo este tipo de cálculos resultó toda una epifanía. No sé lo suficiente como para posicionarme de forma clara en un lado o en el otro, pero que la gente esté poniendo valor al agua basándose en comparaciones entre un *jacuzzi* y una cabeza de brócoli me parece surrealista. En este tipo de comparaciones, el valor real está mucho más cerca de la fuente (lo digo con segundas), donde nadie quiere mirar. Supongo que mientras el resto del mundo pueda producir alimentos y el precio del petróleo permanezca lo suficientemente bajo como para poder transportarlos a Las Vegas, no habrá ningún problema. Pero, ¿qué pasaría si el precio de la energía se duplicase? Con permiso de María Antonieta, "Que se coman las fichas del casino"*. La creencia de que el uso del agua debería adjudicarse en función de los beneficios brutos es, desde la primera palabra, de un cinismo que refleja pura indecencia.

Nuestra tierra, bendecida con abundancia, desgraciadamente ha pasado de una política de conservación de agua a una política de derroche. Quizá la mejor manera de lidiar con las políticas de la comida barata y de la energía barata sea empezar eliminando la política del agua barata. Desde luego, en aquella maravillosa conferencia sobre paisajismo en climas secos, nos mostraron todo tipo de sistemas de conservación de agua: tejados verdes, paisajismo con especies nativas (en lugar de un paisajismo de altos requerimientos de riego en un desierto), el uso de aguas grises para las cisternas del inodoro (uno de mis favoritos), incrementar la retención de agua en el suelo para reducir las escorrentías y, el mejor para mí, depósitos de agua de todas las formas y tamaños.

Posiblemente no haya un estado más equivocado, en lo que a la gestión del agua se refiere, que Colorado. En este estado, llenar un cubo de veinte litros con agua proveniente de un canalón en el tejado es ilegal. Según la idiotez gubernamental oficial de Colorado, si retienes agua, estás apropiándote de un recurso público. Retener el agua que cae en tu tejado evita que fluya pendiente abajo, donde se puede utilizar para el suministro municipal y para regar granjas y campos de golf. Esto es una insensatez absoluta, como explicaré a continuación.

Repasemos el contexto histórico e hidrológico. El fundador de Holistic Management International, Allan Savory, que la historia reivindicará como uno de los mayores ecologistas de nuestro tiempo, ha identificado las diferencias entre los entornos templados y los entornos áridos (*brittle environments*). La línea divisoria entre los dos está situada alrededor de los quinientos cincuenta milíme-

* *[N. de la T.]* Referencia a una célebre frase atribuida a María Antonieta, "Que coman pasteles", con la que supuestamente la reina respondió a las quejas del pueblo ante la falta de pan.

tros de lluvia. La diferencia más pronunciada entre los dos ecosistemas es la lluvia. Pero existen otras diferencias igualmente profundas. Una es que en las zonas áridas la tierra tiende a acumular minerales, mientras que en las zonas templadas la pérdida de minerales por drenaje es un factor limitante continuo. La descomposición en las zonas templadas ocurre a nivel del suelo (los postes de los cercados se pudren a la altura de la línea del suelo y caen). En las zonas áridas, la descomposición tiene lugar en las puntas, donde comienza la oxidación que gradualmente avanza hacia la parte inferior de los tallos, aquí las especies herbáceas suelen ser de tipo manojo, mientras que en las templadas suelen ser rastreras.

P. A. Yeomans, el genio del agua australiano, autor de *Water for Every Farm* [Agua para cada granja], y creador del sistema *Keyline*, entendía el reto de su entorno nativo árido como fundamentalmente un problema de hidratación. La idea, ahora refinada por otros pensadores, se proyecta como otra gran diferencia entre los ecosistemas áridos y los templados: hidratación *versus* drenaje.

Obviamente, el oeste de Europa es templado. "Una mañana húmeda y neblinosa cuando el tiempo estaba nublado"* no describe un desierto. Describe el clima de Inglaterra, Gales, Escocia, Irlanda, donde las turberas y la humedad definen el ecosistema. Las botas de goma Wellington se originaron allí por un motivo. En estas regiones, si lees la historia de su agricultura, encontrarás referencias constantes al drenaje. Para conseguir que la tierra estuviera en condiciones de poder cultivarse, recuerda que el cereal es el rey, había que drenarla.

Desde el punto de vista del agua, estos europeos desarrollaron una cultura que veía la hidrología como un problema de fontanería gigante. Mucho antes de la existencia del inodoro con cisterna el pensamiento referido al agua que dominaba en la cultura era cómo librarse de ella. En efecto, puede que esa fuera la razón de que el inodoro con cisterna fuera inventado. Lo que predominaba era construir zanjas, acequias, tuberías subterráneas y canales. El problema era el exceso de agua para la labranza.

Con ese paradigma firmemente establecido, los europeos emigra-

* *[N. de la T.]* Joel Salatin se refiere a una canción popular infantil inglesa: "One misty, moisty morning when foggy was the weather".

ron a América y Australia. En efecto, los europeos en estos nuevos mundos fueron recibidos por ciénagas y pantanos (¿recuerdas los libros de *La casa de la pradera*?). Las tierras cercanas a la costa eran con frecuencia demasiado húmedas para la labranza. No puedes roturar un lodazal. Y así la mentalidad del drenaje proliferó.

Pero tanto en Australia como en América y, en menor medida, Nueva Zelanda, grandes porciones de tierra (más de la mitad) son entornos áridos.. El valle Shenandoah es la única zona al este del Misisipi en el límite de ser árida, con una pluviosidad de setecientos noventa milímetros. Con solo salir veinte kilómetros fuera del valle en cualquier dirección, la pluviosidad pega un salto de doscientos cincuenta milímetros, y el comienzo y final de las heladas se traslada tres semanas en ambos extremos de la estación. Por esta razón nuestro entorno de cultivo se asemeja al de Dakota del Sur y nuestras praderas de hierba alta dieron paso al que terminó conociéndose como el "granero de La Confederación"*. El valle Shenandoah, a diferencia de gran parte de Pensilvania, Maryland, Massachusetts, Wisconsin, Indiana y Iowa, no necesitaba drenaje. Estaba listo para el arado desde el primer día.

En Australia, Peter Andrews ha pasado su vida intentando convencer a los legisladores de que un paisaje árido necesita hidratación, no drenaje. El exasperante razonamiento dice así: "Soy un granjero y vivo corriente abajo. Necesito agua del río para regar. Para conseguir más agua de riego, el río tiene que llevar más agua. Por lo tanto, tenemos que drenar el agua de las tierras altas para que yo disponga de una cantidad adecuada de agua".

Pero como cualquier permacultor te dirá (y por cierto, considero a los practicantes de la permacultura verdaderos ecologistas, mucho más que a los más conocidos ecologistas radicales que abogan por la no intervención), lo que nos interesa es que las gotas de agua permanezcan lo más cerca posible de su punto original de caída y durante el tiempo más largo posible. Imagina que el paisaje es una esponja inmensa, obviamente con sus crestas, pliegues y cumbres. Cuánto más rápido desciendan las gotas de agua al interior de la esponja

* *[N. de la T.]* Este apelativo, "*Breadbasket of the Confederacy*" hace referencia a que durante la guerra de Secesión la mayoría de los suministros alimentarios de los estados confederados provenían del valle Shenandoah.

más secas estarán las crestas. Cuanta más agua podamos retener en las crestas, más agua podrá retener la esponja.

Lo que nos interesa es el flujo basal. Este es el movimiento continuo, regenerativo, del agua a través de los sustratos del suelo, bajando gradualmente desde las elevaciones más altas. Recuerda que un kilo de materia orgánica puede retener cuatro kilos de agua. La manera más eficaz de retener las gotas de agua en el lugar en que caen es incrementando la materia orgánica de la tierra de forma que en un metro cúbico, en lugar de retener doscientos litros de agua, podamos retener setecientos u ochocientos.

Cuanto más en alto retengamos el agua en el terreno, más útil será. Idealmente, utilizaremos el agua varias veces en su descenso hacia tu depósito municipal. Louis Bromfield, en sus escritos de los años cuarenta del siglo XX, dijo que la respuesta a las inundaciones del Misisipi no estaba en construir enormes proyectos de ingeniería civil a lo largo del río, sino en instalar millones de embalses situados en granjas desde Pensilvania hasta Iowa, acumulando miles de millones de litros de agua. Una parte del agua se evaporaría hacia la atmósfera, favoreciendo la formación de nubes y lluvias en la zona. Otra parte se filtraría al subsuelo por debajo del embalse, nutriendo a los acuíferos, manantiales y arroyos, y manteniendo el flujo basal. Otra porción podría utilizarse para el riego durante épocas de sequía, manteniendo la formación de biomasa solar, la acumulación de materia orgánica y filtrándose hacia el interior del suelo, donde se juntaría con más agua filtrada. Otra parte iría al ganado, que con su acción podadora del forraje reiniciaría una nueva y reactivada acumulación de biomasa. Una gran parte de esa agua de los bebederos volvería al suelo como orina de alto contenido en nutrientes, para una vez más filtrarse a través de la tierra, para ser purificada en el suelo a medida que las bacterias atraparan los nutrientes presentes en el líquido.

Esos nutrientes, a su vez, nutrirían a las bacterias del suelo que, en alianza con los microbios de las plantas, se alimentarían de ellos, estimulando el crecimiento de las plantas. Una planta en crecimiento produce más biomasa que puede descomponerse para añadir más materia orgánica al suelo, que retendrá más agua, que podrá transpirar a través de las hojas de las plantas para estimular la formación de nubes y por lo tanto de lluvia. Enderezar el curso del Misisipi es la peor medida hídrica posible porque reduce la capacidad de retención de agua en miles de millones de litros. El poderoso Misisipi ha perdido una cantidad enorme de capacidad de carga de agua porque hoy en día es mucho más corto que hace un par de siglos, cuando tenía más meandros.

Todo esto nos lleva de vuelta a Colorado y a los barriles de recolección de agua de lluvia ilegales. Colorado no es un entorno templado, es árido. Su eslabón débil no es el drenaje, sino la hidratación. ¿Cómo hidratas una esponja? Lo haces llenándola de tanta agua como puedas. No lo haces sujetando la esponja de una punta para que toda el agua se drene rápidamente. Si quieres que la esponja permanezca hidratada, depositas agua a gotas sobre su punto más alto. Ese goteo mantiene la esponja completamente hidratada hasta su base, lo cual proporciona la mayor cantidad de agua posible, maximizando las posibilidades durante el mayor tiempo posible.

Incluso en los entornos extremadamente áridos como Fénix o Tucson, si pudieras evitar las escorrentías superficiales reteniendo el agua y soltándola con cuidado después, podrías crear, literalmente, un oasis en un desierto. Lo he visto en numerosas ocasiones. Precisamente lo que te interesa es que la gente haga acopio del agua. Esa agua, retenida en la parte alta de la esponja, hidratará todo el sistema y mantendrá un flujo basal continuo. Lo peor que se puede hacer es dejar que la lluvia se escape rápidamente cuesta abajo, sin impedimentos. Si lo haces, todo lo que obtendrás será una corriente gigante y no quedará nada en el depósito.

Un barril de agua debajo del canalón proporciona agua para regar el jardín. Esa agua hace crecer a las plantas, que a su vez crean más área foliar para transpirar más agua a la atmósfera y estimular más eventos pluviales. Una porción del agua no se utilizará, sino que se filtrará al subsuelo y comenzará su largo viaje corriente abajo, para mantener los manantiales y los ríos fluyendo a un ritmo constante, en lugar de las fluctuaciones cíclicas de inundación y sequía. El agua retenida arriba siempre es útil, y encuentra su camino corriente abajo con el tiempo, en lugar de hacerlo con una descarga a borbotones.

Mientras observo el paisaje de nuestra granja, siempre estoy pensando en el agua. Cómo reducir su velocidad. Cómo retenerla. Cómo sacarle el máximo rendimiento. Cómo conservarla para que no se transforme en una inundación para los vecinos que viven corriente abajo. De hecho, si toda la energía invertida en arar las praderas nativas del valle Shenandoah para plantar cereal se hubiera dedicado a construir embalses de retención en las gargantas de las colinas circundantes, hoy este valle de cuatro mil kilómetros cuadrados sería un valle a prueba de sequías y de inundaciones. Habríamos creado un verdadero edén. Ese debería ser nuestro mandato como custodios de la tierra, crear un edén allá a donde vayamos. Por eso estamos aquí los seres humanos. Nuestra responsabilidad es hacer que el paisaje sea más resiliente.

Crear un paisaje resiliente, o redimirlo, a través de la construcción de embalses, no ha sido posible, no porque seamos vagos, ni porque no quisiéramos mover tierra. Dios sabe que la labranza mueve miles de millones de toneladas de tierra. La razón por la que no ha sucedido es porque sufríamos de daño cerebral. Como cultura, vinimos a este lugar con un daño cerebral. Estábamos pensando en drenaje en lugar de pensar en hidratación. Nuestra visión del agua era la de un problema de fontanería. Y demasiados de los funcionarios que redactan normativas todavía ven el agua como un problema de fontanería, en lugar de como un problema de hidratación del paisaje. Los pueblos indígenas eran más sensatos. Los incas, los aztecas así como otros pueblos esculpieron extensas civilizaciones en condiciones áridas, en montañas, construyendo terrazas y tallando canales de irrigación que todavía hoy desafían a la ingeniería moderna. Esos pueblos entendían la gravedad de la situación. Sabían que dependían del agua. La reverenciaban como algo más valioso que el oro y los *jacuzzis* de los casinos.

Tratar al agua con este moderno desdén norteamericano, con tal falta de respeto, sencillamente no es normal. Con esta idea en mente, he aquí algunas de las cosas que creo que tenemos que hacer para restaurar una reverencia hacia el agua normal desde el punto de vista histórico. El fin es reconstruir una conexión, para mostrar que hemos dedicado algo de tiempo a meditar sobre la bendición que supone disponer de un grifo de agua para uso doméstico:

1. Fomenta la recolección de agua de lluvia. Todas las casas nuevas deberían tener un depósito que acumulara toda el agua que recoja el tejado. De hecho, creo que sería buena idea eliminar el suministro de agua pública en todos los suburbios. Todas las casas deberían ser autosuficientes en su consumo de agua. Si un propietario no está dispuesto a ser autosuficiente, entonces no se preocupa lo suficiente por la ecología como para tener una casa. Tras la inundación del 2009, pensarías que Atlanta se replantearía revisar su política de gestión del agua, ¿no? En lugar de ello, todo sigue igual. Los suburbios de Atlanta siguen creciendo, con la correspondiente extensión de tuberías. Es inadmisible. Yo diría que están locos de atar.

Cualquier casa que quiera instalar un depósito lo suficientemente grande como para recoger toda el agua de su tejado debería obtener beneficios fiscales. Desde luego, creo que el Servicio de Recaudación de Impuestos (IRS, por sus siglas en inglés) debería ser abolido, pero ese es tema para otro libro. La *Fair Tax** sería una solución mucho mejor. Échale un vistazo. A fin de cuentas, si los planes de ahorro para la universidad desgravan, ¿por qué no va a desgravar preocuparse por el agua? ¿De qué te sirve un título universitario si no tienes agua para beber? Vamos, prioricemos sensatamente.

2. Exención fiscal completa de las reformas de fontanería que sirvan para utilizar aguas grises en la cisterna del inodoro. Se ahorrarían

* *[N. de la T.]* El *Fair Tax* (Impuesto Justo) es una propuesta de modificación del régimen de impuestos federales en Estados Unidos, cuyo objetivo sería reemplazar todos los impuestos federales por un único impuesto al consumo.

miles de millones de litros de agua al día. La solución no son las cisternas de bajo consumo, que al final acaban pulsándose varias veces. En Australia tienen un ingenioso sistema con dos pulsadores diferentes: Número uno y número dos. Descargan cantidades diferentes de agua para cada uno de los dos usos. Sin duda, todas las nuevas edificaciones deberían utilizar aguas grises en las cisternas de los inodoros. Cualquier inspector de infraestructura o funcionario del departamento de salud que se oponga a la reutilización de las aguas grises en las cisternas de los inodoros debería ser despedido. Poneos manos a la obra.

3. Nada de agua pública para fines recreativos. Punto. Si quieres regar tus flores, tendrás que encontrar algún modo de hacerlo que no requiera bombear agua potable de un embalse municipal. Hace poco me enteré de que ahora todos los campos de golf de los alrededores de Fénix riegan con agua reutilizada. Maravilloso. Es un paso en la dirección adecuada. Si ahora pusieran algunas vacas para que pastaran la hierba en lugar de segar con maquinaria, entonces empezarían realmente a ir por el buen camino. Los propietarios de casas pueden instalar cisternas en el sótano para recoger aguas grises que pueden utilizar para regar las flores. Los depósitos bajo el canalón del tejado pueden, en muchos casos, regar por gravedad la vegetación que rodea la casa. No me gusta decir césped porque idealmente la mayor parte de la vegetación que rodea una casa debería ser comestible. El agua empleada en regar unos bancales de verduras es mucho más valiosa que el agua empleada en regar el césped. El caso es que en algún lugar, de algún modo, la gente tiene que empezar a darse cuenta de lo valiosa que es el agua, antes de que no quede suficiente para beber.

4. Inodoros alternativos. El principal uso de agua potable, después de la irrigación del césped, se encuentra en las cisternas de los inodoros. Reflexiona sobre ello. Más que en beber. Más que en lavar coches. Más que en las duchas. Más que en lavar la ropa. No me importa si apostamos por inodoros de metano, de compostaje, tipo *moldering*, orinales o letrinas, o una combinación de ellos. Pero la fijación de nuestra cultura por arrastrarlo todo con chorros de agua sencillamente no es normal. Es imposible. Siempre acaba en algún sitio. Si buscas *humanure** en Google encontrarás un sinfín de posibilidades.

Hace poco estuve en un centro donde se celebraba una conferencia sobre agricultura y la orina de los hombres se recolectaba en un depósito a través de una tubería. Cada día, la orina se rociaba con un dispositivo enganchado a un vehículo todoterreno. Igual que con las vacas, la orina pulverizada sobre la hierba servía como fertilizante foliar de los pastos. Precioso. Unas lombrices rojas se encargaban del resto del pastel, depositado en unos grandes recipientes de basura bien aireados. Los recipientes, que tenían ruedas, estaban colocados debajo de los inodoros. No había olor. No había riesgos. Las lombrices sanean por completo los excrementos. Lo mismo podría hacerse en aeropuertos, hoteles y restaurantes. Apenas hemos comenzado a explotar los increíbles beneficios que tiene el uso de lombrices.

Hace bastante tiempo que existen inodoros de compostaje. El problema que tienen es que la cámara de la mayoría de ellos es demasiado pequeña como para gestionar situaciones fuera de lo habitual. ¿Lo digo con suficientemente delicadeza? Ya sea por un caso grave de diarrea o por celebrar una fiesta en casa, estas pequeñas cámaras se desbordan fácilmente. Las que tienen cámaras de mayor tamaño funcionan mucho mejor. Una vez comí en un restaurante de Saskatchewan que tenía un inodoro de compostaje. Estoy seguro de que costó mucho dinero, pero evitaba que todos esos excrementos terminaran en un sistema basado en agua, ya sea propia o municipal y generaba montones de compost para las flores ornamentales del restaurante.

Los inodoros tipo *moldering* son otra alternativa más. Llevan una cámara grande, de al menos un metro cúbico, lo suficiente para mantener funcional una pila de compost estática. Cada inodoro se coloca sobre una cámara, o en el caso de que haya varios, se colocan sobre una cámara más alargada. Cada cámara está diseñada para contener los excrementos de un año y un sistema idéntico adyacente los gestiona el segundo año. Después de un año sin usar la cámara del primer inodoro, los excrementos están completamente compostados,

* *[N. de la T.] Humanure* es un término en inglés derivado de las palabras human (humano) y *manure* (excremento).

no huelen y están listos para usarse como fertilizante. De este modo, los dos inodoros se van alternando de un año al siguiente.

La belleza de un inodoro tipo *moldering* es que la cámara es lo suficientemente grande como para gestionar situaciones diversas. Es una cuestión de volumen. Por supuesto, en la cámara hay lombrices y bacterias que constantemente descomponen los excrementos y el papel higiénico, reduciendo el volumen. Cuando la pila es lo suficientemente grande como para sostener a una comunidad de organismos descomponedores, ellos se encargan de mantener el volumen prácticamente constante. Es extraordinario.

Una vez eché un vistazo dentro de la cámara de un gigantesco inodoro tipo *moldering* en Massachusetts, diseñado para gestionar las visitas de treinta mil estudiantes cada año. No había ningún olor. No había agua. Maravilloso. La tecnología está ahí. No hay una sola razón en todo este verde planeta del Señor por la que no podamos tener un sistema de gestión de nuestros propios excrementos humanos más ecológico y respetuoso, sin usar agua. La antipatía que sentimos hacia su repugnancia, el no querer verlo o tener que lidiar con ello, es completamente anormal.

El objetivo al gestionar excrementos es mantenerlos fuera del agua, no ponerlos en el agua. Sir Albert Howard sabía, y profetizó, que para finales de la década de los años cincuenta del siglo XX el mundo se daría cuenta del disparate que suponen los sistemas de alcantarillado basados en agua. Diseñó lo que él denominaba ciudades diamante, en las que veinticinco casas se dispondrían en una estructura en forma de diamante, de manera que todas ellas tuvieran una exposición solar plena. En el centro del diamante, los veinticinco propietarios tendrían un huerto o granja de cuatro mil metros cuadrados. Los veinticinco propietarios emplearían a un agricultor profesional a tiempo completo, que gestionaría los excrementos generados por las veinticinco casas y cultivaría toda su verdura y fruta, incluyendo quizá huevos. Las gallinas comerían los restos de las cocinas. Desgraciadamente, su optimismo acerca del sentido común de los humanos excedió con creces la realidad. Sus maravillosas ideas no fueron adoptadas.

Las rabiosas batallas que ocurren en nuestra cultura entre constructores y conservacionistas podrían eliminarse mediante políticas que fomentaran este tipo de planes de vivienda. Si prescindiéramos de los inodoros basados en agua, recortaríamos los requerimientos de agua per cápita a menos de la mitad. Si recicláramos las aguas grises para cultivar verduras para alimentarnos, eliminaríamos los viajes al supermercado. Solo piensa en la diferencia que supondría vivir en una comunidad urbana limpia sin tuberías de agua, sin alcantarillas y que fuera autosuficiente en la alimentación. Lo único que quedaría sería la electricidad y la calefacción. Si utilizaran terrazas acristaladas mirando al sol, se eliminaría el problema de la calefacción. Ahora solo quedaría la electricidad, para la que, por supuesto, existen multitud de posibilidades sostenibles, desde placas fotovoltaicas hasta aerogeneradores, pasando por generadores de corriente alimentados con bicicletas. En lugar de ir en coche a la ciudad para hacer ejercicio, ¿por qué no conectar tu bicicleta estática a un generador y almacenar toda esa energía generada con el ejercicio para hacer funcionar tu ordenador? Este tipo de estilo de vida autosuficiente cambiaría por completo el impacto que la construcción tiene en el paisaje.

5. **Fomenta la construcción de embalses en las granjas.** En los años cincuenta del siglo pasado el Servicio de Conservación del Suelo solía diseñar embalses y ayudar a los granjeros a construirlos. Ahora la USDA considera los embalses como una carga en lugar de como un activo. Las compañías de seguros los consideran una molestia con encanto. La policía de la comida piensa que los patos y gansos procedentes de Canadá aterrizarán en ellos y traerán la gripe aviar a los campos de concentración de pollos de la industria.

En realidad construir un embalse en una granja es una de las inversiones con mayor rendimiento en términos de mejora de la ecología y del ciclo hídrico. Retienen sedimentos que de otro modo se escaparían durante lluvias intensas. Proporcionan protección frente a las sequías. Aportan belleza y diversidad al paisaje. Atraen a la vida salvaje lo que, al contrario que a la USDA, a mí me parece genial. Y mantienen el flujo basal porque ningún embalse es completamente impermeable.

Ahí lo tienes. Te animo a que, la próxima vez que abras el grifo de la cocina o te metas en la ducha, pienses acerca del viaje del agua. Imagina que la tuvieras que acarrear en cubos a la bañera para darte un baño mensual. Y cuando te sientes o estés en frente de la pieza central de porcelana del baño para hacer tus necesidades, pregúntate a ti mismo: "¿es este el mejor uso que se le puede dar al agua?". Cuando empieces a conectarte mental, espiritual y visceralmente de esta manera con el agua, comenzarás a vislumbrar un atisbo, solo un atisbo, de la normalidad histórica del agua.

FERTILIZACIÓN A BASE DE CARBONO LIGNIFICADO CAPTURADO POR CONVERSIÓN SOLAR A ALTAS CARGAS GANADERAS

Quizá nada represente de forma más dramática el distanciamiento de la normalidad por parte de la ganadería moderna que los cebaderos de vacuno. Estos corrales, que proliferan cada vez más, alojan a miles de animales, que no tienen ni un solo lugar donde permanecer de pie o tumbados que no esté repleto de sus propios excrementos, y que se alimentan con una dieta a base de golosinas ricas en almidón, hechas principalmente de maíz, que les engorda rápida y bruscamente, representando un sistema merecedor de la expresión "Esto no es normal".

Un chiste dice así: un hombre va a visitar a su amigo al corral del cebadero y apenas le distingue en medio de un mar de becerros, hundido hasta los hombros de excrementos y con solo la cabeza fuera. Le grita: "Hola Mac, ¿cómo te va?".

"Bueno, yo voy tirando, pero mi caballo lo está pasando un poco mal". Si no entiendes el chiste, se trata de que los excrementos tienen la altura del caballo, así que todo lo que el visitante puede ver es al vaquero subido al caballo. Sí, ahora puedes reírte. Humor de cebadero.

Los cebaderos son la expresión más perturbadora de un sistema de producción de alimentos que se ha apartado de la normalidad histórica por varios frentes, siendo el primero la gestión de granjas diversificadas. Aunque las granjas, como cualquier negocio, tienden a gravitar hacia un área de experticia o de trabajo más importante que se convierte como en la nave nodriza, hay que destacar que en el pasado todas las granjas solían criar y cultivar una mezcla de plantas y animales.

Muchos ganaderos de hoy en día ni siquiera cultivan un huerto. Recuerdo la primera vez que me enteré de que nuestros vecinos productores de carne de vacuno compraban su carne en el supermercado. Entonces yo era un adolescente, pero intuitivamente no podía imaginarme producir toda esa comida para después no comerme nada. Recuerdo muy bien cuando un agricultor me dijo que lo que le hizo convertirse a la agricultura biológica fue la mañana que recolectó unas judías verdes y se dio cuenta de que no se las comería hasta haberlas lavado bien. Me dijo: "Ni siquiera podía comerme las judías verdes de mi propio campo. Eso no está bien".

Hasta hace muy poco, el núcleo de una granja estaba en la casa y sus edificios adyacentes. A veces llamado caserío, incluía todos los componentes de una producción alimentaria diversificada. Hace poco alquilamos una granja cercana y su viejo caserío es uno de los ejemplos mejor conservados de esta práctica. La enorme casa de madera llena de recovecos está al final de un camino a cuyos lados hay varias construcciones anexas. A un lado de la casa está la cocina exterior, un edificio de dos plantas que permitía cocinar y hacer conservas fuera de casa. Esto mantenía el calor fuera de la vivienda en verano y reducía el riesgo de incendio en la casa principal. La cocina exterior de dos plantas disponía de espacio de sobra para almacenar alimentos deshidratados, embotados y carnes curadas.

A su lado, una pequeña porqueriza proporcionaba el espacio para deshacerse de los restos de la cocina, la leche agriada y el suero que sobraba de la elaboración de queso. Esa pequeña construcción solo alojaba a tres o cuatro cerdos de cada vez, que eran para consumo propio, no para vender.

Al lado de la pequeña porqueriza hay un gallinero. Se le distingue por sus ventanas, que permiten la entrada directa de la luz solar. Los pájaros son muy sensibles a la luz. El gallinero puede albergar hasta unas cincuenta gallinas. Igual que los cerdos, estas consumen los restos de la cocina, las malas hierbas del huerto y las verduras y fruta echadas a perder. Al otro lado del camino, y bordeando la casa, hay un gran huerto cercado.

El siguiente edificio después de la cocina, la porqueriza y el gallinero es el granero, con un silo hecho de listones en el que se almacenan las mazorcas de maíz duro. En su interior todavía está la desgranadora manual de maíz, esperando a que vengan el abuelo y sus nietos con las mazorcas para desgranarlas, observando cómo los corazones salen disparados por un lado mientras que el grano se deposita en un cubo colocado debajo. Ni qué decir tiene que este maíz se cosechaba a mano y normalmente se depositaba en un carro tirado por caballos.

No hace tanto que, en 1980, cuando escribía crónicas para el periódico local, escribí un artículo sobre un agricultor en el condado que todavía utilizaba caballos. Una helada mañana de noviembre, me levanté temprano y fui en coche hasta la granja, caminando después por un campo de maíz de tres hectáreas cercano a su casa. La yunta de caballos belgas de tiro avanzaba pacientemente en fila mientras el agricultor, utilizando un pequeño gancho de metal, arrancaba del tallo las mazorcas, las pelaba y las lanzaba al carro. Un lado del carro era más alto que el otro para facilitar el lanzamiento. Aquella fría mañana el valle Shenandoah tenía algo de mágico, con los hilillos de humo saliendo de algunas chimeneas y los campos multicolor extendiéndose hasta las montañas Allegheny en el oeste.

Cosechando dos hileras de maíz a un tiempo, cada cuatro metros, aproximadamente, apremiaba con suavidad a los caballos. "Venga". Entonces ellos, obedientes, avanzaban hasta que les decía "so" y se paraban abruptamente. No se le escapaba ni una mazorca. Esta hermosa danza entre hombre y bestia, coreografiada cuidadosamente a través de años de práctica y de ganarse la confianza, era tranquila y elegante al mismo tiempo. Sin máquinas. Solo el aliento vaporoso exhalado a través de los grandes hocicos belgas y el movimiento espasmódicos de las orejas, preparadas para oír la siguiente orden. Me quedé embelesado. Realmente había retrocedido hasta el pasado. Aquello era sereno, mágico, pero altamente ineficiente. O al menos eso decía todo el mundo.

Cuando el carro estuvo lleno, lo que le llevó toda la mañana, el agricultor lo condujo hasta el granero del maíz. Con una pala cuadrada, descargó las mazorcas en el silo, un contenedor estrecho con paredes hechas de listones separados de metro y medio de ancho por unos seis metros de largo. Introdujo el maíz a través de una portezuela recortada en un lateral del silo. Las ranuras entre los listones permitían que el aire circulara, impidiendo al moho que atacase las reservas y fomentando el secado de las panochas. Un tejadillo colocado sobre la parte superior protegía el preciado grano de la lluvia.

El granero también tiene compartimentos para la cebada, el trigo, la avena y el centeno. Estos compartimentos tienen un tamaño aproximado de metro y medio de ancho por dos y medio de largo (o profundo) dispuestos a lo largo cuando te pones en la parte frontal. Este frente está abierto excepto por dos ranuras que bajan por ambos laterales, en las que se insertan tableros de sujeción. Estos permitían ir subiendo la pared de retención frontal a medida que crecía la pila de grano. Obviamente, al vaciarlo más adelante, los tableros de sujeción se retirarían para permitir un acceso más fácil. El cereal se utilizaba para hacer harina para casa, así como para alimentar a los animales, principalmente las gallinas, los cerdos y los caballos. A las ovejas, vacas lecheras y terneros se les daba como premio ocasional.

Después del granero está el establo. El piso de arriba del establo es un henil, que permitía al agricultor arrojar el heno a los pesebres de la parte de abajo, donde estaban los animales. Al otro lado del establo, cruzando el camino, está la tienda y otra caseta, utilizada sin lugar a dudas para guardar los aperos: azadas, palas y rastrillos. Ya hemos paseado por todo el caserío, terminando de vuelta en el huerto y en la casa. Con pocas alteraciones, esta era la configuración básica de un caserío. También era común disponer de un espacio para ahumar carne de cerdo e incluso de un lavadero. La cuestión es que el corazón de la granja giraba en torno a la autosuficiencia. La economía doméstica proporcionaba el núcleo de la empresa familiar. Primero dabas de comer a la familia y a los trabajadores, y después producías otras cosas para vender. En la época anterior a los supermercados el éxito doméstico requería un grupo diversificado de personas, plantas y animales trabajando en armonía.

En la actualidad, esto ha dado paso en gran medida a producir una sola cosa, ya sea fruta, lácteos, cerdos, verduras, cereales o algodón.

La casa y sus aledaños, históricamente, siempre han estado inmersos en un continuo de producción, elaboración y vida familiar. La granja diversificada proporcionaba entretenimiento, vocación y habilidades manuales. Hoy, la mayoría de los agricultores compran en el supermercado, igual que el resto de la gente. A pesar de toda la abundancia que las circunda, las casas de los granjeros son estériles, casi antisépticas y ciertamente desprovistas de personas. Las máquinas esperan pacientemente en su cobertizo a que vengan los conductores.

Nos dicen que esto es el progreso. Antes de que empiecen a derramarse lágrimas, recordando con nostalgia lo que hemos perdido, deja que plantee un primer e importante argumento. A lo largo de la historia, el cereal ha sido siempre un bien preciado. Ya el profeta Oseas, en la Biblia, relata la compra de su amada prostituta para casarse con ella, por el precio de unas cinco fanegas de cebada. La cebada era cara.

Piensa en el cultivo de cereal antes de la mecanización. El arado de la tierra o labranza, requería un tiro de bueyes o caballos que arrastraran algún tipo de instrumento puntiagudo capaz de surcar el suelo. Después había que sembrar las semillas, a mano. Con suerte la germinación era lo suficientemente buena como para que el cultivo tuviera ventaja sobre las malas hierbas, aunque arrancar algunas a mano siempre era necesario mientras se pasaba la azada. A medida que el cereal crecía, desarrollaba una espiga y después su color cambiaba de verde a marrón. Una vez que se había vuelto marrón, lo segabas a guadaña a ras del suelo y juntabas los tallos formando gavillas con las espigas (inflorescencias) colocadas hacia arriba para facilitar un mejor secado.

Tan pronto como todo el trigo se había segado y dispuesto en gavillas, empezabas a subirlo en carros para llevarlo a la era. Esta consistía en algún tipo de superficie dura, a menudo hecha con tablones de madera pesada, donde podías golpear las espigas para que el grano se soltara de la cascarilla. Esto podía hacerse golpeando con palos, con el pisoteo de animales o simplemente golpeando con los pies. Entonces lanzabas al aire la pila de cereal golpeado mezclado con restos de plantas, también llamado aventar, y la brisa se llevaba la cascarilla. El grano pesado o las semillas, caían al suelo. Tras un día de duro trabajo, obtenías unas pocas fanegas de cereal.

Pero ahora venía la parte difícil. Había que almacenarlo de manera que ni las ratas ni los ratones se lo comieran todo. Antes de la invención del acero extruido y la tela metálica, esto era un gran problema. Para asegurar la supervivencia de las actividades agrícolas era necesario exterminar las ratas de dentro y de los alrededores de los graneros cada primavera. En otros tiempos, por supuesto, las vasijas de barro constituían el recipiente a prueba de ratas predilecto para almacenar el preciado cereal. La cuestión es la siguiente: a lo largo de la historia, el cereal ha sido demasiado caro como para malgastarlo alimentando alimañas.

En relación con otros alimentos, el pan era costoso. No era barato. Cada grano de cereal tenía que ser conservado cuidadosamente para el consumo humano. No fue hasta la llegada de la mecanización en la labranza y la cosecha, y de los sistemas de almacenamiento a prueba de roedores, que el cereal se volvió más barato que las verduras y la fruta, y suficientemente barato como para dárselo a los animales. A lo largo de la historia, el cereal se reservaba para el consumo humano precisamente porque la labranza requerida para preparar la tierra era demasiado laboriosa. El cereal era un bien preciado porque labrar era un trabajo duro.

Debido a que la labranza o arado, que son maneras sofisticadas para referirse a remover la tierra, eran tan laboriosos, un granjero podía cubrir un pequeño trozo de terreno en un día. Labranza es un término genérico que abarca muchos tipos específicos y finalidades de la acción de remover el suelo. El objetivo de la labranza es eliminar la vegetación que ya esté creciendo en la tierra para crear un entorno receptivo a la siembra de semillas. La grada de discos corta y voltea utilizando unas cuchillas circulares en forma de plato (discos) que no penetran mucho en el suelo. La grada o rastra produce el arado más fino, utilizando una máquina con dientes semejante a un rastrillo gigante para romper los terrones y formar una superficie apta para la siembra. El arado de cincel o chisel penetra en profundidad con unos dientes curvados que no invierten la tierra. La bota de un subsolador alcanza los sesenta centímetros de profundidad y simplemente corta una hendidura en la tierra para favorecer el movimiento de aire y agua. Tanto el arado chisel como el subsolador han comenzado a utilizarse ampliamente desde la aparición de la tracción mecánica; se necesitaban demasiados caballos para tirar de ellos. El arado de vertedera invierte la tierra, poniendo arriba lo que estaba abajo y enterrando la capa superior, junto con la vegetación.

Históricamente, un hombre con animales de tiro (ya fueran mulas o caballos) podía pasar la vertedera por un terreno de hasta media hectárea en un día. Hoy una persona puede arar más de cincuenta en un día. Tener la posibilidad de mover tal cantidad de tierra prácticamente sin esfuerzo es quizá una de las cosas más anormales del tiempo en que vivimos. La dificultad histórica de remover la tierra creaba una protección natural contra la devastación ecológica acelerada. Arar era cansado hasta lo doloroso.

De hecho eso era algo bueno, porque arar es realmente doloroso para la tierra. Provoca una oxigenación excesiva, la expone a las inclemencias del tiempo y consume la materia orgánica. Para compensar la degradación que provoca el arado, los agricultores desarrollaron numerosas técnicas que ayudaban a recuperar la fertilidad entre los años de labranza. Históricamente, era necesario practicar rotaciones de varios años para preservar la fertilidad. A riesgo de que se me acuse de afirmar lo que debería ser obvio, la naturaleza no ara. Este es uno de los grandes errores del vegetarianismo, que tiende a reemplazar especies perennes por especies anuales. Las anuales requieren arado para preparar la tierra antes de sembrar, para que germinen las semillas. Se están desarrollando algunas técnicas maravillosas que minimizan el arado y me ocuparé de ellas más tarde, pero de momento sigue leyendo mientras describo el patrón natural.

La naturaleza crea suelo fértil a través de las especies perennes, los herbívoros y las perturbaciones periódicas, o la poda. Las plantas son como colectores solares. Una planta está compuesta de luz solar en un noventa y cinco por ciento, y solo de un cinco por ciento de tierra. Eso significa que si recoges cien kilos de material vegetal, noventa y cinco kilos fueron creados a partir de la luz del sol y el aire, mientras que solo cinco kilos provienen del suelo. Obviamente, se trata de un maravilloso proceso en el que la tierra, si se trata como es debido, debería ganar materia orgánica, y por tanto peso, cada día.

Todos los sistemas indígenas de labranza giraban en torno al efecto sanador del barbecho. Incluso en sistemas basados en la agricultura itinerante, también conocidos como "de tala y quema", se ara durante un par de años y después se deja que vuelvan las especies perennes nativas para que se recupere la tierra. Uno de los motivos es que las especies anuales ponen toda su energía en producir semillas. Las perennes la ponen en acumular reservas de raíz. Esa es una diferencia enorme en el flujo energético y en el objetivo de los dos tipos de plantas.

Las especies anuales tienden a concentrar toda su energía en la espiga en lugar de hacerlo por debajo del suelo. Las perennes prefieren maximizar la energía por debajo del suelo, almacenando carbohidratos en su cuenta bancaria de la raíz para afrontar el frío, las sequías, las inundaciones o cualquier otro tipo de evento climático adverso. Las anuales saben que sus semillas se alojarán en algún lugar, echarán raíces y crecerán. El objetivo de las anuales es maximizar la producción de semillas. El de las perennes es maximizar las reservas de energía bajo tierra.

Wes Jackson, del Land Institute en Salina, Kansas, ha dedicado su vida a seleccionar una especie perenne que produzca una espiga lo suficientemente grande como para competir con los cereales anuales. Ha hecho muchos progresos y todos los que estamos en la comunidad de lo ecológico aplaudimos sus objetivos. Este tipo de investigación revolucionaria debería ser impulsada desde todos los frentes.

Igualmente increíble es el trabajo de Colin Seis en Australia, cuyos sistemas de *Pasture Cropping* (siembra en pradera) cuentan ya con dos mil granjeros practicantes. Colin combina pastoreo con animales, calendarios apretados de siembra estacional y praderas permanentes para producir cultivos de cereales convencionales de grano pequeño. Todos estos cereales (trigo, avena, cebada y centeno) toleran bien el frío. En otoño, Seis introduce los animales que pastan la pradera permanente, deja que se recupere un poco y después la pasta de nuevo para debilitarla ligeramente.

Entonces siembra en la pradera debilitada, utilizando o bien una sencilla cuchilla de arado (especie de disco de metal pesado con bordes en zigzag) para abrir la hendidura que recibirá a las semillas, o un *shoe ripper* estrecho (un pie de metal acoplado a un brazo, sí, se parece bastante a tu pie y pantorrilla, de ahí la terminología). En cualquier caso, la hendidura solo tiene un par de centímetros de anchura. Sin herbicidas ni sustancias químicas. El cultivo de cereal germina y se adelanta al forraje perenne, retardado por el pastoreo y las temperaturas del otoño. Al principio las plantas anuales permanecen verdes y crecen lentamente durante los días de invierno con temperaturas por encima de cuatro grados y después, a comienzos de primavera, crecen con rapidez, siempre por delante de la hierba, incluso asfixiándola un poco.

Las plantas de cereal superan a la pradera a comienzos de primavera y le dan sombra. Pero el pasto está vivito y coleando, es como un nivel inferior por debajo de las altas plantas de cereal. Cuando el grano está listo para cosechar, le da una pasada con la cosechadora, cortando las espigas pero dejando ilesas a las plantas de la pradera. Después, pastorea de nuevo la robusta pradera perenne con los animales, que en el proceso se encargan de pisotear y triturar la paja, hundiéndola en el suelo para proporcionar un chute de carbono lignificado a la biota del suelo. Las pequeñas hendiduras donde se sembró el cereal proporcionan kilómetros de efecto borde que las bacterias del suelo colonizan, estimulando a su vez el crecimiento de las especies perennes. Seis cultiva cereal una sola vez cada cinco años, dejando cuatro años de pastoreo y especies perennes para que la tierra se recupere tras un solo año de cultivo. Incluso sin arar, el periodo de recuperación de la tierra entre cultivos de cereal dura cuatro años. Curiosamente, su rendimiento por hectárea es el mismo que cuando se utiliza arado a pelo y productos químicos. ¿No es genial?

Tanto Jackson como Seis están buscando respuestas al dilema que desde tiempo inmemorial ha supuesto conseguir cultivos regenerativos. En la granja de investigación Rodale en Emmaus, Pensilvania, llevan años tratando de resolver este enigma y, mediante el uso sensato de coberturas verdes y complejas rotaciones de cultivos, junto con maquinaria de nuevo diseño, están demostrando también que sí es posible. Lo que estoy intentando transmitir es que la producción de cereales, que son cultivos anuales, es algo antinatural al volumen que se practica hoy en día. Históricamente, siempre se ha practicado con moderación, mantenido a raya por la dificultad que conllevaba remover la tierra. En zonas donde no se practicó con moderación normalmente se crearon desiertos como el Sahara en África y el Rajputana en la India, tal y como Reid A.

Bryson y Thomas J. Murray documentan en el libro *Climates of Hunger* [Los climas del hambre].

Por supuesto, existen muchos más cereales que los cuatro a los que estamos acostumbrados, están también la espelta, el amaranto, el arroz, pero en el mundo occidental, sin embargo, no pensamos tanto en ellos. Y típicamente no los utilizamos para alimentar al ganado, así que a efectos de esta discusión prefiero ceñirme a los cereales tradicionales en Occidente, que son los utilizados en los piensos para ganado.

Los herbívoros en la naturaleza actúan de forma simbiótica con las plantas perennes, segándolas y estimulándolas. Así es como lo hacen: todas las plantas crecen siguiendo una curva sigmoidea, como ocurre con muchos otros sistemas biológicos. No verás muchas líneas rectas cuando trabajes con sistemas naturales ya que estos tienden a oscilar siguiendo curvas suaves.

Como todas las plantas, la hierba crece siguiendo una curva sigmoidea, similar a una 'S'. Imagina el crecimiento de un brote cuando sale de la tierra. Es delicado, un poco amarillento, tierno y no crece muy deprisa. A medida que aumenta el área de sus hojas, la fotosíntesis comienza a marchar a máximo rendimiento y la planta pega un estirón, acumulando con rapidez energía y biomasa.

Entonces, a medida que ralentiza su crecimiento, produce una inflorescencia. En este momento la planta pone su energía en las semillas y disminuye en mucho la acumulación de biomasa. Este estado corresponde a la parte superior de la 'S', o etapa de senectud. Yo llamo "juvenil" o "adolescente" a la parte central de crecimiento rápido de la curva en forma de 'S', en contraposición con la "etapa en pañales" de la fase temprana de rebrote. La "etapa del asilo" es la parte superior redondeada de la 'S', en la que la inflorescencia se forma y poliniza. Después la planta comienza a morirse. Se vuelve marrón a medida que la celulosa se lignifica y se hace más compleja. Ya no acumula energía solar, sino que empieza a oxidarse, cediendo dióxido de carbono (CO_2) y doblándose por el peso de la inflorescencia y el deterioro estructural.

Llegado este punto, la planta ha bombeado grandes cantidades de CO_2 hacia las raíces a través de la captura de carbono con, literalmente, kilómetros de filamentos radiculares que se extienden hacia abajo desde la corona de la planta. De hecho, la naturaleza mantiene una simetría bilateral de la biomasa en relación al horizonte del suelo, de manera que hay la misma cantidad de carbono por debajo que por encima. En los sistemas naturales de pastoreo, ya sean ñus en el Serengueti, búfalos cafre en Botsuana o bisontes en el paisaje norteamericano, estos herbívoros son el botón de reinicio de la acumulación de biomasa.

Una planta en descomposición desprende CO_2. Solo las plantas vivas inhalan CO_2 y exhalan oxígeno (O_2). La captura de carbono requiere un crecimiento activo. Pero las plantas marchitas no están creciendo activamente. Así, en la naturaleza, los herbívoros actúan como un botón de reinicio que elimina el material vegetal muerto, en oxidación y reinicia el periodo de crecimiento verde rápido. De hecho, debido a su ciclo más rápido, las praderas son más eficientes acumulando CO_2 (capturando carbono) que los árboles. Eso no significa que debamos acabar con todos los árboles, porque hacen algunas cosas que las herbáceas no pueden hacer, como extraer minerales de las profundidades y esparcirlos mediante la caída de sus hojas, bombear agua para estimular el ciclo hidrológico y crear lugares donde los pájaros pueden anidar. Estos pájaros a su vez higienizan de insectos y bichos las zonas de paso de los herbívoros.

Utilizando otra metáfora, la mayoría de la gente sabe lo que es la poda. Los viñedos, los frutales y los arbustos ornamentales reciben todos ellos una poda periódica que les ayuda a crecer mejor, a ser más productivos y, en última instancia, a producir fruta más saludable, al menos en el caso de las plantas comestibles. El herbívoro es la podadora de pastos de la naturaleza que estimula una producción y salud mucho mayor que las que se podrían conseguir si las plantas se dejaran solas. Como los árboles no disponen de esta poda natural, históricamente las praderas han capturado más carbono y construido más tierra fértil que los bosques. Por tanto los suelos más profundos de Norte América, por ejemplo, no están donde los bosques eran más densos, están donde vivían el búfalo y las herbáceas pratenses.

Para los agrónomos que estén leyendo esto, soy consciente de las diferencias que existen entre los suelos, así como entre las propiedades fúngicas frente a las bacterianas que estimulan una vegetación de tipo forestal o pratense. No quiero enredarme discutiendo las glaciaciones y los detalles agronómicos. La idea principal es entender la espectacular capacidad para construir suelo fértil que conlleva la relación entre pastos y herbívoros y la simbiosis entre los dos. La otra idea es que una pradera manejada correctamente superará a un bosque en captura de carbono, al menos en los mejores suelos.

Permitidme que introduzca aquí mi pequeña charla sobre "El césped no es la hierba de la que estoy hablando". Los estadounidenses modernos sufrimos de daño cerebral cuando se trata de entender lo que es la hierba. Típicamente, pensamos en la hierba como si fuera un césped, corto y molesto de mantener. Pero cuando digo hierba, me refiero a una pradera nativa. Una de las experiencias más espirituales que he tenido tuvo lugar en una pradera de una hectárea mantenida por la Universidad de Nebraska en Lincoln. Estaba dando una charla en una conferencia y durante un descanso fui a esa pradera. Los tallos tenían tres metros y medio de alto y un grosor de dos centímetros y medio en la base.

Tras adentrarme tan solo unos metros, desaparecieron de mi vista todos los edificios circundantes. Estar allí de pie, empequeñecido por un mar de hierba, imaginando los cientos de kilómetros de pradera ondulante que existían en el pasado, me hizo sentirme abrumado. En los libros de Laura Ingalls Wilder, Ma y Pa no dejaban que las niñas se alejaran más que unos pocos metros de la casa por miedo a que se perdieran. Nosotros los estadounidenses modernos tenemos problemas para imaginar algo así. El inmenso volumen de biomasa, erguido y denso como el pelo del lomo de un perro, con tres metros de altura, es un desafío para la imaginación. Cuando digo hierba, esa es la hierba de la que estoy hablando.

En un sentido muy práctico, las praderas son los pulmones del planeta. Tienen un ciclo corto y respiran con rapidez. Sin los herbívoros, las praderas se vuelven letárgicas y anémicas. Algunos incluso argumentan que las praderas no existirían sin los herbívoros porque lo que rejuvenece a las plantas es el pastoreo. Si no fuera por la poda periódica, las plantas herbáceas colapsarían y se marchitarían gradualmente. Quizá nadie en el mundo haya hecho más por sacar a la luz esta cuestión que Allan Savory. La relación simbiótica entre los herbívoros y el forraje es uno de los principios ecológicos más poderosos que conocemos. Nuevas evidencias sugieren incluso que cuando un animal tira de una planta para cortar el brote de hierba, estimula en las raíces una renovación de la actividad productiva. Parecido a la estimulación del crecimiento de tejido muscular con el ejercicio físico.

La perturbación periódica del pastoreo tiene su propia fórmula de eficacia. No es una ocurrencia casual, al azar. Los herbívoros siempre se encuentran agrupados en un rebaño compacto debido a la depredación, ya sea humana o animal. Esa agrupación de animales, más que un grupo de individuos, se convierte en un organismo que fluye. El rebaño se mueve por el paisaje como una única entidad. La competición individual por permanecer con el rebaño tiende a descartar a los individuos débiles o a los viejos. Por lo tanto, dentro del rebaño, las dinámicas sociales y físicas producen su propia perturbación, que mantiene la frescura y la virilidad en el grupo.

Un herbívoro es un tanque de fermentación móvil de cuatro patas, una cuba de fermentación, por así decirlo, que transforma los carbohidratos de la biomasa en carne y leche. Esta fermentación, o proceso digestivo, desprende menos CO_2 que el que desprendería la biomasa si se descompusiera en el tallo de la planta. Ahora sabemos que hace quinientos años Norteamérica albergaba cerca de tres veces más kilos de herbívoros (bisontes, alces, antílopes, ciervos) que hoy en día incluso con todos los fertilizantes basados en petróleo, maíz, y arado que existen en la actualidad. Claramente, las vacas no están causando el calentamiento global. El razonamiento que culpa a la vaca de la degradación ecológica es impulsado por una pseudociencia de la basura (*junk science*).

De hecho la vaca, o herbívoro doméstico si la prefieres llamar así, es la herramienta más eficaz construyendo suelo, recirculando el agua y capturando carbono de la que dispone el planeta. Sí, las vacas han provocado una tremenda cantidad de daños. Pero no culpes a las vacas sino a los que gestionan a las vacas, ellos han sido y continúan siendo el problema. El mismo animal que, debido a una gestión incorrecta, ha abusado de la ecología, es nuestra mayor esperanza para sanarla.

Mi padre y mi madre compraron el montón de rocas y zanjas desgastadas que hace medio siglo era nuestra granja. He sido testigo de la diferencia entre la capacidad de retención de suelo de las praderas y la del bosque. En los campos teníamos grandes calvas, como planchas cóncavas, algunas de hasta quince metros de lado a lado, donde la erosión había dejado la piedra expuesta. La piedra estaba completamente descubierta. Utilizamos herbívoros, y con una gestión controlada del pastoreo, compost y muchos cuidados, todas esas calvas de piedra desnuda con forma de plancha cóncava ahora están cubiertas por varios centímetros de tierra. De hecho, hoy soy el único que recuerda dónde estaban.

Al comienzo, cuando papá empezó a desarrollar el sistema de cercados eléctricos móviles, esta granja no tenía suficiente suelo como para sostener las estacas. Para los no iniciados, una estaca de cercado eléctrico es una vara de metal o plástico de menos de un centímetro y medio de diámetro que se inserta entre quince y veinte centímetros en la tierra para sujetar un minúsculo filamento de metal. No hace falta mucho suelo para sujetar una. Pero nosotros no teníamos suficiente. Así que papá vertía cemento en viejos neumáticos de coche, y después insertaba dos trozos de tubería de dos centímetros y medio de diámetro y de unos quince centímetros de longitud, que ponía uno en vertical y el otro a un ángulo del diez por ciento, para insertar las estacas del cercado. Cuando teníamos que montar un cercado papá apilaba esas sujeciones (como las de una red de voleibol) en una plataforma detrás del tractor. Mi hermano mayor y yo apenas podíamos lanzarlas mientras papá conducía lentamente por el campo. Entonces él volvía atrás y metía las estacas en las tuberías. Aún no he conocido a nadie en ningún sitio que empezara con tan poco suelo como para no poder sujetar estacas de cercado eléctrico. Y sí, he guardado un par de estas sujeciones para enseñárselas a los incrédulos.

Había un campo que era algo menos accesible y en lugar de cuidar de él para recuperar la pradera, lo abandonamos al bosque. Dejamos que se las arreglara solo. Durante este mismo medio siglo allí han crecido los árboles, que encontraron grietas y puntos de agarre. Ahora ese campo de tres hectáreas, desde la distancia, aparenta estar completamente reforestado. Pero debajo están las mismas rocas que había cuando yo era niño, en la superficie, igual de expuestas que estaban hace décadas. Estoy seguro de que se ha creado algo de suelo, pero es muy poco. Bajo esos árboles las rocas no están cubiertas con nada. Permanecen ahí completamente expuestas, y la sanación que hemos visto en las praderas no ha ocurrido. La diferencia en el grado de sanación es tan obvia que he decidido que si queremos construir suelo en esas tres hectáreas, tenemos que cortar los árboles y convertirlas en pradera. Nada construye suelo como el pastoreo gestionado de forma intensiva en praderas.

Para alcanzar la intensidad del pastoreo natural y unos patrones similares a los de los rebaños salvajes de varios millones de cabezas, utilizamos cercados eléctricos móviles. Como no tenemos leones, lobos ni bisontes, con estos ingeniosos cercados podemos conseguir los mismos resultados. Las vacas paseando por los campos imitan el modelo de pastoreo natural y normal de un rebaño salvaje. En nuestra granja, los cercados eléctricos ligeros, fácilmente movibles, nos permiten definir cada día un bloque de pastoreo, llamado parcela, y concentrar el rebaño en ese lugar igual que bisontes acorralados por lobos. Los cercados eléctricos de alta tecnología nos permiten duplicar este patrón tradicional, normal, de los herbívoros. Evitando que los herbívoros accedan a una parcela hasta que el pasto haya descansado lo suficiente como para haber pasado por esa etapa de crecimiento rápido en la curva en forma de 'S', metabolizamos mucha más luz solar en forma de biomasa que de ningún otro modo.

Lo llamamos "fertilización a base de carbono lignificado capturado por conversión solar a altas cargas ganaderas". Y si cada granja y cada finca de vacas en Estados Unidos practicasen este biomimetismo, en menos de diez años capturaríamos todo el carbono atmosférico generado desde el comienzo de la era industrial. Para más información, consulta el trabajo de Holistic Management International y Carbon Farmers of América. Ambos grupos están realizando un análisis empírico para demostrar la eficacia de estos principios.

En nuestra granja utilizamos este tipo de gestión del pastoreo porque desde el punto de vista histórico es la manera más normal de construir suelo. Qué deleite fue descubrir que también es la forma más eficiente de capturar carbono. Cuando cualquier sistema recupera la normalidad histórica, con frecuencia los beneficios comienzan a mostrarse donde no nos lo esperábamos. Si sencillamente hacemos lo correcto, todo lo demás parece colocarse solo en su sitio. La gestión nómada del pastoreo, bien hecha, utilizaba los mismos principios.

Esta era una solución no tecnológica mientras que nuestro control con cercados eléctricos utiliza alta tecnología. Pero que sea tecnológica o no da igual, lo que importa es la normalidad ecológica.

La clave es entender que el pastoreo se puede realizar de un modo que construye suelo y sana la tierra, o de un modo que destruye la tierra. No es bueno o malo en sí mismo. Es la gestión del pastoreo, el patrón, lo que lo convierte en ecológicamente positivo o negativo. Sin duda los nómadas han destruido muchas tierras a través del sobrepastoreo, igual que lo han hecho los granjeros estadounidenses.

Sin embargo, los abusos no cambian el hecho de que a nivel mundial la construcción de suelo ocurre de manera más drástica con herbívoros, especies perennes, periodos de descanso y perturbaciones periódicas. Por eso todos los sistemas agrarios indígenas incluyen herbívoros. Incluso los sistemas orientales utilizan yaks y búfalos de agua como elemento de tracción. Antes de los motores de combustión interna, los animales de tiro inyectaban la componente del pastoreo en cada aldea, cada granja y cada industria. Antes de la Revolución Industrial, los animales de pastoreo dominaban el paisaje y el campo. El imperativo pastoral se encuentra engastado en todas las civilizaciones. El tirón nostálgico que sentimos al ver escenas pastorales demuestra la verdadera naturaleza sanadora de la tierra y su ritmo de reposo y actividad sobre el binomio herbívoros y especies perennes. Que estos paisajes tranquilicen el espíritu humano podría indicar una conexión primitiva con la histórica normalidad humana.

Una agricultura sin animales sencillamente no es normal. Los animales generan el elixir mágico de la prosperidad agraria: estiércol. Cualquiera que cultive con integridad reconoce el valor del estiércol. El reciente libro de Gene Logsdon, *Holy Shit*, eleva a este, la más mundana de las sustancias, a su legítimo lugar como guardián del planeta. Por eso los sistemas de cultivo indígenas utilizaban rotaciones de varios años, con solamente dos de cada cinco años en cultivo, o dos de cada siete, y un equilibrio obtenido mediante praderas constructoras de suelo fértil sanadoras de la tierra. Los antiguos hablaban con reverencia del efecto de "suelo nuevo" tras el barbecho. Sin duda el barbecho de siete años de la Biblia encaja con la receta históricamente normal para construir suelo fértil.

Unamos ahora ambos argumentos. Lo que dominó el paisaje rural durante siglos no fue la labranza, los pollos o los cerdos. Fueron los pastos perennes y los herbívoros. En efecto, incluso la parábola del hijo pródigo de Jesús, en la que el compasivo padre ordenó a sus sirvientes que prepararan un ternero cebado para celebrar la vuelta del hijo a casa, no implicaba un ternero cebado con cereal. En los días en que la labranza era difícil y el cereal tan caro como las prostitutas, nadie hubiera pensado en alimentar a un herbívoro con cereal.

En situaciones nómadas, debido a que los animales tenían que caminar distancias considerables cada día para pastorear, el cebo se realizaba en corrales. Los granjeros que querían reducir el ejercicio diario y mimar a un herbívoro a base de atracones fáciles tenían dos opciones. Una era confinar al animal en un corral o establo y llevarle forraje fresco recién cortado, como si fuera césped fresco recién segado. El forraje se cortaba a guadaña y se llevaba dentro en un carro una o dos veces al día. La otra opción era el ronzal, que significa sujetar al animal con una cuerda, normalmente acoplada a una brida y atar la cuerda a una estaca clavada en el suelo. El animal pastorea en un círculo, hasta el alcance de la cuerda, y al día siguiente el granjero mueve la estaca a un nuevo lugar. Las dos opciones utilizaban tierras cercanas a la casa que habían sido fertilizadas con especial cuidado y reservadas para el cebo.

La alimentación en el establo requería de algo más de una hectárea de terreno para cultivar forraje, situada en las cercanías. El forraje recién cortado se transportaba al corral con un carro de bueyes, donde se cargaba a pala el estiércol para sacarlo al campo. Este método, denominado a veces *ley farming** en Gran Bretaña, creaba una zona de forraje intensivo con alta fertilidad, porque en ella se aplicaba estiércol de forma constante. Esta metodología de engorde era algo normal hasta la llegada del cereal barato. En tiempos pasados, la única manera de recolectar eficientemente energía solar era a través del animal de pastoreo. Justo al final, cuando se le engordaba para el sacrificio, el animal se confinaba y consentía con alimento cosechado por el hombre. Pero aun así no con cereal.

---

* *[N. de la T.] Ley farming* consiste en el cultivo de pasto o leguminosas en rotación con cereales o cultivos labrados como una medida de conservación del suelo.

Debido a la necesidad de fuerza de tiro, a la ineficiencia y lujo del consumo de cereal y al predominio de las praderas como medio para sanar la tierra, el pastoreo con herbívoros, incluyendo ovejas y cabras, ha sido la pieza central de la agricultura desde los albores de la civilización. Estoy elaborando este punto porque hoy en día mucha gente piensa que podemos tener una agricultura regenerativa viable sin animales. Y muchos opinan que el ganado doméstico, especialmente la vaca, no tiene cabida en la gestión ecológica de la tierra. Estas personas no saben de qué están hablando. Esa forma de pensar sencillamente no es normal.

La aceleración del deterioro medioambiental en el último siglo no se debe a que haya demasiadas vacas. Se debe a que hay demasiadas pocas y a que las que hay están, con demasiada frecuencia, encerradas en gigantescos cebaderos comiendo cereales anuales (maíz y soja) producidos a base de sustancias químicas, en lugar de estar fuera pastando en pastos perennes como hacían sus predecesoras. La aceleración anormal de la degradación ecológica inducida por la vaca es sintomática de un desprecio generalizado hacia la normalidad histórica ecológica, que siempre ha requerido que los animales de pastoreo hagan justamente eso: pastar.

Sin embargo, el humilde pasto no se respeta en una cultura dominada por cereales costosos. Cuando el cereal es el rey y la hierba es simplemente un mecanismo de sanación entre cultivos, esta nunca alcanza un estatus elevado y es siempre un medio para conseguir un fin, necesario solamente para preparar el suelo para otra ronda de labranza. Después de todo, los cereales son como diamantes y excavar la tierra es solo un medio para llegar a ellos. La verdadera misión es extraer el diamante. El humilde excavador nunca dejará de ser humilde.

Durante siglos, podríamos decir que durante casi toda la civilización, el estatus inasequible del cereal tuvo el efecto concomitante de deprimir el valor de los pastos. Aunque el entendimiento universal de que las herbáceas (pastos) eran necesarias para aumentar la fertilidad alentaba a los granjeros a cultivar hierba, esta era un humilde sirviente en el camino hacia la verdadera riqueza: el cereal. A lo largo de la historia, no verás muchas estatuas erigidas en honor a la hierba. Aquí uso la palabra hierba para referirme de forma genérica a los forrajes perennes: graminoides, trébol, herbáceas no graminoides, hierbas medicinales e incluso malas hierbas. Las culturas nómadas basadas en el pastoreo de animales fueron las únicas que apreciaron realmente el valor de la hierba. En la Biblia, se menciona que los quenitas dejaban los pastos mejor de como se los habían encontrado. Debieron ser una tribu alucinante.

Como un animal de pastoreo podía cosechar la biomasa de los pastos perennes por sí mismo, el herbívoro se convirtió en el eje principal de las dietas de alta densidad nutritiva de todo el mundo. Concentraba nutrición con el mínimo esfuerzo humano. Comparados con adquirir y almacenar cereal para hacer pan, el queso y la carne requerían menos esfuerzo para obtener el mismo valor nutritivo. Un par de niños del pueblo podían llevar miles de kilos de animales a las praderas, acompañarlos todo el día en su movimiento, y traerlos de vuelta a la protección de la cuadra por la noche. La cantidad de trabajo humano necesario en la siembra y labranza de cereal, para una cantidad dada de nutrientes, era astronómicamente mayor que la requerida para mover animales en pastos perennes.

Recuerdo muy bien una ocasión hace mucho tiempo, cuando Daniel tenía solo ocho años y Rachel tres, en que Teresa y yo recibimos un premio de ecología. Tuvimos que viajar a la ceremonia, que se celebraba en Washington D.C. y dejamos a los niños al cuidado de su abuela (mi madre) y al ganado al cuidado de nuestro hijo de ocho años. En aquel momento teníamos cien vacas. Dejé preparados los cercados eléctricos para los dos días que íbamos a estar fuera y Daniel las movió, él solo. Un niño de ocho años movió cien vacas sin problema. Estaban acostumbradas al movimiento diario y simplemente vinieron cuando las llamó desde la parcela adyacente. Esto es mucho más fácil que controlar el arado detrás de un buey, sembrar cereal, escardarlo con la azada, segarlo con la guadaña, cosecharlo, sacudirlo, aventarlo y almacenarlo. Los herbívoros han sido el eje de la agricultura y la alimentación no porque la gente fuera insensata, sino porque la energía, el trabajo y la ecología lo demandaban así.

El punto central de todo esto es que los animales omnívoros, que no pueden sobrevivir a base de forrajes perennes autocosechados, solían ser un lujo. Los dos omnívoros de granja más comunes son, por supuesto, los pollos y los cerdos. Cuando el presidente Herbert

Hoover imaginó "un pollo en cada cazuela" porque era un lujo. Históricamente, el pollo era el alimento de la realeza. Los campesinos no podían permitirse comerlo y las personas comunes solo podían consumirlo de vez en cuando, en ocasiones festivas.

Los omnívoros eran principalmente carroñeros instalados en las inmediaciones de la granja. Recuerda los edificios alrededor de un caserío normal que describí al principio de este capítulo. El gallinero y la porqueriza estaban ambos situados lo más cerca posible de la casa, del huerto y de la cocina exterior porque eran el contenedor de basura de la granja. Criar pollos o cerdos para la venta no era una opción en los tiempos de aquel caro cereal. Los plebeyos comían carne de vacuno y tenían una vaca lechera no porque les gustara la ternera más que el pollo o la leche más que el cerdo, sino porque el herbívoro era uno de los eslabones de la cadena de pasos necesarios para mantener la fertilidad de la tierra. En la punta de esa cadena estaba la producción de cereales.

Sin duda la gente prefería el pollo, principalmente porque era un animal lo suficientemente pequeño como para que una familia lo consumiera en una sola comida. En los días previos a la refrigeración, los animales pequeños eran preferidos porque podían comerse de una vez.

En su día, los combates de justas eran el equivalente a las carreras de coches de la actualidad, donde los patrocinadores y la riqueza dominan el éxito de los jugadores. Solo los más pudientes se podían permitir el cereal necesario para aumentar los octanos de un caballo lo suficiente como para que este creciera tanto como para poder cargar con un caballero forrado de acero y con los aperos blindados que requería la competición. El caballero era como un tanque Sherman de su tiempo, e hicieron falta siglos de metalurgia y de cruces de razas. Y también suficiente riqueza para permitirse el cereal necesario para criar a un caballo lo suficientemente grande y fuerte como para aguantar todo ese peso y aun así poder galopar.

Hasta la llegada del cereal barato, los granjeros de Virginia solo podían criar el número de cerdos que la cosecha de castaña y bellota pudiera alimentar. No podían permitirse llenar los comederos de cereal. Los cerdos comían el suero que sobraba de la elaboración de queso. En aquellos tiempos era más barato dar leche agriada a los cerdos que comprar cereal. La leche agriada provenía de un herbívoro que podía convertir especies perennes que no requerían labranza en densidad nutritiva. El cereal requería que el granjero se pasara el día caminando al sol abrasador, colocado en el lado oeste de una mula que caminaba mirando hacia el este. ¿Empiezas a comprender las ramificaciones de que el cereal fuera costoso? Dios santo, eso espero. He analizado la cuestión desde cada ángulo imaginable para ayudar a las personas a entender las profundas implicaciones del alto precio del cereal y el papel que juega la relación entre el herbívoro y la pradera en el mantenimiento de un paradigma agrícola que valora el cereal. Sin el herbívoro, el cereal no podría ser cultivado de forma sostenible.

Las vacas, las ovejas y las cabras son herbívoros y eran comunes. Los cerdos y los pollos eran un lujo. El cereal era costoso. Las praderas dominaban el paisaje, no porque la gente prefiriera al herbívoro, sino porque era la única manera de sanar la tierra labrada y mantener la fertilidad en un sistema agrícola basado en la labranza o el arado.

Todo ello cambió con la mecanización y el petróleo. La combinación de las máquinas y la energía barata, necesaria tanto como combustible para el equipamiento como para fabricar fertilizantes, cambiaron por completo el intrincado equilibrio de la diversidad. De pronto la tracción animal ya no era necesaria. De pronto la labranza pasó a ser relativamente asequible. De pronto las rotaciones del pastoreo dejaron de ser necesarias para mantener la fertilidad porque los agricultores podían restaurarla simple y llanamente inyectando fertilizantes químicos, o al menos eso es lo que dijo la USDA. De pronto el cereal tenía un abono barato, una cosecha barata, un transporte barato y un almacenaje barato.

El cereal barato provocó una alteración completa de la normalidad histórica. Los granjeros comenzaron a alimentar a los herbívoros con cereal por primera vez en la historia de la humanidad, porque era lo suficientemente barato y abundante. Y los herbívoros crecían rápido alimentándose así. Para que luego hablen de octanos. Se hinchaban como toneles. El remate con forraje quedó fuera del campo de visión del oficio y engordar vacuno dejó de ser un arte, ahora lo podía hacer cualquier idiota suficientemente fuerte como para echar cereal en un pesebre.

No solo eso, con el cereal barato, los omnívoros dejaron de estar limitados a aprovechar productos del bosque o restos de la cocina y la casa. Ahora los ganaderos podían verter cereal en los comederos y criar pollos y cerdos para la venta. En consecuencia, se abarató el pollo y el cerdo hasta el punto de que la gente normal los podía comer cada día. Como los cerdos y los pollos convierten cereal en carne de forma más eficiente que los herbívoros, el ganado vacuno representaba una desventaja económica.

En general, un cerdo convierte aproximadamente un kilo y medio de cereal en medio kilo de carne, un pollo un kilo en medio kilo; pero un ternero necesita entre dos kilos y medio y tres kilos de cereal para engordar medio kilo. Con el nuevo paradigma de ganadería basada en el cereal, tanto los cerdos como los pollos presentaban una ventaja económica clara frente al ganado vacuno. Durante las últimas décadas, a medida que la situación de la energía y el cereal barato se expresaba en todo su potencial, el pollo se convirtió en la carne más económica, el cerdo en la segunda más económica y la de vacuno en la más cara.

En solo unas pocas décadas, las tasas de producción y consumo que habían estado vigentes durante milenios dieron la vuelta por completo. Con la llegada de los medicamentos, estos animales podían sacarse de las praderas y confinarse en pequeños recintos bajo techo. Esto no es normal.

Si cualquier pieza de este anormal modelo se desmorona, el modelo deja de funcionar. Si la energía se volviera costosa, el transporte de cereal hasta estos animales confinados en fábricas sería demasiado caro. Si la energía se volviera costosa, el fertilizante químico sería demasiado caro y el mantenimiento de la fertilidad tendría que volver a las largas rotaciones de pradera entre cultivos de cereal. Si el desarrollo de medicamentos no pudiera seguirles el ritmo a los patógenos virulentos cada vez más adaptados, los animales enfermarían y morirían. Todos ellos son escenarios muy reales y muestran la fragilidad de un sistema que según la mayoría de la gente es eficiente y expresa un modelo sólido que puede alimentar al mundo. Es un sinsentido.

La única razón, y repito "única" para que quede claro, de que el sistema industrial de cría de carne y leche de vacuno basado en cereal funcione, es que el petróleo es barato. Saca ese factor de la ecuación y el sistema entero colapsa. En efecto, si todos los herbívoros volvieran a las praderas perennes utilizando el biomimetismo descrito más arriba, no solo obtendríamos carne y leche de mejor calidad, sino que los granjeros ganarían más dinero y el suelo fértil se construiría en lugar de erosionarse. Y el carbono quedaría capturado en la tierra en lugar de bombearse a la atmósfera por medio del cultivo y el uso del petróleo.

Le pregunté a Allan Nation, el editor de *Stockman Grass Farmer*, ¿Qué ocurriría si todos los granjeros entendieran la superioridad económica de la producción de herbívoros basada en pastos? Asumí de forma inocente que un cambio repentino hacia una producción de pastos crearía tal saturación de cereal que este sería aún más barato. Él es más viejo y más sabio que yo y respondió: "Cuando los ganaderos se den cuenta del dinero que pueden ganar cultivando pasto en lugar de cereal, dejaran de cultivarlo. Cuando eso ocurra, el precio del cereal se disparará debido a la escasez. El precio del cereal tendría que aumentar de forma sustancial para inducir a los granjeros a deshacerse de su valioso pasto y plantar cereales". Su lógica es perfecta.

En efecto, si eso ocurriera, el cereal se volvería muy caro, como es normal. Entonces arrastraría al alza el precio del pollo y el cerdo. Entonces la carne de vacuno volvería a ser la más barata, como lo ha sido a lo largo de la historia hasta la llegada de la energía barata. En ese punto, la hierba volvería a ser el cultivo dominante y nuestra agricultura comenzaría a construir suelo fértil en lugar de destruirlo.

En mi libro *The Sheer Ecstacy of Being a Lunatic Farmer* [El puro éxtasis de ser un granjero lunático], describo en más detalle los beneficios económicos, para el granjero, de pasar de la producción de cereal a la producción de hierba. Sin duda, esta vuelta a la normalidad mantiene la producción, la ecología y la economía. Los únicos perdedores son el petróleo, la maquinaria y los cebaderos de confinamiento, en esencia, la agricultura industrial. Pero todos los demás ganarían. No te preocupes, los perdedores encontrarán otra cosa que hacer que no dañe tanto a la tierra.

Ahora unas palabras para aquellos que piensan que le hacen un favor al medio ambiente cuando comen pollo. De hecho, creo que no deberíamos comer tanto pollo. Si realmente quieres hacer algo sanador para el medio ambiente, consume carne de vacuno rematada* con forraje. Y no me refiero a animales alimentados con un poco de cereal y un poco de forraje durante treinta días. Me refiero a animales rematados con forraje y punto. Lo mismo con los lácteos, que vengan de vacas alimentadas solo con forrajes.

Me encantaría tener espacio en este libro para profundizar en todos los porqués y dóndes de cómo se puede hacer esto, lo nutritivo que puede ser, y cómo funciona a nivel económico, pero ya he abordado esos temas en otros libros. La cuestión es que comer pollo producido a base de cereal barato no le hace al planeta ningún favor. Una de las decisiones más activas y efectivas que puedes tomar respecto al entorno es consumir herbívoros alimentados cien por cien con pastos: vacuno, leche, cordero, cabra, yak, bisonte, ciervo, antílope, alce, caribú... te haces a la idea.

Un último pensamiento para aquellos que estén leyendo esto, desconcertados porque me haya concentrado en animales y pastos, negando con la cabeza y preguntando: "¿qué pasa con el tofu? ¿Qué pasa con las verduras?".

El tofu viene de la soja, y yo no tengo nada en contra de la soja, pero es una planta anual. Eso requiere labranza o herbicidas si no se labra. De todos los cereales y leguminosas, la soja es probablemente la más devastadora a nivel medioambiental. Soy consciente de que algunas personas están trabajando en el desarrollo de sistemas sin labranza con acolchado. Pero sin importar el sistema, la soja requiere o usar estiércol animal o varios años de pasto entre plantadas para mantener la fertilidad alta. El problema de la labranza no tiene escapatoria.

Para todos los amantes de la leche de soja y del tofu que estén leyendo esto, la ingestión históricamente normal de soja requiere fermentación láctica y se debe consumir en cantidades equivalentes a los condimentos. La revista *Wise Traditions* probablemente dedique al menos un artículo científico de peso en cada número trimestral a los efectos devastadores que tiene el consumo de productos derivados de la soja, tal y como la consumen los estadounidenses moder-

* *[N. de la T.]* El término "rematado con forraje" o "rematado con pasto" hace referencia a que el animal se alimenta exclusivamente con forraje o pasto durante la etapa final de cebo previa a su sacrificio, y sin utilizar cereales en ninguna proporción.

nos, sobre la salud humana. Los productos de soja producen infertilidad, feminizan a los niños, producen serios trastornos digestivos y un sinfín de otras dolencias. Quizá uno de los mejores libros recientes dedicados a este tema (uno que, por cierto, es extremadamente fácil de leer) es *El mito vegetariano** de Lierre Keith. Los estadounidenses se deben a sí mismos, como mínimo, conocer el trabajo de la parte de la comunidad científica que desacredita prácticamente todo lo que la USDA y Monsanto afirman como si se tratara de palabra de Dios. Recuerda, a Monsanto le encanta que consumas soja. En China, la soja fue cultivada históricamente como un abono verde porque es una leguminosa; no para comer, sino para trabajar el suelo y alimentarlo. Eso es normal. Es alimento para la vida del suelo y en todo caso para los animales (como complemento y no como alimento principal), no para humanos.

Hasta los mejores negocios de producción hortícola inyectan copiosas cantidades de forraje en el sistema a través del acolchado, los años de barbecho, los abonos verdes o las importaciones de compost. Muchas producciones ecológicas utilizan emulsiones de pescado o gallinaza deshidratada. Si haces la comprobación con tu productor de hortalizas, verás que con toda probabilidad utiliza insumos de productos que se originan en un cebadero concentrado de animales. Repito, el cereal barato ha distorsionado el valor del estiércol hasta tal punto que es más barato comprarlo en una factoría industrial de producción animal que producirlo en la propia finca, mediante actividades ganaderas simbióticas integradas y a pequeña escala. En otras palabras, haciendo algo más parecido a lo que se hacía en la granja regenerativa y diversificada de antaño.

El cultivo de verduras requiere una tierra muy rica en nutrientes. Los cultivos cobran un alto precio por su crecimiento. Incluso en el famoso *No-Work Garden Book* [Guía del huerto sin trabajo] de Ruth Stout, que recomendaba acolchados intensos en lugar de labranza, era necesario importar grandes cantidades de forraje para los bancales. Piénsalo: en la naturaleza no hay ningún sistema sin animales. Y con mucha diferencia, los sistemas más productivos involucran animales herbívoros. No puedes escapar de ello. No pue-

* *[N. de la T.] El mito vegetariano*, Utopía Realizable, 2012.

des conseguir que desaparezcan por mucho que lo desees, sencillamente es así.

Para que quede claro, me gustan las verduras tanto como a cualquiera. En Polyface tenemos un huerto enorme. Nos encantan las verduras y a ti te deberían encantar también. Tal y como yo lo veo, la ventaja de estas es que pueden crecer en lugares minúsculos y con una gran productividad por metro cuadrado, nos permiten sacar provecho de pequeños espacios cercanos a donde vivimos y trabajamos. No hace falta cercarlos como a los animales, no hacen ruido, no producen excremento. Esto los convierte en el alimento ideal para cultivar cerca de donde pasamos la mayor parte de nuestro tiempo. Además, como las verduras son un noventa y cinco por ciento agua, y el agua es pesada, tiene sentido que el elemento con más contenido de agua de nuestro menú sea también el más fácil de cultivar cerca de nuestra casa y de nuestro lugar de trabajo.

¿Qué otro alimento podría ser cultivado en una maceta en el patio? Solo las verduras. Un espacio pequeño da mucho de sí cuando las cultivas. Literalmente, podríamos cultivar todas las hortalizas que necesitamos en este país utilizando nuestros patios, márgenes de carreteras y solares urbanos desocupados. Lo creas o no, en realidad no necesitamos kilómetros cuadrados de hortalizas cultivadas en California o campos de hortalizas con riego por aspersión en Colorado. Ecológicas o no. Sencillamente no las necesitamos. Si reconvirtiéramos los espacios cercanos a su uso histórico como huertos de hortalizas o hierbas aromáticas, el sector industrial de producción hortícola sería innecesario.

Si encajásemos la producción de verduras en estos espacios actualmente infrautilizados, estas plantas tan costosas para el suelo estarán cerca cuando limpiemos el polvo de casa y cerca del vermicompost producido con los restos de la cocina o del estiércol producido por nuestras gallinas. Si usáramos toda la basura biodegradable que actualmente rebosa en los vertederos y los camiones de la basura para convertirla en fertilizante para las verduras y lo hiciéramos cerca del lugar donde comemos estas deliciosas plantas, que son muy exigentes a nivel nutricional, se convertirían en una parte útil de nuestra ecología doméstica. Utilizar una ganadería distante para proporcionarnos cuerpos sanos con energía suficiente para planificar, acarrear y cultivar nuestro huerto es lo más cercano que se me ocurre a las granjas simbióticas y multifacéticas históricamente normales.

Para un análisis en más profundidad del papel que jugaban los animales en las culturas tradicionales, recomiendo encarecidamente el libro *Meat: A Bening Extravagance* [La carne: una extravagancia benigna] de Simon Fairlie. Aunque no estoy de acuerdo con todo lo que se dice en el libro, es casi perfecto. Y para ser un libro con un montón de cifras se lee como una novela.

En lugar de luchar contra la realidad de los animales, acógela por el valor que tiene, por sus propiedades sanadoras y por su elegancia, a fin de cuentas, una granja sin herbívoros no es normal.

He aquí algunos recordatorios de este capítulo:

1. La hierba es al menos tan eficiente capturando carbono como los árboles.

2. Los herbívoros son los podadores de la naturaleza, los que reinician el ciclo de acumulación de biomasa en la hierba.

3. Las vacas pueden ser buenas o malas, dependiendo de cómo sean gestionadas.

4. Para comer de la forma más ecológica, concéntrate en la carne y leche de vacuno criado en pastos.

5. Las granjas normales tienen animales.

HAGAMOS UNA GRANJA REPUGNANTE

La agricultura industrial moderna promociona instalaciones concentradas de cebo o CAFO (*Concentrated Animal Feeding Operation*), como la cúspide de la eficiencia contemporánea. Un corolario similar, por supuesto, lo constituyen las huertas o frutales industriales, donde grandes parcelas con una sola especie crean una igualdad monótona a lo largo y ancho del paisaje. Sin duda, los campos de maíz y soja son el equivalente a las CAFO. Para aclarar el contexto, puedes estar seguro de que la mayoría de lo que se diga de las CAFO en este capítulo se puede aplicar también a cualquier modelo agrícola basado en monocultivos a gran escala.

Desde luego que confinar miles de animales bajo un mismo techo no es normal. Esta idea moderna es una novedad en la historia. Nunca antes había sido posible porque una CAFO exige varios ingredientes.

LAS CAFO Y EL COMBUSTIBLE BARATO

Las CAFO necesitan combustible barato porque su funcionamiento depende del transporte de piensos, estiércol y productos (animales, huevos, cereales, leche, etcétera). Hasta la llegada reciente de las

CAFO, los animales estaban distribuidos por el paisaje en granjas diversificadas en las que el alimento de los animales se cultivaba en la propia granja o en su entorno, el estiércol bendecía los campos aledaños con fertilidad y la producción se elaboraba y consumía en el entorno local. A medida que el consumo local dio paso al regional, al nacional y después al global, el transporte favoreció primero a los artículos más caros. Cuanto mayor sea el precio por kilo de algo, más probable es que su transporte salga a cuenta. Así, las plumas de ave, por ejemplo, serían uno de los últimos productos en ser transportados. Los diamantes serían uno de los primeros.

El transporte de café, té o especias es asequible. Pero transportar leche o lechugas perecederas es extremadamente costoso. El coste por kilómetro del transporte es el mismo sin importar el valor del artículo transportado. Esa fue la iluminación de FedEx, el momento en que alguien calculó cuántos paquetes de diez dólares podían viajar en un avión en comparación con el número de personas a cincuenta dólares el asiento.

En los tiempos en los que la energía para el transporte, necesaria para mantener caballos, bueyes o mulas, requería un tercio de la capacidad productiva de una granja, esta debía usarse con mesura. Imagina que cada granja tuviera que dedicar un tercio de extensión a producir su energía. Algunos piensan que estamos yendo hacía ahí de nuevo. Si es cierto, la anomalía de las CAFO será aparente en muy poco tiempo.

Los piensos voluminosos como el heno o el silo (forraje fermentado) no pueden transportarse lejos porque su precio por kilo es bajo. La razón de que su precio por kilo sea menor que el del cereal es que su contenido nutricional por kilo es menor. En relación al peso, el cereal es mucho más valioso y por lo tanto puede ser transportado más lejos de manera rentable. El estiércol, especialmente si está fresco y húmedo, también cuesta demasiado poco como para justificar su transporte. El compost, que es mucho más valioso, se puede transportar más lejos de forma rentable. Como las fuentes de carbono son voluminosas y de poco valor, cosas como las virutas de madera, el serrín, la paja y las cáscaras de cacahuete no pueden transportarse de forma rentable muy lejos. Por eso las CAFO no quieren utilizar camas para sus animales, prefieren suelos de rejilla (los animales viven sobre rejillas que permiten que el estiércol caiga bajo un surco situado debajo) o sistemas de purines (el estiércol se arrastra con agua y almacena en una balsa gigante que periódicamente se vierte en los campos). Con todo el gasto que supone transportar piensos hacia el interior y estiércol hacia el exterior, transportar también fuentes de carbono no es rentable.

Tradicionalmente, los animales alojados en cuadras siempre disponían de camas hechas de paja o serrín, el "pañal carbonoso". La razón es que los nutrientes del estiércol son altamente volátiles y solubles, si se mojan, se filtran a los acuíferos y se convierten en contaminantes tóxicos y si se secan, se evaporan en el aire y se pierden, excepto para nuestras narices, que escuecen ante semejante hedor repugnante. Si el estiércol se gestiona adecuadamente, nunca huele. Si alguna vez pasas por una granja apestosa, puedes estar seguro de que está despilfarrando sus nutrientes más preciados y privando a la tierra de valiosa fertilidad.

Una granja gestionada apropiadamente será aromática y sensualmente romántica. Si esa única regla se aplicara de forma universal en el sistema alimentario de Estados Unidos, la agricultura cambiaría a un nivel fundamental, acercándose a un sistema más normal. Un pañal carbonoso normal no solo absorbe y estabiliza nutrientes, también crea un hábitat para la actividad microbiana saludable, que mantiene a raya a los patógenos. Esta cama debe ser profunda para que se pueda formar una comunidad con la suficiente masa como para mantener a una población próspera de nemátodos, que puedan luchar contra los patógenos que perjudican a los animales. Y esto requiere mucho carbono, mientras que todo en la ganadería industrial moderna está orientado hacia reducir el uso del carbono, por ser el transporte de este tan poco rentable.

Antes de la mecanización moderna, los purines no existían porque la tecnología aún no había desarrollado el tipo de bombas necesarias para cargarlos y distribuirlos. La única manera de gestionar un lecho fangoso era utilizando la horca de estiércol, que es una horca especial de mango corto, con muchos dientes, diseñada específicamente para tal actividad. El estiércol fresco es demasiado escurridizo como para recogerlo con una horca normal y el uso de la pala es demasiado ineficiente. Si los animales permanecen sobre él, enfermarán. La única respuesta durante siglos fue proporcionar camas a los animales añadiendo materiales ricos en carbono que absorbieran los excrementos. Estas camas mantenían sanos a los animales, el olor de las cuadras era agradable y los trabajos de limpieza eran más eficientes.

El material más común para hacer camas era la paja, los tallos de los cereales de grano pequeño. En tiempos recientes, los cereales como el trigo, la cebada y la avena han sido reproducidos de forma selectiva para reducir la proporción entre el tamaño de la planta y la cantidad de semilla. Cuando la cosechadora recoge el cereal, corta la planta con una cuchilla y la pasa por un ventilador que separa los granos (semillas), más pesados, de la paja (material vegetal que son hojas y tallos). Cuanta menos paja haya, más rápido podrá avanzar la máquina. Hasta la llegada de las CAFO, la paja era casi tan valiosa como el grano porque era necesaria para las camas de los animales, para el acolchado de los corrales de pollos y para absorber la orina de los cerdos. El estiércol fresco no se puede almacenar, manipular, apilar o madurar sin utilizar un componente voluminoso rico en carbono para darle algo de cuerpo, si no, se escurre de la horca o la pala cuando intentas recogerlo. Es demasiado líquido como para poder amontonarlo. Y huele que apesta.

Estoy seguro de que, en el pasado, muchos no eran conscientes de algunos de los beneficios para la salud proporcionados por los pañales carbonosos que estaban empleando. Solo sabían que sus animales no podían estar sanos si se pasaban el día pisoteando sus propias heces y cuántas más había peor era. En los días previos a la invención de las trituradoras de madera y los aspiradores de hojas, la paja sobrante de la producción de cereales era la fuente de carbono más eficiente a la hora de agregar el estiércol y convertirlo en un elemento saludable y con suficiente cuerpo como para ser manipulado.

Pero con la llegada de las cosechadoras, todo cambió. La razón por la que también se llaman segadoras trilladoras es que combinan los actos tradicionalmente separados de segar y trillar. Durante siglos el grano maduro fue segado a guadaña (más adelante la llegada de la cosechadora automática de Cyrus McCormick, acabó con el corte a guadaña), engavillado en el campo, donde las gavillas con forma de pequeño tipi se iban secando, despegándose así la cáscara del grano como las cáscaras de las nueces que se separan del fruto cuando se secan. Unas semanas después, las gavillas se juntaban y pasaban por la trilladora. La máquina de trillar disponía de tamices, ventiladores y agitadoras que aventaban el grano (recuerda que en el capítulo anterior mencioné el pisoteo con animales para separar el grano), para separarlo del resto de la planta (cáscaras, hojas y tallos). Toda esa materia vegetal residual se incluye en el término genérico "paja".

Para cuando la maquinaria y, en especial la cosechadora, empezó a usarse, los avances tecnológicos estaban abaratando el coste e incrementando la calidad del cemento. Aunque parezcan avances no relacionados, de hecho ambos fueron simbióticos para el desarrollo de las CAFO. Combinando los actos de cortar y aventar (trillar), la cosechadora mecánica de una sola pasada funcionaba mucho mejor con menos paja. Los genetistas trabajaron febrilmente para acortar los tallos de los cereales, para que las cosechadoras pudieran avanzar más rápido. Si la demanda de paja se hubiera mantenido, los granjeros se habrían quejado ante las nuevas variedades de tallo corto.

Pero las cosas estaban cambiando en las granjas. Con el cemento lo suficientemente barato como para verterlo en cantidad, el mundo agrícola estaba aturdido ante la posibilidad de disponer de superficies que se pudieran cepillar y fregar sin recurrir a la paja. La competición por librarse de la paja había comenzado. Pronto, las bombas de purines, las barrenas, las raspadoras de estiércol que se acoplan al tractor y los esparcidores de estiércol líquido respondieron al anhelo por un sistema sin camas. Por primera vez en la historia de la humanidad los animales no necesitaban camas. Podían hacer sus necesidades sobre el cemento y el granjero enjuagaba el suelo lleno de excrementos con una manguera o los cepillaba de cuando en cuando.

Nunca subestimes el anhelo de un granjero por liberarse de palear estiércol. Con la llegada de los sistemas de gestión de estiércol fresco y líquido, la necesidad de fuentes de carbono cayó en picado. La noción de manipular estiércol fresco es una novedad del último medio siglo. Hasta entonces, todas las instalaciones para albergar animales requerían copiosas cantidades de carbono. Los sistemas de gestión de estiércol sin carbono sencillamente no son normales. Siendo justo, cualquiera de nosotros en la misma situación habría anhelado un sistema que nos permitiera escapar del paleo de estiércol. Las palas de carga frontal y los sistemas mecánicos eficientes para la manipulación de las camas se desarrollaron a la vez que la tecnología de purines. Por desgracia, la mayoría de los granjeros optaron por los sistemas de purines que constituyeron la puerta de entrada a las CAFO. Los granjeros que valoraban la normalidad histórica y entendían la biología de los sistemas de cama profunda siguieron usándolas, pero manipulando el material con palas de carga frontal.

Incluso con la manipulación mecánica, la energía requerida por la granja para cargar, mover y esparcir las camas basadas en carbono era mayor que la de los sistemas de purines líquidos. El granjero se ocupaba de toda la manipulación, y a la mayoría les parecía demasiado esfuerzo. Reducir el volumen minimizando los materiales empleados parecía, a estos granjeros, la opción más eficiente desde el punto de vista energético y del esfuerzo. Esto ilustra un sistema de negociación perfecta, los granjeros intercambian la manipulación de sus materiales por fertilizantes químicos de alto requerimiento energético. Como la energía era barata y el granjero no tenía que realizar ese esfuerzo energético, parecía una magnífica solución.

La mayoría de los granjeros optó por obtener la energía del exterior. La infrautilización del estiércol de sus animales y el déficit de carbono no se hizo patente de forma inmediata. Todo lo que los granjeros sabían era que se habían librado del esfuerzo de manipular fuentes de carbono con un nuevo sistema: los fertilizantes concentrados de origen químico. Era más fácil para sus espaldas, para sus bolsillos y para la familia. La conclusión es que las CAFO apartaron el carbono de la agricultura. Como resultado, el carbono originado *in situ* de forma local se ha estado tirando en vertederos durante décadas, mientras que los fertilizantes químicos de alto requerimiento energético han llenado el déficit. Sin embargo, engañar a la naturaleza solo funciona durante un tiempo y muchos de los problemas de hoy en día, como las enfermedades de las plantas, la erosión, la compactación y la impermeabilidad al agua indican que, para equilibrar las necesidades del suelo, la naturaleza terminará imponiendo su hora de la verdad.

Si todos los restos provenientes de segar el césped, las hojas de árboles municipales y los residuos de los patios generados en los últimos setenta años hubieran acabado en tierras agrícolas en lugar de en vertederos, no habríamos necesitado los fertilizantes químicos que hemos usado y hubiéramos evitado la destrucción del suelo. Si el cereal aún tuviera todo el tallo y las hojas, de manera que al cosecharlo generase el doble de paja rica en carbono, el ciclo del carbono permanecería en armonía. La tierra se alegraría.

Las CAFO demandan transporte a larga distancia porque son demasiado grandes como para ser apropiadas desde el punto de vista ecológico. Se sirven de animales, plantas y estiércol, que deberían danzar en simbiosis y los convierten en tóxicos y antagonistas a los compañeros de baile. El estiércol, en lugar de ser una bendición, se convierte en un desecho peligroso, especialmente en las frágiles áreas ribereñas (húmedas). En años recientes, ha habido muertes masivas de peces en Carolina del Norte debido al desbordamiento de balsas de purines. Illinois y Iowa han cubierto sin duda el cupo de desastres en sus balsas de purín. Las megalecherías de California han destruido comunidades enteras. Prácticamente cada estado con una CAFO ha sido testigo de al menos una pesadilla originada en estos horribles lugares. Ninguna de estas desazones habría ocurrido en épocas tan recientes como hace un siglo. Esa cantidad de animales no podían concentrarse en un solo lugar ya que era imposible desde el punto de vista logístico, higiénico y de transporte.

A medida que esta toxicidad aumenta, el transporte necesario para mantener el sistema se incrementa. El cereal ha de ser importado desde más lejos porque no puede crecer en cantidades suficientes en los alrededores. El estiércol ha de ser transportado más y más lejos, o quemado para alimentar plantas eléctricas (en California). Los animales deben ser importados desde lejos porque el entorno local no puede producir suficientes para suministrar al sistema y la producción debe enviarse lejos porque no puede ser consumida en la ecorregión.

Aunque todo esto parezca eficiente, en realidad es un castillo de naipes que depende de la energía barata. Cada vez que la industria muestra imágenes de una CAFO, postrándose ante estos monumentos de depravación humana, el apologista de la industria exclama: "Mira cuánta comida hemos producido en una extensión tan pequeña".

Cuando los periodistas vienen a nuestra granja, la pregunta más frecuente siempre es: "¿Pero hay suficiente tierra para producir de esta manera?". Ven a nuestros cerdos correteando por los pastos y los bosques, a los pollos en las praderas, y a las vacas pastando con satisfacción. Sí, a primera vista parece que este sistema utiliza más tierra.

Pero lo que no ves cuando te enseñan la fotografía de una CAFO son los kilómetros cuadrados de tierra necesarios para producir el cereal, ni los kilómetros cuadrados de tierra necesarios para gestionar el estiércol generado por esa instalación. Una CAFO no es una estructura independiente, levantándose en el horizonte como si fuera un sistema autosuficiente. Cada día viene un tráiler lleno de cereal proveniente de un estado distante, o incluso de otro continente y lo vierte en contenedores gigantes adosados a la CAFO. Sin esa inyección intravenosa nada sobreviviría en esa instalación por más de un día. Esa unidad de producción depende por completo de enormes tramos de tierra donde cultivar el alimento y verter el estiércol. No ves las bombas, las barrenas, las tuberías, los camiones, las balsas de purines, los esparcidores de purín ni los trenes trayendo y llevando material. Eso no sale en la foto.

Asumamos solo por un momento que el ganado pastoreado de nuestra granja consumiese la misma cantidad de pienso importado que un número igual de animales en una CAFO. Si ese fuera el caso, no haría falta un solo metro cuadrado más de tierra para producir su comida que si estuvieran encerrados. El consumo es idéntico. La única diferencia está en dónde viven los animales. Pero el hecho es que nuestros animales están esparciendo sus propios excrementos en el campo, evitando toneladas y toneladas de producción de cereal, y son procesados y consumidos en las cercanías.

Producir todos los animales que se consumen en el mundo ahora mismo no requeriría ni una hectárea más de tierra si fueran criados como los de Polyface. Este sistema saca la energía de la ecuación. Cuando hace un par de años el precio de la energía alcanzó valores máximos, llevamos a cabo un análisis del coste de las ventas en bruto comparado con el uso energético, la diferencia era un factor 10. Eso no es un diez por ciento, es un mil por ciento, comparado con la típica granja industrial. En otras palabras, nuestro gasto en combustible por cada dólar de ventas es solamente el diez por ciento del gasto en combustible de una granja industrial, calculado como un porcentaje de las ventas en bruto. Eso es mucha menos energía utilizada por cada dólar vendido.

Que no te quepa la menor duda, la eficacia atribuida a las CAFO solo puede durar lo que dure la energía barata. El día en que el precio de la energía vuelva a la normalidad, las CAFO dejarán de beneficiarse de la "economía de escala". En lugar de eso, se quedarán obsoletas.

LAS CAFO Y LOS FÁRMACOS

Las CAFO solo se hicieron posibles con la llegada de las vacunas y los medicamentos. Antes de la década de los cuarenta del siglo XX, nadie podía hacinar animales en espacios tan pequeños y a tales volúmenes sin que se produjeran brotes de enfermedades. De hecho, la mayoría de los brotes ocurridos a lo largo de la historia han sido creados por el hombre como consecuencia de la violación de alguna regla natural concreta relativa a la densidad, la masa, el descanso, la higiene o la diversidad. Incluso la peste bubónica ocurrió durante una mini edad de hielo que obligó a la gente a encerrarse en casa y durante la que se estableció un comercio sin precedentes entre Gran Bretaña y la Europa continental, acompañado de la urbanización masiva bajo condiciones extremadamente antihigiénicas e insalubres. Esa confluencia de factores creó unas condiciones de las que los patógenos se aprovecharon. Lo mismo para la gripe española en Estados Unidos tras la Primera Guerra Mundial.

Los defensores de la comida industrial se burlan de mí constantemente: "No queremos volver a los tiempos de la fiebre de Malta de las vacas, la enfermedad de Newcastle de los pollos, el cólera de los cerdos, la viruela y la tos ferina". Me acusan de ser un ludita, de pretender que nos volvamos a rastras a una cueva y muramos de tuberculosis.

Bien, echemos un vistazo a todo esto en su contexto histórico. Las innovaciones son por definición situaciones precarias. En torno a 1910, la mayoría de los periódicos metropolitanos incluían editoriales con predicciones de la desaparición de las ciudades debido a que estaban cubiertas de excrementos de caballo. La cúspide de la innovación cultural en aquel momento era la urbanización, pero no todos los elementos necesarios para metabolizar este cambio radical en la sociedad, desde una economía agraria a una economía industrial, se hallaban ya en su sitio.

La comunidad médica aún discutía sobre si era realmente necesario esterilizar las cuchillas entre amputaciones. Sin agua corriente en las casas, la gente se bañaba una o dos veces en todo el invierno. Esto era aceptable cuando solo había una familia en una granja, pero llegó a ser directamente asqueroso en la proximidad no familiar de las ciudades. Aún faltaban diez años para la llegada de los postes de electricidad. El aceite de ballena se acababa de sustituir por el aceite de petróleo, que venía del oeste de Pensilvania y de algunos pozos de Texas.

El acero inoxidable aún no se había inventado, muchas de las aguas residuales corrían por zanjas abiertas y las vacas hacían sus necesidades en los embalses municipales de agua potable. El cloro no se había descubierto aún y la refrigeración no se había inventado. La cuestión es que la innovación cultural puntera de la urbanización precedió a toda la infraestructura, regulación y conocimiento necesario para metabolizarla. Esta es la naturaleza inherente de toda innovación.

Por ejemplo, hoy en día el comercio electrónico enfurece a los gobiernos estatales porque la gente compra cosas sin pasar por la caja registradora de un pequeño comercio. La transacción al por menor estándar, gravada y controlada, está siendo sorteada por una nueva bestia que nadie sabe cómo domar. Y los recaudadores de impuestos estatales se desesperan por averiguar cómo domar al comercio electrónico. Este es un ejemplo moderno de la precariedad de toda innovación. Los elementos necesarios para asimilar una innovación puntera llegan con retraso, a veces de décadas, como vimos con la inexistencia de un Proyecto Manhattan para el compost.

Situándonos en el año 1910, la urbanización tuvo su contrapartida en el campo. Promovió la industrialización de las granjas, que se manifestó principalmente en el aumento del número de animales que un granjero podía criar gracias a las eficiencias mecánicas. Pero estas granjas no tenían vacunas, fármacos, cemento fácilmente accesible, palas de carga frontal, electricidad, cercados eléctricos, ni nada de lo que la mayoría de los granjeros de hoy en día consideran habitual. Como resultado, los granjeros comenzaron a sobrepasar los límites de la salubridad.

Las amplias pocilgas que funcionaban bien para cinco cerdas, que podían corretear y criar a sus lechones, se convirtieron de repente en agujeros tóxicos embarrados con veinte cerdas. Lo mismo ocurrió con las vacas. Sin refrigeración, las industrias cerveceras necesitaban instalarse en un entorno urbano para poder satisfacer la creciente demanda de cerveza. Estas industrias generaban un subproducto llamado granos de destilería. Estos subproductos siempre se habían usado para alimentar aves y cerdos y las cerveceras siempre habían sido lo suficientemente pequeñas como para deshacerse de ellos de forma local. Pero ahora no. Había llegado la hora de utilizar comensales más insaciables: las vacas.

También era natural localizar la producción de leche en las ciudades porque era tan perecedera como la cerveza. Como resultado, las lecherías de confinamiento empezaron a localizarse al lado de las grandes cerveceras como una forma sinérgica de reciclar los granos de destilería. Ese régimen de alimentación anómalo creaba acidosis en el rumen (el primero de los cuatro estómagos de los herbívoros), estableciendo el entorno perfecto para todo tipo de enfermedades transferidas a través de la leche.

La cuestión es que las enfermedades que hicieron estragos en el mundo desarrollado durante el periodo que fue de 1870 a 1940 fueron, en gran medida, resultado de una infraestructura y un conocimiento inadecuados, sumados a la avaricia. Cuando los fármacos se descubrieron y se pudieron fabricar a bajo coste, el concepto de la CAFO pudo progresar. Gran parte del supuesto progreso farmacológico de principios del siglo XX estaba destinado a reducir las enfermedades creadas por un régimen anómalo de alimentación, alojamiento e higiene. De no ser por estos sistemas de producción ganadera anormales, la segunda generación de patógenos a la que nos enfrentamos hoy en día no existiría.

¿Qué quiero decir con segunda generación de patógenos? Me refiero a esas palabras de trazo sinuoso escritas en latín, como *E. coli*, *salmonela*, *campylobacter* y *listeria*. También incluiría cosas como el

SARM (Staphylococcus Aureus resistente a meticilina) y el *Clostridium difficile* en los hospitales, y la resistencia a los antibióticos que cada vez es más común e incontrolada. El precio que estos daños colaterales empiezan a cobrarse en la población es más alto que nunca.

Todos estudiamos a Louis Pasteur en la escuela, el hombre que miró por un microscopio, identificó pequeños bichitos que denominó gérmenes y decidió que todos estaríamos más sanos si estas criaturas fueran aniquiladas. Un contemporáneo francés suyo, al que poca gente conoce, tenía una opinión distinta. Su nombre era Antoine Béchamp y desarrolló la teoría del terreno. Estaba de acuerdo en que los gérmenes eran los malos de la película, pero postuló que lo que permitía su avance era el terreno que creábamos en nuestro sistema inmunitario. Sostenía que nuestro sistema inmunitario, mantenido por un estilo de vida bajo en estrés, suficientes horas de sueño, higiene (como ducharse), limpieza (como lavar los platos y barrer el suelo) y la dieta, creaba una barrera inmunológica de protección contra estos villanos.

Pasteur, sin embargo, salió victorioso en la corte de la opinión pública. Era más guapo, más llamativo y daba mejores entrevistas. Habría triunfado en programas televisivos como *Good Morning America* o *The Today Show*. Además, su teoría obtuvo un apoyo generalizado porque a la gente le encanta ser víctima. Culpar a alguien o a algo de nuestras deficiencias es innato en nosotros. Lo natural es concentrarse en los gérmenes en lugar de hacerlo en el sistema inmunitario.

Nuestra cultura aún venera el altar de la teoría del germen. Puedo probarlo porque estamos mucho más interesados en averiguar cómo obtener vacunas gratis contra la gripe porcina, cargadas de metales pesados, para nuestros pequeños que en sacar de todas las escuelas las máquinas expendedoras de jarabe de maíz alto en fructosa. El azúcar es uno de los factores responsables de la disfunción inmunológica, pero no escuchamos hablar mucho de esto en las noticias. Reforzar el sistema inmunitario requiere responsabilidad personal y eso es mucho más difícil que culpar a los gérmenes. Además, matar es mucho más divertido que sanar. La teoría del germen tiene morbo.

Por supuesto, la teoría del germen se transformó gradualmente en la mentalidad médica de las extirpaciones y cauterizaciones. La teoría del terreno era más consistente con las artes de sanación ancestrales como la acupuntura, la quiropráctica, la naturopatía, la homeopatía y todos los demás supuestos fraudes de la medicina alternativa... que funcionan. La teoría del germen funciona muy bien en situaciones de trauma, donde te enfrentas a un tsunami de fuerzas enemigas. Pero en un régimen de mantenimiento del bienestar cotidiano hay que cuidar el terreno. Curiosamente las habladurías dicen, en una de las revocaciones en el lecho de muerte más famosas de la historia, que Pasteur respaldó a Béchamp momentos antes de morir.

Supongamos que quisiéramos crear una granja favorable para los patógenos. Piensa conmigo: ¿cómo podríamos crear una granja realmente enferma? Queremos que los animales estén enfermos, que las facturas del veterinario sean altas, que los patógenos campen a sus anchas. Bien, lo primero es criar solo una especie de lo que sea. Al fin y al cabo, no queremos confundir a los patógenos mientras intentan averiguar quién es su anfitrión. Y desde luego no queremos especies resistentes a los gérmenes. Sí, el camino es criar una sola especie. Eso implica que nuestros granjeros serán productores de leche, de vacuno, de pollo, de fruta, de vid o de verduras. Sí, de una sola especie será.

Lo segundo es hacinar a los individuos de esa única especie. No queremos que los patógenos pierdan energías intentando encontrar un buen hábitat. Al fin y al cabo, no querríamos que estos bichitos tuvieran que ganarse la vida trabajando. Amontona a los anfitriones para facilitar que los patógenos vivan y proliferen. La mejor manera de combatir un brote de gripe en una escuela elemental es meter a todos los niños en el gimnasio y confinarlos ahí hasta que pase la epidemia, ¿verdad? No se nos ocurriría suspender las clases y obligarles a quedarse en casa unos lejos de otros. La manera de parar el brote de gripe es amontonarlos a todos juntos.

En tercer lugar, garanticemos que los animales no hagan ejercicio. Todo el mundo sabe que las personas que no se mueven son las más sanas. Asegúrate de que su vida sea completamente sedentaria. Cuanto menos se muevan, mejor. El tono muscular y los sistemas cardiovasculares sanos no nos interesan. Que estén bien fofos.

En cuarto lugar, engórdalos a una velocidad inimaginable. Enchufa carbohidratos en sus raciones, hínchalos en un santiamén. Al fin y al cabo "más gordo, más rápido y más barato" es el mantra del sistema alimentario estadounidense. Todos sabemos que las máquinas funcionan a máximo rendimiento cuando apretamos a fondo el pedal del acelerador y las revoluciones son las más altas posibles. Los animales son iguales, no querríamos que se atrofiaran, sin alcanzar su máximo potencial genético. Dale revoluciones. ¡Boom! Haz que crezcan tan rápido que sufran ataques de corazón en su juventud. Haz que crezcan tan rápido que su hígado se hinche al doble de su tamaño normal debido a los abscesos, mientras el filtro del cuerpo trabaja horas extra para gestionar toda esa toxicidad. Haz que produzcan tanta leche o pongan tantos huevos que terminen extrayendo calcio de su propio esqueleto para mantener la producción. Que no les quede ni una pizca de sistema inmunitario.

En quinto lugar, prívales de sol y de aire fresco, los dos desinfectantes principales de la naturaleza. No hay nada como un buen aireado al sol para desinfectar, así que no toleraremos nada parecido en esta granja amiga de los patógenos. Nos aseguraremos de que ni un rayo de sol haga acto de presencia. Nos cercioraremos de que el aire que respiran esté cargado de partículas fecales que irriten sus delicadas mucosas, produciendo lesiones a través de las cuales las partículas fecales puedan pasar directamente al torrente sanguíneo, saltándose el filtro del aparato respiratorio. Así los patógenos podrán colmar y consumir no solo el exterior de los animales sino también el interior. Caramba, ahora estamos haciendo progresos. Esto es divertido. Mira qué fácil es.

En sexto lugar, les doparemos con fármacos para invalidar sus sistemas inmunitarios, que se volverán letárgicos y más susceptibles a los patógenos cuando estos se presenten.

En séptimo lugar, les daremos comida basura. Por qué no, alimentos antinaturales como vacas muertas, gallinaza, pollos muertos y cereal a los herbívoros. A los pollos les daremos aceites industriales. Y a los cerdos excedentes de panadería. Respecto a los cereales, que hayan sido cultivados con fertilizantes químicos para que las plantas tengan deficiencias en enzimas y nutrientes vitales. Les daremos minerales en la cantidad mínima imprescindible, en lugar de la máxima. Siempre el mínimo, nunca el máximo.

Bien amigos, ¿qué acabamos de describir? Una moderna CAFO de

Estados Unidos. Y tengo noticias para vosotros, esto no es normal. No hay nada en ello que sea normal. No es normal para los animales, ni ha sido normal a lo largo de la historia de la civilización, ni es normal para la ecología, ni para el flujo de energía ni para la recirculación y captura de carbono.

En el medio siglo que he sido granjero, he experimentado en primera persona tres brotes de enfermedad en nuestra granja y siempre fue culpa mía. Dejad que os cuente como fue cada uno. El primero ocurrió alrededor de 1990 con pollos de engorde *broiler*. Empezamos a observar un serio problema con sus patas, que se torcían cuando alcanzaban alrededor de una semana de vida. Los pollitos se quedaban inmóviles, con las patas irremediablemente paralizadas.

Incapaz de averiguar la causa del problema, llevé un par de pollitos al laboratorio estatal para que los diagnosticaran y descubrí que tenían encefalomielitis aviar. La única solución era suministrar antibióticos. El laboratorio me proporcionó un folleto con todos los antibióticos efectivos para tratar la inflamación del recubrimiento de los nervios y la mitad de ellos ya eran inútiles: los estafilococos habían desarrollado inmunidad frente a esos antibióticos. El lento crecimiento del recubrimiento de los nervios no podía seguir el rápido ritmo de crecimiento de los tejidos óseos y musculares de los pollitos. Este desajuste provocaba una infección de estafilococos que resultaba en la parálisis y finalmente en la muerte.

Sin querer darme por vencido, revisé mis libros de salud humana y bienestar, buscando qué se necesita para mantener la salud del tejido nervioso. Vitamina B. ¿Qué contiene grandes cantidades de vitamina B? Las vísceras y las verduras de hoja. Esto explicaba por qué una vez que los pollos estaban fuera en los pastos, el problema disminuía con bastante rapidez y se encontraban bien. Fui al congelador, eché mano de un poco de hígado de vacuno y se lo di a los pollitos. Ya había separado a los que enfermaban en una especie de corral enfermería. Atacaron el hígado descongelado, picoteando hasta que se comieron hasta el papel del envoltorio. Al día siguiente, milagrosamente, varios de ellos se levantaban y paseaban.

Seguí dándoles hígado. En efecto, casi todos se levantaron y empezaron a merodear en el siguiente par de días. Amigos, no os perdáis un par de lecciones clave de esta historia. Primero, fijaos en que llegados a este punto, yo estaba lidiando no solo con un problema del sistema nervioso creado por una deficiencia de vitaminas, sino también con una infección de estafilococos en toda regla. El hígado no solo solucionó el problema de los nervios, sino que también acabó con la infección. Recordad que el mejor consejo médico, pagado con los impuestos de los contribuyentes, consistía en proporcionar antibióticos como el único remedio, a pesar de que esta infección ya era inmune a más de la mitad de los posibles medicamentos. ¿Durante cuánto tiempo más creéis que podemos seguir intentando ser más listos que la naturaleza?

¿Cuál fue la causa de este problema? La ración que usábamos no tenía suficientes vitaminas. Por su genética, los pollos crecían demasiado rápido para los octanos del combustible que les suministrábamos. Más o menos al mismo tiempo, descubrimos Fertrell* en Bainbridge, Pensilvania, y en las raciones comenzamos a usar sus mezclas ecológicas de minerales y vitaminas: fin del problema hasta hoy. En última instancia, la enfermedad que les torcía los dedos fue culpa mía, no de los pollos.

Segunda historia. En torno a 1998 una señora nos contactó para que criáramos para ella quinientas pollitas listas para empezar a poner. Quería montar una granja de gallinas ponedoras, pero no quería criar a los pollitos hasta la edad de puesta, que es un periodo de cinco meses. Sabía que nosotros teníamos capacidad de cría y nos preguntó si lo haríamos por ella. Le dijimos que solo las criaríamos hasta las diez semanas porque no teníamos suficiente espacio para hacerlo hasta los cinco meses. Al menos con diez semanas habrían crecido lo suficiente como para ir a su granja sin necesitar calor suplementario.

La cosa sonaba bien. A las diez semanas, la llamamos para que viniera a recogerlas y nos informó de que había cambiado de opinión y al final no las quería. Aquel fue el que llamamos "el año sin verano". Toda la primavera fue húmeda y fría. Llovió el doble de lo normal. No pudimos encontrar a nadie más que quisiera las quinientas pollitas y no queríamos sacrificarlas, así que las dejamos en la abarrotada incubadora. No teníamos otro sitio donde ponerlas. Las

* *[N. de la T.]* Fertrell es una empresa que produce suministros para la agricultura y ganadería ecológicas.

aves estaban demasiado apelotonadas, pero el tiempo era tan malo que no nos atrevíamos a sacarlas a los pastos.

Pronto comenzamos a notar que algunas adelgazaban y después morían. Primero un par al día, después varias. Sabíamos que estaban demasiado apelotonadas. No podíamos esperar más. Así que las llevamos al pasto en una estructura móvil y rezamos para que el tiempo mejorara y vinieran días más cálidos. No llegaron. Ahora las pollitas tenían espacio de sobra, pero estaban expuestas a la intemperie y, tan débiles como estaban, eran aún más susceptibles a lo que fuera que las estaba matando. Consulté mis libros de enfermedades aviares y encontré la causa: la enfermedad de Marek. Muerte al acecho.

Causa: condiciones insalubres. Cura: vacunación. Una vez que se contrae, no hay cura. Tiene que seguir su curso y los libros de veterinaria dicen que puedes perder hasta el noventa por ciento del corral. Perdimos alrededor de un sesenta por ciento hasta que paró, pero las gallinas nunca se recuperaron del todo. Al año siguiente las vacunamos. Repetimos un par de años más y finalmente paramos, cuando nos pareció que el peligro de reinfección había pasado.

Una vez más, lo que hay que recordar de todo esto es que fue un fallo únicamente nuestro. Podríamos culpar a la mujer que incumplió el acuerdo, pero eso no cambia el hecho de que, absoluta y completamente, fue nuestra gestión la que creó el terreno que permitió a este patógeno oportunista sacar su fea cabeza. Por cierto, en nuestra granja habíamos criado pollos de forma continua durante cerca de cuarenta años y nunca habíamos visto algo así. Pero este año en concreto, el déficit de nuestra gestión había desmoronado la barrera inmunológica protectora.

Tercera historia. Habíamos alquilado una nueva granja en la zona y, como la mayoría de las granjas que alquilamos, no había recibido una gestión demasiado buena antes de nuestra llegada. En esta los pastos estaban cubiertos de zarzas sin control alguno. Quiero decir que aquello era la madre de todos los zarzales. Las cañas medían casi cuatro metros y sus espinas te saltaban encima al pasar por su lado. Si miento que me muera ahora mismo. Te lanzaban sus aguijones, que se te clavaban en los dedos, orejas y rodillas. Era el ataque de los zarzales vivientes. Terrible.

Llevamos hasta allí un rebaño de doscientos terneros de engorde, de entre doscientos veinte y doscientos setenta kilos de media, para que empezaran a pacer. Para animarles a pisotear las zarzas y comenzar el proceso de sanación, colocamos un cajón de minerales (un comedero cuadrado de madera de sesenta centímetros de lado que contenía sal, algas, vitaminas y minerales suplementarios) en el centro de estos parches. Algunos cubrían casi media hectárea (el tamaño aproximado de un campo de fútbol americano), pero la mayoría tenían solo unos pocos metros de diámetro. Pisoteábamos un pequeño camino hasta el cajón de minerales para que los terneros lo pudieran encontrar y les dejábamos que hicieran lo que pudieran.

Al cabo de una semana perdimos un ternero. Uno de los más bonitos. Al día siguiente perdimos otro. Al día siguiente, otros dos. Ahora bien, una cosa es perder una gallina y otra muy diferente es perder un ternero. Todo el que cría animales experimenta alguna pérdida de vez en cuando, pero los terneros cuestan mucho más que los pollos. Llamé a un veterinario para que hiciera un diagnóstico. Realizó una incisión en el músculo de una de las patas traseras de un ternero que acababa de morir y estaba negro: era pierna negra (gangrena enfisematosa). Es un protozoo que vive en el suelo.

La cura: antobióticos. El libro del veterinario estaba lleno de terribles presagios sobre esta enfermedad, un azote para los productores de vacuno de Estados Unidos que en general vacunan contra ella. Excepto nosotros. Recuerdo haber perdido uno o dos terneros por pierna negra en los años sesenta, pero sacrificamos a la vaca que había tenido el ternero enfermo y nunca más tuvimos problemas con ello. Razonamos que si todo lo demás era igual y un ternero enfermaba mientras que los demás estaban sanos, la responsable era la madre. Punto. Y si la vaca no es capaz de transmitir a su ternero suficientes ganas de vivir o suficiente inmunidad o vigor, entonces hay que ponerla en el congelador.

Bien, aquí estábamos, con cuatro terneros muertos, dos enfermos y un rebaño de doscientos (o más bien ciento noventa y seis) mirándonos en busca de respuestas. Bueno, soy un poco lunático, pero no totalmente ingenuo, así que seguimos el consejo del veterinario, compramos el equivalente a doscientos dólares en antibióticos y a la mañana siguiente metimos al rebaño entero en el corral para doparlos. Como ya he dicho, puede que sea un poco raro, pero no soy un irresponsable o al menos no tan irresponsable. Sí, inyectamos al rebaño completo con una dosis de antibióticos y no perdimos ni uno más. Lo paramos en seco.

¿Pero por qué? ¿por qué allí? Aunque estaba contento de haber conseguido pararlo, quería saber más. No quería que volviera a suceder otra vez. Así que empecé a revisar todos mis libros de vacuno. Busqué la enfermedad de la pierna negra en todos los libros que tenía y mi colección es bastante extensa. Había revisado hasta el último de mis libros y estaba perdiendo la esperanza. Todos decían que la única cura era la vacunación (por eso los granjeros estadounidenses vacunan contra ella). Los ejemplares muertos debían ser quemados o enterrados cubiertos en cal. Nosotros habíamos dejado que los buitres salvajes se encargaran de los fallecidos. Me parece más natural, y además, los buitres también necesitan comer. Si no fuera por ellos, este viejo mundo sería un lugar bastante apestoso. A Dios gracias existen los recicladores carroñeros.

En cualquier caso, en el último libro de mi colección, en el último párrafo, encontré esta impactante frase: "Los protozoos viven en el suelo y acceden al cuerpo a través de heridas punzantes anaeróbicas, causadas con frecuencia por zarzas". ¡Eureka! En efecto, en nuestro esfuerzo por pisotear aquellas zarzas gigantescas, habíamos convertido en coladores a estos terneros. Cómo no iban a contraer pierna negra.

Inmediatamente declaramos la yihad a las zarzas y las segamos con nuestra desbrozadora profesional. Menudo trabajo. Incluso sentado sobre el tractor, aquellas cañas me rozaban y me arañaban la cara mientras conducía. Los conejos y marmotas que salieron de aquellos matorrales parecían una legión. Pero mi misión era preparar un espacio saludable para aquellos terneros. Estoy seguro de que les facilitamos el trabajo a los zorros después de aquella tarea, pero nunca más hemos tenido una incidencia de pierna negra, hasta el día de hoy. Y creamos un terreno que mantenía sana la piel de los terneros para que su sistema inmunitario no se viera sobrepasado.

De hecho creo que hacerse responsable de un problema es mucho más beneficioso. El aprendizaje que tiene lugar cuando observamos un desastre y asumimos que es culpa nuestra nos hace crecer como individuos. Es enriquecedor escuchar lo que la vida intenta enseñarnos. Asumir que estos animales enferman porque las hadas de la enfermedad espolvorearon polvillos mágicos sobre ellos puede sonar bien durante un tiempo, pero en última instancia esa actitud no nos convierte en mejores personas. El aprendizaje ocurre cuando preguntamos humildemente: "¿qué he hecho para que ocurra esto?". En ese momento, nuestros ojos y oídos (es decir, nuestra mente) se abren para que podamos oír y ver lo que los demás no pueden. Los demás están demasiado ocupados culpando a algo o echando mano de un frasco para remediar el problema.

Para que quede claro, las CAFO solo han sido posibles en la era de los fármacos. Teniendo en cuenta la importancia de la industria farmacéutica en Estados Unidos, saber que ingerimos muchos más medicamentos de segunda mano, a través de los animales que nos comemos, de los que tomamos directamente a través de píldoras e inyecciones debería hacer que nos parásemos a pensar. Con las enfermedades víricas o bacterianas adaptándose y haciéndose cada vez más virulentas, las CAFO apuestan por que los nuevos brebajes desarrollados por la industria farmacéutica vayan al menos unos pocos días por delante de los mutantes. Como sociedad, ¿estamos realmente dispuestos a apostar por eso?

ENCHUFADOS A LAS CAFO

El funcionamiento de las CAFO necesitó del desarrollo de una infraestructura sofisticada que no estuvo disponible antes de los años cuarenta del siglo XX. La infinidad de motores eléctricos imprescindibles para mover el pienso desde los contenedores de almacenamiento, ya sean silos o tolvas de grano, no pudieron usarse hasta que la electrificación del medio rural estuvo completa. Rabun Gap, en Georgia, no recibió electrificación en las zonas rurales hasta el año 1965. Nuestra zona, a tan solo tres horas de Washington D.C., no la recibió hasta finales de la década de los cuarenta. No fue solo la electricidad lo que hizo posible la existencia de las CAFO, también fueron necesarios el cemento a precios asequibles, las barras de acero reforzado y las aleaciones de metal específicas para fabricar rejillas y barrenas. El desarrollo de cadenas de comederos automáticos flexibles, con diseños tecnológicamente avanzados que permitieran que estos dispositivos doblaran curvas, fue una parte esencial de su puesta en marcha.

En efecto, las fábricas de pollos de hoy en día utilizan dispositivos de control sofisticados para medir la temperatura, el flujo de aire y el consumo de agua. Hasta el goteo de medicamentos se controla de manera que, si algo se sale fuera de los parámetros normales, salta un mensaje de alerta en el busca que el encargado lleva colgando del cinturón, avisándole del problema. Estos encargados no pueden ir a la iglesia o a eventos sociales sin estar enchufados al monitor de la CAFO. Todo el sistema, a pesar de su aparente fortaleza y poder, es en realidad increíblemente frágil.

En nuestra granja, si se va la luz, los pollos pastoreados siguen con sus cosas como si nada. Aunque las fluctuaciones del tiempo conllevan su propio conjunto de requisitos en la gestión, nuestra atención está enchufada a condiciones climáticas y del macroentorno que podemos observar, no a ningún dispositivo tipo R2-D2 que ronronea en un panel y se comunica con un busca colgado de nuestros cinturones.

Toda la lógica detrás de las CAFO es incrementar la producción por persona, hacer que todo funcione con la mínima intervención humana. Después de todo, las CAFO no son lugares agradables para estar debido a los malos olores y los animales estresados, así que, ¿quién querría trabajar ahí? Si te acercas a cualquier CAFO, no verás a nadie. Es una estructura monolítica que domina el paisaje, sin presencia humana. Las CAFO van en contra de todo lo que las granjas deberían ser. Una granja debería ser un lugar donde la presencia humana cuida y nutre, donde guía el diseño y la actividad. Una granja sin gente parece un oxímoron. ¿Una granja sin personas? Al visitar una granja, ¿acaso no quieres conocer al granjero? ¿Qué es una granja sin granjeros?

Tradicionalmente, el granjero era la presencia dominante de la granja, no los edificios y la maquinaria. Lo que llenaba los cuentos y atraía visitantes era la relación del granjero con sus plantas y animales. Ahora tenemos granjas sin sentimientos, pilas de maquinaria chirriante resoplando por si solas sin presencia humana visible. La nostálgica familia de granjeros ha sido reemplazada por cemento, cables y acero. El vínculo entre el granjero como cuidador y la biología bajo su cuidado ya no existe. El granjero se limita a comprobar informes impresos del ordenador y maquinaria ruidosa.

Una vez más, a los defensores de las CAFO les gustaría que creyeras que es el granjero el que lo hace todo. Pero como en el anuncio de teléfonos móviles en el que un desfile de técnicos persigue a un hombre mientras le preguntan: "¿Me oyes ahora?", estos edificios dependen de un gigantesco equipo externo a la granja que proporciona apoyo técnico. Cuando los representantes de la industria alardean diciéndome: "mira cuánto puede producir un solo granjero", me gusta añadir: "sí, un granjero más una horda de técnicos, mecánicos, representantes, farmacéuticas, cuadrillas de construcción, técnicos de atenuación de la polución y gerentes de logística". Estas instalaciones no son independientes, ni autosuficientes. Son monstruosidades con un ejército de personal detrás del escenario, asegurándose de que todo funcione.

No es justo atribuir toda esta producción a un granjero, como hacen los apologistas de las CAFO. "¡Mira a cuánta gente estamos alimentando!", dicen con entusiasmo. La cuestión es que aunque parezca que una granja industrial funciona por su cuenta, no lo hace. La percepción de que toda esta producción se obtiene con poca mano de obra es en realidad una farsa. Y no olvidemos a todos los médicos que tratan personas afectadas por intoxicaciones alimentarias causadas por las CAFO, o a las personas que sufren de infecciones de *Clostridium difficile* y SARM (Staphylococcus aureus resistente a la meticilina), ni a los equipos médicos y de enfermeros que las cuidan como consecuencia de almuerzos medicados a causa de que los animales necesiten fármacos para seguir vivos en semejantes condiciones insalubres. Si tuviéramos en cuenta todo el personal y daños colaterales asociados con esta eficacia, no nos parecería tan eficaz. Ah, y podemos incluir a los militares repartidos por todo el mundo que aseguran que el petróleo sea barato para que las CAFO puedan funcionar. Añade todo eso y de pronto esta insignia de la eficacia estadounidense se desmorona como un castillo de naipes.

Espero que ahora entendáis que cuando creamos por la fuerza entornos que no son normales para los animales y las plantas, vamos a cosechar compensaciones diabólicas. Las CAFO no son normales bajo ninguna circunstancia ni en modo alguno. Hacen daño a los animales. Asaltan el paisaje. No respetan el ciclo del carbono. Engullen energía. Sustituyen el elemento humano. Amigos, sencillamente las CAFO no son normales.

He aquí algunos puntos a considerar:

1. **Examina el terreno de tu vida a nivel emocional**, espiritual, físico, mental, vocacional, relacional. ¿Es saludable?

2. **Si algo no funciona, pregúntate:** "¿Qué puedo hacer para arreglarlo?".

3. **Júntate con otras personas de tu comunidad** y escribe un decreto local para prohibir las CAFO en tu jurisdicción.

4. **Compra productos cárnicos y lácteos** que no provengan de las CAFO.

5. **Recuerda el pañal carbonoso,** que ni siquiera huele mal.

MITOLOGÍA CIENTÍFICA: CENTAUROS Y SIRENAS DISPONIBLES EN SUPERMERCADOS

Corporaciones que se adueñan de la vida. Científicos que extraen ADN de plantas y lo introducen en animales, o viceversa. Cañones de electrones que bombardean genes para dividir o insertar cromosomas extraños. Cerdos sin el gen del estrés. Polen flotando de campo a campo, esterilizando los cultivos del vecino. Esto no es normal.

La modificación transgénica, comúnmente conocida como organismos genéticamente modificados (OGM) o ingeniería genética, es sin duda la práctica más anormal llevada a cabo hoy en día y quizá la más aterradora. Sus defensores consideran que es la solución a todos los problemas del mundo. Sus detractores la ven como la invención más siniestra y con más capacidad de hacer daño jamás desarrollada por la raza humana. Tiendo a estar en el último grupo, por si te lo estás preguntando.

En primer lugar, ocupémonos de la declaración más común: "Vamos, solo se trata de seleccionar, igual que se ha hecho desde los albores de la civilización. Esto es solo una extensión de lo que Mendel hizo con los guisantes, una extensión de la hibridación, solo se trata de gestionar los cruces. Todos los granjeros hacen esto cuando seleccionan un toro en lugar de otro".

Esta es justo la razón por la que prefiero el término "transgénico" en lugar de decir simplemente, "modificación genética". Mediante el cruce selectivo, en el sentido técnico de la palabra, los humanos siempre han practicado la modificación genética. Que la industria eligiera este término como descripción preferida fue una astuta maniobra léxica. No te equivoques, la industria contrata a los mejores con el objetivo de destruir cualquier oposición antes de que empiece.

Lo cierto es que este proceso de manipulación genética no se parece en nada al cruce selectivo o hibridación. Es diferente en muchos aspectos y, para ayudar a acentuar las diferencias, utilizaré el término "transgénico" a lo largo de esta discusión. Negarse a permitir que la oposición determine la terminología constituye una de las formas más efectivas de mantener la claridad.

Tradicionalmente, la manipulación genética no mezclaba especies, excepto quizá en el caso de la mula (un burro cruzado con un caballo), aunque en ese caso las especies estaban lo suficientemente cerca como para que el apareamiento fuera natural. Ninguna cadena de ADN era bombardeada con cañones para insertar a la fuerza un material extremadamente ajeno en el interior de la estructura genética. Si la monta no podía ocurrir con órganos masculinos y femeninos normales, no tenía lugar. Es decir, los órganos tenían que acoplarse. La fontanería tenía que coincidir. ¿Es necesario ser más explícito?

En cualquier programa de cruce selectivo tradicional, los órganos masculinos penetradores y los órganos femeninos receptores tenían que encajar, aceptarse, conectarse. Que hubiera un humano fuera de la cámara de reproducción seleccionando qué individuos cruzar no anulaba este requisito de fontanería compatible. Podías pasarte la vida colocando una planta de maíz y una polilla en la misma habitación y sencillamente no harían buena pareja. Ya podías poner música suave, encender unas velas, un poco de incienso, llevarles pizza, lavar los platos, regalar anillos de diamantes o llevarlos a Las Vegas. Lo que quisieras. Podrías hacerlo durante todo el día, todos los días, en un millón de años, pero te garantizo que el maíz y la polilla no se liarían. Sencillamente no funcionaría.

El estado de ánimo no tiene nada que ver. Elegir el momento oportuno tampoco. El tamaño de los órganos sexuales tampoco. Recuerdo que una vez en una granja de Minnesota pude ver cómo un pequeño toro escocés Highlander cubría vacas lecheras Holstein, de patas largas. Las vacas entraban y salían de la sala de ordeño, cuyo suelo estaba elevado unos cuarenta y cinco centímetros. El toro esperaba dentro, al lado de la puerta, y cuando una vaca receptiva pasaba a su lado, él la montaba justo cuando ella bajaba el escalón. Esa diferencia de altura era suficiente para que él pudiera terminar la faena. Muy entretenido. No lo conseguía con todas, pero seguro que no perdió muchas. Lo tenía sincronizado al centímetro y en una fracción de segundo ¡pum! Afortunadamente, era un rebaño de vacas pequeño y solo tenía que cubrir una a la semana. Si hubiera sido más frecuente probablemente se habría hecho daño.

Amigos, una planta de maíz apareándose con una polilla sencillamente no es normal. La naturaleza protege las peculiaridades de cada especie creando todo tipo de permutaciones de fontanería. Los órganos sexuales de las flores son muy diferentes de los de las ballenas. Después están las abejas, en las que el apareamiento siempre resulta en la muerte del zángano, pero en el que un solo cruce sirve para producir miles y miles de huevos. Seamos francos. Si tú y yo entráramos en un huerto y viéramos a una planta de tomate liándose con un cerdo, se nos helaría la sangre. Inmediatamente nos preguntaríamos a qué engaño, a qué payasada de cámara oculta nos estaban sometiendo.

Me entretengo en esta cuestión para ayudarnos a entender que la naturaleza se protege a sí misma justamente de las mismas cosas que la modificación transgénica considera perfectamente normales. La manipulación transgénica requiere una arrogancia sin precedentes y solo por esa razón deberíamos acercarnos a ella con precaución. Si la naturaleza parece tener cierta antipatía por determinados procedimientos, pensarías que nosotros los humanos asumiríamos que los cruces de fontanería incompatible tienen su razón de ser. Puede que sea una razón que aún no podamos comprender, pero una razón al fin y al cabo.

Los términos "biomimetismo" y "biométrica"describen ciencias en las que los patrones biológicos se consideran importantes. No nos adentramos en los patrones biológicos y asumimos que son disfuncionales. El hecho de que un herbívoro no coma carroña debería hacernos asumir que obligar a un herbívoro a comer carroña puede ser peligroso. Y aun así, durante varias décadas, la USDA y su contrapartida británica animaron a los granjeros a alimentar a los herbívoros con carroña, por ejemplo cuando alimentaron a las vacas con vacas muertas. De hecho, la USDA continúa fomentando la práctica de alimentar a las vacas con pollos muertos. Esto se está haciendo aquí mismo en mi vecindario y esa carne termina en la cadena alimentaria supuestamente segura de Estados Unidos. ¿No te alegra que tu carne proceda de un animal que comió pollos muertos y gallinaza? Mmm, qué rico. Y la USDA quiere que tú y yo pensemos que ellos son los depositarios de la seguridad alimentaria.

Durante décadas, la USDA enseñó y animó a los granjeros como yo a alimentar a nuestras vacas con vacas muertas, como una forma de abaratar el pienso. Nuestra familia y un puñado de granjeros como nosotros, no nos tragamos este tipo de ciencia basura. No nos la tragamos porque, nos pusiéramos como nos pusiéramos, no pudimos encontrar un solo patrón en la naturaleza en el que los herbívoros consumieran carroña. Que las vacas comieran vacas muertas violaba todos y cada uno de los principios naturales que pudimos encontrar. Y aun así, la USDA promocionaba esta práctica como científica y progresista, de última generación. ¿Y queremos que esta gente lleve el timón de las normativas de seguridad? Dadme un respiro.

Mientras las universidades agrícolas estatales sacaban proyectos de investigación y tesis de máster como churros, empapelando los medios con informes referidos a este gran logro científico, el propietario del pequeño matadero de barrio con el que trabajo para procesar nuestros borregos y cerdos dejó de comprar vacuno que hubiera sido alimentado con gallinaza y vacas muertas. Dijo que la carne apestaba. Se cansó de que su cámara frigorífica apestara con el hedor de la gallinaza. Este tipo de alimentación aún se practica en la industria. La FDA y la USDA piensan que es una fantástica producción progresista con base científica. Yo digo que es inmoral, malvada y una violación de las reglas de la naturaleza. Así son las agencias gubernamentales a cargo de la seguridad alimentaria. ¿No te sientes seguro?

¿Cómo hemos llegado hasta este tipo de razonamientos? La razón es que en nuestra visión del mundo occidental grecorromana, orientada a las partes, desconectada, individualizada, fragmentada, sistematizada y compartimentada, nuestra cultura ve la vida como fundamentalmente mecánica. Tiene partes intercambiables. Consiste en una redistribución de protones, electrones y neutrones. Es un enorme mecano o una gran caja de Legos. Carece de misterio. De ética. De moralidad. El respeto no es necesario.

En la película *Parque Jurásico*, el eufórico científico, extasiado ante sus *velociraptor* y demás dinosaurios clonados, fracasa por completo a la hora de entender su capacidad destructiva, incluso mientras se comen a la gente, aplastan coches y destruyen la civilización. Aunque lo que observa es el caos, está embriagado de éxito en lugar de remordimientos. El periodista le confronta con el tema central de la película: "Pero señor, solo porque podamos hacer algo, ¿significa que deberíamos hacerlo?". Merece la pena hacerse esa valiosa pregunta cada día, con muchas cosas.

Esa es la razón por la que durante gran parte de mi vida he intentado deshacer mi visión deteriorada occidental, atemperándola con un poco de pensamiento holístico oriental comunitario, que nos considera a todos parientes conectados. Cualquier cultura que vea a los animales y las plantas como pilas inanimadas de estructura protoplásmica, que pueden ser manipulados a través de lo que una mente arrogante, por inteligente que sea, pueda imaginar, verá a sus ciudadanos de la misma manera. Y a otras culturas de la misma manera. Que respetemos y honremos la "cerdalidad" del cerdo, por lo tanto, crea un marco ético y moral sobre el que respetar y honrar la "marianidad" de María y la "tomasidad" de Tomás.

Cómo respetemos y honremos al menor de todos ellos determina cómo honramos y respetamos al más grande. Como cultura, como nación, no podemos ocupar un lugar respetado en el mundo a menos que, y hasta que, le devolvamos a la vida su carácter sagrado. Tú y yo somos mucho más que una pila diseccionada de órganos, sangre, huesos y carne. La vida es mucho más que piezas y partes. Es aliento, interacción, espontaneidad. Dones y talentos, creatividad e intuición, espíritu emprendedor y ética en el trabajo. Todos ellos definen al individuo tanto como el color del pelo, el de la piel y el idioma.

En efecto, nuestro sistema de valores occidental ni siquiera mide las cosas más valiosas de la vida. Imagina que vas al banco a pedir un préstamo y presentar tu plan de negocio al responsable de créditos, que después de estudiarlo se recuesta en su elegante silla giratoria y con una gran sonrisa te suelta: "muchacho, este es el mejor plan de negocio que he visto en mi vida. Te harás millonario en un año. Eres un genio".

Entonces, el responsable se inclina hacia delante, al tiempo que cambia su expresión, con los codos en la mesa, frunciendo el ceño con sincera preocupación: "Pero, ¿cómo afectará esto a tu matrimonio? ¿y a tus hijos? ¿y a las lombrices de tu comunidad?". ¿Alguna vez has escuchado algo así? Por supuesto que no. Y aun así, qué exitoso y millonario hombre de negocios, que haya perdido su matrimonio y el respeto de sus hijos, no lo daría todo por recuperar la adoración de su mujer y por honrar a sus hijos. ¿Dónde se refleja el valor de todo eso en su plan de negocio? ¿y qué pasa con el valor del aire, la tierra y el agua limpios? ¿Dónde se refleja todo eso en la declaración de impuestos? Intuitivamente, todos sabemos que estas cosas son mucho más valiosas que Wall Street y aun así nos las saltamos con indiferencia como si no importaran. Y al final, cuando empiezan a pasarnos factura, nos preguntamos cómo hemos acabado así.

Es como la encefalopatía espongiforme bovina, conocida comúnmente como enfermedad de las vacas locas. Esos fantásticos científicos, que entre 1970 y el año 2000 se sentaban los domingos en el banco de la iglesia presbiteriana o luterana, le decían al mundo que alimentar a las vacas con vacas muertas era una forma estupenda de alimentarnos a todos, porque así lo decía su concepción del mundo como conjunto de piezas y partes. Finalmente, la enfermedad de las vacas locas asomó su fea cabeza, sacándoles de una sacudida de su rectitud confiada. Pero no hicieron penitencia, como deberían haber hecho. Ah, no, ellos continuaron con su línea de pensamiento occidental sin inmutarse.

Y lo siguiente fue la modificación transgénica. ¿Por qué razón no convocaron los científicos una semana de mortificación a nivel nacional, o mejor, a nivel internacional, haciendo ayunos, y arrepintiéndose humildemente por haber impuesto la enfermedad de las vacas locas al mundo? ¿Por qué? Porque para cuando las vacas locas aparecieron en el libro de cuentas, ellos ya habían pasado a investigar cómo extraer el gen porcino del estrés, haciendo que los cerdos fueran insensibles a aún más abusos por parte de la ganadería industrial. Si podían averiguar cómo eliminar el estrés de los cerdos, podrían apelotonar más de ellos en recintos aún más pequeños, alimentarlos con peor comida y faltarles el respeto de manera aún más profunda, aunque al menos los cerdos dejarían de preocuparse por ello. Amigos, esto se está haciendo ahora mismo en universidades agrarias estatales con el dinero de nuestros impuestos. ¿Es este el tipo de mundo despreciable en el que quieres vivir?

¿Para qué tienen pico las gallinas? Para que se lo cortemos, por supuesto. ¿Por qué se lo hacemos cortar? Para que no se coman unas a otras en su jaula, donde ni siquiera tienen espacio suficiente para recostarse todas a la vez. Si esta increíble falta de respeto define la actitud de nuestra cultura actual hacia los animales, entonces, ¿cuánto respeto podemos tener por nuestros vecinos?

Monsanto, probablemente el líder mundial en modificación transgénica, ha interpuesto demandas cuando los cultivos de un vecino eran afectados por semillas patentadas de cultivos Monsanto. Entendámoslo bien: Monsanto crea nuevas formas de vida que nunca podrían existir mediante procedimientos de apareamiento históricamente respetuosos. Como los poderes establecidos, ya sean republicanos o demócratas, veneran el altar de arrogancia conquistadora y el pensamiento occidental orientado a las partes, Monsanto puede patentar estas formas de vida.

Monsanto, o sus secuaces, esos falsos granjeros, plantan estas nuevas formas de vida. Estas nuevas formas de vida contienen semillas y ocultan una orgía de material sexual llamada polen, que las corrientes de viento arrastran. Esta semilla contamina, o el polen impregna, las viejas formas de vida de un vecino, formas de vida normales, históricamente respetables, biomiméticas. ¿Me sigues? ¿No es como si tu vecino viniera y pintara tu casa con un espray? ¿No pensarías que Monsanto sería responsable por sus semillas fuera de control o por invadir las plantas del vecino? Quiero decir, el vecino posiblemente espere que sus plantas crezcan como las semillas que él plantó. Pero no, ahora de pronto esas plantas están adulteradas. ¿No pensarías que el dueño de esas nuevas formas de vida sería responsable de mantenerlas en casa, y de asegurarse de que esas extrañas proteínas y estructuras de ADN Frankenstein no se escapen de su control ni dañen al vecindario?

¿Qué pasaría si el perro de alguien se escapara y fuera por ahí apareándose con las perritas de todo el mundo? ¿Acaso no vendría un agente de protección de animales, mostrando placa y pistola de forma desafiante, a decirle al dueño del perro culpable: "escuche, amigo, será mejor que su perro se quede en casa"?

Pero Monsanto disfruta de un trato especial que conlleva una interpretación totalmente nueva de la propiedad privada y de la responsabilidad. De hecho, de una nueva interpretación de la regla de oro. En su arrogancia, de acuerdo con Monsanto, la regla es "trata a los demás como te venga en gana con total desconsideración por su bienestar, seguridad o deseos". Porque, queridos lectores (¿estáis sentados?), los tribunales de nuestra cultura han dictado el veredicto de que el pobre vecino maltratado, el mismo al que visitaron las nuevas formas de vida creadas por Monsanto, es responsable de esta orgía en sus campos, que nunca fue solicitada.

En otras palabras, el vecino cuyas plantas fueron contaminadas por las formas de vida aventureras y depredadoras de Monsanto es responsable por vulnerar una patente. Jeffrey Smith en *Seeds of Deception* [Las semillas del engaño] y Marie-Monique Robin en *El mundo según Monsanto: De la dioxina a los* OGM. *Una multinacional que les desea lo mejor* han hecho un trabajo magistral exponiendo a esta banda de despreciables seres humanos malintencionados y siniestros a los que llamamos Monsanto. Y lo que es aún más sorprendente, el presidente Barack Obama, supuesto amigo del hombre humilde, ha puesto al mismísimo vicepresidente de Monsanto, el defensor de los OGM, Michael Taylor, a cargo de la seguridad alimentaria. Es difícil imaginar un ejemplo más evidente de esquizofrenia intelectual. Te obliga a preguntarte quién manda en realidad en este país.

El secretario de agricultura del presidente Barack Obama, Tom Vilsack, fue elegido gobernador del año por el sector agrícola industrial amigo de los transgénicos cuando era gobernador de Iowa. ¿Acaso sorprende que aprobara la alfalfa transgénica y más especies transgénicas de maíz y remolacha? A 1 de abril de 2011, ochenta y un cultivos transgénicos han sido aprobados por la USDA y ni una sola solicitud ha sido denegada. ¿Quién en su sano juicio piensa que esta gente debería estar a cargo de la seguridad alimentaria?

Con la prensa dedicada durante el último par de años a la agricultura ecológica, la alimentación local y los mercados de productores, los defensores de estas tendencias piensan con demasiada frecuencia que tenemos el éxito asegurado. Esto es un gran error. A principios del 2011, la cuota oficial del mercado ecológico era un tres por ciento de todos los alimentos consumidos. La del mercado local está por debajo del dos por ciento. Incluso si no hubiera solapamiento, este tipo de alimentación tradicional sigue constituyendo menos del cinco por ciento de todo el sistema alimentario estadounidense. A veces tengo que aplacar mi euforia por el nuevo interés en estos temas con la cruda realidad de que, cada día, Washington D.C. consume cinco tráileres cargados de patatas fritas. A ver si logras hacerte una idea de lo que es eso.

El sistema alimentario local, ecológico y normal recibe una atención desmesurada de la prensa por dos motivos. Primero, es novedoso. Lo novedoso siempre entusiasma a los periodistas. Segundo, esta atención es una extensión directa del movimiento ecológico, que ha estado asociado al bando político más liberal. Los periodistas, según ellos mismos afirman, son en un ochenta por ciento liberales. En general, a los periodistas les encantan los granjeros ecologistas. Pero no seas ingenuo. Cuando los políticos se quedan a puerta cerrada saben que hay más estadounidenses que beben Mountain Dew y que creen en Monsanto que los que beben leche cruda y creen en Alice Waters. Lo siento, Alice.

La noción de que la propiedad es sagrada forma parte de la jurisprudencia inglesa. Tu casa es tu castillo. Hasta el Pentateuco considera la propiedad y los animales como una extensión del ser. El tipo de actitud que, tanto cultural como corporativamente, dice que debo pagar a Monsanto por las formas de vida que desde su campo violan la propiedad de mi huerto es indescriptiblemente absurda. Es algo que te deja sin palabras. ¿Cómo encontrar palabras para describir semejante parodia de justicia, una parodia que va en contra de todo lo que es razonable? Esto no es normal. Nuestra cultura ha perdido el sentido común.

Sírvete un trago de algo fuerte y siéntate para escuchar esto. Nuestra cultura ahora piensa que si tu planta de tomate tradicional no híbrida, que amorosamente plantaste, escardaste, regaste y nutriste, es impregnada por la planta transgénica de tomate Frankenstein Monsanto de tu vecino, *tú* tendrás que pagar a Monsanto derechos de propiedad por utilizar sus prostitutas. Eso es lo que es. Es comida prostituida. Todo lo vivo puede ser poseído por el mayor postor. Y si crees que la gente es promiscua, fíjate en las plantas. Su orgasmo de polen vuela con el viento y cualquier compañero vale.

Cuando empezaron a trabajar por primera vez con formas de vida transgénicas, los científicos dijeron que el polen se quedaría en casa. Al fin y al cabo, sabían que el polen no viaja muy lejos. Algo similar a la arrogancia con la que el doctor Francis Collins y el Proyecto Genoma Humano comenzaron a mapear el genoma humano, asegurando que encontrarían al menos cien mil pares gracias al análisis estadístico de probabilidad cuidadosamente documentado en las hojas de cálculo informáticas y basándose en la variabilidad genética conocida. La razón por la que el proyecto terminó un año antes de lo previsto no fue que los científicos fueran eficientes, sino que solo encontraron veinticinco mil.

Su conclusión, en una muestra de inusual humildad en la comunidad científica, fue: "Debe de haber mucho tejemaneje por aquí y por allí en el ADN para explicar todas las variaciones y no sabemos cómo funciona". ¡Caramba! ¿Queréis decir que estáis dispuestos a admitir que todavía hay misterios? Rápido llama al *New York Times*, que salga en portada: "La ciencia admite que el Misterio existe".

Y aun así Monsanto se mete en este campo como un intrépido pirata, con pata de palo y parche en el ojo, disparando al azar, haciendo estragos genéticos en nuestros huertos y animales. Aunque solo fuera por el hecho de que no se puede garantizar que estas formas de vida se queden en casa, la manipulación transgénica debería detenerse. Esa razón es suficiente para cerrar el grifo. ¿Te imaginas que yo creara un enorme vehículo que pudiera arrancarse solo, dirigirse solo y que yo no pudiera parar y que lo dejara suelto en una comunidad? Todo el mundo estaría enfurecido. Exigirían que abandonara su fabricación hasta que pudiera probar que no iba a atropellar al hijo de nadie ni atravesar su sala de estar.

Monsanto hace algo equivalente y la sociedad pone a sus abogados a cargo de la seguridad alimentaria. Este tipo de incongruencia entre pensamiento y práctica es más común de lo que la mayoría de nosotros estamos dispuestos a admitir. De hecho, todos tenemos incongruencias, aunque son mucho más fáciles de identificar en otros que en nosotros mismos.

En última instancia, mi respeto por la *cerdalidad* del cerdo está basada en el diseño. Para mí, se trata del diseño de un creador benevolente. Para otros, es un diseño evolutivo basado en la funcionalidad. Para los seguidores de la teoría Gaia, la madre tierra inventó al cerdo. En cualquier caso, pensar que el ADN no es más especial o sagrado que un trozo de plástico o que un accesorio de cobre extruido significa entender toda la vida como si fuera un simple mecanismo. La biología es algo más que mecánica.

Como dice John Ikerd, evangelista de la agricultura regenerativa y profesor emérito de economía agraria en la Universidad de Missouri, los pilares de la industrialización son la simplificación, la especialización, la rutina y la mecanización. Eso no es biología. Mi propuesta es que los sistemas biológicos, en directa oposición, son complejos, diversificados, espontáneos y dinámicos. Esta es la gran epifanía que espera a los científicos que ven la vida a través de una concepción mecánica del mundo.

Esto es lo que Sir Albert Howard, padrino del compostaje aeróbico científico, dijo en su obra esencial *Un testamento agrícola*: "los abonos artificiales llevan inevitablemente a una nutrición artificial, a unos alimentos artificiales, a unos animales artificiales y, finalmente, a unos hombres y mujeres artificiales". Lo midas como lo midas, las verduras cultivadas hoy con fertilizantes artificiales contienen menos nutrientes que las que se cultivan en compost. El perfil nutricional de la carne, el pollo, la leche y los huevos de animales criados en pastos se parece tanto al de los mismos productos criados por la industria como la noche se parece al día.

Sencillamente, no puedes desmontar un grano de trigo, analizar sus componentes, después fabricarlos en un laboratorio y recrear la misma nutrición. El conjunto vale más que la suma de sus partes y, aunque ese sea un concepto muy oriental que no tiene cabida en nuestras iluminadas cabezas occidentales, no por ello deja de ser cierto. Este es el argumento principal del fabuloso examen de la ciencia de la nutrición moderna que hizo Michael Pollan en su libro *El detective en el supermercado*. La visión del mundo en la que se basa la modificación transgénica, el pensamiento mecánico, es la misma que utilizan los fabricantes de comida cuando crean pseudocomida amalgamada, reconstituida, extruida y genéticamente prostituida.

No soy un científico. Y la mayoría de la gente tampoco. Aprendí hace mucho a dejarme guiar por el corazón y no por la cabeza porque, en última instancia, todos tomamos decisiones según nuestras emociones. En realidad no somos seres racionales. Pero sabemos lo que sabemos, sabemos lo que hemos visto. Nuestra percepción es un conjunto de experiencias y vivencias.

Aprendí hace mucho en los mercados de productores que la mayoría de la gente no puede con la ciencia. Cascaba uno de nuestros huevos en un plato y uno del supermercado en otro plato, exhibiéndolos prominentemente en la parte frontal de nuestro mostrador. Las mujeres se acercaban, con los niños a cuestas, y me preguntaban qué estaba demostrando. Empecé hablando de la vitamina B y las grasas poliinsaturadas y a la décima palabra el niño estaba tirando del brazo de mamá, rogando "Mami, ¿podemos irnos? Este tío es aburrido".

Después de que ocurriera un par de veces, decidí cambiar al método socrático (me vanaglorio de aprender muy rápido cuando se trata de comunicación). A la pregunta: "¿qué estás mostrando aquí?", respondía con otra pregunta:

—¿Qué ves tú?

Entonces ella hacía una pausa y decía:

—Bueno, este tiene un color más intenso y el otro está un poco pálido.

Mi respuesta era instantánea:

—¿Qué es lo primero que observas en tus hijos cuando no se sienten bien?

Ahora bien amigos, un consejo: no intentéis esto con los hombres. No funciona. Nunca he conocido a un hombre que pudiera distinguir unas mejillas descoloridas en sus chiquillos. Solo las mujeres las distinguen. Afortunadamente, todas las clientas son mujeres, así que puedes copiar esta guía sin riesgo.

A lo que ella respondía:

—Ah, tienen las mejillas pálidas, descoloridas. —Después, tras un momento de duda, el "momento eureka". —Ah, estos huevos están sanos, y estos, enfermos.

—¡Bingo! Eso es. Eres una madre maravillosa, inteligente y observadora. El mundo sería mucho mejor si hubiera más madres perceptivas como tú. Enhorabuena—.

A estas alturas la sonriente mamá está completamente encandilada.

—¿Ves algo más?— insisto.

Ella los mira de nuevo, ansiosa por meter otro gol en este examen socrático.

—Bueno, este está más alto y el otro está como flácido.

—¿Has oído hablar alguna vez del tono muscular?— Tienes que ser muy discreto con esta pregunta. Nunca preguntes el corolario más obvio: "¿Has oído hablar alguna vez de la flacidez de la mediana edad?". No, amigos míos, esa estrategia no tendrá éxito. Exprésalo como tono muscular y comerán de tu mano.

—Claro que sí. Así que este está fofo y le falta ejercicio.

—¡Bingo! Otra vez correcto. Dios mío, eres la mejor madre del mundo.

—Dame dos docenas.

—Te vas a llevar los mejores huevos del mundo, te garantizo que curarán todos los males de tus pequeños. Asegúrate de que coman todos los que quieran.

Me doy cuenta de que para algunos esto puede parecer un juego barato de manipulación, pero funciona siempre. ¿Por qué? Porque intuimos cosas. Incluso los científicos intuyen cosas. Como cuántos pares de genes ocupan el ADN humano. Y en una breve conversación las madres que van a hacer la compra para el sustento de la familia pueden intuir verdades como estas, que son tan exactas como todos los datos empíricos que puedas imaginar.

Sin duda, si todo el mundo se subiera al barco de la comida de verdad, Monsanto se vería en una situación muy complicada y Tyson, y muchos otros. Estas empresas no pueden permitirse que la gente conozca la verdad. Es demasiado devastadora para su negocio y la necesidad de denigrar a gente como yo, como si fuéramos una panda de catastrofistas insufribles, luditas paranoicos *vendemiedo* y anticiencia, está inducida por una comprensión muy real de que si mi manera de pensar se convirtiera en lo normal, se invertiría por completo el sistema alimentario. Por eso en este capítulo me estoy centrando en la filosofía, en la ética de la modificación transgénica. Cualquiera que esté interesado en el tema, que quiera ver los datos que rebaten esta ciencia diabólica, puede encontrarlos fácilmente en incontables espacios de investigación.

Los científicos siempre se ponen histéricos cuando digo esto, pero lo diré igualmente (me gusta ver a la gente cuando se pone histérica). La ciencia no es objetiva. Lo sé, en teoría sí lo es. Haces un experimento, mides los resultados, registras los datos y los analizas sin ninguna subjetividad. El problema es que somos seres subjetivos. Todos nosotros. Llegamos a cada situación con ideas preconcebidas. ¿Cuántas veces ha ocurrido que distintas personas analicen los mismos datos y lleguen a dos interpretaciones totalmente distintas?

¿Cuántas veces los experimentos que hacen los científicos están enmarcados según sus propias predilecciones? Hay un dicho que dice algo así: es difícil conseguir que la gente vea cosas que puedan perjudicar a su bolsillo. La investigación científica comienza con unas asunciones básicas, como el creacionismo o la evolución, la vida desde una perspectiva mecanicista o biológica, el mundo espiritual o no espiritual, la existencia o no existencia de Dios. Estas inclinaciones básicas afectan a cómo diseñamos los experimentos, a cómo observamos los datos y a cómo interpretamos los resultados.

Los científicos que me gustan a mí demuestran, sin la menor sombra de duda en mi mente, que la modificación transgénica es horrible, que el compost es mejor que los fertilizantes químicos y que el vacuno alimentado con pasto es mejor que el alimentado con cereal. Por cada científico que me gusta, puedo encontrar al menos otro que tiene el punto de vista opuesto. ¿Cómo explicamos un debate tan acalorado si la ciencia es realmente objetiva? La explicación es que no lo es y nosotros tampoco. Somos seres emocionales, subjetivos, sesgados y esa es la razón de que la filosofía, o el sistema de valores sea la clave de cómo interpretamos los datos, diseñamos los experimentos y, en última instancia, de lo que creemos.

Esta es la razón por la que he incidido en la parte filosófica de la discusión de los transgénicos. En 2010, unos sesenta y siete estudios científicos, procedentes de diferentes lugares del mundo, pusieron en duda la modificación transgénica. Algunos demostraron que la productividad era menor que la de los cultivos tradicionales. Algunos revelaron una mayor vulnerabilidad a enfermedades. Otros mostraron malas hierbas mutantes y otras anomalías biológicas. Pero creedme, si yo sacara el tema en un debate frente a un científico de Monsanto, este dispondría de un análisis científico y convincente, basado en datos rigurosos, para acabar conmigo, punto por punto. Esto puede llegar a ser exasperante, a no ser que te des cuenta de que la ciencia es una extensión de la psique humana y la psique humana en definitiva funciona desde la subjetividad.

De hecho, sugeriría que nuestra subjetividad filosófica o espiritual debería prevalecer sobre la ciencia para evitar que nuestra propia inteligencia termine perjudicándonos. Somos gente lista e inventamos cosas que luego no podemos metabolizar emocional, espiritual, mental o físicamente. Mi padre llamaba a esto "rebasar tus luces delanteras". Con demasiada frecuencia no nos damos cuenta de lo que estamos haciendo hasta que nos estrellamos contra algo que no pudimos ver o evitar.

Nuestra sociedad idolatra a la ciencia como si fuera la respuesta, el árbitro de los desacuerdos. Mucha gente piensa que si pudiéramos diseñar el experimento correcto, recoger los datos correctos y hacer una interpretación correcta, la irrefutable evidencia empírica convencería hasta al detractor más acérrimo. No es así. Al final, valoramos los datos en función de lo que intuimos, de lo que creemos que es. Para que quede constancia, soy un creacionista literal, me refiero a la historia de los seis días y todo ese rollo de "y Dios dijo". Cada vez que veo datos científicos sobre la vida se confirma mi punto de vista creacionista. Creo que este debate sobre los transgénicos es algo parecido. O lo entiendes por cómo es tu visión de la vida o no lo entiendes.

Una parte de este debate gira en torno a la diferencia entre preguntar "¿cómo?" y "¿por qué?". Como cultura, nos hemos aficionado a las cosas técnicas, al "cómo". Yo digo que somos tristemente ignorantes del porqué. Mientras no podamos responder el porqué, el cómo no es importante. La filosofía nos protege de las maquinaciones científicas. Si no somos capaces primero de manejar las ramificaciones filosóficas de la ciencia, puede que hagamos mejor suspendiendo los experimentos hasta que nos hayamos ocupado de la pregunta: "Entonces ¿cómo deberíamos vivir?".

Las muy reales ramificaciones de patentar la vida, de poseer formas de vida, de la polinización cruzada y de otros problemas, son absolutamente más importantes que la cuestión de si estas formas transgénicas de vida pueden producir plantas más grandes o animales más gordos. Y aun así, estamos tan intoxicados pensando en cómo producir animales más gordos o plantas más grandes, o más rápido o más barato, que no nos preguntamos el porqué. ¿Por qué necesitamos estas cosas? Yo diría que necesitamos estas cosas porque hemos fracasado a la hora de aprovechar al máximo las expresiones productivas de la naturaleza y ahora nos agarramos a dudosas soluciones técnicas para compensar el déficit. No las necesitamos porque sean necesarias: las necesitamos porque como cultura hemos despilfarrado nuestra energía, nuestros recursos y nuestra innovación en cosas que violan los patrones naturales en lugar de masajearlos con creatividad humana.

Para que nadie piense que estoy evitando abordar los supuestos beneficios de la manipulación transgénica, permitidme decir solamente que no veo la necesidad de ninguno de estos desarrollos. Cuando alguien dice: "La única manera de arreglar esto es...", inmediatamente le ignoro. Casi ningún problema tiene una sola solución. Asumir que los transgénicos son la única solución a las plagas o a la producción es, sencillamente, miope y simplista. Esto incluye muchas de las cosas supuestamente excelentes que la manipulación transgénica promete. Paul Stamets, sin duda el líder mundial en el aprovechamiento de los hongos, ha ilustrado una y otra vez las maravillas curativas de estos seres, con aplicaciones que van desde la limpieza de vertidos de petróleo hasta la eliminación de desechos tóxicos. Ojalá que los micelios prosperen, que lleguen a todos lados.

En cuanto a alimentar al mundo, creo que ya he cubierto adecuadamente el tema en otras secciones del libro. Normalmente, los problemas creados por la tecnología no tienen soluciones tecnológicas. Einstein dijo que no puedes solucionar un problema con el mismo tipo de pensamiento que lo creó. Por ejemplo, la solución al problema de las intoxicaciones alimentarias, que fue creado en las granjas industriales e inducido por el procesado en megainstalaciones, no se encuentra en la irradiación obligatoria. Tampoco se resuelve el problema de las malas hierbas con el *Roundup Ready.* Una nueva generación de super malas hierbas ya está invadiendo los campos a medida que las consecuencias genéticas inesperadas extienden su siniestra red.

Al final, las soluciones opacas controladas por las corporaciones, de alto coste y alta tecnología, no harán la vida de la gente común más fácil. Nunca lo han hecho y nunca lo harán. En nuestra granja, tenemos una política de visitas de puertas abiertas veinticuatro horas al día, siete días a la semana y trescientos sesenta y cinco días al año. Cualquiera puede venir sin avisar en cualquier momento a ver cualquier cosa. Ese es nuestro nivel de transparencia. Nuestra granja comparte de forma gratuita técnicas, raciones, todo. En el gran esquema de las cosas, ni siquiera somos propietario de las tierras, solo somos sus custodios durante unos años. Creo que cuando se realice el cómputo final en el libro de cuentas de la naturaleza, los principios que han protegido la integridad genética durante milenios perdurarán sobre aquellos desarrollados por corporativos en busca de patentes y beneficios, a quienes no les importan las ramificaciones biológicas, morales o éticas.

El mundo de la manipulación transgénica está lleno de intrigas, secretos, acuerdos a puerta cerrada e intenciones maliciosas. El simple hecho de concebir un plan para patentar semillas silvestres, para después exigir el pago de regalías a pueblos indígenas por cosecharlas, es perverso. Esto no es competición de mercado. Estos no son negocios normales. La encarnación del demonio no podría ser más conspiradora o siniestra. Son palabras duras. Pero estoy cansado de estas megacompañías, con sus fines oscuros, ganándose y agasajando con cenas a nuestros funcionarios electos, entrando y saliendo de las agencias reguladoras por puertas giratorias, recibiendo elogios por sus contribuciones a United Way*, y aparcando sus tráileres de reclutamiento en los campus universitarios para arrebatar a los mejores y más brillantes de nuestros jóvenes y convertirlos en la siguiente tropa de asalto. Esto no es normal.

---

* *[N. de la T.]* United Way es una ONG estadounidense que colabora con instituciones de caridad para mejorar la situación educativa, económica y sanitaria de diversas comunidades en todo el mundo.

¿Qué podemos hacer con esta fijación transgénica de nuestra cultura?

1. No compres alimentos que contengan transgénicos. Eso significa comprar productos ecológicos, locales, no procesados y conocer a tu agricultor.

2. Forma un grupo de estudio en tu lugar de culto para examinar lo que los apologistas de los transgénicos dicen en contra de los principios de tu tradición religiosa.

3. Como cultura, deberíamos admitir nuestro error al patentar la vida y criminalizar esta esclavitud malintencionada mediante la cual unos seres pueden poseer a otros.

4. Mírate en el espejo y decide de una vez por todas: ¿soy biológico o soy mecánico? Mi esencia más íntima ¿es o no, una máquina?

LO BARATO SALE CARO

El porcentaje promedio de los ingresos per cápita que los estadounidenses emplean en comprar comida es el más bajo de todos los países del mundo. Este mínimo histórico no es normal.

Ninguna sociedad en la historia ha gastado una fracción menor de sus ingresos en alimentos, calculada como un porcentaje de todos sus gastos. Otra interesante tendencia a la baja es la fracción de cada dólar vendido al por menor que termina en el bolsillo del agricultor. Tan solo hace cuarenta años, era cerca de cincuenta céntimos por dólar. Hoy es de tan solo ocho céntimos de media y continúa bajando.

Gran parte de ese descenso es debido a que el consumidor compra alimentos altamente procesados. Obviamente el procesado fuera de la granja y el valor añadido se compensa al nivel de la venta al por menor, pero no cambia el valor bruto de la materia prima a las puertas de la granja. Al más puro estilo hegeliano, hoy en día existen dos tendencias culinarias simultáneas. Una son las minicocinas, de menor tamaño que una sala de estar, diseñadas específicamente para personas que asumen que la preparación de la comida tiene lugar fuera de casa. La otra es la cocina *gourmet* definitiva del gastrónomo. Sin embargo, en su mayoría estas tampoco se utilizan demasiado para cocinar. Como porcentaje de los ingresos totales per cápita, los estadounidenses gastan menos en comida hoy en día que en la década de los sesenta del siglo XX. Cuando incluyes el valor de todo ese procesamiento, esta estadística es increíble.

Con tantos alimentos preparados fuera de casa, ¿cómo puede bajar tanto el precio? La respuesta: los precios de las materias primas han bajado. Para la mayoría de ellas, el precio ha bajado de forma continua durante los últimos cincuenta años. Si se mantuvieran a la par de la inflación, los salarios, la energía y los costes de maquinaria, la mayoría de las materias primas tendría que costar tres veces más de lo que cuesta. Para ir a la par del precio de la tierra, deberían costar veinte veces más. Con este descenso anómalo en picado del valor en la puerta de la granja, nuestra cultura ha fomentado una actitud de rapiña hacia los agricultores.

¿Qué ha sido del sueño del agricultor intelectual de Jefferson? Se reemplazó por el estereotipo del pueblerino palurdo que masca tabaco, suspende los exámenes y se tropieza con la maquinaria que tiene en el patio trasero. Ahora él es el guardián de nuestros recursos más preciados. Conocida como la fuga de cerebros rural, este fenómeno se ha llevado gradualmente a los mejores y más brillantes a los centros urbanos, dejando a los menos aptos a cargo del paisaje.

¿Es eso lo que queremos como nación? Hace poco dos parejas vinieron a la granja en un BMW recién comprado, para comprar algo de vacuno y pollo de pasto. De excursión de sábado tarde por el campo, se veía claramente que eran de clase alta. Los dos hombres elegantes, de pelo plateado, vestidos impecablemente y con aspecto de pertenecer a algún club de campo, iban en la parte delantera. Las dos mujeres de la alta sociedad, miembros del club de jardinería, con el pelo perfectamente arreglado y broches en las chaquetas, iban en los asientos de atrás.

Yo estaba en el edificio de ventas con dos aprendices cuando las dos parejas llegaron. Emanaban aires de pertenencia. Charlamos amigablemente durante un par de minutos y entonces una de las dos señoras, asombrada, exclamó: "Ustedes son caballeros muy elocuentes. ¿A santo de qué querrían ser granjeros?".

¿Veis, queridos lectores? Esta es la mentalidad universal en nuestra cultura. Y no es normal. Quizá alguien debería recordarnos que esta gran nación fue creada principalmente por granjeros. La mitad de los que firmaron la Declaración de Independencia eran granjeros, además de ser las personas más respetadas y reverenciadas de la sociedad. Hoy, a pesar de todos los libros que he escrito y todas las presentaciones que he hecho, aún puedo percibir la condescendencia de los anfitriones de los programas de entrevistas y los organizadores de eventos: "después de todo, no eres más que un granjero".

Recientemente pasé el control de inmigración en San Francisco después de dar una charla en la Universidad de Columbia Británica en Vancouver. Le pasé mi pasaporte al agente del INS* y él me preguntó qué estaba haciendo en Canadá.

—Estaba dando una charla en la UBC de Vancouver.

—¿A qué se dedica?

—Soy granjero.

Los que soléis viajar sabéis que esta gente no se anda con tonterías. Podrías bromear con el ayudante del *sheriff* local, pero no bromeas con los agentes del INS en los aeropuertos internacionales. Me miró, soltó el pasaporte y me amonestó duramente

—No quiero pitorreo ¿a qué se dedica?

—Soy granjero todos los días.

Pensé que me iba a llevar a una sala de interrogación. Con todo el sarcasmo que pudo, me dijo:

—¿Desde cuándo los granjeros van dando charlas por ahí?

—Bueno, fui a hablar sobre agricultura sostenible y sistemas alimentarios locales— respondí con toda la humildad y arrepentimiento que pude. Hay que saber elegir las batallas.

Se me quedó mirando durante un largo minuto y finalmente, visiblemente disgustado, puso el sello en el pasaporte y me dejó pasar. Amigos, no me lo estoy inventando.

Uno de nuestros aprendices se enamoró de una canadiense. Él vivía en el estado de Washington, justo al otro lado de la frontera con la Columbia Británica, donde se habían conocido durante un campamento de verano cristiano. Él regresó a la granja familiar de doce hectáreas y comenzó su actividad agraria con éxito. Cuando rellenó

* *[N. de la T.]* El INS o *Immigration and Naturalization Service* fue la agencia del gobierno de Estados Unidos a cargo de la admisión de personas a través de las fronteras del país hasta el 2003.

el papeleo del INS para traer a su prometida y esposa inminente, al otro lado de la frontera para vivir con ella, escribió "GRANJERO" en el espacio de "PROFESIÓN". El INS rechazó la solicitud porque ser granjero no es una profesión válida.

Tuvo que acceder a hacer algo "válido" durante cinco años para que ella pudiera pasar la frontera. Así que se hizo conductor de camiones. Los prejuicios contra la agricultura como una vocación válida impregnan por completo nuestra cultura. Nunca olvidaré la última entrevista que tuve con el consejero de mi instituto, cuando le dije que quería ser granjero. Parecía que le iba a dar un ataque epiléptico. "¡Qué desperdicio de cerebro! ¿Vas a despilfarrar así todas tus habilidades académicas?".

Incluso en la universidad, donde destaqué en los debates interuniversitarios, mis amigos y profesores pensaron que les había fallado por volver a la granja. De hecho, cuando dejé mi puesto en el periódico el 24 de septiembre de 1982 para volver a la granja a tiempo completo, todo el mundo pensó que estaba loco. Al fin y al cabo, todo el mundo sabe que "en el campo no hay ni un duro". Durante décadas hemos enviado a los mejores y más brillantes fuera del pueblo para que se convirtieran en médicos, abogados, contables e ingenieros de cuello blanco*, reservando la producción de alimentos a los bobalicones.

¿Tiene esto sentido? ¿Realmente queremos que los parásitos de la sociedad se encarguen de nuestro aire, suelo y agua? Compáralo con la sociedad española, que cuida de los bosques de alcornoques para criar el famoso cerdo de pata negra cebado con bellotas. En esa cultura, un hombre que sepa cómo podar los alcornoques es reverenciado tanto como un médico.

He aquí un maravilloso extracto de *La riqueza de las naciones* de Adam Smith:

> No sólo el arte del granjero, así como la dirección general de las faenas agrícolas, requiere más habilidad y experiencia que la mayor parte de los oficios mecánicos, otro tanto también ocurre con muchas ramas inferiores del trabajo en el campo. La persona que trabaja con

* *[N. de la T.]* En inglés se denomina trabajadores de cuello blanco o "white collar" a aquellos trabajadores con titulación, con frecuencia universitaria, que desempeñan trabajos técnicos o administrativos de oficina bien remunerados.

> latón o hierro lo hace con instrumentos y materiales cuya condición es siempre la misma o casi la misma. Pero el hombre que labra la tierra con una yunta de caballos o bueyes trabaja con instrumentos cuya salud, fuerza y condición son muy diferentes en cada ocasión. Y la condición de los materiales con los que opera es tan variable como la de sus instrumentos, y ambos requieren un manejo juicioso y prudente. Al labrador corriente, aunque es habitualmente considerado el paradigma de la estupidez y la ignorancia, no le suelen faltar ni criterio ni prudencia. Es verdad que está menos acostumbrado a la vida social que el trabajador mecánico que vive en la ciudad. Su acento y su lenguaje son más rudos y más difíciles de comprender por aquellos que no los conocen bien. Sin embargo, al estar habituado a manejar una variedad de objetos mayor, su comprensión es generalmente muy superior a la de aquellos otros cuya atención de la mañana a la noche está completamente ocupada en la realización de una o dos operaciones muy simples. La medida en que las clases más bajas de la gente de campo son realmente superiores a las de la ciudad es bien conocida por cualquier persona que, sea por negocios o por curiosidad, se haya familiarizado con ambas. Por eso en China y el Indostán parece que tanto la categoría social como los salarios de los trabajadores del campo son mayores que los de la amplia mayoría de artesanos y manufactureros. Y así probablemente ocurriría en todas partes, de no haberlo impedido las leyes gremiales y el espíritu corporativo*.

Me cautivan estos pasajes clásicos, no solo por su brillante y fluida prosa, sino también por la sabiduría atemporal de todo lo verdadero. A riesgo de aburrirte, permíteme que comparta otro de mis favoritos. En este caso, es un fragmento de Benjamin Franklin, escrito en 1784 cuando vivía en París:

> Muchas personas en Europa han expresado al que esto escribe, que es buen conocedor de Estados Unidos, directamente o a través de cartas, su deseo de viajar y establecerse en ese país, pero por ignorancia parecen tener ideas y expectativas equivocadas de lo que allí se obtiene. Por ello podría ser útil y prevenir inconveniencias, costosos e infructuosos

* *[N. de la T.]* Traducción de Carlos Rodríguez Braun, editorial Titivillus.

> traslados y viajes de personas inapropiadas, si el que escribe proporcionara algunas nociones sobre esa parte del mundo más claras y verdaderas que las que parecen haber prevalecido hasta ahora.
>
> Lo cierto es que, aunque en ese país haya pocas personas tan miserables como los pobres de Europa, también hay muy pocos de los que en Europa se llamarían ricos. Más bien prevalece una feliz mediocridad general. Hay pocos grandes propietarios de tierras y pocos arrendatarios, la mayoría cultivan sus propias tierras o practican algún trabajo artesanal o mercadería. Muy pocos son lo suficientemente ricos como para vivir ociosamente de sus rentas o ingresos, o para pagar los altos precios que se pagan en Europa por pinturas, estatuas, arquitectura y otras piezas de arte más peculiares que útiles.

Sin duda se perciben los valores utilitarios de Franklin. Que pocos sean ricos es para él una virtud americana. Compáralo con la sociedad a la que aspiraban en la novela clásica *Orgullo y prejuicio*, donde lo único que importaba era ascender de estatus por medio del matrimonio y no tener que trabajar para ganarse la vida. Franklin, sin duda el hombre de estado con más experiencia en comparación con los jóvenes miembros del Congreso Continental, aplaudía la necesidad universal de trabajar para ganarse la vida. Este no era ningún estado de bienestar. Me encanta su frase sobre el estatus económico: "una feliz mediocridad general". Si esto era lo normal en los primeros tiempos de Estados Unidos, ciertamente nos hemos apartado de ello, con nuestro asalto a la clase media y la estratificación de la situación económica donde los ricos son superricos y los pobres son superpobres.

Disfrutemos de un poco más de Franklin:

> Así, los genios que de forma natural han surgido en Estados Unidos, con tan grandes talentos, han abandonado de manera uniforme ese país por Europa, donde pueden ser recompensados de forma más adecuada. Es cierto que el conocimiento de las letras y las matemáticas se estiman allí, pero al mismo tiempo son más comunes de lo que se cree, existiendo ya nueve universidades, a saber: cuatro en Nueva Inglaterra y una en cada uno de los estados de Nueva York, Nueva Jersey, Pensilvania, Maryland y Virginia, todas ellas provistas de profesores instruidos, además de varias academias menores. En ellas se educan muchos

> de sus jóvenes en lenguas y aquellas ciencias que cualifican a los hombres para las profesiones de Teología, Leyes o Física. De ningún modo se excluye a los extranjeros de ejercitar esas profesiones y con el rápido incremento de habitantes en todas partes se les da la oportunidad de empleo, que comparten con los nativos. De oficios o empleos civiles, hay pocos, ninguno superfluo como en Europa y es una regla establecida en algunos estados, que ningún puesto público debería ser tan rentable como para convertirse en deseable.
>
> Con el predominio mayor o menor de estas ideas en todo Estados Unidos, no es posible que a un hombre con la posibilidad de vivir en su casa le valga la pena expatriarse con la esperanza de obtener un puesto público rentable en Estados Unidos. En cuanto a las oficinas militares, se encuentran terminando la guerra, con los ejércitos en un proceso de desmantelamiento. Ir allí es aún menos aconsejable para una persona cuya única cualidad para ser recomendada sea el hecho de haber nacido. En efecto, esto en Europa tiene su valor, pero es una mercancía que no podría encontrar un peor mercado que Estados Unidos, donde la gente no pregunta por un extraño con un "¿Es qué?", si no con un "¿Qué puede hacer?". Si el extraño conoce algún arte útil, es bienvenido. Si lo ejerce y se comporta correctamente será respetado por todos los que le conozcan. Pero un hombre de calidad, que en base a ella pretenda vivir del pueblo mediante algún puesto público o salario, será despreciado e ignorado.

Franklin deja claro que si piensas que serás respetado porque vienes de una familia con estatus o si crees que encontrarás un trabajo en el gobierno por la misma razón, ni lo intentes. De nuevo, qué diferentes somos en la actualidad. Nos visitan aquí en la granja bastantes clases de universitarios y nunca deja de sorprenderme cuántos de ellos piensan que lo único que pueden hacer es trabajar para el gobierno. Estos estudiantes de ciencias medioambientales, junto a los de ciencias políticas e ingenieros especializados en planificación, son orientados hacia los trabajos gubernamentales. Esta práctica no solo es anormal, yo la llamaría directamente antiamericana. Es irrespetuosa con Franklin y con todos los fundadores, que vieron en esta gran nación un espíritu empresarial, donde los puestos públicos y el favoritismo social eran poco habituales.

Franklin continúa:

> Siendo baratas las tierras en aquel país, con vastos bosques deshabitados de persona alguna y con poca probabilidad de ser ocupadas en tiempos venideros, en tanto que la propiedad de cuarenta hectáreas de tierra fértil llena de madera pueda ser obtenida cerca de la frontera en muchos lugares por ocho o diez guineas, hombres jóvenes robustos y trabajadores, que conocen el cuidado del maíz y del ganado vacuno, que es casi igual en ese país que en Europa, pueden fácilmente establecerse allí. Un poco de dinero ahorrado de los buenos salarios que reciben allí mientras trabajan para otros les permite comprar las tierras y comenzar con su plantación, para lo que son asistidos por la buena voluntad de sus vecinos y un poco de crédito. Mucha gente pobre de Inglaterra, Escocia y Alemania ha conseguido de este modo convertirse en granjeros pudientes en unos pocos años, mientras que en sus propios países, donde todas las tierras están ocupadas y los salarios son bajos, nunca habrían podido emerger de las miserables condiciones en las que nacieron.

Esta era y todavía es la tierra de las oportunidades. Creo que es fascinante cómo Franklin describe la densidad de población de Europa y el gran número de pobres. Para que los ricos vivieran tan lujosamente, muchos eran pobres. Si alguien dudaba de los cimientos agrarios de esta nación, este párrafo despeja las dudas. Sin duda el texto es en parte propaganda, pero puedo apreciar el atractivo de la vida agraria que Franklin dibuja. En otras palabras, considerar que la agricultura era una vocación noble y respetada era algo normal. Soy consciente de que las citas son largas, pero estoy seguro de que muchos lectores nunca han leído nada de Benjamin Franklin. Leemos textos sobre él, pero no leemos la historia viva en las palabras de su tiempo, sin adulterar ni filtrar por los prejuicios modernos. Me gusta dejar que las figuras históricas hablen y al hacerlo las encuentro refrescantes y profundas. Cuando encuentro pasajes como este, tengo la sensación de que nunca he estudiado historia. Espero que te ilustre igual que me ha ilustrado a mí.

Franklin prosigue:

> Debido a la salubridad del aire, al clima saludable, a la abundancia de buenas provisiones y por el estímulo para el matrimonio temprano, dado por la certeza de subsistencia con el cultivo de la tierra, el incremento del número de habitantes por generación natural es muy rápido en Estados Unidos, a lo que se añade la llegada de extranjeros; por ello la demanda de más artesanos de todos los tipos útiles y necesarios es continua, para proveer a esos agricultores de la tierra de casas, muebles y utensilios de gran tamaño, que no pueden transportarse bien desde Europa. Cualquier trabajador medianamente bueno de cualquiera de esas artes mecánicas encontrará trabajo seguro, y será bien pagado, al no existir impedimentos para que los extranjeros ejerciten cualquier oficio que conozcan, ni ningún permiso necesario. Si son pobres, empiezan como obreros o sirvientes y si son serios, laboriosos y frugales, pronto se convierten en maestros, estableciéndose a sí mismos en los negocios, contrayendo matrimonio, criando a una familia y transformándose en ciudadanos respetables.

Nótese que los artesanos no necesitan ningún permiso para desarrollar su oficio. Eso sí que ha cambiado. Hoy necesitas cinco licencias para clavar un clavo. Los artesanos cubrían las necesidades de los granjeros. Qué curioso giro. ¿No sería interesante que toda la fabricación en Estados Unidos se viera como un apoyo a los granjeros? En la actualidad, los granjeros son vistos universalmente como campesinos que producen ingredientes básicos para la industria. En la próxima sección, Franklin se refiere a las "artes mecánicas" como respetables refiriéndose a los trabajos que ahora llamamos de cuello azul*. El énfasis especial que Franklin pone en los oficios utilitarios es verdaderamente profundo. Si esto era lo normal en los albores de nuestro país, sin duda ahora nos hemos vuelto anormales. Espero el día en que los estudiantes de ciencias medioambientales se den cuenta de que en realidad lo más valioso que podrían hacer sería llenarse las manos de callos cultivando alimentos ecológicos.

* *[N. de la T.]* En inglés se denomina trabajadores de cuello azul o "blue collar" a aquellos trabajadores que desempeñan trabajos manuales y que están en la escala salarial más baja.

Y Franklin sigue:

> Además, aquellas personas con fortunas y capitales moderados, con varios hijos a los que mantener, y que estén deseosos de educarlos para dedicarse al negocio y de asegurar las propiedades para su prosperidad, tienen la oportunidad de hacerlo en Estados Unidos, mientras que Europa no lo permite. Allí pueden aprender y practicar artes mecánicas rentables, sin caer en desgracia por ello. Por el contrario, pueden adquirir respeto por tener dichas habilidades. Allí, los pequeños capitales repartidos en las tierras, que cada día se vuelven más valiosas por la llegada de más gente, aseguran perspectivas sólidas de abundantes fortunas para esos hijos [...]
>
> Habiéndose formado recientemente varios príncipes de Europa la opinión de que es ventajoso producir todas las mercancías y manufacturas dentro de sus propios dominios, para así disminuir o convertir en innecesarias las importaciones, muchos se han esforzado por persuadir a trabajadores de otros países con grandes salarios, privilegios, etcétera. Sin embargo, esto raramente se ha hecho en Estados Unidos y cuando se ha hecho, raramente ha tenido suficiente éxito como para alentar a que las personas lo lleven a cabo pues la mano de obra es generalmente demasiado preciada allí y es difícil mantener muchas manos juntas, con todos deseando ser maestros, y el bajo precio de la tierra inclinando a muchos a abandonar los oficios por la agricultura. En efecto, algunos han tenido éxito y han conseguido una ventaja, pero normalmente son los que requieren de solo unas pocas manos o en los que gran parte del trabajo se realiza por máquinas. Las grandes instalaciones de manufactura requieren grandes números de gente pobre para hacer el trabajo a cambio de un salario bajo. Estos pobres pueden encontrarse en Europa, pero no se encontrarán en Estados Unidos, hasta que todas las tierras interiores sean ocupadas y cultivadas y el exceso de gente que no pueda adquirir tierras busque un empleo.

Nótese la apreciación por el espíritu emprendedor. Franklin amonesta a los hombres de negocios europeos que intentan expandirse y crecer ofreciendo altos salarios. Aunque los pequeños negocios siguen siendo la columna vertebral de Estados Unidos, me disgusta la cantidad de estudiantes universitarios que conozco cuya ambición es trabajar para una gran compañía. Por otro lado, veo un flujo constante de gente de cuarenta y muchos o cincuenta y tantos que buscan desesperadamente una manera de liberarse a sí mismos del trabajo en una corporación. En su día aceptaron el trabajo en un cubículo, como en el cómic de Dilbert*, porque les ofrecía un salario estable y, al fin y al cabo, su familia y amigos les dijeron que no se podían ganar la vida con la agricultura. Al alcanzar la mediana edad, cansados del cubículo, comienzan a temer que llevar los papeles del jefe de un lado para otro sea todo su legado. Creo que aquí Franklin describe un anhelo normal: ser dueño de o trabajar en un pequeño negocio. Sin duda una granja cumple estos requisitos. Puedo atestiguarlo porque mi libro *You Can Farm: The Entrepreneur's Guide to Start and Succeed in a Farming Business* [Tú puedes ser granjero: La guía del emprendedor para poner en marcha con éxito un negocio agroalimentario] todavía vende miles de copias al año, a pesar de que se publicó hace diez. Estoy convencido de que miles de americanos inteligentes y brillantes se harían granjeros si realmente pensaran que pueden ganarse la vida con ello y ser respetados por sus familias.

Franklin termina:

> La casi general mediocridad de fortuna que prevalece en Estados Unidos obliga a su gente a llevar algún negocio para subsistir. Por ello, los vicios que surgen normalmente de la inactividad se previenen en gran medida. La actividad y el empleo constantes son grandes preservadores de la moral y la virtud de una nación. Así, los malos ejemplos para la juventud son menos habituales en Estados Unidos, lo que los padres aprecian con comodidad. En honor a la verdad, debería añadirse que la religión seria, bajo varias denominaciones, no solo se tolera, sino que se respeta y elogia. Allí no se conoce el ateísmo, la infidelidad es poco habitual y secreta. Así pues, las personas pueden vivir hasta una edad avanzada en aquel país sin que su devoción sea sacudida por el conocimiento de un ateo o un infiel. Y el Ser Divino parece haber manifestado su aprobación ante la mutua contención y amabilidad con la que las diferentes sectas se tratan entre sí, considerando la extraordinaria prosperidad con la que él ha tenido la gracia de favorecer a todo el país.

* *[N. de la T.]* Dilbert es el nombre de una tira cómica satírica cuya trama se desarrolla en una oficina.

¿No es genial? Creo que este pasaje enseña mucho acerca de la visión sobre la que se fundó este país. Nótense las ideas igualitarias, la visión agraria. No me pude resistir a incluir la parte final sobre las virtudes, solo por divertirme. Creo que el último párrafo acerca de la moral y la divinidad es especialmente interesante a la luz de los revisionistas modernos, que pintan a un Franklin *playboy* de vida alegre. Aunque Franklin no era un granjero, entendía la importancia de la agricultura como base de la cultura y como factor primordial en el desarrollo de los recursos de un paisaje.

Mientras no atraigamos a los mejores y más brillantes para que ejerzan de guardianes del paisaje, seguiremos sufriendo de una falta de ingenio y perspicacia en los negocios, necesarios para evitar que los granjeros hagan muchas de las cosas que hacen, como apuntarse al feudalismo (también conocido como firmar un acuerdo como ganadero para Tyson o algún otro conglomerado de empresas). O como plantar semillas transgénicas de Monsanto que me impiden a mí plantar otras de otro tipo.

¿Cómo sabremos que este prejuicio del granjero tonto ha desaparecido? Lo sabrás la próxima vez que vayas a un partido de fútbol infantil, cuando todas las madres saquen el pecho pavoneándose de los logros de sus pequeños prodigios en un desfile colmado de elogios y una de las mamás tenga la audacia de decir a todo pulmón: "bueno, mi pequeño Juan (o María) va a ser granjero". Si todas las madres dejan de hablar de pronto en un silencio reverente y exclaman: "¡genial! ¡Fantástico! ¡Qué pasada!", entonces sabrás que estamos progresando como cultura.

Tengo una pregunta para los gastrónomos ecologístas: ¿Cómo te sentirías si mañana vieras a tu granjero entrar en la ciudad conduciendo un BMW nuevo? Seamos honestos, ¿qué pensarías? Si es algo como que: "bueno, ya era hora. Estoy seguro de que se lo merece", entonces no estás entendiendo este mensaje. ¿Por qué no puede un buen granjero, uno que sepa cómo cultivar alimentos de suficiente calidad como para mantenernos lejos del hospital, ser tratado y recompensado como el cirujano cardiovascular que arregla el problema causado por la comida barata?

No tendremos a los mejores y más brillantes granjeros hasta que los consumidores se den cuenta de que un granjero excelente se merece un salario de ejecutivo y hasta que los consumidores exijan que sus habilidades estén en el mercado. Francamente, estoy cansado de que la USDA publique comunicados de prensa alabando el hecho de que los estadounidenses paguen menos per cápita en alimentos, como porcentaje de los ingresos, que ningún otro país del mundo. Ninguna agencia gubernamental ha tenido más éxito en aniquilar a su electorado que la USDA. Yo la llamo la UStúpiDA.

De todas las agencias gubernamentales, la USDA ha sido la más agresiva a la hora de crear y perpetuar esta política de alimentos baratos. ¿No entiende la gente que una política de alimentos baratos creará una política de granjeros baratos? ¿y que la política de granjeros baratos creará una política de paisajes baratos? ¿y que la política de paisajes baratos creará una política de suelo barato? Ninguna civilización puede estar más sana medioambiental o económicamente que su suelo. Ningún sistema de salud, ni ningún rescate de bancos, puede compensar una política de suelos en bancarrota, que es exactamente lo que la política de comida barata genera.

Esto, por supuesto, nos lleva directamente a la discusión sobre el elitismo. La pregunta más frecuente que recibo en todas mis presentaciones es esta: "¿pero puede un sistema alimentario local, regenerativo y basado en pastos alimentar al mundo?". Ya he tratado ese tema. La segunda pregunta más frecuente es: "En realidad, ¿no es este movimiento de comida ecológica un nicho para la élite?". Este es el corolario: "¿Cómo llevamos este tipo de comida a los desiertos de alimentos de las ciudades y a los pobres?".

Pues vayamos al grano.

1. Esta comida es mejor. Sabe mejor. Es superior nutricionalmente, según montañas de pruebas empíricas. Está más a salvo de patógenos. Decimos "lo barato sale caro" cuando hablamos de unas vacaciones, de ropa, casas, automóviles, pero por algún motivo esta afirmación no se aplica cuando se trata de comida.

La industria del pollo y sus colegas de camarilla del Servicio de Seguridad e Inspecciones Alimentarias (FSIS, por sus siglas en inglés) permiten que los tanques de agitación introduzcan agua helada en varios puntos porcentuales, en peso, dentro de los pollos. De este modo, los incautos estadounidenses están comprando un montón de agua. Debido a que el tejido de los pollos industriales es blando en lugar de firme, es extremadamente absorbente. En realidad, este tejido es esponjoso, gracias a la falta de ejercicio y de un hábitat adecuado para los pollos. Como resultado, las carcasas absorben mucha agua mientras se enfrían en los tanques de agua helada. Tú compras esa agua al precio que estés pagando por kilo de pollo. ¿Quieres nutrición o quieres agua?

Las claras diferencias en vitaminas y minerales entre la comida ecológica y la comida producida con químicos están bien documentadas. Cuando A. P. Thomson, fundador de Golden Acres Orchard en Front Royal, Virginia, envió por primera vez sus manzanas producidas biológicamente al laboratorio del estado, para realizar unas pruebas de contenido de azúcar y nutrientes, el laboratorio le pidió una segunda muestra, asumiendo que algo no funcionaba en la calibración de sus instrumentos. Las lecturas se salían de la gráfica. Thomson envió una segunda muestra. El mismo problema. Los técnicos del laboratorio no se fiaban de sus instrumentos; nunca habían visto nada parecido.

La revista *Acres U.S.A.* reimprimió un estudio realizado por los laboratorios Doctor's Data, que había sido publicado originalmente en el *Journal of Applied Nutrition* en 1993, y las diferencias eran sorprendentes. Este es un listado del incremento porcentual de los productos producidos biológicamente respecto a los producidos químicamente:

Incremento porcentual [%]

Elemento	Manzana	Patata	Pera	Maíz dulce	Trigo	Promedio
Boro	60	110	110	10	0	**70**
Calcio	40	50	40	1.800	120	**63**
Hierro	30	-20	240	160	75	**59**
Magnesio	40	50	30	300	430	**138**
Manganeso	50	0	120	1.800	540	**178**
Selenio	0	220	40	300	1.300	**390**

¿Entiendes ahora por qué los técnicos del laboratorio pensaron que su maquinaria fallaba? Estos datos se conocen desde hace mucho tiempo. A pesar de estudios como este, el cártel de la industria química continúa desdeñando los datos y diciendo que no hay ninguna diferencia. Cualquiera que haya probado una zanahoria o un tomate cultivados en compost y los compare con los cultivados químicamente puede apreciar la diferencia.

En nuestra granja hemos pagado algunos estudios a lo largo de los años. Compartiré algunos de los resultados principales. Uno de nuestros clientes tenía un amigo en el Instituto Nacional de Salud, que realizó un perfil de ácidos grasos. El importante es el ácido docosahexaenoico (DHA) debido a la proporción entre omega-6 y omega-3. Nuestra media de DHA era 552,5 y la del huevo industrial era 185,4. Otro que es importante es el ácido alfa-linolénico (ALA). En ese nuestros huevos promediaban 252,6, y los huevos industriales 87,3. Estos ácidos grasos esenciales alimentan el cerebro. Encienden y apagan genes. Son asuntos importantes, amigos. Y aun así la industria pontifica rutinariamente que un huevo es un huevo.

Mandamos hacer un perfil de lípidos en el laboratorio del Departamento de Nutrición Humana del Instituto Politécnico y Universidad Estatal de Virginia, comparando la grasa de nuestros pollos criados en pastos con la de pollos Tyson. El profesor a cargo del laboratorio no quería hacerlo, insistiendo en que estábamos malgastando nuestro dinero porque un pollo es un pollo. Unos pocos cientos de dólares más tarde hizo la prueba. Cuando nos pasó los resultados, dijo: "¿Veis? Os dije que no había diferencia".

¿Que no hay diferencia? Ahora mismo estoy mirando los resultados en el ordenador que tengo en frente. El promedio de grasa en nuestros pollos era de 0,54%, y el de los Tyson era 2%. En el perfil de lípidos, la grasa poliinsaturada (la realmente buena) era 23,3%, comparado con solo 19,5% en los pollos industriales. Si algún dietista colegiado está leyendo esto, sabrá que esos números son enormes. De hecho, una dietista que trabajaba en el hospital de nuestra comunidad en aquel momento se quedó tan impresionada por las comparaciones que observó en su propio laboratorio, que comenzó a prescribir nuestros pollos a sus pacientes con problemas cardiovasculares cuando les daban el alta. ¿Cuesta más esta comida? Puedes estar seguro de que sí.

¿Estás listo para otra? Dos estudiantes de último curso de biología de una de nuestras universidades locales hicieron un test de bacterias en nuestros pollos y los compararon con otros inspeccionados por la

USDA comprados en el supermercado. Hicieron un frotis en las carcasas listas para consumir y cultivaron las bacterias, que se miden en unidades formadoras de colonias (CFU) por mililitro. Los pollos procesados comercialmente, provenientes de Holly Farms, con sus sellos oficiales de inspección federal, promediaron... redoble de tambores, por favor... 3.600 CFU/ml. Los pollos criados en pastos de Polyface promediaron 133 CFU/ml. No sé si eres rápido con los porcentajes, pero eso equivale una diferencia de un dos mil quinientos por ciento. Si te importara tu salud, ¿cuál comprarías? ¿Cuesta más? Sí.

No te aburriré con los análisis en carne de vacuno de pasto comparada con carne rematada con cereal, pero una vez más las diferencias son de un trescientos por cien en las vitaminas del grupo B y enormes en el ácido linoleico conjugado. Las diferencias son simple y llanamente sorprendentes y cuestan más en la caja registradora.

Quizá en pocas cosas sean tan aparentes las diferencias como al comparar los huevos de gallinas criadas en pastos con los huevos industriales de gallinas en batería. Tiempo de conservación, manipulación, batido, sabor, en todo son muy superiores a su contrapartida industrial. Hace un par de años la revista *Mother Earth News* pagó por un estudio que enfrentaba a doce productores de huevos de gallinas criadas en pastos con el perfil nutricional de un huevo estándar de la USDA. Nosotros enviamos muestras a un laboratorio y los resultados de Polyface se pueden ver debajo. Sí, en efecto, son sorprendentes.

USDA VS. POLYFACE

	USDA	Granja Polyface
Vitamina E	0,97 mg	7,37 mg
Vitamina A	487 IU	763 IU
Beta-caroteno	10 mcg	72,2 mcg
Folato	47 mcg	10.200 mcg
Omega-3	0,033 g	0,71 g
Colesterol	423 mg	292 mg
Grasa saturada	3,1 g	2,31 g

Esta comida cuesta más porque es mejor en todos los sentidos.

2. La economía de escala favorece al sector industrial. Hace falta un tiempo para que un nuevo paradigma evolucione hasta el mismo punto de eficiencia en el que se encuentra el sistema al que está reemplazando. Ahora mismo, el incipiente movimiento de la comida local o, debería decir, de la comida normal, se lleva entre el 1,8 y el 1,9 por ciento de toda la comida consumida. No estoy incluyendo manzanas ecológicas enviadas desde China. A eso yo lo llamo ecológico industrial.

Curiosamente, estuve en una reunión con agricultores ecológicos chinos y se quejaban del compromiso y la adulteración de los productos ecológicos estadounidenses. "Nuestra certificación es mucho más exigente y fiable", decían. Siempre que hablo de este tema con productores ecológicos certificados estadounidenses me dicen que el sistema chino tiene fallos y no es de fiar. Queridos amigos, por eso lo local supera a lo ecológico. Pero tiene que ser local y transparente. Hace poco en una conferencia escuché a un granjero con puesto en mercados de productores decirles a los consumidores: "Si quieres elegir bien a tu productor, compra en el mismo puesto del mercado tres semanas seguidas. Cualquier granjero que no te haya invitado a ir a su granja para cuando le hagas la tercera compra no merece tenerte como cliente". Bien dicho, amigo mío.

Las intrincadas colaboraciones que dirigen el sistema alimentario industrial se han estado desarrollando durante décadas. Las colaboraciones de distribución necesarias para que los camiones salgan cargados y vuelvan cargados requieren una planificación exquisita y que haya implicadas muchas partes con intereses comunes. Si tienes un vehículo haciendo repartos, no te interesa que vaya vacío. Idealmente, intentas transportar algo a la ida y a la vuelta. Este movimiento de la comida local, en su infancia en estos momentos, no es todavía lo suficientemente sofisticado como para que haya suficientes partes convergiendo con intereses comunes que creen una economía de escala. Sin embargo, a medida que vaya ganando cuota de mercado, estas relaciones se desarrollarán hasta el punto en el que están las del sistema alimentario industrial hoy en día. A medida que eso ocurra los precios irán bajando.

3. Comprar alimentos sin procesar y preparar comida en casa es, probablemente, la mejor manera de combatir los altos precios de la comida. Las patatas fritas de bolsa se venden a dieciséis dólares el kilo. No sé de ningún productor artesanal de verduras, ecológicas o no, que venda patatas a dieciséis dólares el kilo. Pero con uno de esos aparatos modernos de cocina tan versátiles, podrías comprar las patatas más caras, añadir un poco de equidad sudorosa en la cocina y obtener patatas fritas como las de bolsa, para morirse de buenas y mucho más baratas que las compradas en el supermercado.

Un queso *cheddar* rallado de bolsa cuesta lo mismo que un queso mejor que no esté rallado. ¿Tan difícil es rallar queso? El precio de las pechugas de pollo deshuesadas es mucho mayor que el de un pollo entero. Puedes deshuesar una pechuga en unos treinta segundos. Las patatas o las zanahorias procesadas de cualquier manera son increíblemente caras, cómpralas enteras y crudas, y después hazles lo que sea que les quieras hacer: en rodajas, en cubitos, lo que sea. El precio de cualquier precocinado triplica al de los ingredientes. Probablemente lo peor sean los cereales de desayuno. Menudo ejemplo de pagar un montón de dinero por un poquito de nada.

Teresa lleva treinta años haciendo nuestro *muesli*. Compra los ingredientes en crudo: principalmente avena, pipas de girasol, coco y germen de trigo. Lo pone todo en una bandeja poco profunda y lo hornea. Es fabuloso, saludable y barato. Solo hay que añadir un poco de leche cruda entera y a disfrutar.

La comida procesada es cara. Incluso la comida rápida es cara. Para obtener la misma nutrición que hay en medio kilo de carne de pasto Polyface de primera, necesitarías varios Big Macs y te costarían mucho más que cuatro dólares y medio. Aunque nunca he visto un estudio sobre esto, estoy seguro de que si tomaras el carrito de la compra de un comprador típico, lleno de comida procesada y su coste, y después hicieras esos mismos artículos en tu cocina partiendo de ingredientes sin procesar, podrías comprar lo mejor de lo mejor y todavía ahorrar dinero.

Cuando digo cosas como estas los estudiantes de universidad siempre se quejan de no tener tiempo ni dinero. Recientemente, una profesora que trata temas de alimentación global me pidió que fuera a darles una charla a sus estudiantes. Quería hacer algo diferente, así que decidí ir y cocinarles unas tortillas. Le pedí a la profesora que fuera a una tienda y comprara un poco de salsa de tomate local y un poco de queso artesano producido en una lechería local. Llevé algunos de nuestros huevos de gallinas pastoreadas y zumo de manzana prensado en frío de Golden Acres Orchard, que es donde nosotros compramos el zumo de manzana.

Este maravilloso zumo de manzana prensado en frío tiene dos centímetros de sedimento en el fondo de la botella, y al beberlo parece que estás comiendo manzanas frescas. De hecho, tienes que contenerte o antes de que te des cuenta puedes haberte bebido el equivalente a seis manzanas y te harán falta veinticuatro horas para, digámoslo así, metabolizar el zumo. Podría crear un incidente en tu inodoro de compostaje.

Me presenté en la clase de esta prestigiosa universidad solo para chicas con los huevos, el zumo, unas sartenes y mantequilla. La profesora había reservado una sala con una cocina de cuatro fuegos y, mientras ella repartía el queso y la salsa, yo cascaba y batía los huevos mientras se empezaban a calentar las sartenes. En nada de tiempo, estábamos a pleno rendimiento, produciendo en serie tortillas de sesenta segundos tan rápido como las alumnas podían hacer cola para recoger una. Las llenamos con salsa y queso y todo el mundo recibió un vaso de zumo de manzana.

Al final del ejercicio, calculamos que la comida había costado aproximadamente un dólar y medio y que se tardaba unos tres minutos en hacer, contando la preparación de principio a fin, incluyendo la limpieza. A todo el mundo le encantó la comida, que estaba escandalosamente buena. Así que pedí una votación a mano alzada: "¿cuántas de vosotras habéis visto una película esta semana?". Todas las manos se alzaron. Eso son noventa minutos, suficiente tiempo como para preparar treinta comidas como esta.

Insistí: "¿cuántas de vosotras habéis comprado un refresco en una máquina expendedora esta semana?". Todas las manos se alzaron. "¿Y dos?". Todas las manos se quedaron arriba. Ya habíamos pasado el límite del dólar y medio, así que no hacía falta seguir con ello. Después lo rematé: "ahora bien, ¿quién se atreve a decirme que no tiene tiempo ni dinero para esto?". Ni una mano arriba. Sus expresiones avergonzadas mostraban que, en efecto, habíamos creado un "momento eureka". Saboreé la epifanía por un momento, dejando que las estudiantes pasaran un poco de vergüenza.

A continuación les dije: "nunca os permitáis a vosotras mismas ser víctimas. Nuestra cultura medra en el victimismo. Nos encanta invocar el "no puedo" y poner excusas. La realidad es que tendemos a hacer tiempo y tener dinero para las cosas que creemos que son importantes. Puedes comer basura si quieres, pero sé honesto y admite que es porque no te importa lo suficiente, porque eres vago, o por lo que sea. Ni tú ni yo podemos cambiar a los demás, pero sin duda podemos cambiar a la persona que nos observa desde el espejo. Decide hacerlo y guiarás a otros a través del ejemplo, hasta ver que el mundo te sigue. Sé el cambio que quieres ver y niégate a culpar a otros o a las circunstancias".

¡Uf! ¿Qué tal eso como charla motivadora? Cuando alguien dice que no tiene tiempo o dinero para preparar comida, me gustaría visitar su casa y ver si hay un televisor, pizzas congeladas y espaguetis en lata. Todo un derroche de tiempo y dinero.

Hace muchos años, en una charla que impartí en la Universidad de Guelph, en Ontario, el formato oficial del ayuntamiento incluía a tres de nosotros en un panel. Uno de los otros ponentes era una abogada muy capaz que vivía en la quinta planta de un edificio de apartamentos en Toronto. A continuación parafraseo los cinco minutos de monólogo con los que abrió su intervención.

Ella y su marido tenían un bebé. Cuando nació, se dio cuenta de que era responsable de la salud y el bienestar de aquella pequeña vida. Decidió darle el pecho para ser autónoma en ese aspecto. Entonces ella y su marido decidieron dedicar todo el tiempo y dinero que se iban a gastar al año siguiente en viajes y ocio en buscar los tesoros alimentarios de su entorno local, con el objetivo de que a finales de año no hubiera ni un código de barras en su despensa. Estando allí en pie, la joven madre con una carrera exitosa dijo, sonriente, "lo conseguimos".

Encontraron productores de cereal a los que les podían comprar por barriles. ¿Te haces idea de la cantidad de harina que puedes moler, utilizando un pequeño molinillo de cocina, con un barril de trigo de cinco dólares? Al menos el equivalente a cien dólares de harina. Encontraron una lechería, un productor de vacuno y un productor de verduras. Incluso encontraron productores de hierbas aromáticas, melaza y miel. Decidieron apagar la televisión, renunciar a las vacaciones y disfrutar encontrando sus tesoros de comida local. ¿No es una gran historia?

No estoy diciendo que vivas en pecado si no haces esto, pero lo que quiero resaltar es el ejemplo de la determinación de una familia a no hacerse la víctima. Sé que este listón supone un reto, al estar colocado tan arriba. La mayoría de nosotros no saltamos tan alto. Pero, ¿estamos dispuestos a saltar al menos hasta la mitad?

4. Las regulaciones gubernamentales no escalables discriminan desproporcionadamente a los pequeños negocios de procesado (mataderos, cocinas, obradores). En los siguientes capítulos profundizaremos más en este tema.

Si la policía de la comida, los inspectores de infraestructura, los administradores de urbanismo y demás servidores de lo público (lo digo con ironía, por supuesto) no pusieran trabas desmesuradas delante de los aspirantes a emprendedor, seríamos testigos de una proliferación de negocios independientes como no hemos visto en décadas. Sin ninguna duda, alguien trabajando en su propia cocina puede obtener y preparar sopas y caldos de alta densidad nutritiva de forma tan barata como el sector industrial. Los huertos instalados en solares vacíos dentro de las ciudades son increíblemente productivos.

La comida respetuosa con el medio ambiente puede producirse en el patio de tu casa o en el huerto de la comunidad, a un precio competitivo con cualquier alimento venido de lejos procedente del sistema industrial basado en monocultivos. El problema no es la producción, el problema es el procesado. La diferencia en el precio de la comida local no está principalmente en la producción, sino en su acondicionamiento para el mercado. La producción no está demasiado regulada por la policía de la comida ni por los inspectores de infraestructura, el procesado sí. Aquí yace el problema. Eso nos lleva de vuelta a la discusión de antes sobre comprar alimentos sin procesar. Desgraciadamente, la mayoría de la gente no va a comprarlos.

Si queremos entrar en el mercado de los alimentos asequibles, especialmente en zonas urbanas, tenemos que liberar a los negocios artesanales para que puedan utilizar la infraestructura doméstica culinaria que ya poseen y así sacarle provecho para la comunidad. ¿Cuántas iglesias tienen cocinas que están paradas durante la semana? ¿cuántas personas que adoran preparar comida lo harían para sus vecinos, su comunidad urbana, si pudieran quedarse en casa y hacerlo como un negocio?

Cada semana viajo por todo el país conociendo a miles de consumidores urbanos y a cientos de granjeros. Los granjeros están listos para producir. Los consumidores están listos para comprar. Pero les separa este abismo desmoralizador y para la mayoría infranqueable. Necesitamos una labor informativa que conciencie al público de que el mayor impedimento a la comida local asequible, incluso en las áreas más urbanizadas, es el laberinto de normativas que sofoca la creatividad empresarial.

Teresa y yo somos copropietarios de un matadero inspeccionado por el gobierno federal llamado T&E Meats en Harrisonburg, a unos cuarenta kilómetros de nuestra granja. Como utilizamos mano de obra legal, buenos profesionales y entrenamos al personal en distintas tareas para evitar que sufra lesiones por esfuerzo repetitivo, procesar un buey nos cuesta trescientos dólares, comparado con los cincuenta que le cuesta a Iowa Beef Processors (IBP). Esto no tiene nada que ver con el coste de producción, tiene todo que ver con los gastos generales no escalables derivados de las normativas. Las horas extra del inspector, los cambios de inspección casi diarios impuestos por la policía de la comida, los requerimientos de infraestructura como disponer de un baño y una oficina separados para el inspector, todo perjudica a las instalaciones más pequeñas.

He aquí otra realidad económica. Hace tan solo quince años las pieles todavía se teñían en Estados Unidos. Ya no. Todo se hace en China. Eso significa que los compradores de pieles que solían rodear a estos mataderos comunitarios ya no existen. Tan solo en 1995, T&E Meats recibía casi sesenta dólares por cada piel de vaca. Hoy, son cincuenta céntimos. ¿Por qué? Porque, con la consolidación de la industria de empaquetado de la carne y la pérdida del teñido nacional, el mercado de las pieles se mueve por contenedores.

Una enorme planta procesa cinco mil cabezas de vacuno (cabestros) al día. ¿Te haces a la idea de lo que es eso? Son cien tráileres llenos de animales cada día. Piensa en la peste, la sangre, las vísceras, las pezuñas, las pieles. Sí, las pieles van directamente a un contenedor que se lleva directamente a un puerto para ser cargado en un barco camino de China. Para nuestra pequeña planta, donde quizá generemos entre veinte y cuarenta pieles a la semana, ya no hay un punto de entrada. Nos han dejado fuera del mercado. Eso supone una pérdida anual de cincuenta mil dólares para nuestro pequeño matadero comunitario, lo suficiente para pagar una caldera nueva, un tejado nuevo, renovar la electricidad de la cámara o comprar una cámara más grande, o incluso aumentarles el sueldo a todos los que trabajan duro para asegurarse de que nuestros granjeros locales puedan tener acceso a restaurantes, escuelas y familias en nuestra comunidad. El megatamaño consolidado de todo absorbe los ingresos y los expulsa hacia fuera de la comunidad.

Veréis, si vamos a hablar de elitistas, creo que los verdaderos elitistas son las personas de este país que quieren negarnos a ti y a mí la libertad de comprar la comida que elijamos. La policía de la comida, que hace redadas en clubs de compra y granjas. Los defensores del consumidor que quieren que el gobierno inspeccione cada bocado de comida. El verdadero elitismo son esos burócratas que se yerguen en sus patas traseras para decir que los consumidores son demasiado estúpidos como para encontrar a un granjero decente. Los verdaderos elitistas son los que dicen que los granjeros son sucios y quieren hacer daño a sus clientes. No entiendo que me llamen elitista por querer comer la comida con la que creció mi abuela. Los verdaderos elitistas son los que me niegan ese privilegio y construyen un sinfín de barreras para proteger a los industrialistas globales de los campesinos con horcas en la mano... como yo.

5. *Las granjas diversificadas como la nuestra no reciben subsidios del gobierno.* Los granjeros que cultivan cereales no transgénicos para los omnívoros de nuestra granja (aves y cerdos) no reciben subsidios. Nuestra planta de procesado, T&E Meats, no recibe subsidios. De hecho, si se nos acumula el trabajo y tenemos que hacer un segundo turno, tenemos que probar que es necesario para conseguir que venga un inspector.

Si el gobierno no quiere mandar un inspector a nuestra pobre plantita, el FSIS sencillamente dictamina que no se ha mostrado una necesidad insalvable. Uno de los pequeños sucios secretos en la industria del procesado es que, incluso si una instalación cumple con todos los requerimientos de la policía de la comida necesarios para que se certifique como un negocio alimentario seguro, la visita del inspector no está garantizada. Sin un inspector, no puedes hacer funcionar la planta. Y como las plantas más grandes tienen más prestigio que las pequeñas, la policía de la comida tiene una actitud discriminatoria hacia los mataderos basados en una comunidad. Si una planta pequeña decide añadir un segundo turno, debe presentar una petición y la policía de la comida del gobierno es la que juzga y determina. Ella decide si la necesidad es suficiente como para justificar un inspector. Si dictamina que no, el pequeño matadero no podrá hacer nada. Lo siento, fin de la discusión. Los subsidios y los beneficios corporativos son para los grandes, no para los pequeños.

Pensemos en una analogía. Supongamos que hubiera cinco fabricantes de coches en el país y que el gobierno decidiera subvencionar a cuatro de ellos con unos cinco mil dólares por automóvil. ¿Sería justo quejarse al quinto por sus altos precios? Por supuesto que no. Y aun así, eso es exactamente lo que la gente hace cuando acusan al sistema alimentario ecológico basado en el entorno local de tener precios altos.

Nosotros cobramos el precio real de los bienes y el trabajo, no un precio artificial. Lo cierto es que el precio que pagas por la comida industrial normal del supermercado (procesada o no) en la caja registradora es una mentira. No representa las subvenciones. Los mayores subsidios no son los pagos directos a los granjeros, son una cuenta a cargo de la sociedad, que paga los costes externalizados. Los costes de los quinientos mil casos de diarrea alimentaria originados por una bacteria que los estadounidenses contraerán este año por comer comida sucia. ¿Cuánto cuesta un caso de diarrea? No lo sé, pero te garantizo que si se añadieran al precio en la caja registradora del súper, la comida no sería tan barata como parece.

Aquí en Polyface y en otras granjas como la nuestra, todos los costes están incluidos en el precio. No estamos creando una zona muerta en el Golfo de México del tamaño de Rhode Island, ni estamos creando salamandras de tres patas ni ranas estériles, tampoco estamos matando lombrices, las producimos. No estamos destruyendo el suelo, lo estamos construyendo y no estamos incrementando el carbono atmosférico, lo estamos capturando en el suelo, que es donde debe estar.

Los daños colaterales de las instalaciones concentradas de cebo, los pesticidas, los herbicidas y las balsas de purines ni siquiera han comenzado a contabilizarse. Puede que pasen décadas si no siglos antes de que el verdadero coste de este sistema alimentario anormal sea calculado. Le digo a la gente que la comida que producimos en Polyface es la más barata del mundo, porque todos los costes están incluidos. El precio no es una farsa.

6. *Hay dinero de sobra dentro del sistema para pagar buena comida.* ¿Se te ocurre algo que la gente compre y que no necesiten? Veamos, tenemos que reflexionar bien sobre esto. No estoy hablando de ti, sino del tío que se sienta a tu lado en el avión o en el metro. Esa persona. Sé que tú no comprarías nada que no fuera necesario. ¿Qué me dices de Starbucks? ¿refrescos? ¿tabaco? ¿televisores de pantalla plana? ¿Qué me dices de pantalones tejanos de diseño de cien dólares que ya vienen con agujeros en las rodillas? ¿*piercings*? ¿tatuajes? ¿cine? ¿vacaciones en Disney World? ¿coches elegantes o ropa de marca? ¿McDonald's o KFC? ¿la revista *¡Hola!*? ¿el viaje a Las Vegas? ¿donativos para los demócratas? ¿donativos para los republicanos? ¿mansiones lujosas? ¿joyería? ¿el campanario de la iglesia?

Verás, cuando te fijas, el sistema tiene riqueza de sobra para que todos seamos elitistas y comamos como reyes. De verdad. Es solo una cuestión de prioridades.

Recientemente un grupo de permacultura me pidió que diera una charla en un evento para recaudar fondos. La recaudación no era para ellos, era para comprar participaciones en una AAC* para familias necesitadas de su comunidad. Las granjas con programas de AAC venden participaciones de su producción, que reparten a lo largo de toda la temporada entre los participantes. El evento llenó hasta los topes un auditorio grande de la ciudad y al final de la noche, tras pagar todos los gastos, había sobrado suficiente como para comprar participaciones de programas AAC de verduras frescas locales para treinta y cinco familias de cuatro personas cada una.

* *[N. de la T.]* AAC son las siglas de Agricultura Apoyada por la Comunidad (o *Community Supported Agriculture*, CSA, por sus siglas en inglés). Se trata de un acuerdo entre el consumidor y el productor, mediante el cual el consumidor paga por adelantado la producción de todo un año para que el productor pueda disponer del efectivo necesario para sus inversiones.

¿Veis? Eso es negarse a ser una víctima. Eso es caridad real, caridad honesta, que siempre comienza a la puerta de mi casa, no en la puerta de la casa de otro. Si ese modelo fuera imitado en todo el país, miles y miles de familias podrían unirse a las filas de gastrónomos ecologistas fanáticos por la comida local.

Todos podemos mejorar. Si podemos conseguir dinero para ir al cine, para ir a esquiar o para un crucero, sin duda lo podemos encontrar para comprar alimentos con integridad. La realidad es que la mayoría de nosotros rascamos suficientes céntimos como para financiar aquello que nos apasiona. Si pudiéramos cultivar la misma pasión que sentimos por la ropa, los coches o el ocio por una comida normal y una vida normal, quizá viviríamos vidas más sanas y más felices.

Empezamos este capítulo hablando de las políticas de comida barata y de la falta de respeto por los granjeros. Yo sugeriría que los verdaderos elitistas de nuestra cultura son los que impiden que los guardianes en primera línea de nuestra nutrición y nuestro paisaje ocupen el lugar que merecen en la sociedad. Estoy totalmente a favor de restablecer el ideal de Jefferson del granjero intelectual. Cada uno de nosotros (granjeros, urbanitas, inquilinos) podemos unirnos al gran retorno de la normalidad jeffersoniana elevando el lugar que la comida ocupa en nuestra vida al altar que merece. Ese podría ser un paso gigantesco hacia la restauración de la normalidad.

¿Qué tal si hablamos de algunas ideas prácticas?

1. Quéjate a tu granjero por no cobrarte lo suficiente.

2. Pon pegatinas en tu nevera o en tu parachoques del tipo "Conoce a tu granjero".

3. Haz algunas comparaciones de precios entre alimentos procesados y no procesados.

4. Echa un vistazo a tus gastos y determina qué es innecesario. Añade esa cantidad a tu presupuesto de comida. Haz eso durante tres meses y luego dime que no tienes dinero para comprar buena comida.

5. Antes de decir que alguien no puede permitirse comprar buena comida, asegúrate de que en su casa no hay alcohol, café, tabaco, refrescos, platos precocinados, televisores de pantalla plana, iPods, tatuajes o música que no se pueda cantar.

APARTA TUS SUCIAS MANOS

A lo largo de la historia, las civilizaciones han fomentado la posesión de la tierra en una sucesión generacional continuada. Las personas asumen de forma universal que mantener una gestión y/o propiedad de la tierra sin interrupciones, que asegure la continuidad y la estabilidad, es una buena política. La mayoría de las personas piensa que es genial que un negocio haya pertenecido a la misma familia durante varias generaciones. Que nuestra cultura haya declarado la guerra a la transferencia generacional de la riqueza sencillamente no es normal.

¿Y cómo se manifestaría una guerra así? Impuesto de sucesiones. Los granjeros son famosos por su incapacidad para ponerse de acuerdo entre ellos. Los productores de maíz tienen intereses diferentes que los productores de cerdo. Los productores de verduras tienen intereses diferentes que los productores de caña de azúcar. Los productores de caña de azúcar quieren mantener las subvenciones. Los productores de verduras no obtienen subvenciones así que les gustaría que no existieran. Pero en una cosa he encontrado un acuerdo absoluto y universal: el impuesto de sucesiones es el mal.

En general, lo que voy a decir en este capítulo se puede aplicar a todo negocio familiar, pero creo que en la agricultura se manifiesta de manera más acusada porque el caso de los granjeros destaca por la riqueza en tierras y la escasez de dinero en efectivo. Sus posesiones son las menos líquidas y las que tienen un valor menos negociable. En un negocio familiar, sin embargo, dos asesores distintos pueden atribuir un valor muy diferente al negocio por pura benevolencia. Pero la tierra es una ciencia más estándar y no está sujeta a interpretaciones. El mercado es el que es, sin mucho margen para movimientos.

El mayor problema de las granjas es que su valor no está relacionado con su capacidad productiva. Deja que te lo explique. Si tienes un negocio de paisajismo, por ejemplo, las segadoras, palas, trituradoras y desbrozadoras tienen un valor directamente relacionado con su capacidad para generar ingresos. Es una relación estrecha. Si cortar el césped se convirtiera de pronto en una actividad muy lucrativa, el precio de la maquinaria necesaria para hacer el trabajo subiría. Si cortar el césped cayera en picado, el precio de la maquinaría caería de forma similar.

En la mayoría de los negocios existe este tipo de baile ajustado entre el valor productivo y el valor de la infraestructura. Pero desde la década de los setenta del siglo pasado, los precios de la tierra han subido abruptamente sin ninguna correlación con su capacidad productiva. Por primera vez en la historia de nuestro país, el valor de la tierra no tiene ninguna relación con el valor de su producción. Aunque el precio de las tierras agrícolas se doble en una década, la cantidad de luz solar que reciben al final de la década es la misma que les llegaba al principio.

Por lo general los granjeros tienen todo su patrimonio ligado a sus tierras. Mientras otros ponen su dinero en bonos y acciones, letras del Tesoro, planes de pensiones, oro, plata u otras inversiones, los granjeros lo labran todo de vuelta a la granja. La tierra agrícola representa la cartera de inversiones del granjero. Es su patrimonio, su jubilación, sus ahorros. Lo es todo. Para él es lo mismo que lo que son todas esas inversiones para el noventa y nueve por ciento de los que no son granjeros. Por eso, antes de comenzar esta discusión, todo el mundo tiene que comprender que, sea cual sea la actitud que tengas hacia las tierras agrícolas de un granjero, la misma actitud debería aplicarse a tu cartera de inversiones.

Casi puedo oír vuestros suspiros. Muchos de vosotros nunca lo habíais visto así, ¿verdad? Cuando la gente hable con desdén sobre lo que un granjero debería o no debería poder hacer con sus tierras o de cómo deberían valorarse o no valorarse, sencillamente imagina esa misma actitud hacia tu cartera de acciones. ¿Qué te parecería que un comité urbanístico cambiara de pronto el valor de tu cartera de inversiones? ¿Cómo te sentirías si mañana, mientras tomas café con un amigo que tiene acciones por el mismo valor que tú, cien mil dólares, en la misma compañía, te dijera que una agencia gubernamental local acaba de cambiar su tasación, cuadriplicando su valor? Pero esta subida no afecta a tus acciones.

Eso es lo que ocurre cuando una granja es recalificada como comercial o residencial, o cuando el gobierno decide instalar un suministro público de agua y alcantarillado en una zona rural. Por supuesto, también ocurre lo contrario. Cuando se recalifica a la baja, el valor disminuye. Esto les ocurrió a unos amigos nuestros cuando un comité de supervisores recalificó arbitrariamente, de la noche a la mañana, sus tierras a la baja, que pasaron de ser agrícolas a agrícolas en exclusiva. De pronto, muchas de las cosas que se podían hacer en esa propiedad bajo la anterior calificación, dejaron de poder hacerse bajo la nueva. Por lo tanto, el valor de su propiedad cayó en picado. Al otro lado de la carretera, donde se mantuvo la calificación agrícola, el valor de las tierras permaneció constante.

Tradicionalmente, ya fuera por medio del mayorazgo (el hijo mayor se queda con la herencia), el favor patriarcal o la cesión de las escrituras, las sociedades siempre han protegido la sucesión de la tierra. Cuando la tierra no puede ser transferida, toda la sociedad se resiente. En el extremo de esta discusión se encuentra, por supuesto, la guerra, en la que siempre hay una disputa por el control del territorio. Claramente, el control de las tierras es un tema candente.

¿Puedo ser franco? Nuestra granja de doscientas veinte hectáreas está valorada ahora en un millón y medio de dólares. Mamá y papá la compraron en 1961 por cuarenta y nueve mil. Sobre ella no cae ni un rayo más de sol que en 1961. Y aunque sin duda hemos incrementado su capacidad productiva, decir que la hemos multiplicado por treinta sería exagerado. Por mucho. Incluso si la hemos multiplicado por cinco, sigue distando mucho de treinta.

Con la nueva legislación del presidente Obama de 2010, nuestra cultura decidió de manera unilateral que para que yo herede esta granja, tengo que pagarle al gobierno un treinta y cinco por ciento de su valor. Eso equivale a algo más de medio millón de dólares. ¿Podrías parar de leer un momento y reflexionar sobre ello durante un minuto? ¿se te ocurre alguna razón por la que yo deba pagarle al gobierno más de medio millón de dólares para conservar esta granja?

A los demócratas liberales que pensáis que los ricos tienen que pagar impuestos os digo: venga ya. Yo soy una de esas personas supuestamente ricas. Uno de nuestros vecinos acaba de tener que pagar trescientos mil dólares en impuestos de sucesión solo para poder seguir siendo el dueño de su granja. Ha arrasado con los ahorros de toda su vida. Por suerte, él no es granjero, así que tenía algunos ahorros procedentes de lo que la gente de por aquí llama "trabajos públicos". Así llaman a cualquier trabajo fuera de la granja. Esta historia podría contarse miles de veces. Por amor de Dios, ¿qué razón puede haber para que una cultura convierta en prácticamente imposible que sus negocios agrícolas pasen a la siguiente generación? No solo es poco razonable, es directamente perverso. No hay una sola razón válida en esta verde tierra sagrada por la que un granjero tenga que pagar cientos de miles de dólares al gobierno para poder quedarse en su propia granja.

La sucesión ya es suficientemente difícil como para añadir esta zancadilla. La razón más importante por la cual la planificación de la sucesión de una granja es complicada es que, la mayoría de las veces, no todos los hijos tienen interés en la granja. De hecho, muchas, muchas veces ninguno de los hijos tiene interés. Trágicamente, muchos granjeros animan a sus hijos a no convertirse en granjeros, así que estos la abandonan con obediencia y se marchan a la ciudad a conseguir un trabajo de verdad. Un trabajo con vacaciones pagadas y seguro médico. Un trabajo que ofrezca reconocimiento social. Un trabajo que permita vivir en un lugar donde haya televisión por cable y reparto de pizzas a domicilio. Y cuando llega el momento de transferir la granja, no hay nadie a quién transferirla porque todos se han marchado a la ciudad. De hecho recibo cartas de granjeros mayores que me preguntan si puedo encontrar a alguien joven que esté dispuesto a heredar su granja.

Estos granjeros mayores adoran sus tierras y no quieren dárselas a sus hijos porque saben que las venderán al mejor postor sin pensárselo dos veces. Las adoran lo suficiente como para hacer eso. La imagen de mansiones lujosas saliendo como setas de sus pastos y bosques amados les rompe el corazón. De hecho, mi corazón se rompe por ellos. Soy consciente de que algunos de ellos han sido padres cascarrabias, cuyo "nunca lo haces bien" y cuya actitud ultrapatriarcal espantaron a los chicos. Eso ocurre más a menudo de lo que imaginas. Pero envejecer en la granja sin un poco de energía juvenil que ilusione a tu corazón con su frescura es más que deprimente. De todos los logros agrícolas por los que he recibido galardones, el que significa más para mí no es una placa colgada de la pared. El mejor de ellos es tener a cuatro generaciones viviendo en esta granja. Y cada día estoy rodeado de entusiasmo juvenil, tanto de hijos como de nietos. El contingente de aprendices y trabajadores en prácticas se añade a la mezcla, así como los subcontratistas y nuestro radiante equipo. El equipo de Polyface es sin duda el grupo de personas más energético, entusiasta, apasionado y capaz que podrías desear conocer. Ese es el mejor plan de sucesión que existe.

Pero todavía está el tema de las tierras. ¿Qué pasará después? Yo no tengo medio millón de dólares esperando en el banco para dárselos al gobierno cuando mamá se vaya. Y, por todos los santos, ¿por qué debería tenerlos? Esa es la pregunta que pide a gritos ser respondida. Incluso si fuera posible amasar esa cantidad de efectivo en preparación para heredar la granja, ¿por qué debe existir tal obligación? Miro los ojos brillantes y entusiasmados de los jóvenes que sienten ilusión por llevar esta granja más lejos en el futuro. Ese medio millón de dólares cuelga delante de mí como un peso enorme. Por favor mamá, mantente con vida.

Sé que algunos de vosotros, expertos en propiedades, estaréis diciendo: "Venga, hombre, pon tus asuntos en orden. Establece un acuerdo de custodia del territorio. Comienza un plan de compra anticipada. Mueve el culo y prepárate". Sí, te aseguro que estamos haciendo todo eso, pero es complicado. Contratar abogados cuesta mucho tiempo y dinero. Estoy desarrollando la cuestión del dinero porque creo que es importante entender el resultado final de esta política de impuestos de sucesión. Por supuesto que podemos evitarla, y sin duda no tengo ninguna intención de perder esta granja. Pero cuando podría estar haciendo tantas otras cosas más productivas, que se me obligue a perder tiempo y dinero en averiguar cómo escapar de esta penalización por herencia es, lisa y llanamente, incorrecto. Probablemente sea peor que eso, pero las alternativas no son lo suficientemente educadas para esta conversación.

Me gustaría construir un germinador tipo noria. Tengo otra idea para montar un refugio móvil cilíndrico y rotatorio para conejos. ¿Y qué tal un poco de vermicompostaje? Un inodoro tipo *moldering*. Tengo un montón de ideas pendientes que sanarían la tierra y mejorarían nuestros modelos productivos. ¿Por qué tengo que usar ese tiempo y esa energía creativa en averiguar cómo escapar del pago de medio millón de dólares al gobierno para poder quedarme en esta granja?

Volviendo a los hijos que no quieren la granja. En muchos casos, un hijo sí se queda y gestiona la granja. Los demás se van a la ciudad y tienen sus profesiones. Está bien. Un hijo pasa su vida profesional en la granja. Mamá y papá tienen ahora ochenta y tantos años. El hijo granjero tiene cincuenta y muchos o sesenta y pocos. La granja es todo el patrimonio de mamá y papá. ¿Con qué se quedan los otros dos hermanos? Si la granja se divide en tres porciones iguales, a partes indivisas, ¿qué querrán sacar de ella los hermanos que no la trabajan? ¿la querrán vender? ¿Querrán que el hermano granjero les pague un alquiler?

Si el hermano granjero no se hubiera quedado y trabajado en la granja, esta habría colapsado hace mucho, cuando papá y mamá se hicieron demasiado viejos para gestionarla. El hijo granjero la mantuvo en funcionamiento, arregló los cercados, la conservó. Y ahora de pronto se encuentra con un reparto a tres partes iguales con los otros hermanos, porque mamá y papá asociaron la herencia equitativa con el amor equitativo. Pero no es una herencia equitativa. El hijo granjero puso su vida en esa granja. Si hablamos de justicia, ¿por qué deberían llevarse algo los otros dos hermanos? A mí me parece que lo justo sería que el hijo granjero se quedara con todo.

El hijo que se distinguió como aquel que amaba la granja y desarrolló una trayectoria de éxito en ella no debería ser castigado con un pago a los hermanos que la abandonaron en cuanto pudieron. Este escenario ocurre miles y miles de veces al año y continuará siendo un dilema, porque el granjero estadounidense tiene ahora un promedio de sesenta años. En los próximos veinte años alrededor del cuarenta por ciento de las tierras agrícolas de Estados Unidos pasará a la siguiente generación. La planificación de la sucesión, con la dinámica que acabo de describir y las emociones familiares ya es suficientemente difícil. El hecho de añadir medio millón de dólares en impuestos de sucesión es, lisa y llanamente, poner sal en la herida.

Por desgracia, los ecologistas tienden a ver los acuerdos de custodia del territorio e instrumentos similares como una manera de mejorar este problema. Pero, ¿de qué sirve conservar la tierra si no conservamos a los granjeros? ¿Qué es lo que le gusta a la gente de las tierras agrícolas? Un bucólico paisaje pastoril no se da por sí solo. Hacen falta granjeros que muevan el ganado, reparen los cercados, limpien los árboles muertos o caídos y pinten los edificios. Sin granjeros, lo único que queda es abandono, deterioro y tierra salvaje. No es eso lo que reconforta al espíritu humano.

Las imágenes pastoriles colgadas en la pared tienen un efecto calmante en nuestra alma. Sospecho que es principalmente porque muestran orden. Aprecio el valor de la tierra salvaje, sí que lo hago. Pero un paisaje agrario bien cuidado, un entorno pastoral, muestra un cuidado que un estado salvaje no evoca. Expresa custodia, casa y hogar. Eso es lo que nos atrae.

A menos que los grupos ecologistas empiecen a luchar contra este problema de sucesión, en lo que a mí respecta sus esfuerzos son inútiles. Si todo el esfuerzo que se ha invertido en crear acuerdos de custodia se hubiera empleado en eliminar, de una vez por todas, los impuestos de sucesión, probablemente habrían ayudado a que las granjas sigan siendo granjas mucho más que con cualquier otro instrumento. Cuando queremos resolver un problema, tenemos que ir al meollo del asunto, no ocuparnos solo de los síntomas.

A medida que hay menos gente con algún tipo de lazo con un pedazo de tierra, la ética del campo de este país se erosiona dramáticamente. Un granjero mayor, amigo mío, me lo explicó hace poco así: "lo único que importa es el ocio. Estados Unidos no es más que un gran campo de juego. Tu granja y mi granja, no son más que un enorme campo de juego". Me atrevo a decir que está en lo cierto. El descaro que exhiben algunos grupos que, o bien se apropian de tierras privadas o definen su uso estrictamente, haría que los fundadores de esta nación comenzaran una nueva revolución.

Un amigo granjero de California quería volver a la finca de su familia. Su abuelo la había puesto en marcha y su padre se había mudado allí en duelo tras la muerte del abuelo. El padre trabajaba en la ciudad pero disfrutaba de la finca, donde gestionaba un pequeño establo para caballos que le proporcionaba unos pequeños ingresos complementarios. La madre tenía un negocio de peluquería para perros allí y su hijo, de poco más de veinte años en ese momento, decidió establecerse en la finca con su mujer. Sólo había una casa, la que había sido del abuelo. ¿El problema? Los verdes, en un esfuerzo por preservar los espacios abiertos, habían impulsado una normativa que impedía que se construyera una segunda casa en la finca. ¡Su finca! ¿Qué se supone que tenía que hacer esta pareja que adoraba el campo? Supongo que los verdes querrían que se fueran a vivir al pueblo, desde donde tendrían que conducir todos los días. Eso tiene mucho sentido desde el punto de vista de la huella de carbono. Además, trasladarse a diario es costoso y, en este caso, cualquier persona razonable puede ver que no tiene ningún sentido.

Buscaron múltiples alternativas. Todas las puertas se cerraban. Desesperados, encargaron una *yurta* a la compañía *Pacific Yurts*. Estas estructuras no se consideran casas. Ahora mismo son una de las mejores maneras de esquivar la legislación. No son autocaravanas, así que no se pueden "aparcar" ilegalmente. Pero tampoco son una casa, así que no se pueden construir ilegalmente. No hay ninguna ley que diga que no puedes acampar en tu propia propiedad. Así que construyeron una *yurta*. Si no has estado en una, son bastante chic. Son geniales.

En seguida, la llegada de un bebé hizo que necesitaran más espacio. Así que instalaron otra, conectada a través de un pasadizo cubierto. Ahora una tercera complementa todo el complejo, y diez años después se las arreglan en su *triyurta*. ¿Les gustaría tener una casa? Desde luego. ¿Sería más fácil su vida si tuvieran una? Probablemente.

Ahora deja que te haga una pregunta: si de pronto se aprobara una ley que dijera que no puedes acceder a tu cartera de inversiones, ni comprar ni vender durante, digamos, cinco años, y la razón fuera que los políticos quieren que las cosas se queden como están ¿qué pensarías? Sí, eso me parecía. Te parecería indignante. Patalearías, echarías humo y alzarías tu puño diciendo: "no es justo. Es mi dinero. Son mis acciones y mis bonos. Debería poder hacer con ellos lo que me diera la gana".

Ah, ¿en serio? Amables lectores, eso es todo lo que los granjeros están pidiendo. En nuestros grupos ecologistas de planificación urbanística no pensamos en ese tipo de ramificaciones, ¿verdad? La regla de las consecuencias imprevistas es muy real. Nosotros nos enfrentamos a los mismos problemas en nuestra granja. Estamos desesperados por construir un alojamiento para los aprendices, e incluso para los encargados, hortelanos y trabajadores de los frutales. Santo cielo, en doscientas veinte hectáreas tenemos tantos rincones y recovecos para encajar pequeños domicilios semienterrados, con tejado de invernadero y alimentados con energía solar, que nadie vería nunca a los demás. Pero estamos en una zona calificada como agrícola.

Los conservacionistas de las tierras agrícolas han decretado que las casas y las tierras de labor no van juntas. Ahora bien, me doy cuenta de que nosotros somos una granja poco habitual. La norma se aprobó para frenar el desarrollo incontrolado. Pero cuando el plan del uso de la tierra se aprobó, los granjeros que tenían tierras cerca de la ciudad, recalificadas de pronto como comerciales, recibieron dinero caído del cielo. De pronto el valor de sus tierras pegó un salto desde diez mil dólares por hectárea hasta sesenta mil. De la noche a la mañana, de un plumazo. El día que los políticos ratificaron la recalificación fue el día en que el valor de la tierra cambió.

Las granjas que se quedaban fuera de esa línea arbitraria ni siquiera podían construir una casa para el encargado de la granja o vender una porción a un amigo. Normalmente estas líneas de recalificación son dibujadas por expertos en planificación urbanística, que vienen de lugares lejanos. Llegan en un avión, estudian los mapas y comienzan a trazar líneas. Que estas líneas arbitrarias puedan crear de la noche a la mañana millonarios e indigentes es algo que nunca pasa por sus mentes porque están haciendo algo bueno: planificar el uso de la tierra. Su noble ministerio de la planificación del uso de la tierra está por encima de cualquier injusticia, de cualquier ocurrencia caprichosa, porque este trabajo es importante. De nuevo, imagínate que el mismo tipo de control externo caprichoso fuera aplicado a tu cartera de inversiones.

Tengo un amigo que quería montar una carpintería al lado de su casa. Resultó que estaba situada en una zona agrícola. Ni hablar. Bueno, podía construir una carpintería y lo hizo. Puede hacer trabajos increíbles. Puede arreglar sillas, construir muebles. Un buen trabajo. Lo único que no puede hacer es vender nada o cobrar por sus servicios, porque eso es un negocio y no querríamos que hubiera negocios en una zona agrícola.

Una querida amiga mía es granjera de cuarta generación en sus tierras. Su padre tiene mi edad y las tierras fueron anexadas por la ciudad hace unos veinte años en una agria e interminable batalla legal entre la ciudad y el condado. La ciudad ganó y esta granja, un hermoso y disperso complejo de praderas, casas de labor y cuadras que cubre unas quinientas hectáreas gestionadas por tres miembros de la familia, tuvo que hacer frente de pronto a los impuestos urbanos. De la noche a la mañana, los impuestos de propiedad pasaron de quince mil dólares a sesenta mil. Sin recibir un rayo más de luz solar. Sin tener más hierba. Nada había cambiado, excepto la designación escrita en un papel del gobierno. El valor de mercado de estas tierras, por supuesto, se puso por las nubes.

Alguna gente dirá: "Bueno, ¿de qué se quejan? Menudo chollo, les cayó dinero del cielo. Esa pandilla de memos desagradecidos debería dar las gracias".

No lo estás entendiendo. Mi amiga granjera, la hija en este caso, había crecido allí. Su familia había sido la propietaria de ese lugar durante cuatro generaciones. Que unas maquinaciones políticas te echen abruptamente de tus tierras es antiamericano. El ayuntamiento dice que con estas tierras urbanizables está perdiendo dinero público. Cuando la ciudad aumenta los impuestos de esta manera, la familia se ve obligada a abandonar las tierras. Mientras tanto, en la ciudad hay cientos de casas vacías, locales comerciales vacíos, escaparates vacíos. Los problemas económicos de la ciudad sin duda no tienen nada que ver con el potencial de urbanización desconocido de esas quinientas hectáreas.

Nuestro país se ha convertido en una teocracia. Venera el dinero. El dinero lo convierte todo en correcto. Se abusa del derecho de expropiación para condenar tierras o edificios, haciendo sitio para centros comerciales o apartamentos. Nuestro condado estuvo a punto de apropiarse de tres granjas para traer una planta subsidiada de Toyota. Yo solía creer que las expropiaciones eran necesarias. Ahora, en la mayoría de los casos, sé que no lo son. Quizá si el derecho de expropiación no existiera, los que manejan los hilos se verían forzados a ser más creativos con las soluciones que proponen.

A lo mejor en lugar de instalar líneas de alcantarillado, lo que necesitamos es fomentar los inodoros de compostaje. A lo mejor en lugar de instalar tuberías de agua potable, deberíamos fomentar el uso de depósitos. A lo mejor en lugar de construir carreteras, tendríamos que agrupar las casas a una distancia accesible a pie para que no se repartan por todo el territorio. No tengo todas las respuestas, pero he visto algunas soluciones extremadamente creativas para alojar a las personas e integrar a las comunidades sin tener que ocupar tanto terreno.

He escuchado decir que una vez que un terreno ha sido urbanizado, se ha perdido para siempre. No te lo creas. ¿Dónde están las ruinas de las antiguas civilizaciones? Si todo el mundo se marchara de la ciudad de Nueva York hoy, en tres años se verían árboles brotar entre las grietas de las aceras. En una década, se verían enredaderas trepando por los muros de los rascacielos. Y en cien años sería un bosque. De veras. No tengo ningún deseo de que eso ocurra, pero estoy usando el que posiblemente sea el ejemplo más extremo de urbanización para desbancar la idea de que el desarrollo urbano destruye la tierra para siempre. No lo hace. Todos esos suburbios podrían fácilmente volver a ser granjas.

Una vez estaba instalando un cercado eléctrico a lo largo del arroyo en el campo que hay en frente de nuestra casa. Un camino de tierra público va paralelo a ese arroyo. Instalamos un sencillo cercado eléctrico a lo largo del arroyo para evitar que el ganado se meta en él, lo que permite que en los bordes crezcan arbustos y árboles. Yo estaba en el lado del arroyo que da al campo y desde el camino no se me podía ver.

De pronto, escuché un disparo. Venía desde el camino, a unos quince metros de mí. Corrí hasta el puente y retrocedí por el camino hasta una furgoneta. Sentado en la cabina había un hombre joven vestido por completo con atuendo de caza. Le sorprendí, probablemente tanto como él a mí, y le pregunté qué estaba haciendo.

—Disparar a un ciervo que estaba de pie aquí al lado —dijo él.

—Ese es mi campo, y yo estaba de pie aquí al lado—, le grité. Llevaba conmigo una vara de hierro del cercado eléctrico, por si acaso, y la blandía amenazadoramente, llamándolo por su matrícula de coche.

—No sabía que *tabas* ahí— farfulló, intentando mover el tabaco de mascar a un lado de la boca para ganar un poco de claridad verbal. Le hacía falta algo más que eso conmigo, te aseguro.

—Esto es propiedad privada. ¿Qué te da derecho a venir por la carretera y disparar en mi terreno?— le presioné.

—No he visto ningún cartel de 'no pasar'.

—Entonces si vas a Walmart y no ves un cartel de 'no robar', ¿significa eso que puedes 'cazar' todo lo que veas en las estanterías?— Buen juego de palabras, ¿eh?

—Bueno no, creo que no.

Para que todo quede claro, estoy presentando la historia en su versión apta para ser impresa. Yo estaba a lo mío, montando el cercado eléctrico en silencio, cuando de repente, ¡bum! Suena un rifle de largo alcance a unos pocos metros de distancia, en una tarde que por lo demás estaba siendo bucólica y apacible. Creedme, estaba dispuesto a ponerle la vara de acero en el cuello y hacerle escupir el tabaco de mascar.

¿Qué creéis que le habían enseñado? ¿de dónde pensáis que había sacado la idea de que la vida salvaje y la tierra están ahí para que cualquiera se apropie de ellas? ¿de dónde creéis que sacó la idea de que podía ir a cualquier parte en cualquier momento siempre que no hubiera un cartel de 'no pasar'v que le impidiera la entrada? Queridos lectores, esta actitud anormalmente arrogante hacia la propiedad privada ha sido promovida por personas con buenas intenciones que piensan que saben mucho más acerca del uso de la tierra que los que estamos aquí cortando cardos, moviendo vacas y reparando el tejado del establo.

Sé que mucha gente estará diciendo ahora con voz entrecortada: "Pero, pero, pero, ¿qué pasa con todos los granjeros que contaminan? ¿qué pasa con las instalaciones concentradas de cebo y los vertidos de estiércol? ¿qué harías si un vecino río arriba estuviera contaminando el agua que baja hasta tu propiedad? ¿qué pasaría si alguien construyera un cebadero al lado de tu casa?".

Primero, no me opongo a las decisiones sobre el uso de la tierra tomadas por la comunidad. Si una comunidad quiere vetar las CAFO, me parece estupendo. Es algo que afecta a todos por igual. Nadie puede tener una CAFO. Mi problema es la injusticia de un planificador de urbanismo sentado en su oficina y trazando líneas arbitrarias en un mapa que no permiten que mi propio hijo trabaje conmigo en la granja mientras que a un tío situado a medio kilómetro le vuelven multimillonario de la noche a la mañana. Si los constructores tuvieran que cargar con todo el peso de sus proyectos, sin una sola concesión en impuestos, desarrollos de infraestructura, ni nada, los proyectos se construirían más despacio.

En nuestro condado, construyeron un centro de distribución de Target en tierras agrícolas de primera. Conectar ese complejo de dieciséis hectáreas al sistema de alcantarillado y agua potable del condado costó menos de lo que cuesta conectar una residencia unifamiliar. Este es el tipo de cosas que fomentan el desarrollo urbano. Si el desarrollo urbano tuviera que cargar realmente con todos sus costes, tendría lugar más lentamente y de una forma más orgánica.

Segundo, aunque me incline hacia la filosofía libertaria, lo compenso con un gran sentido de la responsabilidad personal. Si alguien contaminara el río que pasa por mi casa, lucharía para asegurarme de que esa persona lo limpia. Completa y totalmente. Ahora mismo, no dentro de diez años. Si esto lleva su negocio a la bancarrota, no pasa nada. Si se aplicara esa norma en todo el país, muchos de los negocios que hoy en día están en el *Fortune 500* no existirían. No creo que eso fuera necesariamente algo malo.

De nuevo, no me opongo a los negocios, ni siquiera a los grandes negocios. Pero me opongo vehementemente a los negocios que ensucian, a los negocios que abofetean a sus vecinos. Con burocracias regulatorias que imponen el arbitraje en lugar de los litigios, los negocios más grandes compran concesiones como el estatus *Superfund** en lugar de ser considerados responsables a nivel personal

* *[N. de la T.]* Según la legislación estadounidense, alcanzar el estatus *Superfund* signi-

por sus fechorías. Esta es una diferencia fundamental entre el socialismo y las leyes. Nadie debería necesitar que la Agencia de Protección Medioambiental (EPA, por sus siglas en inglés) diga que contaminar un río es malo. Si contaminar un río es malo, permite que los perpetradores sean llevados ante un tribunal formado por sus vecinos (sus pares), que determine la sanción. Esto dejaría a los políticos fuera y también a las burocracias, lo que es bueno porque las agencias regulatorias están gobernadas mediante puertas giratorias por las industrias a las que regulan.

Lo que necesitamos es que los negocios y, ya puestos, cualquiera, se mueran de miedo ante la perspectiva de dañar a un vecino. Eso debería incluir a los militares, al presidente, a todos. Si alguno de los peces gordos se llevara unos buenos azotes es posible que no se pusieran tan gallitos.

Tercero, el paraíso no existe a este lado de la eternidad. No hay política totalmente positiva sin su punto negativo. El otro lado de la balanza de los alimentos que sanan a las personas y a la tierra es que cuestan más en la caja registradora. La ventaja es que no vas tanto al hospital.

Bueno, entonces, puede que no necesitemos tantos hospitales. Oh no, las acciones de Humana* caerán. Pero en su lugar, los negocios artesanales prosperarán y algunas enfermeras y doctores podrían abrir miniconsultas en su vecindario con un huerto al lado. Estoy intentando ayudar a que todos entendamos que todo se relaciona con todo. No se puede cambiar una política sin que se produzca un efecto dominó.

¿Recuerdas cuando la administración de Obama puso en marcha el programa *Cash for Clunkers*** para coches viejos? Estaba destinando a estimular la economía. Lo que realmente hizo fue negar a miles y miles de personas de bajo poder adquisitivo la oportunidad de tener un coche. Muchos de estos coches usados no eran viejos en

---

fica que un lugar ha sido identificado como candidato a la limpieza de residuos tóxicos con dinero público destinado a tal efecto (el superfondo o *Superfund*).

* *[N. de la T.]* Humana Inc. es una compañía de seguro médico de Estados Unidos.

** *[N. de la T.]* El *Car Allowance Rebate System*, conocido popularmente como *Cash for Clunkers*, fue un programa de incentivos para la renovación del parque automovilístico estadounidense similar al conocido como plan RENOVE en España.

absoluto, sino excelentes coches de segunda mano y menor valor. Estos son los coches que la gente menos pudiente, como yo, tenemos la costumbre de comprar. Nunca he comprado un coche nuevo. Al ordenar la destrucción de estos coches, en lugar de su reciclado en el mercado de los vehículos usados, este programa negó la posibilidad de tener coche a aquellos que menos pueden permitirse uno nuevo. Es una de las cosas más elitistas que nunca he visto. Increíble.

Cuando se aprobaron las ayudas para la crisis de las hipotecas, si la gente se declaraba insolvente, podían refinanciarla con intereses extremadamente bajos. ¿Por qué razón se sorprendieron estos políticos supuestamente inteligentes cuando la gente dejó de pagar la hipoteca solo para declararse insolvente y poder conseguir los nuevos intereses más bajos? A los escandalizados expertos que diseñaron el programa para el presidente Obama les pilló por sorpresa que la gente pudiera hacer tal cosa. Hay que ser tonto.

El director de la Reserva Federal aseguró que la crisis bancaria que tuvo lugar tras el plan de rescate financiero de Bush y Obama no podía haberse predicho y que le pilló por sorpresa. Ah, ¿en serio? Los asesores de inversiones no gubernamentales habían avisado a sus clientes de que llegaría el ineludible día del juicio. No puedes obligar a los bancos a conceder préstamos a gente a la que nunca se le otorgaría uno en un mercado normal sin poner en peligro la industria de las hipotecas. Las políticas tienen consecuencias. Nunca deja de sorprenderme cómo a la gente que supuestamente sabe lo que hace se le pueden escapar las enormes ramificaciones de sus políticas. Eso es lo que están haciendo con los impuestos de sucesión de las granjas.

Cuando gravas la herencia, destruyes granjas. Es así de sencillo. No se me ocurre ninguna cultura, en ningún momento de la historia, que haya llegado a desalentar la transferencia de la tierra entre generaciones. Normalmente la gente va a la guerra por cosas así. Incluso es sagrado en culturas tribales primitivas. Hasta en las culturas tribales de tala y quema en el corazón de Indonesia, los líderes de las tribus distribuyen los campos en base al uso histórico de las familias. Mi hermano vivió en Indonesia durante quince años y lo conoce.

¿Acaso nuestra cultura se ha vuelto demasiado sofisticada como para dar valor a cosas tan mundanas como la transferencia de tierras entre generaciones? Si queremos preservar la cultura de la agricultura, hay que empezar reverenciando a aquellos que se dejaron la vida en un trozo de tierra. En la agricultura ya hay bastantes presiones como para añadir los cambios de propiedad. La tierra continuará cambiando de manos, igual que lo ha hecho durante siglos. Pero hacer más difícil el paso de una generación a la siguiente con impuestos de sucesión es aberrante e inmoral a un tiempo.

Entonces, desde el punto de vista de la legislación, he aquí algunas opciones:

1. Eliminar todos los impuestos de sucesión. Punto. La muerte no debería ser un suceso gravable. Esto hará que la transferencia de tierras agrícolas sea más fácil y eliminará del sistema un enorme incentivo al desarrollo urbanístico.

2. Persigue vigorosamente a aquellos que contaminen o cuyas acciones invadan la propiedad de otro. El viejo refrán "tu libertad termina donde comienza la del otro" probablemente sea apropiado en este caso. Cualquiera que contamine debería encargarse de limpiarlo y cargar con todo el coste de la limpieza. No necesitamos un montón de normativas medioambientales para hacer que esto ocurra. Es simple: ¿hay toxicidad en el río? Si la hay, encuentra de dónde está saliendo y persigue a los culpables. En el mundo de la agricultura industrial, existen todo tipo de protecciones para asegurar que los que contaminan nunca paguen por la limpieza o para que ni siquiera se les acuse. Una vez más, el sector agrario industrial se siente muy cómodo entre los reguladores y arreglan sus problemas durante partidas de golf. Si no hubiera reguladores y los ciudadanos particulares impusieran las rectificaciones a través del *sheriff* o la policía del estado, entonces la promiscuidad entre lo público y lo privado sería menos probable. Hoy, internet ha democratizado la información y puede convertirse en la palanca que active boicots y conocimiento público. Creo que la gente tiene la capacidad de responder a todas estas indignantes perpetraciones negándose a comprar.. Por ejemplo, ahora mismo, una fábrica CAFO de huevos con su sello de inspección de la USDA tiene mucha más credibilidad que una explotación basada en pastos que no tenga la infraestructura requerida por el sello. Si no hubiera sello de inspección, seríamos nosotros, las granjas basadas en pastos, contra la industria. Tal y como están las cosas, es nosotros contra la USDA, las compañías de seguros, las universidades agrícolas estatales, la comunidad científica y la industria.

¿Quieres otro ejemplo? Cada año, cazamos varios ciervos en nuestra granja y llevamos los recortes deshuesados, junto con un poco de manteca de cerdo, hasta una familia cerca de Harrisonburg que lo convierte todo en una maravillosa mortadela. Sacamos unos cincuenta kilos o más que nos comemos nosotros mismos, regalamos un poco y lo compartimos con los aprendices y trabajadores en prácticas. Es un almuerzo rápido y perfecto, que te sacia. Pero no podemos llevar carne de vacuno al mismo obrador porque las regulaciones sanitarias lo prohíben. Esta mortadela sabe mejor, es más nutritiva y mucho más segura que cualquier cosa con sello de la USDA que encuentres en el supermercado. Pero el sistema sentencia que la nuestra no es tan buena y hace que la gente lo crea, solo porque no lleva el sello de aprobación de la USDA. Si no hubiera requerimientos de la USDA para la mortadela, nuestro producto hablaría por sí solo de forma tanto empírica como subjetiva, pero ni siquiera podemos tener esa conversación debido a las normativas.

Quizá valga un ejemplo más. Lo que nosotros llamamos nuestra "carne de vacuno alimentada con un *buffet* de ensalada" está alimentada exclusivamente con pasto, sin nada de cereal, en tierras que han recibido aportes de compost y se han pastoreado biomiméticamente durante décadas. Sin embargo, no podemos decir que sea ecológica, porque el gobierno se ha apropiado de la palabra. Los rumores dicen que en el futuro podríamos tener que obtener una licencia para utilizar la frase "alimentado con pastos". Pero ahora mismo, la mayoría de la carne de vacuno ecológica de Estados Unidos se cría en cebaderos y su perfil nutricional es el mismo que el de la carne de vacuno industrial normal de cebadero. El hecho de que la alimentada con pastos pudiera ser muy superior nunca se escucha, porque los ecologistas, los gastrónomos y el gobierno están embobados con lo ecológico y ese es el término certificado por ley.

3. El derecho de expropiación debería existir solo en situaciones de vida o muerte. No por seguridad. Ahora esta palabra está tan trivializada que ha perdido su sentido. Creo que "peligro de vida o muerte" podría funcionar mejor. Solo deberían existir expropiaciones motivadas por un peligro de vida o muerte.

4. Todos los grupos de conservación de las tierras deberían dedicarse a averiguar qué impide que las granjas sean negocios rentables. Cuando lo hagan, deberían utilizar todas sus influencias para resolver esos problemas. Creo que lo que averiguarán es que los impedimentos a la rentabilidad de las granjas son en realidad muchas de las cosas por las que ellos mismos votaron, como que haya más policía de la comida, más restricciones en los espacios verdes y más protecciones laborales.

Cualquiera que piense que la única manera de asegurar la protección de los trabajadores es la burocracia regulatoria no está siendo creativo. La protección de los trabajadores puede imponerse a través del mercado, mediante certificaciones independientes y mediante concienciación pública. Si existe suficiente presión del público como para crear una burocracia regulatoria, ¿por qué no utilizar esas influencias para imponer la integridad en el mercado?

5. Permite que las tierras agrícolas se utilicen de forma amplia. Si un granjero quiere montar una comuna en su granja, ¿qué tiene de malo? Si quiere un asilo, un restaurante, una cocina de sopas, una tienda, un campamento de verano, ¿qué hay de malo en esos usos? Lo cierto es que la agricultura rentable no es más estática que la sociedad. Lo que era rentable hace treinta años no es necesariamente rentable hoy. Congelar la imagen de las granjas a la de hace treinta años es ingenuo y anacrónico al mismo tiempo. Las granjas tienen que poder cambiar con los tiempos.

Ahora que en nuestra cultura hay prácticamente el doble de personas encarceladas que personas viviendo en granjas, tenemos todo un conjunto diferente de realidades de negocio, nuevas presiones y nuevas oportunidades. Estas granjas necesitan poder adaptarse al nuevo clima. Congelarlas en tiempos pasados equivale a condenarlas al fracaso. Y esto no es normal.

CAQUITA ESTÉRIL Y OTROS OBJETIVOS CULTURALES DE MAL GUSTO

Lo que en épocas pasadas solían ser simples transacciones entre productor y comprador, generalmente con algún intermediario en algún sitio, en tiempos recientes se ha convertido en un laberinto de pesadillas logísticas y protocolarias. Pensarías que un supermercado situado a quince kilómetros de nuestra granja, por ejemplo, podría suministrar nuestros huevos, pollo o perritos calientes. Pensarías que una universidad a tan solo treinta kilómetros podría tener acceso a la abundancia de nuestra granja solo con llamarnos y hacer un pedido. Pensarías que un restaurante que quisiera nuestras salchichas podría conseguirlas con bastante facilidad.

Nunca en la historia de la civilización ha existido el número actual de trabas entre los sistemas alimentarios locales y su distribución para cubrir necesidades. La gente me pregunta constantemente: "¿por qué no podemos comprar vuestros productos en el supermercado? ¿por qué no podemos utilizarlos en los servicios de comedor de nuestra universidad?". Contestaré a esas preguntas con algunas historias reales, sin adorno ni exageración alguna.

Hace varios años, el consejo directivo de una universidad local adoptó un compromiso de abastecimiento local de comida. Contrataron a un nuevo chef para sus servicios de comedor e inmediatamente este contactó con nuestra granja para empezar a consumir nuestro pollo, vacuno y cerdo pastoreados. Estábamos eufóricos y le aseguramos que estaríamos encantados de servirles. No volvimos a saber nada en un par de semanas así que lo llamé, contestó el teléfono e inmediatamente me preguntó si podía llamarme en unos minutos. Bien.

El teléfono sonó unos pocos minutos después. Había montado en su coche y se había marchado del campus para hablar conmigo desde su teléfono móvil. Dijo que tenía que ir a algún lugar privado donde nadie pudiera escuchar la conversación. Como suele ser el caso, la universidad había subcontratado los servicios de comedor a una compañía especializada como Aramark o Marriott. Una cláusula de no competencia en el contrato impedía que entrara en el campus comida de un proveedor no registrado en esa compañía. Se sentía frustrado con esta nueva traba y dijo que sus superiores habían decidido comprarle el pollo a Tyson porque tenían una instalación de procesado en la ciudad, así que podían argumentar que era local.

¿Qué queremos decir con la palabra "local"? Quizá nadie la haya definido mejor que Michael Shuman, fundador de BALLE (Business Alliance for Local Living Economies), y autor de *The Small-Mart Revolution* [La revolución del micromercado]. Él utiliza el acrónimo LOIS "locally owned and import substitution" (de propiedad local y reemplazo de importaciones) como término descriptivo para que un negocio se pueda considerar local. La idea es que las personas responsables de la toma de decisiones, los cargos más altos en la organización, deben vivir en la misma comunidad que los cargos más bajos. Deben ir a la misma iglesia y sus hijos jugar en el mismo equipo de fútbol.

Por supuesto, según esa definición, la planta de procesado Tyson, solo porque esté situada en la misma ciudad que la universidad, no se considera un negocio local. El presidente no vive allí. Ninguno de los miembros del comité directivo vive allí. Y aun así este es el tipo de discurso engañoso que la gente utiliza para hablar mucho sin hacer luego lo que predican.

Otro chef nos contactó desde otra universidad local y comenzó a comprar nuestros productos... durante un solo mes, hasta que Aramark se enteró. Nos topamos con la misma cláusula de no competencia de antes, excepto que esta contenía un giro inesperado. Aramark tenía el contrato del comedor, pero subcontrataba la adquisición de comida a Sysco.

Hablé con el director regional de Aramark y le pregunté por qué no podía aprobar los envíos de productos Polyface a la universidad, en este caso, la Universidad de Virginia (UVA) en Charlottesville. Los estudiantes estaban implorando nuestros productos, los chefs los querían. Suministrábamos a más de veinte restaurantes exclusivos a pocas manzanas de la universidad. No era una cuestión de legalidad, solo era un protocolo interno que les forzaba a comerciar con proveedores de Sysco.

En nuestras conversaciones él insistía en que su prioridad era proteger la salud de los estudiantes de la UVA. Le pregunté por qué no podía acercarse en persona, comprobar lo que hacíamos y ratificar el producto. Era evidente que se sentía mucho más seguro tratando con carne procedente de instalaciones concentradas de cebo situadas en China, siempre que estuvieran respaldadas con todo el papeleo, que tratando con una granja situada a unos pocos kilómetros de distancia donde cualquier estudiante podía venir e inspeccionar por sí mismo en cualquier momento.

Más o menos al mismo tiempo nos llamaron de un restaurante con un pedido de setecientos kilos de salchichas a la semana. Es una cantidad importante, pero lo gracioso es que el producto debía repartirse en un camión de Sysco para que llegara con todo lo demás. Siempre me he preguntado si es apropiado que el papel higiénico, las gambas y los huevos sean transportados en el mismo camión. Pero ese es el nuevo modelo.

Llamé a Sysco y decidí averiguar qué haría falta para convertirse en un proveedor de Sysco. Estaba pensando que si no puedes luchar contra ellos, únete a ellos. Recuerda, tanto para la UVA como para el restaurante, nuestro camión de reparto pasaba por delante de su puerta cada semana igualmente. Añadir a estos clientes a nuestra distribución no habría sido difícil. Hacer aquellas paradas habría sido fácil.

Lo único que Sysco pedía era una póliza de responsabilidad civil por productos defectuosos por valor de tres millones de dólares y una cláusula de exención de responsabilidad. Yo no tenía ningún problema en firmar una cláusula de exención de responsabilidad, pero en aquel momento solo teníamos una póliza por valor de un millón de dólares. Nunca he sido muy amigo de los seguros de responsabilidad civil, en parte porque creo que en nuestra cultura hay demasiados abogados chupasangres y en parte porque el riesgo de ser demandado es directamente proporcional al valor de tu póliza. Tener un seguro significa que hay un botín más grande a la vista.

Pero como me gustan los retos y disfruto desmontando trabas arbitrarias, decidí intentar obtener la cobertura de tres millones de dólares para ver si era verdad que podíamos convertirnos en un proveedor de Sysco. Después de muchas llamadas de teléfono, se me comunicó que esa opción no estaba disponible para nosotros. Nadie firmaría una protección de ese calibre para una granja, fin de la historia. Aun así, seguí intentándolo, incluso mencionándolo en mis presentaciones públicas durante mis viajes: "¿alguien sabe dónde podemos conseguir esa cobertura?".

Finalmente, un agente de seguros en Carolina del Sur vino a verme después de una charla y dijo que le gustaría trabajar en ello. Un año después, tras múltiples entrevistas y firmas en formularios, conseguimos la cobertura bajo el paraguas del ANPAC (American National Property and Casualty Company). Cambiamos los seguros de toda nuestra granja, el de la casa, los de los coches, todo.

Otra motivación para realizar este cambio fue la cláusula de indemnización por accidentes laborales. Como habíamos contratado a un par de empleados, por ley teníamos que afiliarnos al programa obligatorio de indemnización por accidente laboral a través de una aseguradora autorizada en el estado de Virginia. Nuestro agente local sugirió Liberty Mutual, una compañía a nivel nacional, y fue una pesadilla. Por ejemplo, nuestro repartidor tenía que ser clasificado como un trasportista de animales vivos, un puesto de trabajo extremadamente peligroso.

Como éramos una granja, sus normas no permitían que tuviéramos un repartidor que manejara producto muerto. Al fin y al cabo, todos sabemos que los granjeros no tratan con carne, sino que manejan materias primas vivas. Ningún granjero en su sano juicio pensaría en sacrificar a sus propios pollos, de ningún modo. Lo que él quiere es pedir prestado medio millón de dólares para construir una instalación concentrada de cebo y así poder firmar un contrato con Tyson para criar pollos por unos pocos céntimos la pieza. Este es el nuevo acuerdo voluntario de feudalismo, me convierto en tu esclavo y tú serás mi señor. El señor puede finalizar el contrato en cualquier momento, y soy completamente dependiente del favor de Tyson. Suena como un buen trato para cualquier granjero, ¿verdad?

Pero, ¿un granjero que procese a sus propios pollos y se los entregue a los vecinos? No, eso no puede ser. Ridículo. Así que el único repartidor que puede tener una granja debe ser un transportista de animales vivos, punto. Como resultado del alto riesgo de esa clasificación de trabajo, que es muy real, tuvimos que pagar varios miles de dólares más por un puesto que ni siquiera teníamos. Y eso es solo el reparto.

Tendríais que haber visto al auditor (sí, nos pusieron la banderilla roja y entramos en auditoría en los primeros treinta días después de pagar la primera prima), cuando se enteró de que teníamos trabajadores que trataban tanto con vacas como con pollos. No, eso nunca podría ser. Verás, cada trabajador tiene que estar clasificado como un trabajador de avicultura o un trabajador de vacuno. Afortunadamente, los trabajadores de vacuno podían trabajar también con cerdos, pero se supone que no trabajan con aves. El sistema por completo estaba diseñado para granjas industriales de una sola especie. El hecho de que en nuestra granja todos trabajemos con todos los animales no encajaba para nada con su esquema.

No solo eso, sino que estos baremos de exposición se basan en sistemas de confinamiento, donde el polvo fecal, los múltiples motores eléctricos, el cemento y los animales estresados conviven. En nuestra granja, los animales retozan en los campos, al aire fresco y están felizmente satisfechos. Las prácticas productivas así de bucólicas no reciben ningún trato especial. Se supone que las granjas como la nuestra no se hacen tan grandes como para tener empleados. Se supone que los granjeros que hacen lo que hacemos nosotros se limitan a ser aficionados. Ningún granjero de fiar rechazaría a las factorías de animales.

Parecía que cada dos meses recibíamos una nueva revisión de la factura en el correo, hasta que llegamos a pagar más de doce mil dólares al año por nuestra pequeña cuadrilla. Era escandaloso. Para entonces, Teresa y yo habíamos comprado la mitad del matadero con inspección federal que utilizábamos, e incluso con diecinueve trabajadores a tiempo completo, la factura de la póliza de indemnización por accidentes era mucho menor que la que pagábamos por nuestra pequeña cuadrilla en la granja. Y la razón principal era que nuestra granja no se consideraba normal. Deja que te diga lo que no es normal: endosarle a una pequeña granja como la nuestra una serie de galimatías burocráticas, caprichosas y estúpidas que absorbe todo nuestro tiempo y energía creativa. ¿Qué ha sido de los viejos tiempos, en los que si alguien quería trabajar y alguien quería contratar, se daban un apretón de manos y continuaban a lo suyo?

Lo mejor de la búsqueda de una nueva póliza de responsabilidad civil por productos defectuosos fue que ANPAC se hizo cargo de nuestra póliza de indemnización por accidente laboral y nos ahorró cerca de diez mil dólares al año en primas, solo con rellenar el papeleo de otra manera. En un negocio pequeño, eso es mucho dinero. Pocas cosas me han hecho más feliz en los últimos años que cuando le dije a Liberty Mutual que se fuera a paseo. Nos libramos de una buena.

Con la protección de tres millones de dólares de la póliza de responsabilidad civil, llamé a la empleada de Sysco para obtener la firma y comenzar a rodar. Estaba emocionado. Respondió el teléfono y después vaciló: "las cosas han cambiado desde marzo de 2010. Sysco ha introducido algunos protocolos".

Mi corazón se estremeció. Había tardado dos años en resolver el tema de los seguros y ahora llegaba tarde al nuevo protocolo, literalmente, por un par de meses. Le pedí que me enviara los requisitos y le dije que hablaríamos después.

Imprimí el protocolo: diecisiete páginas. Me quedé mirando al taco de papeles. Fuera teníamos que mover las vacas y dar agua a los pollos. Tenía notas pegadas por todo el ordenador con potenciales clientes institucionales muy serios. Había pasado dos años intentando resolver el problema de los seguros, ahora esto. Me apetecía echarme a llorar. ¿Lo entiendes? Tengo que mover a las vacas, dar de beber a los pollos, preparar las cañadas de engorde de bellota para los cerdos, reparar cercados y un sinfín de otras cosas que hacer y me ponen delante diecisiete páginas de letra pequeña que parecen el informe de un experimento científico:

Los establecimientos de procesado de carne disponen de programas probados que aseguren que solo compran carne nacional de buey o ternera para picar, proveniente de suministradores que puedan afirmar lo siguiente:

• 3-A1 Plan HACCP validado con al menos dos intervenciones previas a la evisceración que reduzcan el *E. coli* 0157:H7 por debajo de niveles detectables.

• 3-A2 Un plan de base científica que identifique periodos de sucesos inusuales e incluya acciones correctivas que puedan incluir la notificación al cliente.

• 3-A3 Un protocolo de verificación de *E. coli* 0157:H7 por análisis de muestras con una frecuencia mínima de uno cada tres meses mediante un método válido.

• 3-A4 Un sistema, incluyendo COAS, que muestre que todos los lotes de materiales utilizados para el picado fueron muestreados vía un protocolo N60 robusto y que los resultados del análisis de *E. coli* 0157:H7, utilizando métodos de laboratorio tan sensibles como el FSIS y/o aprobados por la CFIA, fueron negativos [...]

Auditorías anuales realizadas por un órgano independiente, incluyendo un apéndice sobre el *E. coli* 0157:H7 específico para procesadores [...] Las agencias auditoras deben haber sido aprobadas por un órgano de control de calidad [...]

Los procesadores deberán realizar simulacros periódicos de retiradas de producto del mercado [...] para seguir el rastro hasta el suministrador original y hasta el consumidor final y cuantificarlo. Los simulacros de retirada incluyen una evaluación de los informes asociados con el HACCP, SSOP y los programas de prerrequisitos de seguridad alimentaria.

Los establecimientos deberán disponer de planes de contingencia que proporcionen la capacidad de llevar a cabo retiradas de producto o suspensiones de suministro en todo momento.

Los procesadores deberán documentar la efectividad de sus simulacros de retiradas de producto [...]

Todos los productos de carne picada deben ser conducidos a través de un detector de metales en funcionamiento, capaz al menos de detectar y rechazar productos que contengan metales habituales inoxidables férricos y no férricos [...]

> Los suministradores deberán disponer de programas probados para controlar trozos de madera y clavos procedentes de los pallets de ingredientes en crudo [...]
>
> Los productos de carne picada deberán ser fabricados con picadoras equipadas con sistemas de retirada de astillas de hueso (duras y blandas) en funcionamiento durante el proceso final de picado.

Esto no es normal. En primer lugar, nosotros no le compramos el material a nadie más: son nuestros animales. Los criamos en nuestros pastos. ¿Puedes imaginar que nuestra granja intentara rellenar estos papeles? Sería como tratar de explicarles que nuestros trabajadores tratan con pollos, cerdos y vacas el mismo día en el mismo pasto. Pensarían que venimos de Marte. El protocolo entero está diseñado para instalaciones de megaprocesado que compran productos nacionales e internacionales por tráileres. Las abreviaturas sin definir corresponden a algún tipo de código industrial y haría falta un día entero solo para averiguar qué significan.

Nótese que en ningún sitio, en todo el texto, nadie se preocupa por las condiciones de crianza en cebaderos, la exposición a productos químicos, el desarrollo del suelo fértil, los perfiles nutricionales, la grasa saturada o nada remotamente parecido a la gestión ecológica. Todo ello forma parte de un protocolo de alimentación y producción anormal. La razón de que en los últimos treinta años todos esos garabatos en itálica, como *E. coli*, *Campylobacter*, *Listeria* y *Salmonella*, se hayan convertido en una parte de nuestro léxico diario es que, por primera vez en la historia, estamos alojando y alimentando a los animales de un modo completamente anormal. Es la manera en que la naturaleza nos suplica e implora: "¡ya es suficiente!". Hemos abusado de ella, la hemos maltratado y faltado al respeto durante suficiente tiempo. Y todo esto, queridos amigos, ha venido como resultado del estímulo por parte del gran Departamento de Agricultura de Estados Unidos.

El grado de generalización de estos extraños males denota una desconsideración por todo lo que es natural y normal. Que las vacas coman vacas no es normal. Que los pollos estén confinados por miles y miles en instalaciones del tamaño de un campo de fútbol americano, respirando partículas fecales que les producen lesiones en las sensibles membranas mucosas de su tracto respiratorio, exponiendo la hemoglobina de la sangre directamente a la contaminación fecal, no es normal. Así es como la *Salmonella*, por ejemplo, se mete en el flujo sanguíneo de los animales. Esto no es normal.

Tal y como yo lo veo, los requisitos de seguridad alimentaria asumen que en las granjas existe un nivel de patógenos inimaginable. Ya sea leche, carne de vacuno, pollo, cerdo o verduras, un entorno de producción hospitalario para los patógenos es un patrón que no se puede cambiar. Al fin y al cabo, cambiarlo sería ineficiente. Lo que esto significa es que la seguridad alimentaria se convierte en un objetivo esterilizador *a posteriori*. Aquellos de nosotros que producimos de forma no patogénica no recibimos ninguna concesión por parte de los exageradamente onerosos protocolos que los profesionales paranoicos de los servicios alimentarios ponen en marcha. Esta es la traba principal que impide que los granjeros locales accedan a los mercados locales.

Desde luego que no es normal que el restaurante al final de la carretera no pueda obtener carne de vacuno o de pollo procedente de los pastos cercanos sin tener que pasar por los análisis e infraestructura demandados en un protocolo de diecisiete páginas. ¿Te fijaste en el requisito de realizar simulacros rutinarios de retiradas de producto? Ponte en mi lugar. Soy un pequeño granjero. De acuerdo, llevaré a cabo simulacros de retiradas. No sé cómo hacerlos. No sé qué busca esta gente. ¿A quién debo llamar? Necesitaría una semana entera solo para determinar qué es lo aceptable.

¿Te has fijado en el sofisticado detector de metales y madera? Estas cosas no son baratas. Estos protocolos están escritos para las plantas que ves en la televisión, o en *Food, Inc,* donde kilómetros de cadenas, cientos de trabajadores y miles de canales se desplazan colgando a través de un laberinto de tuercas, tornillos y cintas transportadoras. En nuestra pequeña planta lo hacemos todo a mano, sacrificamos a los animales uno a uno y no hay una cadena de cintas transportadoras. El suelo está tan limpio que podrías comer en él y lo rociamos con espray después de cada animal. Deshuesamos a mano. En las grandes instalaciones de procesado, colocan los huesos y las carcasas en enormes cubas equipadas con enormes dedos de goma dura, que desgarran ligamentos y todo vestigio de tejido presente en los huesos. Por supuesto, en este tipo de montajes el potencial para que se produzcan virutas y astillas es muy elevado. Cuando haces el trabajo a mano, el riesgo es exponencialmente menor.

Llamé a la señora de Sysco y le dije: "haría falta una docena de expertos de la industria trabajando a tiempo completo para cumplir con estos requisitos".

Ella respondió en seguida: "ah, sí, es frustrante. Mi teléfono suena cada día con solicitudes de producto local, pero con estos requisitos, ninguna compañía local puede cumplir con el papeleo obligatorio y por lo caro del equipo".

Esta mentalidad de tratar a todos por igual no se encuentra solo en la burocracia de la policía de la comida, también está en la industria, creando una camarilla, un club exclusivo si quieres, en el que es casi imposible entrar. Actúa como un aislante contra la competencia. En efecto, elimina de forma efectiva el antídoto para todos los problemas que estos protocolos están intentando solucionar. Forzar a granjas como la nuestra a pasar los mismos filtros que Iowa Beef Processors no solo es ridículo, es realmente perverso.

El gran sistema alimentario corporativo hace afirmaciones de seguridad alimentaria y control de calidad, pero, en definitiva, es la misma red de viejos amigos de siempre, que protegen la maquinaria industrial. Nadie pregunta si las vacas, los cerdos o los pollos son felices. Todo el sistema se basa en criarlos en condiciones despreciables, totalmente anormales y en después tratar de rectificar el daño con infraestructura, irradiación, tecnología y papeleo. ¿Por qué no empezamos por criarlos limpiamente? No encuentro ninguna satisfacción en saber que, al menos, los excrementos que me estoy comiendo han sido irradiados y esterilizados con cloro. ¿Por qué no criarlos en condiciones suficientemente limpias y procesarlos a un ritmo lo suficientemente lento como para que los excrementos no queden adheridos a la canal?

Cuando los animales vienen cubiertos de excrementos por haber estado viviendo en condiciones inmundas, y su interior es tóxico por haber estado respirando aire inmundo, por supuesto que va a hacer falta un método drástico para compensar los patógenos. Pero si empezamos por criarlos de una manera higiénica y adecuada para los animales, estos procedimientos son innecesarios.

Que nadie leyendo esto piense que el problema solo existe en la crianza animal, se desarrollan protocolos similares en la producción de hortalizas. Y su resultado es similar: medidas draconianas que impiden eficazmente que los negocios locales accedan al mercado.

Según un artículo escrito por Carolyn Lochhead que apareció el 13 de julio de 2009 en el *San Francisco Chronicle*, los granjeros ecológicos deben asegurar la esterilidad del entorno de sus campos arrancando los setos que sirven de hábitat para los insectos beneficiosos. La intrusión de una sola ardilla es motivo suficiente para arrasar la tierra, todo en nombre de la esterilidad. Los procedimientos antisépticos para higienizar la producción de alimentos están en oposición directa con los sistemas biológicos fomentados por la agricultura ecológica.

Todo ello se hace, según los expertos acreditados en seguridad alimentaria, para librar al sistema de cepas bacterianas nuevas, mutadas y mortíferas. Las bacterias asesinas viven en el aparato digestivo del ganado vacuno de leche confinado en cebaderos y alimentado con cereales. Esas bacterias asesinas no viven en el aparato digestivo del ganado vacuno criado con pastos y forrajes. Que los científicos ni siquiera discutan sobre esta realidad muestra sus intereses ocultos en mantener y proteger algo que no es normal.

De acuerdo con el artículo, los negocios alimentarios corporativos prefieren un "estanque muerto" a un "niño muerto". En un extraño giro, y de acuerdo con la industria, una lechuga trasportada tres mil kilómetros desde los campos esterilizados de California se consideraría más segura que una lechuga local cultivada en el Medio Oeste por un granjero Amish que trabaja sus campos con caballos. Al fin y al cabo, los caballos son sucios y las máquinas son limpias.

¿Ves la relación entre los requisitos de Sysco (detectores de metales en cintas transportadoras y rastreo de importaciones) y el procesado y despiece a mano que hacemos nosotros? Ellos consideran que una carne de cebadero industrial, recubierta de cloro y transportada tres mil kilómetros, con papeles oficiales es más limpia que mi vacuno de pasto procedente de la calle de al lado.

La demanda de esterilización a los productores de lechuga exige incluso que los granjeros no permitan el acceso a la finca a niños menores de cinco años, para garantizar que ningún pañal cruzará la puerta de la granja. En efecto, la realidad supera a la ficción. Desearía estar inventándome esto, pero lo cito directamente de las noticias.

¿Qué podemos decir de un sistema alimentario que no permite que los niños caminen por los campos? Esto no es normal. En un reactor nuclear, lo entiendo. Incluso en un vertedero, puede. ¿Pero en un huerto? ¿en las granjas? ¿niños a los que no se les permite entrar? ¿Qué estamos haciendo?

"Todo es una cuestión de pánico y miedo y la ciencia no lo justifica", dice el doctor Andy Gordus, un científico medioambiental que trabaja en el Departamento de Pesca y Caza de California. A eso añade que "las ranas no tienen nada que ver con el *E. coli*, pero encontrarse los restos de una en unas verduras recolectadas mecánicamente no es agradable, así que la industria ha utilizado la premisa de la seguridad alimentaria para eliminarlas".

¿Lo has entendido? ¿Restos de ranas en bolsas de lechuga? Esto no es normal. Deja que te pregunte algo: ¿alguna vez has metido accidentalmente una rana en tu bolsa de lechuga cuando has salido al huerto a cosechar tus verduras? ¿No? Venga ya, seguro que al menos te ha ocurrido un par de veces. Ningún granjero con dignidad, que trabaje con la cabeza puesta en la eficacia, podría evitar todas las ranas de un campo de lechugas. Seguro que atraparías alguna de vez en cuando. Venga, di la verdad. Sé que en algún sitio hay una rana metida en una bolsa. Veis, queridos amigos, cuando Baltimore y Filadelfia reclaman a California lechugas, un cultivo que es tierno, frágil y cuyo contenido es básicamente agua, este es el resultado inevitable. No puedes culpar a la industria por intentar cubrir esa demanda. Lo que tenemos que hacer es darnos cuenta de que es nuestra responsabilidad colectiva terminar con esta locura y cultivar lechuga en nuestro patio trasero, o en viveros, o en nuestra azotea, o comprársela a un granjero local. Punto. No puede haber cordura en el sistema alimentario con esta exigencia de comodidad tan anormal.

¿Durante cuánto tiempo puede continuar esta locura? Aún estoy esperando que llegue el día en que incluso un diez por ciento de la población quiera volver a la normalidad, donde las vacas comen hierba, las gallinas persiguen bichos en las praderas, las lechugas crecen en huertos locales, las hortalizas se cultivan con rotaciones y los vecinos pueden hacer negocios entre ellos.

Curiosamente, hace poco hablé en una conferencia junto con un gran productor de verduras *gourmet*. Dijo que el problema del *E. coli* en las espinacas de California mencionado en el artículo de más arriba lo había causado la pura codicia. Una excesiva demanda por ese producto aceleró la producción y el procesado. Los procesadores tomaron atajos enormes. Por ejemplo, la lechuga no debe quedarse en los vagones de cosecha esperando a ser procesada durante más de una hora o así. En lugar de esto, se quedaban ahí durante varias horas. La velocidad de embolsado era dos o tres veces mayor de lo aceptable, lo que significaba que los trabajadores no podían fijarse tanto en la lechuga.

Como se trata de un gran procesador, por supuesto, nunca escuchaste que los agentes del gobierno se hubieran opuesto al negocio. En lugar de eso, la policía de la comida se rascó la cabeza mientras balbuceaba por ahí, pateando el polvo del suelo, exclamando "recórcholis" en su futilidad. Lo cierto es que en los protocolos de seguridad para la manipulación de alimentos, las violaciones fueron flagrantes y premeditadas. Si esos ejecutivos se hubieran tenido que enfrentar al castigo en un juzgado, en lugar de ser protegidos por sus compinches de la policía de la comida, quizá este tipo de atajos no ocurriría tan a menudo.

Hace dos años tuvimos superávit de huevos en nuestra granja, así que llamé a los supermercados locales Kroger y Martins para averiguar qué haría falta para que ellos aceptaran nuestros huevos. Estos establecimientos hacen donaciones a United Way y se las dan de estar interesados en la comunidad. Pero no es eso lo que te responden cuando les pides que distribuyan alimentos producidos localmente. Ni siquiera llegamos a hablar del precio. Tras numerosas llamadas, finalmente pude hablar con el encargado, que no pudo hacer nada más que enviarme a la oficina central. Llamé allí y no fui capaz de pasar del robot que contesta las llamadas.

Una vez más, los cortafuegos que impiden la participación externa son severos. Nunca pude hablar con una persona. ¿Qué podemos deducir de un sistema alimentario en el que el encargado de una tienda local no puede tomar una decisión sobre si vender o no un producto local? ¿Y ante el hecho de que no acompañe al productor en el proceso, para averiguar si hay alguien más arriba que esté interesado? Si los encargados locales estuvieran interesados en la comida local, al menos podrían pasar las peticiones a los escalones más altos de la cadena corporativa. Pero en mi experiencia lo que quieren es que cuelgues el teléfono lo antes posible. Al fin y al cabo tienen que ir a reponer los Twinkies.

Nuestra relación de trabajo con el supermercado Whole Foods duró unos tres meses. La tienda de Charlottesville me contactó, querían vender nuestros huevos. Les avisé de que nuestras simples cajas de cartón no estaban a la altura de las cajas de plástico de colorines, hechas de petróleo, que yo solía ver por allí. Dijeron que no era un problema. Mi intuición me decía otra cosa, pero no dije nada.

Empezamos a vender huevos en Whole Foods y, en menos de seis semanas, el departamento comercial nos llamó: "tenemos que hacer algo con estas simples cajas de cartón". Estaba preparado. Ya nos habíamos cansado de tener que llamarles cinco veces a la semana para apuntar su pedido. Cada semana se suponía que teníamos que hablar con alguien diferente. Menudo fastidio. Tengo mejores cosas que hacer que perseguir por teléfono a Bob, Henry, Megan, Charlie y finalmente esta semana a Betsy, para que me hagan un pedido. Y la semana que viene serán Pat, Bill, Zoe, Clyde y finalmente Michael. Le respondí: "verás, si necesitáis cajas de cartón atractivas para vender nuestros huevos, entonces lo que tenéis que hacer es educar a vuestros clientes. No tenemos intención de hacerles gasto a las grandes compañías petroleras solo para poder vender huevos en Whole Foods". Dejamos de hacer negocios con ellos unas pocas semanas más tarde.

Un año después, Whole Foods nos cortejó de nuevo en busca de carne de vacuno, cerdo y pollo. Con una condición: nuestros animales tenían que ser sacrificados mediante el gaseado. Ahora bien, esto no es normal. El gaseado desconecta el sistema nervioso y no permite que el animal se desangre. Esta es la razón de que, tanto en los mataderos *halal* como en los *kosher*, los animales no puedan ser gaseados. Más aún, es una práctica inexacta y de hecho no mata a algunos de ellos. Nosotros preferimos un simple corte en la garganta (tanto *halal* como *kosher*) para dejar que el sistema nervioso autónomo continúe funcionando y bombeando la sangre fuera del cuerpo.

Eso negro que ves alrededor de los huesos del pollo de supermercado es porque las aves son electrocutadas y no se desangran muy bien. Un año llevamos algunos pollos a una pequeña planta federal para poder venderlos fuera del estado en un mercado de productores y fueron sacrificados por electrocución. Los calderos de sangre contenían la mitad de la sangre que vemos para el mismo número de pollos cuando los sacrificamos al utilizar métodos tradicionales aquí, en la granja. Estos métodos, por cierto, son históricamente normales. Descubrir que Whole Foods considera que las técnicas de sacrificio *halal* y *kosher* equivalen a un abuso de los animales fue como un jarro de agua fría.

Oh cielos, pensé, espera a que los judíos y los musulmanes se enteren de esto. Seguro que les gustará comprar en Whole Foods. Como resultado de esto, nos negamos a vender nuestra carne en Whole Foods. Además de ser una mala técnica, gasear es peligroso para los trabajadores y requiere una enorme infraestructura que los mataderos pequeños no se pueden permitir. Solo para asegurarme de que nadie se ha perdido, estamos hablando de las trabas que impiden que la comida local alcance los mercados institucionales. Estas son las razones por las que no puedes comprar nuestros productos en estos lugares.

Como he descrito en este capítulo, los impedimentos cambian de un mercado a otro: puede ser el seguro, o los simulacros de retiradas de producto, o la infraestructura o incluso puede ser el empaquetado. Desde la perspectiva del pequeño granjero, son innumerables y exasperantes.

Algunas cadenas requieren que sus suministradores cumplan con los nuevos estándares de las Buenas Prácticas Agrícolas (BAP, por sus siglas en inglés) para poder distribuir sus productos. Estas BAP, por supuesto, son creadas por universidades agrarias en connivencia con la industria alimentaria. Mientras juegan juntos al golf, se lamen las bolas y se tragan los productos químicos del césped, terminan inventándose las BAP. La gestión del estiércol, para estas BAP, es una balsa de purines, no compost. No hay nada más antinatural que una balsa de purines, muéstrame una en la naturaleza. Lo importante es evitar que el estiércol entre en contacto con el agua, no meterlo en el agua. Las balsas tienen todo tipo de problemas cuando se comparan con el compost, no solo desde el punto de vista del perfil de nutrientes, sino también desde el de la infraestructura. Son enormes piscinas de caca y son peligrosas para las personas, requieren grandes inversiones en maquinaria específica para ese uso y huelen que apestan.

¿Y qué hay de los cuidados veterinarios? La BAP dice que todos los animales deben ser vacunados, y que la administración rutinaria de medicamentos es algo maravilloso, y que las instalaciones de cebo son estupendas, y que las aves criadas en pastos son portadoras de patógenos. Esas son las BAP del gobierno y la industria. A medida que estos estándares proliferen, cerrarán aún más puertas a las prácticas productivas ecológicas e históricamente normales, que jamás podrán llegar a las estanterías de las tiendas de alimentación.

Quizá una de las trabas más interesantes que nos hemos encontrado nos ocurrió en uno de nuestros restaurantes de lujo en un club de campo, hace varios años, cuando alguien descubrió que nuestros huevos no llevaban la etiqueta de inspección de la USDA. Una vez más, el miedo a una demanda asustó tanto a los miembros del comité directivo del club que se abalanzaron sobre el chef, exigiéndole saber por qué estaba utilizando huevos sin el sello de la USDA. "Porque son mejores. Son mejores que los de cualquier otro sitio", dijo.

Lo importante es recordar que en los huevos, ese sello no tiene nada que ver con los análisis para detectar las cosas que asustan a la gente. Con los huevos, el mayor temor es la *Salmonella*. Pero el sello de inspección de la USDA no la comprueba. Solo certifica que si dices que los huevos son de clase A, la cámara de aire tiene determinado tamaño y la viscosidad del albumen tiene cierto espesor. Eso no tiene absolutamente nada que ver con las bacterias.

También certifica que no hay grietas en la cáscara y que si dices que es grande, se trata realmente de un huevo grande, no de uno mediano o de uno extra grande. Esencialmente significa que tus sistemas de medida son precisos. Una vez más, esto no tiene nada que ver con los patógenos. Amigos, por favor entended que la mayoría de los sellos de inspección de la USDA no tienen nada que ver con los patógenos. Son sellos relativos al tamaño, al color, al recubrimiento de grasa, a las rasgaduras en la piel y a cosas así. Un pollo *broiler* de clase A no tiene nada que ver con los patógenos. Tiene que ver con su tamaño, con el estado de su piel y con la cantidad de carne que contiene.

Acaso tenga que gritar lo de que "¡el emperador va desnudo!". Los estadounidenses han sido totalmente llevados a creer que todo este elitismo regulatorio realmente les protege y la dura realidad es que en general no significa que se haya analizado nada que realmente pueda hacerte daño. Así que los huevos que salen de un gallinero industrial de gallinas con el pico cortado, apiñadas de nueve en nueve en jaulas de cuarenta por cincuenta y cinco centímetros, pueden sumergirse en un baño de agua fecal clorada y venderse con el sello de la USDA. Pero es extremadamente difícil conseguir la licencia para los huevos de una explotación basada en los pastos de alrededor de una casa.

Espero haber respondido la pregunta de "¿por qué no puedo conseguir vuestros productos en la tienda?". A pesar de los problemas, existen alternativas de venta de sobra y la gente que quiere el tipo de comida que nosotros producimos tiene que hacerse cliente y fomentar esas alternativas.

Desde los programas de Agricultura Apoyada por la Comunidad hasta los mercados de productores, pasando por los esquemas de venta directa del productor como nuestros Metropolitan Buying Clubs, las pequeñas tiendas al por menor y el ocasional encargado solidario de la tienda de comestibles, existen alternativas de sobra para suministrar todos los productos que necesitan los estadounidenses sin recurrir al supermercado. Cuando los gastrónomos dicen: "solicita estos alimentos en el supermercado", me apetece replicar con: "deja de ir al supermercado. Sal de casa y encuentra a tu granjero en su lugar. Hay miles y miles de granjeros ahí fuera preparados para atenderte. Apaga la televisión, pasa de la fiesta de turno y sal a encontrar a tu granjero. Estamos aquí y estamos dispuestos a atenderte fuera de este sistema anormal".

Y amigos, una vez que comencéis a tratar con vuestros granjeros locales, regresaréis al mundo de la normalidad, y os sentiréis de maravilla. Os sentiréis bien física, espiritual y emocionalmente. Creedme, sabréis desde lo más profundo de vuestro ser que estáis haciendo lo correcto. ¿Quién necesita los supermercados? Hemos vivido sin ellos durante siglos. Su intransigencia y su burocracia los convierte en entes pesados y negativos. Date vidilla. Sé moderno. Empieza a bailar con tu granjero y tus gallinas se convertirán en *guay-llinas*.

He aquí algunos pasos que puedes dar:

1. Compra local, pero local de verdad. De propiedad local, funcionamiento local y venta local.

2. No le pidas al gobierno sellos de aprobación de nada. De hecho, busca productos que no estén aprobados.

3. Compra artículos con empaquetados sencillos. Paga por el producto, no por el paquete.

POR LA PRESENTE TE LIBERO DE SER RESPONSABLE DE MÍ

Chistes de abogados. Me encantan. Si hay algo que aborrezco casi tanto como tener que tratar con burócratas del gobierno es lidiar con los seguros de responsabilidad civil. Creo que mi percepción negativa de estos seguros cayó en picado hace unos treinta años, en 1982, cuando Teresa y yo estábamos empezando.

Aunque nuestra granja tiene doscientas veinte hectáreas, ciento ochenta de ellas son bosque. Es en gran medida una granja bosque, con solo unas cuarenta hectáreas de campos abiertos. Para nuestra región es una considerable extensión de bosque. Y esta superficie de bosque está rodeada por tierras públicas, el Área de Gestión de la Vida Salvaje de Little North Mountain, que es propiedad de la Comisión Estatal de Caza y Pesca en Agua Dulce de Virginia. Estas tierras públicas son en realidad un subsidio a la industria forestal, en forma de ventas de madera a precios por debajo de coste y un patio para la caza recreativa, subvencionado con los impuestos de los contribuyentes.

Nuestros bosques privados se extienden hacia el interior de estas tierras públicas circundantes como una península profunda. Por supuesto, en nuestro terreno construimos estanques y manantiales, y abrimos claros donde cebamos a los cerdos con bellota. Simples cercados eléctricos de un solo hilo dibujan parcelas de entre una y dos hectáreas, a las que pasamos a los cerdos una vez al año durante dos o tres semanas. Los cerdos arrancan de raíz arbustos y zarzas, se comen los bichos que podrían dañar a los árboles, y estimulan la descomposición de la hojarasca al removerla ligeramente. Los cerdos y los bosques han mantenido una relación simbiótica durante siglos. Nuestro mosaico de gestión diversificada atrae vida salvaje de los bosques estáticos de los alrededores, lo que supone una sobreabundancia de ciervos en nuestras tierras. A medida que fuimos desarrollando la venta directa de vacuno y pollo, un par de clientes se interesaron por la caza.

Como nunca he rehuido los negocios simbióticos, monté un programa de cuotas de caza, mediante el cual la gente que tuviera nuestro permiso podía venir a cazar durante un día. Un mapa detallado de la granja dividida en grandes parcelas de veinte hectáreas, designadas por un número, permitía que los cazadores vinieran y permanecieran en una zona protegida sin meterse en la parcela de otro. Todo el mundo fichaba al entrar y al salir, dejando su dinero en un buzón y marcando en una hoja el lugar donde estarían cazando.

Muchos grupos de cazadores compran o alquilan tierras para cazar. El problema con la caza en lugares públicos es que cualquiera puede ir y por lo tanto no es muy seguro. Desafortunadamente, el alcohol, la temeridad y otras cosas acompañan a veces a la caza, así que la demanda de oportunidades privadas de caza es significativa. Nuestro sistema flexible por días era ideal para gente que quería cazar en un lugar seguro y privado sin el papeleo ni la exclusividad de un club de caza.

Funcionó bien. Solía comprobar las salidas una media hora después de que oscureciera, para asegurarme de que todo el mundo se había marchado. Esa era una medida de seguridad que ofrecíamos. Si alguien no había salido, íbamos a buscarle. El sistema era único en su especie y funcionó muy bien durante el corto periodo en el que estuvo en marcha. ¿Por qué un corto periodo?

Porque no pasó mucho tiempo hasta que nuestra carne de pollo y vacuno de venta directa atrajera la atención en la prensa local. En aquel momento, el seguro de nuestra granja lo llevaba el Farm Bureau Insurance, afiliado con la American Farm Bureau Federation, que es posiblemente el *lobby* agrícola número uno del país. El agente de seguros local nos hizo una visita y dijo que si vendíamos un solo pollo directamente al consumidor, el Farm Bureau no se responsabilizaría de nada, ni siquiera asegurarían nuestra casa en caso de incendio.

Amigos, tenéis que entender esto. La posición del Farm Bureau no era que se negara a aceptar la responsabilidad civil por el producto. Si ese fuera el caso, podríamos haber eliminado la póliza de responsabilidad civil por productos defectuosos. Como mencioné en el capítulo anterior, como el riesgo de ser demandado es directamente proporcional a la cantidad que tienes asegurada, no tendría problema en no tener ningún seguro de responsabilidad civil. De ese modo sería difícil que alguien nos demandara y cobrara algo.

Lo que el Farm Bureau dijo fue que si un vecino venía y nos compraba un pollo muerto listo para asar, la compañía de seguros no cubriría ni nuestra casa, ni nuestra cuadra ni nuestros animales. Nada de nada. Estaban perfectamente felices con el tinglado que se había armado con la caza. El seguro de caza no era un problema. Pero los pollos y las vacas eran una responsabilidad insostenible. Al fin y al cabo, estos son más peligrosos que las armas.

El negocio de la caza era pequeño e incipiente. La carne de pollo y vacuno era nuestra forma de vida, así que no podíamos arriesgarnos a abandonar la venta directa. Repito, el problema no era la producción sino que estuviéramos vendiendo animales muertos. Verás, se supone que los granjeros solo venden animales vivos a procesadores y representantes, que son los que ganan todo el dinero (los famosos intermediarios). Después de todo, no se permitiría que todo ese dinero de los intermediarios se lo quedaran los granjeros. No, eso no estaría bien. Se supone que los granjeros son gente humilde, sirvientes, bobalicones empobrecidos, ¿recuerdas?

Nos pareció que la única solución era buscar una compañía de seguros que no temiera la venta directa. Sin duda, en aquella ocasión aprendí hasta qué punto es firme el atrincheramiento de la Farm Bureau Federation en el paradigma del agronegocio industrial. Aunque afirma representar a los granjeros, en realidad representa a la comunidad corporativa de los agronegocios. Por supuesto, como la mayoría de los granjeros dependen completamente de los agronegocios corporativos, a ellos les va bien. Siendo totalmente justo, esta política podría haber cambiado a estas alturas, pero si lo ha hecho, se puede decir que el Farm Bureau es un recién llegado al escenario de la comida local.

Pronto encontramos otra aseguradora local que no tenía ningún problema con las ventas directas. Era bastante pequeña, innovadora y de bajo riesgo. Todo bien. Pero tenían un gran problema con las cuotas de caza. De ningún modo. Demasiado arriesgado. Si permitiéramos que la gente viniera gratis, o si quitáramos nuestro cartel de "No cazar" y permitiéramos que cualquier canalla borracho como una cuba viniera, entonces no tendríamos ninguna responsabilidad.

¿No es una locura? En otras palabras, si un tío viene a nuestra propiedad y dispara a alguien, siempre que no hayamos intentado excluirle o protegernos, no se nos puede hacer responsables. Pero desde el momento en que cerramos nuestras puertas y dejamos que pasen algunos, entonces somos responsables de lo que ocurra. Si alguien resulta herido aquí, podrá demandarnos por haber dejado que el otro entrara, pero si quito todas las señales de "prohibido cazar" y dejo que cualquiera que lo desee entre en mis tierras, entonces me absuelvo de toda responsabilidad. ¿Es esto normal? Es de tarados. Soy consciente de que los abogados que lean esto lo entenderán perfectamente. Para mí, es irracional, injusto y un sinsentido.

Sin embargo, al final hay que elegir las batallas y no puedes arreglar todas las injusticias en un día, sin importar cuánto te gustaría hacerlo. Como la caza era un proyecto pequeño e incipiente, nos deshicimos de aquella iniciativa y optamos por la nueva aseguradora. Varios años más tarde, añadimos la responsabilidad civil por productos defectuosos cuando incluso esta aseguradora se puso nerviosa por el grado de atención que generábamos. Pero no fue complicado. Por poco dinero y con facilidad, nos concedió una cobertura de trescientos mil dólares por productos defectuosos. En aquel momento, eso era lo mínimo requerido en la mayoría de los mercados de productores y en general se consideraba un importe aceptable para las granjas locales con base en la comunidad que realizaban ventas directas.

A medida que nuestras ventas en la granja han ido creciendo, hemos ido añadiendo más cobertura para ir a la par de nuestra exposición al público. Hoy tenemos el paraguas de tres millones de dólares que discutí en el capítulo anterior, para poder introducir nuestros productos a través de grandes distribuidores. Aunque hemos trabajado duro para asegurar la cobertura, estas compañías buscan continuamente maneras de escapar de posibles litigios y para ello desarrollan procedimientos para cubrirse las espaldas que, inevitablemente, impiden el acceso a negocios como el nuestro. Seguimos sin poder cargar nuestros productos en los camiones de Sysco.

Todo este clima de litigios está destruyendo la innovación, porque hace que la gente tenga demasiado miedo como para moverse. Si pienso que podrías demandarme, me voy a mover con mucha más cautela en mi relación contigo que si sé que no me demandarás. Ahora Polyface alquila varias granjas en la zona. En su mayor parte, sus propietarios han venido a pedirnos que gestionemos sus propiedades. Esto nos permite crecer para poder atender la demanda de nuestro mercado, mientras mantenemos un modelo de producción y procesado descentralizado y desperdigado en el paisaje, consistente con nuestros valores ecológicos y de negocio.

Todos los contratos contienen una clausula arbitral. No importa qué ocurra ni quién sea el culpable, ninguna parte puede demandar a la otra. En su lugar, debemos recurrir al arbitraje vinculante. He estado en varias salas de juzgados y las encuentro indignantes. Creo que si eligiéramos a personas que no fueran abogados como legisladores y seleccionáramos a los jueces de entre la gente normal, incluyendo los de la Corte Suprema, obtendríamos decisiones más razonables. La Constitución no fomenta que los abogados se conviertan en jueces. Nuestra suposición cultural de que solo los abogados colegiados pueden ser candidatos a juez automáticamente excluye la innovación. Afianza una camarilla de personas que comparten puntos de vista y que con toda seguridad protegerán la cultura del bróker.

¿No sería gracioso poner a un par de granjeros, un vendedor de coches usados, dos profesores de colegio, un fontanero y un trabajador de la construcción en la Corte Suprema? A lo mejor devolvería la cordura a la judicatura. Por lo menos tendríamos algo interesante que leer. ¿Por qué no poner distinguidos y distinguidas negociantes en algunas de estas judicaturas? Puede que ellos no adoraran tanto a la ley y comenzaran a decirle la verdad al jurado: que este puede descartar una ley absurda. En lugar de esto, estos jueces adoradores de la ley, empapados en la rancia camaradería convencional, se niegan a decirle al jurado el poder que realmente tiene.

Pienso que nuestra cultura está paralizada, una vez más, por un estreñimiento imaginativo. ¿Acaso no existe otro recurso de compensación más allá de los litigios? Probablemente eBay es lo más cercano a un mercado libre que existe ahora mismo en Estados Unidos. Si compro un producto que no funciona, no tengo que demandar a nadie, sencillamente le digo a la gente que no compren nada a esa compañía. Si un médico mete la pata, ¿por qué las enfermeras y resto de personal no le dicen a la gente que el médico es un idiota incompetente? No, marean la perdiz entre ellos para proteger la institución profesional. El ginecólogo de toda la vida de Teresa se retiró prematuramente hace poco porque dijo que se había cansado de pagar cincuenta mil dólares al mes por su seguro de mala praxis médica.

Hasta donde yo sé nunca ha sido demandado. Es uno de los pilares de la comunidad y ha asistido en el parto de montones de bebés. Pero, ¡cincuenta mil dólares al mes! Dijo: "Me gusta hablar con mis pacientes, pero con esta prima, no tengo tiempo. Tengo que mantener el flujo de gente lo más rápido posible solo para pagar los gastos generales". Nuestra zona perdió a un gran médico cuando él decidió colgar la bata hace un par de años. Así que todos los que pensáis que los pleitos son la manera de equilibrar el campo de juego en nuestra cultura, pensad en todo lo que *no* se está consiguiendo y el bien que *no* se está haciendo, gracias a nuestra cultura litigante.

En la vida pasan cosas, tomamos decisiones. A veces las cosas no salen como habíamos planeado. Si la negligencia de alguien me hace daño, el gobierno está para castigar al perpetrador del daño. Si echas un vistazo al sistema bíblico de justicia en la ley de Moisés, no verás pleito, verás rectificación gubernamental. Un ladrón debía restituir lo robado. Si la vaca revoltosa de un granjero hería a alguien, ese granjero podía ser ejecutado por no encargarse de su animal. Ahora, por todos los cielos, no dejes que el castigo de la pena de muerte domine la cuestión de que aquel modelo judicial no dependía de que la persona herida demandara al granjero. Dependía de que el gobierno llevara al granjero negligente a juicio.

En lugar de un estado que dispense justicia, tenemos justicieros en litigios. Que una mujer demande a McDonald's porque se quemó con el café derramado en su regazo al parar en el semáforo es un sinsentido. Estos pleitos frívolos cuestan millones de dólares y crean una superclase de profesionales de la demanda. Como el gobierno parece no tener interés en dispensar justicia, que es su obligación, a cambio impone un sinfín de regulaciones, licencias y papeleo burocrático.

Cada día, nuestra carne de vacuno, pollo y huevos basados en pastos no se ofrecen en establecimientos porque no han sido certificados por alguna agencia u organización. Me recuerda a una discusión que tuve con uno de los delegados de la asamblea general de nuestro estado, que decía que uno de los mayores problemas en las grandes plantas procesadoras de pollo es la higiene personal de los trabajadores. Dijo que muchos de estos trabajadores van al baño y no se lavan las manos antes de regresar a la línea de procesado y manejo de carne (o verduras en otros ámbitos).

Una planta de procesado puede tener todo el acero inoxidable y procedimientos de higiene del mundo pero, a fin de cuentas, si un trabajador usa el servicio sin lavarse las manos, la comida que maneje después podría contaminarse. Por lo tanto, para protegerse a sí mismas, la industria y la policía de la comida están intentando exigir irradiación, baños de cloro y otros procedimientos altamente tóxicos. Los huevos son el ejemplo perfecto. Los huevos industriales se lavan en un baño de cloro. Como las cáscaras son permeables, una pequeña cantidad de cloro entra en el huevo. Este es un protocolo estándar de seguridad alimentaria. De hecho, algunos inspectores del Departamento de Salud creen que un huevo que no esté lavado en cloro no es adecuado para el consumo humano. Hay toda una historia sobre esto y otros incidentes relacionados en mi libro *Everything I Want to Do Is Illegal* [Todo lo que quiero hacer es ilegal].

Nosotros no lavamos los huevos de nuestra granja en cloro por diversos motivos. Primero, la cáscara de un huevo es porosa y cierta cantidad de cloro se filtra hacia el interior del huevo. ¿Cuánto cloro has comido últimamente? Mmm, qué rico. En segundo lugar, nuestros huevos no tienen los patógenos que tienen los huevos industriales. En tercer lugar, cualquier patógeno que pudieran tener nuestros huevos sería un patógeno natural poco agresivo, no un supermicrobio mutante creado con una inundación de antibióticos, hormonas y desinfectantes tóxicos rociados por todas partes en una explotación de gallinas ponedoras.

En nuestro mundo abigarrado de juicios, a nadie le importan estas alternativas, que actúan como tu propia protección de responsabilidad por productos defectuosos. Es un sistema en el que pasas o no pasas. O estás dentro o estás fuera. O sigues estos procedimientos aceptados o no. Como resultado, los procedimientos de funcionamiento estándar se han vuelto demasiado onerosos para las pequeñas explotaciones. Para que quede constancia, en principio no tengo ningún problema con enviar nuestros productos para que sean analizados, pero si cada análisis cuesta quinientos dólares, entonces sí tengo un problema porque no vendo suficientes kilos o piezas como para justificar el gasto.

Uno de los grandes miedos a los que se enfrenta la comunidad en defensa de los alimentos tradicionales es la anémica tolerancia de la gente a las bacterias. Debido al miedo a los pleitos, la mayoría de los procesadores de alimentos confunden la seguridad con la esterilidad. Tengo algo que deciros: nuestros cuerpos no quieren alimentos estériles. El plástico es estéril. El vidrio es estéril. Lo estéril no es biológico. Lo estéril no alimenta a los tres billones de miembros de nuestra comunidad interna.

A medida que más y más consumidores se dan cuenta de que lo estéril no es nutritivo, empiezan a pedir alimentos vivos. El problema es que si has estado comiendo estéril durante mucho tiempo y, en el caso de muchos niños de hoy, ese tiempo ha sido toda su vida, una súbita exposición a comida viva puede provocar una reacción. Esto se ve con más facilidad en los productos de leche cruda. Cualquiera que comience a leer la literatura actual en defensa de los productos de leche cruda entenderá rápidamente que el meollo del asunto se encuentra en los alimentos con bacterias vivas.

Existe una gran diferencia entre las bacterias mutantes presentes en una fábrica y las cepas debilitadas presentes en una explotación de ganado pastoreado. Lo mismo se podría decir de los quesos de leche cruda. La policía de la comida se abalanza sobre productores artesanales de queso, cerrando sus negocios y alegando la presencia de patógenos. Lo cierto es que las cepas benignas de *Campylobacter*, por ejemplo, son parte del sistema de los alimentos vivos. Comer un poco de moho es bueno. Estas bacterias históricamente normales ayudan a nuestro sistema inmunitario. Cuando esterilizamos la comida, o aplicamos una política de tolerancia cero, los supervivientes (y siempre sobrevive algo) mutan, convirtiéndose en cepas más tóxicas que nuestros cuerpos no pueden gestionar.

La razón por la que el sistema de alimentación industrial debe matarlo todo a través de la esterilización es que estos bichos, por usar un término popular, son letales. Cuando lees acerca de nuevas cepas de microbios antiguos, designados con nuevas numeraciones, se trata de cepas más virulentas que las que producen los sistemas naturales. Los científicos que acusan a la gente como yo de simplificar y de utilizar términos imprecisos a menudo practican la misma generalización cuando se trata de estos microbios.

Un gran ejemplo es el *E. coli*, que incluye numerosas cepas. Los científicos de la industria se burlan de mí con un condescendiente "¿no sabes que las vacas siempre han tenido *E. coli*? Lo necesitan para digerir". Lo que puede que no veas en las imágenes grabadas es cómo estos expertos con credenciales ponen los ojos en blanco, meneando la cabeza, cuando despachan a los grupos contrarios a la agricultura industrial como si fueran una pandilla de mentecatos. Por supuesto, esos mismos grupos acusan a la industria de fomentar las cepas dañinas que enferman a la gente.

De hecho, ambas partes tienen razón... o no la tienen, depende de cómo quieras mirarlo. Las cepas de *E. coli* que han vivido en el rumen de los herbívoros desde tiempo inmemorial y que juegan un papel importante en su digestión, prosperan en un entorno natural alcalino. Cuando los forrajes crudos entran en el rumen alcalino de un herbívoro, son fraccionados por muchos tipos de bacterias que prosperan en ese entorno. El proceso es similar a la fermentación.

Pero cuando una vaca come un exceso de material ya fermentado, como en el caso del silo y especialmente cuando come cereales, el pH del rumen se vuelve más ácido. Esto crea un estado en el rumen llamado acidosis. Para digerir este nuevo tipo de alimento, las bacterias del rumen cambian a variedades mejor adaptadas a la acidez. Con el tiempo, emergen nuevas generaciones que prosperan en este entorno más ácido.

En condiciones normales, el aparato digestivo humano es mucho más ácido que el de un herbívoro. Siempre me he preguntado cómo pueden las vacas regurgitar el forraje desde su primer estómago y disfrutar del sabor. Cada vez que he regurgitado algo desde mi único estómago, su sabor no me ha incitado a masticarlo con agrado. Puaj, qué asco. Pero con las vacas no es así. Ellas disfrutan del sabor dulce del forraje no acidificado. Si un ser humano ingiriese estas cepas naturales de *E. coli*, nuestros jugos gástricos ácidos las matarían inmediatamente.

Esta es la razón por la que, incluso en condiciones extremadamente insalubres, los nativos norteamericanos, los pioneros y los cazadores de la época actual nunca han sufrido de contaminaciones por *E. coli*. Cuando matas a un herbívoro en el medio salvaje es virtualmente imposible desinfectar la canal. He despiezado animales en el campo y, en el mejor de los casos, siempre habrá algo que entrará en contacto con el estiércol, incluso con el estiércol de otro animal.

Pero estas nuevas y virulentas cepas de *E. coli* que toleran más acidez son otra historia. Aclimatadas a condiciones ácidas, nuestro aparato digestivo no las mata sino que ellas nos matan a nosotros. Hace varios años, cuando las investigaciones de la Universidad de Cornell mostraron que alimentar al ganado con forraje durante las dos semanas previas al sacrificio eliminaría prácticamente el riesgo de problemas con el *E. coli*, ¿no pensarías que la industria hubiera creado protocolos nuevos para rematar con forraje a los animales?

No, en lugar de esto la industria vilipendió a Cornell. Dijeron que los análisis no se habían realizado correctamente… bla, bla, bla. Esta era una oportunidad de hacer algo positivo de verdad y la industria lo rechazó todo con desprecio. La cuestión es que si yo, un productor de vacuno, no les doy grano ni cereal a mis animales, incluso aunque haya un poco de *E. coli* en tu filete, no enfermarás. Durante décadas en nuestra granja nos hemos recompensado con un helado después de procesar pollos. Nunca nos hemos lavado las manos. De los intestinos al helado. Mmm, delicioso. Nunca hemos enfermado.

¿Por qué? La razón es que cualquier bacteria, que hubiera, pertenece a una cepa poco virulenta. De hecho, la exposición a estas cepas, es clave para hacer que nuestro sistema inmunitario se ejercite y estire un poco. Sin estos asaltos poco virulentos, este se vuelve letárgico. Y si, incluso, se ausentan por completo, nuestro sistema inmunitario pasaría a ser tan anormal que ni siquiera podría lidiar con estos bichos benignos. Y eso, queridos lectores, es un verdadero problema para el movimiento en defensa de los alimentos tradicionales.

Los jabones antimicrobianos tienen mucho que ver con esta fijación por la esterilidad. Sinceramente, no quiero que los clientes de nuestra granja utilicen antimicrobianos. Dañan a las bacterias beneficiosas y echan abajo nuestras defensas. Aunque sin duda esto suene como una herejía para algunos profesionales acreditados de la salud, te aseguro que existe todo un cuerpo de conocimiento que apoya mi posición. Si quieres comer alimentos esterilizados, utilizar jabón antimicrobiano y bañarte en cloro dos veces al día, adelante. Todo tuyo. Pero date cuenta de que al hacerlo, si decides ingerir alimentos vivos ricos en bacterias, te arriesgas a haber acabado con las defensas necesarias para manejar incluso los problemas más leves. Si te pones enfermo, ¿me demandarás? ¿Quién es el último responsable de esta situación?

Cada día viene gente que durante años no ha comido otra cosa que alimentos esterilizados y compra en nuestra granja alimentos vivos. Sabemos que nuestra carne de vacuno, pollo y huevos contienen bacterias. El queso de calidad debería contener bacterias. Es parte del proceso, pero son bacterias muy diferentes de las creadas por programas tóxicos de aniquilación y por animales o plantas alimentados o abonados de forma anormal.

Cuando la policía de la comida o los fanáticos de los pleitos caen sobre una granja y encuentran bacterias, puede que sean dañinas o puede que no. Ahora mismo, esta es una de las batallas más importantes en las queserías artesanales. El queso vivo contiene algunas bacterias. Sin duda, solo porque un negocio sea pequeño no significa que esté limpio. He visto algunos de ellos bastante sucios. El problema es cuando un pequeño negocio compra productos de proveedores industriales.

Cuando lo industrial y lo artesanal se juntan es cuando el terreno se vuelve más inestable. Lo más seguro es no dejar nunca que se encuentren. Son universos que se excluyen mutuamente.

Algunas granjas de leche cruda les piden a sus clientes que firmen contratos que las blinden de las demandas y acuerdos de renuncia de responsabilidad o exenciones de responsabilidad. Esa podría ser la situación de los alimentos locales tradicionales en un futuro próximo. Que nuestra sociedad litigante haga que nosotros los productores nos sintamos prisioneros es trágico y, a la larga, nos hace a todos atacar para dejar de defendernos. Odio vivir en el miedo, con la mosca detrás de la oreja cada día, preguntándome quién podría demandarme. De hecho, me niego a vivir de esa manera. Hace mucho que acepté que mi comida está viva y tomé la decisión de hacer el mejor trabajo posible. Si alguien me demanda y cobra un dinero, entonces será que Dios tiene preparado algo mejor para mí. Desgraciadamente, muchos productores artesanales de queso están saliendo del negocio y cambiando de profesión debido a los requisitos de esterilización.

Esta forma enrevesada de pensar y la flagrante falta de comprensión de la vida, han hecho que ahora la Coca-Cola sea segura, pero la leche cruda no. La seguridad alimentaria es completamente subjetiva. Ni por un momento pensaría que la mayoría de lo que hay en el supermercado es seguro. Pero se considera seguro porque solo te mata lentamente. Mientras miles de personas mueren debido a los alimentos artificiales y carentes de nutrientes, la policía de la comida persigue a las queserías artesanales porque dos personas pillaron una diarrea. Si realmente queremos estar seguros, deberíamos prohibir las piscinas y los automóviles. Matan a mucha más gente que la leche cruda o las conservas de verduras caseras. ¿Y qué me dices de la diabetes tipo 2, la obesidad, la leucemia infantil y otras dolencias inducidas por la comida?

La única razón por la que se consideran seguros los alimentos que causan enfermedades a largo plazo es que nuestros expertos tienen fijación con el concepto de la dosis letal. Si no te mata ahora mismo, entonces es seguro. Eso no tiene ningún sentido. En última instancia, la seguridad de los alimentos es una determinación subjetiva, pero nuestra sociedad litigante intenta confinarla dentro de la oficialidad gubernamental.

Hace poco escuché en las noticias la historia de un hombre que saltó una valla de seguridad para robar en una gasolinera. Tras el robo, decidió optar por una salida un poco más fácil al ver que había una escalera al lado de la valla. Colocó la escalera en la valla para ayudarse en la escapada y, a dos metros de altura, se rompió uno de los peldaños, que estaba podrido. El consiguiente golpe contra el suelo le rompió una pierna y demandó a la gasolinera por tener equipamiento inapropiado. Ganó. Ahora bien, esto no es normal.

¿Cómo se puede premiar a alguien de forma tan ridícula? No lo sé. Pero si nuestra cultura no estuviera tan loca por los pleitos, generados por un protocolo de compensaciones irracional, quizá la gente empezaría a asumir más su propia responsabilidad. Por ejemplo, mi corazón está con una familia que pierde a un hijo por comerse una hamburguesa contaminada con una cepa virulenta de *E. coli* en un restaurante. Por supuesto, lo que el restaurante dice inmediatamente es que cumplió con todas las regulaciones de seguridad alimentaria del gobierno y que no es responsable.

El gobierno está exento de responsabilidad, así que no se le puede hacer responsable. El restaurante tiene una licencia del gobierno que indica que cumplió con todos los requisitos de inspección, así que no se le puede responsabilizar. El resultado es que nada cambia y nadie es responsable. Si el gobierno no estuviera involucrado, entonces el negocio tendría que aceptar la responsabilidad. Tan pronto como el negocio se vea forzado a aceptar la responsabilidad, se volverá mucho más cuidadoso respecto a su gestión. Puede que empiece a husmear en torno a sus suministradores, lo que podría significar que deje de comprar carne de vacuno de los cebaderos industriales. Cuando la gente tenga información y entienda los peligros de la carne de vacuno de cebadero industrial, entonces puede que elija no comerla.

Cuando el restaurante responsabiliza a los proveedores, entonces estos empiezan a fijarse en los procesadores. Y los procesadores comienzan a fijarse en las granjas. A día de hoy, todas estas entidades compran salvoconductos a sus colegas de la camarilla del gobierno, mientras juegan unas partidas de golf y se toman unas cuantas cervezas en el club de campo. Ah sí, probablemente invitan a unos cuantos abogados para que se les unan también. Cualquiera que piense que esto no refleja la realidad o, bien es un santo inocente o se niega a ver lo que realmente está pasando.

Mientras tanto, todas las partes interesadas atacan a sus competidores más vulnerables, que son los únicos que pueden proporcionar un antídoto a los problemas: los negocios locales basados en alimentos tradicionales. Si asistes a una reunión estatal de granjeros con inclinaciones ecologistas que trabajen con la venta directa, en una hora escucharás una docena de historias de terror sobre pleitos y sobre la policía de la comida. No sé cuál es peor. La industria quiere que haya más policía de la comida para ser absuelta de responsabilidades. La policía de la comida quiere tener más poder porque son humanos y a los humanos nos encanta el poder.

Entonces, ¿hacia dónde vamos? Reflexionemos un poco acerca de nuestra sociedad litigante. ¿Hay alguna solución, o estamos condenados a seguir perdiendo a borbotones energía innovadora, productos alternativos y valioso capital a través de esta lacra social?

Primero, creo que necesitamos adoptar el sistema japonés de "el perdedor paga" para las demandas civiles. En este modelo, si yo te demando y pierdo, tengo que pagarte la cantidad por la que te demandé. Esto conseguiría dos cosas muy rápidamente: aseguraría que la persona que demanda tiene un caso extremadamente bueno y, en segundo lugar, reduciría drásticamente la cantidad de compensaciones económicas.

Tal y como están las cosas, en muchos juicios, incluso en los que carecen de mérito, se acuerda el pago de una minúscula fracción de la cantidad demandada solo para evitar el litigio. Yo te demando por cinco millones de dólares en un pleito completamente estéril con la esperanza de que llegues a un acuerdo por cincuenta mil dólares. Eso es chantaje legal y en Estados Unidos ocurre a diario. Tenemos que dejar de asumir que, solo porque alguien presente una demanda, esa persona tiene un caso.

De forma innata nos creemos las malas noticias. Por eso a los semáforos los llamamos "luces de alto" y no "luces de paso"*. La psique humana, por el motivo que sea, se regodea en las malas noticias. Si un día te cuento un escandaloso cotilleo sobre fulanito, tenderás a creértelo. Sin duda. Puede que me lo invente, o que convierta una pequeñez en algo enorme, o lo que sea, pero nos encanta creernos lo negativo.

Esta es la razón por la que, durante muchos años, no admitimos mujeres en nuestro programa de aprendices internos. No era porque no pudieran hacer el trabajo. Pero sabíamos de casos de granjeros que habían aceptado mujeres como internas, por algún motivo ha-

* *[N. de la T.]* En inglés al semáforo se le conoce como "stop light" (luz de alto).

bían acabado mal y después habían sido demandados por acoso sexual u otro falso motivo. Les arruinó. Si yo voy a trabajar al bosque todo el día con una trabajadora en prácticas atractiva y, tres años después, ella presenta una demanda diciendo que en tal día, cuando estábamos juntos en el bosque, yo le metí mano, ¿a quién vas a creer? No te quedes ahí sentado como un santurrón diciendo: "esperaría a conocer los hechos". Tonterías.

Tú sabes, yo sé y todo el mundo sabe que estoy frito. Así es nuestra sociedad, así es la naturaleza humana. Añadir una tercera persona en cada trabajo era demasiado complicado, así que decidimos evitar estas posibilidades de demanda al no aceptar mujeres. Finalmente, me machacaban tanto en el circuito de charlas que imploré misericordia a mi familia. Las mujeres no podían creer que tuviéramos tantos prejuicios. Amigos, desde nuestro punto de vista, esto era solo una cuestión de prudencia empresarial. Me encantan las mujeres, me casé con la mejor que hay sobre la faz de la tierra (chicos, lo siento por vosotros). Pero este es el fruto de una sociedad litigante. Así es como la oportunidad y la innovación son destruidas por el actual clima jurídico.

Rogué a la familia que admitiéramos mujeres. Solo por probar. Era vilipendiado, crucificado por las mujeres. No importaba cuántas lombrices criáramos. No importaba lo que yo dijera sobre la ecología. Como excluíamos a las mujeres de nuestro programa de trabajo en prácticas, yo era peor que un depredador sexual. Curiosamente, en aquel momento recibíamos diez solicitudes de mujeres por cada solicitud de un hombre. Hace cuatro años la familia accedió y abrimos nuestras prácticas a las mujeres.

Inmediatamente las solicitudes de mujeres se quedaron en nada. En cuatro años, no hemos rechazado a ni una sola de las solicitantes que han superado nuestro proceso inicial de evaluación. Puede que cambie este año, pero hasta ahora hemos aceptado a todas las que han venido a nuestro proceso de selección obligatorio de dos días. Acogemos a dos cada verano. La única explicación razonable de la caída en picado de solicitudes, en mi opinión, es que ya no es una fruta prohibida. En realidad estas mujeres no querían venir como trabajadoras en prácticas. Solo estaban defendiendo algo importante.

Sin duda somos extremadamente discriminatorios en nuestros estándares de aceptación. Hemos tenido internas fantásticas, pero somos muy cuidadosos y enviamos a tres personas juntas cuando el trabajo es de varias horas y en el quinto pino. Este es un protocolo únicamente defensivo, pensado para reducir la posibilidad de demandas. Es una pena que algo así tenga que ocupar nuestras mentes cada día, a la hora de programar la asignación de tareas y crear el calendario de la granja, pero así es la vida en el Estados Unidos litigante y tiene un impacto directo en la manera en que los granjeros como yo tomamos las decisiones de cada día. También afecta, en general, a la decisión de si tener o no tener trabajadores en prácticas.

Con demasiada frecuencia, la gente habla de estos temas como si ocurrieran en un país remoto, algún lugar de fantasía entre nuestras orejas, por encima de la tierra pero no en el cielo. En algún lugar efímero de discusión cerebral. Quizá en grupos de discusión universitarios o en reuniones de comités burocráticos. En realidad, estas normas culturales influyen en la vida de la gente. Crean o destruyen sueños reales y es por eso que deberíamos agarrar al toro por los cuernos en lugar de encogernos de hombros con desdén y decir: "¿reforma jurídica? Anda, ¿quieres destruir a los oprimidos? ¿Quieres acabar con la justicia?".

Para que hablen de estreñimiento imaginativo.

En segundo lugar, deberíamos darle un valor a la vida humana. ¿Cuánto cuesta una vida? ¿Cien mil, doscientos mil, un millón de dólares? Sencillamente démosle un valor. Sin importar lo que haya ocurrido, si tu negligencia me mata, entonces todo lo que alguien puede cobrar es el valor de mi vida. Debería estar escrito en la legislación y estandarizado. Ejecutivos, presidentes de corporaciones, conserjes. Un solo valor. Olvida el regateo. No merece la pena. Fijemos una cifra y listo.

En tercer lugar, olvida el trauma emocional. ¿Sabes qué? Nuestra sociedad litigante me ha causado un trauma emocional. ¿A quién demando? Todos tenemos traumas emocionales. Mira a nuestros padres. Mira a nuestros hijos. Mira a nuestros vecinos. Mira a nuestros profesores. Yo tengo traumas emocionales y tú tienes traumas emocionales. Olvídalo. Esta discusión me está provocando un trauma emocional. Los traumas emocionales dan lugar a grandes historias, pero todos los tenemos. Su valor es cero patatero.

En cuarto lugar, cualquiera, en cualquier momento y cualquier lugar debería poder firmar un contrato renunciando a sus derechos. Yo debería poder absolverte de responsabilidad por cualquier cosa que yo quiera. Hace muchos años, nuestro delegado estatal intentó conseguir un descargo de responsabilidad de clientes para vendedores en venta directa. Este descargo aseguraría un consentimiento informado:

Sé que esta comida no está certificada por el gobierno.

Estoy comprando esta comida por voluntad propia, sin coacción por parte de nadie.

He visitado la granja y verificado que satisface mis requerimientos de seguridad alimentaria.

Libero al granjero de toda responsabilidad en caso de que algo me ocurriera como resultado de consumir, preparar o adquirir esta comida.

Si enfermo, no demandaré tratamiento a los servicios sociales.

Si enfermo, moriré antes de buscar remedios derivados de los impuestos de los contribuyentes.

Libero a Santa Claus de toda responsabilidad por la postal navideña que mi amigo me envió hablándome de esta granja.

Te haces una idea. El fiscal general de Virginia le dijo a mi delegado que las exenciones de responsabilidad no valen de nada. Dijo que no significan nada porque la gente siempre puede decir que no sabían lo que estaban firmando y que no entendían las ramificaciones legales de dicho documento... bla, bla, bla.

Vivimos en tiempos extraños. Tú no puedes prometer que no me demandarás por intentar comprar mejor comida para ti. Es una locura. ¿A quién le pertenezco? En última instancia, esa es la cuestión. ¿A quién pertenece mi comunidad bacteriana interna de tres billones de miembros? El historial del gobierno en lo que se refiere a decidir qué se promueve como comida saludable es pésimo. El gobierno nos dijo que alimentáramos a las vacas con vacas muertas y obtuvimos la enfermedad de las vacas locas. El gobierno nos dijo que subsidiáramos a los productores de maíz, abaratando el nada saludable jarabe de maíz alto en fructosa.

El gobierno nos dijo que comiéramos grasas trans y aceites hidrogenados. El gobierno pagó estudios para irradiar, modificar transgenéticamente y clonar. El gobierno pagó las balsas de purines en lugar de unidades de compostaje. Amigos, ¿por qué? En el nombre del sentido común, ¿deberíamos confiar al gobierno la prescripción de con qué podemos o no podemos alimentar a nuestra comunidad interna? ¿Acaso no tenemos libertad, no tenemos autonomía?

La policía de la comida no cree que debamos tener la libertad de comer algo que podría hacernos daño, como si su comida de supermercado proveniente de granjas industriales autorizadas fuera buena. Lo cierto es que si yo no tengo libertad para hacerme daño a mí mismo, entonces tampoco la tengo para ayudarme a mí mismo con alguna cosa que no esté aprobada por el gobierno. Muchas otras cuestiones son como esta, desde las vacunas infantiles hasta las terapias aceptadas contra el cáncer. Una cultura que no admita la autonomía de su ciudadanía en cuestiones personales, como el consumo de alimentos, sin duda destruirá otras libertades a la velocidad del rayo. A fin de cuentas, tú no eres responsable de mí. Soy yo mi responsable. Si no estás de acuerdo, no pasa nada, pero al menos deja que me responsabilice de mi persona. ¿No es lo más tolerante que se puede hacer?

Sin embargo, la policía de la comida no me permite responsabilizarme de mí mismo. Me gusten o no sus prescripciones, ellos exigen que me trague sus píldoras. Amigos, eso es una tiranía de la peor clase. Elegir mi alimento es tan personal y sagrado como elegir mi religión o qué escribir.

En audiencias públicas, he escuchado con consternación a la policía de la comida decir que no se me debería permitir vender alimentos inspeccionados por los consumidores porque podría ser demandado y perder la granja. Si eso no demuestra la verdadera razón que hay detrás de las inspecciones de alimentos, no sé qué puede hacerlo. Agradezco que estos oficiales no quieran que me demanden. Pero si a mí no me importa, ¿por qué debería importarles a ellos? Ellos no son los que pintan la cuadra, construyen cercados, pagan impuestos y custodian la tierra. ¿Con qué autoridad deberían poder limitar la elección de los alimentos, solo porque creen que podría ser una decisión de negocios arriesgada? Amigos, el mismísimo Rey Jorge se enrojecería ante la tiranía de nuestro propio país.

En otras palabras, el gobierno, en toda su sabiduría caritativa, no quiere que yo, como granjero, pueda poner en peligro el futuro de mi granja al decidir, por mí mismo, vender algo a un vecino. ¿No es encantador este gobierno? ¿Qué haríamos sin unos burócratas tan caritativos? Creo que debería sentarme ahora mismo a escribirles unas tarjetas de agradecimiento, por haber evitado que fuese tan irreflexivo.

Creo que me sentaré y comeré sus Twinkies y Cocoa Puffs autorizados, que pasaré con ayuda de medio litro de Coca-Cola. Eso me colocará en un estado mental más adecuado, ¿no crees? Dios mío de mi vida, ya me siento mejor. Qué absurdo pensar que mi vecino y yo podríamos intercambiar un pollo muerto o una docena de huevos sin arriesgarme a una demanda. Qué indescriptiblemente antiamericano. Estoy tan agradecido a nuestro ejército por proteger esta gran tradición estadounidense. Vosotros, leales soldados uniformados, gracias por sacrificaros para mantener a los burócratas del gobierno tan seguros y resguardados tras sus escritorios de caoba, firmando cheques sustanciosos extraídos a punta de pistola de mi granja, donde en su infinita sabiduría han decidido que no debería vender pollo a mi vecino. Todo por protegerme, por supuesto. Santo cielo. Esto no es normal.

En quinto lugar, elige a algún representante que no sea abogado. Llevemos a algunos conserjes, hombres y mujeres de negocios, médicos y profesores de escuela a Washington. Dios mío, me contentaría con un par de científicos aeroespaciales, incluso con un granjero o dos. La cuestión es que introduzcamos un poco de diversidad entre nuestros legisladores. Dejemos de meter a personas cuya pasión es el análisis sintáctico en lugar de la búsqueda de la verdad y la justicia.

Sexto, sé cliente del indefenso. No me importa quién es o qué hace. Por principios yo no compro en Walmart, prefiero pagar un veinte por ciento más que comprar allí. Me encantan los indefensos. Ayudarles es divertido. Si todos buscáramos a los indefensos, sacaríamos adelante más barcos. Y los barcos serían mucho más independientes y emocionantes.

Siempre que escucho un anuncio que se promociona con un "somos los más grandes", inmediatamente dejo de ser cliente de ese negocio. No llegarás a ningún sitio conmigo diciéndome que eres el más grande. Y sí, estoy escribiendo esto en un ordenador Apple. Viva Apple. Quizá la razón más importante por la que me atrajo Apple cuando decidí comprar mi primer ordenador fue porque, en aquel momento, la prensa especializada en electrónica estaba prediciendo la desaparición de la compañía. El pensamiento de perder la posibilidad de elegir me hizo decidirme y compré un Apple. Quizá esa venta salvó a la compañía. Me pregunto si alguien más compró un Apple por la misma razón. Yo no sabía lo suficiente sobre ordenadores como para saber si Apple era mejor. Todavía sigo sin saberlo, pero estoy contento de que tengamos varias opciones donde elegir. ¿No lo estás tú?

Por increíble que parezca, nuestra cultura dependiente enfocada en la celebridad va de timo en timo. ¿Por qué no aguantar con las aburridas cosas de siempre, que sabemos que funcionan? ¿A quién le hace falta ir con el rebaño? Como dijo el poeta Robert Frost: "Yo tomé el camino menos transitado, y eso hizo toda la diferencia". ¿Por qué va la gente con la multitud? Lo que a mí me gusta es alejarme corriendo de la multitud. Siempre les digo a los granjeros que si sus colegas del vecindario piensan que una de sus ideas es buena, que no lo hagan. Solo las ideas que te califican de lunático serán lo suficientemente innovadoras y radicales como para ser la respuesta que buscas.

Si todos nosotros nos hiciéramos clientes de los indefensos, al final tendríamos muchos más jugadores en la partida. Que haya más jugadores no puede ser malo. ¿O no? He aquí algunos puntos para reflexionar:

1. ¿A quién pertenezco?

2. ¿Quién es responsable de mí?

3. ¿En quién confío para que me proporcione la comida más segura: en mi vecino o en el gobierno?

4. ¿Ayudaría o perjudicaría a la diversidad y opciones de alimentos el que haya más policías de la comida imponiendo los intereses alimentarios del gobierno?

SOY DEL GOBIERNO Y ESTOY AQUÍ PARA AYUDARTE —SÍ, CLARO

¿Cuál es la responsabilidad del gobierno? La agricultura, en última instancia, consiste en producir alimentos y cuidar de la tierra. Los alimentos, en última instancia, tienen que ver con cómo interaccionamos con esa tierra y cómo cuidamos nuestros cuerpos. Con la intrusión dominante del gobierno en la alimentación y en la agricultura, la cuestión de la responsabilidad es clave. Las dimensiones del gobierno y la manipulación por su parte de nuestras vidas es mucho mayor hoy de lo que nunca imaginaron los fundadores de este país. Soy consciente de que este es un gran tema, y, sin duda, no lo examinaremos al detalle en un capítulo, pero quiero abordarlo porque he experimentado algunas situaciones que podrían ser de tu interés. En mi opinión, el gobierno que tenemos hoy en día ciertamente no es normal.

Una vez en Australia estaba preparándome para aparecer en su programa *Today Show*. El día antes a la aparición en directo desde el estudio, su entrevistadora jefe me llamó para tantearme y seleccionar los temas y cuestiones que serían más interesantes para el programa. Después de pedirme que hablara un poco sobre nuestra granja, se dispuso a atacar a los procesadores de alimentos (ellos, esos tíos, esos ruines). "¿No crees que el gobierno debería prohibirles procesar la comida de esa manera?", cuestionó.

—No—, respondí— Nadie pone una pistola en la cabeza de los consumidores exigiendo que compren pizza congelada DiGiorno's. Nadie le exige a la gente que compre alimentos que contengan glutamato monosódico.. Nadie tiene que comprar Coca-Cola.

—Bueno, ¿no crees que el gobierno debería proteger a la gente de estos productos?—, continuó.

, —No, este es un país grande y libre. La gente es responsable de lo que come. Ellos son los que deciden qué se meten en el cuerpo.

—Oh, no podemos decir eso. Nuestros oyentes se ofenderían si les dijéramos que ellos son los responsables—, replicó la enfadada periodista.

De hecho, esta versión mía, alterada y muy abreviada, de aquel intercambio de diez minutos no hace justicia a la molestia y después horror que experimentó ella al sugerir yo que la gente es responsable de sus decisiones sobre alimentación. Lo que hizo que este intercambio fuera aún más "epifánico" para mí, fue que ella afirmaba ser, supuestamente, una periodista objetiva y seria, no una comentarista ni un miembro de ningún *lobby*.

¿Qué ocurriría si acordáramos que el papel del gobierno es establecer normas en el procesado de los alimentos? ¿Cuántas reuniones del gobierno, cuántas pilas de papel crees que harían falta para crear una normativa sobre procesado? Todo ello a expensas de los contribuyentes, claro.

El año pasado observé con incredulidad la iniciativa de un grupo de defensores del consumidor, que comenzaron a hacer presión para la puesta en marcha de un impuesto sobre el jarabe de maíz alto en fructosa (JMAF). Todo el mundo sabe que no es bueno. Establecer un impuesto a las bebidas con JMAF, de acuerdo con su razonamiento, disuadiría su uso, igual que los "impuestos al pecado" del tabaco y el alcohol. Es obvio, esos impuestos han funcionado, ¿verdad?

Mi respuesta a esa idea fue simplemente esta: en lugar de gravar con impuestos el jarabe de maíz, ¿por qué no eliminamos los subsidios al cultivo de maíz? Si los contribuyentes no subvencionaran el maíz, no sería tan barato cultivarlo, ni tan barato producir jarabe de maíz y quizá un caramelo no sería más económico que una zanahoria. Algunas personas quieren subvencionar las verduras para que su precio sea competitivo con el de los alimentos azucarados. En lugar de esto, ¿por qué no retiramos las subvenciones a la caña de azúcar?

¿No pensarías que con nuestro país ahogándose en azúcar, dejaríamos de subvencionar el maíz y la caña de azúcar? No, eso es demasiado difícil. En lugar de eso, delegamos también la asistencia médica en el gobierno. ¿Es esto normal?

Ahora que hemos mencionado la asistencia médica, hablemos de ello durante un minuto. ¿Quién es responsable de mi salud? ¿el gobierno? ¿cuándo se convirtió el gobierno en el responsable de mi salud? Puedo escuchar las respuestas a través de las páginas: "pero esto es lo más caritativo que se puede hacer. ¿Qué pasa con la gente que no puede pagarlo? Incluso Jesús dijo que había que ayudar a los necesitados".

Entendamos bien esto: Jesús nunca invocó al gobierno para ayudar a nadie. Invocó a sus seguidores a ser buenos samaritanos y a ayudar a los necesitados, a hacer sitio para los niños. Nunca animó a nadie a utilizar al gobierno para esos fines. ¿Por qué? Porque la caridad forzada no es caridad en absoluto. Si el gobierno viene a mí con una pistola y se apodera de mi riqueza para dársela a alguna causa humanitaria, sin importar cuán noble sea, la retirada forzosa de mi contribución no convierte a esto en un acto caritativo. ¿Desde cuándo la violencia se ha convertido en caridad? Si no crees que los impuestos sean violentos, intenta no pagarlos.

Personalmente, me molesta que ahora nuestra cultura piense que yo soy responsable de la salud de un adicto a la comida basura que además es fumador, bebedor y pasa el día tirado en un sofá. ¿Cómo puede alguien sugerir que es remotamente normal el hecho de que yo deba ser forzado a punta de pistola (impuestos) a pagar la asistencia médica de este patán? Ni siquiera Jesús curaba a todo el mundo. Si la caridad no se puede hacer caritativamente, entonces no es caridad. La caridad que requiere de fuerza violenta no me suena muy humanitaria.

Cualquiera que piense que el IRS no ejerce una fuerza violenta no debe de haberse cruzado todavía con ninguna agencia regulatoria del gobierno. Cualquiera que piense que los burócratas del gobierno tienen una mejor comprensión de la caridad, de quién merece ayuda y quién no, que los ciudadanos y los vecinos, está viviendo en un mundo de fantasía.

Thomas Jefferson dijo: "los dos enemigos del pueblo son los criminales y el gobierno, así que atemos al segundo con las cadenas de la Constitución para que no se convierta en la versión legal del primero". Son palabras duras de un hombre razonable.

Si yo no soy responsable de mi salud y de la comida que como, entonces, ¿de qué más no soy responsable? ¿De mi educación?, ¿de mi jubilación?, ¿de mis ingresos?, ¿de mis hijos?, ¿de la calidad de mi trabajo?, ¿del mantenimiento de mi casa?, ¿del de mi automóvil?, Amigos, a medida que nos deslizamos por esta pendiente, resbalamos hacia la degeneración de un estado sobreprotector.

Piensa conmigo. Si queremos que nuestros hijos crezcan para convertirse en adultos responsables, ¿cómo inculcaremos una toma de decisiones responsable en su psique? ¿Merodearemos a su alrededor desde el alba hasta el crepúsculo, siguiéndoles como si fueran un cachorrillo, evitando que hagan nada que pueda ser peligroso? ¿Nos aseguraremos de que nunca se suban a un árbol porque podrían caerse? ¿No les dejaremos ir a la piscina porque podrían ahogarse? ¿No les dejaremos que conozcan a otros niños porque ese mocoso podría insultarle y herir sus sentimientos? ¿No les compraremos una bicicleta porque podrían estrellarse? ¿No les dejaremos bajar escaleras porque podrían caerse? ¿No les dejaremos ver ningún libro porque podrían encontrarse con palabrotas o imágenes inadecuadas? ¿No les dejaremos ver ninguna película porque podría mostrar contenidos cuestionables? ¿No les permitiremos elegir su ropa porque los estampados podrían no combinar? ¿No les dejaremos que toquen un instrumento musical porque podrían no tener talento? ¿No les dejaremos actuar en una obra porque podrían olvidarse del guión? ¿No les dejaremos visitar a los familiares porque los familiares son siempre raros? ¿No les dejaremos cocinar porque podrían quemar algo? ¿No los llevaremos de acampada porque podría picarles una garrapata y coger la enfermedad de Lyme? ¿No les dejaremos comer porque la comida podría contener patógenos?

¿Me sigues? Una vida sin riesgos es una vida que no merece la pena vivirse. Todo lo que hace que la vida merezca la pena tiene que ver con arriesgarse. Nos hemos convertido en una cultura tan anormalmente ñoña y floja que nos asustamos de cualquier cosa. Creo que, por un lado, esto se debe al anormal asalto a nuestra sensibilidad que suponen los gráficos noticiarios repletos de atrocidades en todo el mundo. Ya sea el hambre en África o los bombardeos de Irak o la violencia en torno al mundo de la droga en México, cada día somos hostigados con más horror del que la psique humana está preparada para gestionar.

Nuestra reacción cultural es cerrar las escotillas de nuestras propias vidas. El modo de supervivencia se expresa a sí mismo de diferentes maneras. Para las personas proclives a una mentalidad victimista, significa exigir asistencia y protección de algún otro que normalmente es una entidad gubernamental. Para otros significa tomar las riendas de su propio destino, convirtiéndose en autoempleados, produciendo su comida, ordeñando a su propia vaca, comprando un terreno y desarrollando una despensa y unas habilidades de supervivencia. Esas dos reacciones ilustran las implicaciones de cómo respondemos a la pregunta: ¿quién es responsable de mí?

Así que si queremos criar a hijos responsables, no podemos protegerles de todos los riesgos. Si lo hacemos, criaremos jóvenes torpes, sin dirección y dependientes. Los padres que sobreprotegen a sus hijos crían jóvenes adultos disfuncionales y totalmente dependientes. Este es el mismo proceso que construir inmunidad. No expones a un recién nacido a enfermedades contagiosas, pero tampoco lo aíslas de todo contacto humano. La exposición limitada crea respuestas inmunitarias y, a medida que el niño crece, su sistema inmunitario se fortalece y puede hacer frente a más y más asaltos.

Si aplicamos esta analogía a la toma de decisiones, la manera de crear adultos sabios es exponerles a los imprevistos que conllevan las tomas de decisiones. En otras palabras, los asaltos al sistema inmune de la resolución personal, con la toma de malas decisiones, desarrollan un sistema inmunitario más fuerte que, a la larga, ayudará a tomar mejores decisiones a la postre.

¿Qué hacemos tú y yo cuando nos enfrentamos con una decisión que podría tener consecuencias serias? Investigamos un poco. Consultamos con personas que saben más que nosotros. Leemos, buscamos en internet, hacemos nuestras pesquisas. En eso consisten las guías del consumidor. Por eso eBay tiene un bucle de retroalimentación, un sistema de puntuaciones que permite que los consumidores valoren los productos. Cuando los resultados de mis decisiones caen de lleno sobre mis hombros, me vuelvo hábil a la hora de informarme. Una vez que me siento suficientemente confiado como para tomar la decisión, la tomo. Puede que termine siendo incorrecta y puede que terminen por embaucarme, pero seré más hábil la próxima vez que me encuentre en la misma situación. Así es como se crean personas responsables en la toma de decisiones.

De esta misma forma, tenemos que tomar decisiones inteligentes a la hora de comer. Si lo único que necesito es saber que la comida ha sido aprobada por el gobierno como apta para el consumo, entonces seré como el niño apocado por sus padres. No tengo ninguna decisión que tomar. Tal sistema lleva inevitablemente a la población hacia la ignorancia y la complacencia. Y hace que la población se vuelva más crédula porque el radar del discernimiento no se ejercita. Si yo asumo que cualquier cosa con el sello de aprobación de la USDA es apta para consumir, ¿por qué investigar nada? ¿Por qué preocuparme sobre cómo fue producida, de si destruye suelo fértil, o de si contiene bacterias vivas? La oleada de interés en los alimentos locales, artesanales y ecológicos existe precisamente porque la gente se está dando cuenta de que el sello de la USDA no contempla algunos de los requisitos más significativos de la comida.

La razón por la que la responsabilidad personal es importante desde el punto de vista cultural, es que mantiene a la gente alerta. Cuando eliminamos la responsabilidad del pueblo en la toma de decisiones, la tendencia es que todo el mundo se vuelva vago. Si no tuvieras gobierno que garantizara la seguridad, ¿cuánto te informarías sobre el origen de tus alimentos? Sí, eso es lo que pensaba. Te dejarías la piel en ello, ¿verdad?

Desde que salió el documental *Food, Inc.*, que fue nominado a los Oscar tengo la costumbre de preguntar a taxistas, recepcionistas de hotel, personal de los mostradores de las compañías aéreas, esas personas que me encuentro normalmente en mis viajes: "oye, ¿alguna vez has oído hablar del documental *Food, Inc.*?". Ni siquiera uno de cada cien ha oído hablar de él, y lo mismo pasa con *El dilema del omnívoro*, aunque haya vendido un millón de copias. En mis círculos, estos, junto con *Fast food: el lado oscuro de la comida rápida* de Eric Schlosser, han alcanzado la categoría de icono. Pero olvidamos que la inmensa mayoría de estadounidenses no lee. Van a ver pelis de Hollywood y comen en McDonald's.

Cuando hago una presentación en alguna ciudad, mi manera de tocar tierra es recordar a la audiencia que, aunque sea maravilloso ver la sala repleta con quinientas personas, en el intervalo de tiempo en el que nos hemos reunido para promover la comida local producida con integridad, mucha más gente, en un radio de tan solo unas millas, ha comido en McDonald's, Burger King, Kentucky Fried Chicken, o donde sea. Aunque nuestro movimiento de alimentación y estilo de vida normales esté ganando fuerza, sigue muy lejos de estar en un punto de inflexión. Sabremos que hemos alcanzado ese punto cuando McDonald's comience a cerrar restaurantes o su cocina sea estacional y de procedencia local y cero industrial. Pero entonces, será difícil reconocerles como McDonald's, ¿verdad?

Esta es la cuestión: para crear una cultura popular de la comida hay que poner a la gente en el asiento del conductor. Hazles responsables. Para crear una cultura del bienestar hay que poner a las personas a cargo de su propia salud. Cada vez que el gobierno arrebata a la gente el poder de tomar decisiones y el riesgo de elegir, atonta al pueblo en el área que sea. ¿Te preguntas por qué existe una demanda sin precedentes por el sensacionalismo, la fantasía y las celebridades? Es porque una vida sin responsabilidades es aburrida.

La responsabilidad personal es emocionante. ¡Guau, menudo viaje! Seguro, la dependencia es más fácil. Alimenta mi pereza, pero no alimenta mi humanidad. En última instancia, toda esta discusión se concentra en una cuestión de fe. ¿Tengo fe en mí mismo, en mis relaciones privadas? ¿o tengo fe en la burocracia del gobierno? Una población con una educación institucionalizada durante toda su vida, a la que ahora se le ha arrebatado su cultura, se le hace creer que los agentes del gobierno son más de fiar que ninguna otra persona que se pueda encontrar.

¿Realmente crees eso? Los agentes del gobierno son solo personas como tú y como yo. Algunos son fantásticos y otros son horrendos, y cuanto más se mete el gobierno en nuestros asuntos, más tentación tiene de establecer tratos comodones entre lo público y lo privado.

Mientras los liberales llaman a esto ingenuamente "colaboraciones", yo lo veo como sobornos políticos, favoritismos y conjuras. Que un número tan inmenso de personas en nuestra cultura busque ahora al gobierno para encontrar la salvación, como la primera respuesta ante cualquier problema social, no indica una nueva apreciación de la honradez del gobierno, sino más bien una profunda involución política hacia el estreñimiento imaginativo.

Tomemos un caso concreto y sigámoslo. Reconsideremos el caso de Upton Sinclair, en 1906, y la creación del Servicio de Seguridad e Inspecciones Alimentarias (FSIS). Sinclair, que era socialista, escribió *La jungla* para sacar a la luz las condiciones atroces de trabajo principalmente en los mataderos y plantas de procesado de Chicago. Los empleados caían a tanques de agua hirviendo y arriesgaban su vida con trituradoras sin protección. No era un panorama muy agradable.

El resultado fue algo sorprendente para Sinclair. En lugar de enfurecerse por las condiciones laborales, la gente estaba más indignada porque la hamburguesa que se comían pudiera contener algo de carne humana o cualquier otra adulteración inadmisible. En esto se fijaron los estadounidenses. El resultado inmediato fue que las ventas a nivel nacional cayeron en picado para las grandes empaquetadoras del momento. Esto fue en 1906 y el país aún tenía un número muy saludable de carniceros y pequeños mataderos basados en la comunidad. La gente empezó a hacerse cliente de estos y retiró los dólares destinados a la alimentación de las ventas de las grandes empaquetadoras.

Dependiendo de a qué historiador leas, la caída de las ventas para las grandes empaquetadoras fue de entre el treinta y el cincuenta por ciento. El mercado había hablado. Alto y claro. ¿Cuánto tiempo crees que esas empaquetadoras podían haber aguantado la azotaina del mercado sin revisar sus métodos? De hecho, muchos de ellos cayeron en la bancarrota. Recuerda, esto fue una bendición para los sistemas de alimentación local, porque la gente volvió a la carnicería del barrio en lugar de comprar carne en lata. Esto ocurrió antes de la llegada de la refrigeración, así que casi todo el producto que la gente dejó de comprar fue carne procesada, enlatada.

Lo que ocurrió después difiere dependiendo de a qué historiador leas. Algunos dicen que el público demandó que el presidente Teddy Roosevelt hiciera algo. Otros dicen que las empaquetadoras fueron a arrodillarse ante Roosevelt rogándole que estableciera una inspección del gobierno federal para darles credibilidad ante un público desencantado. En cualquier caso, en ese momento nació la inspección alimentaria del gobierno federal.

¿Qué hubiera pasado si Teddy Roosevelt hubiera decidido honrar la Constitución al no entrar en las disputas por la comida? Imagina que hubiera respetado la Constitución y hubiera dicho: "vosotros sois despreciables y me alegra que hayáis perdido el cincuenta por ciento del mercado. Ahora organizaros o lo perderéis todo. Yo no soy el que hizo que los estadounidenses perdieran la fe en vosotros y, desde luego, no voy a ayudaros a recuperarla. Os habéis hecho la cama, ahora tumbaros en ella, pandilla de ruines, gigantes corporativos cortos de vista". ¿Qué habría ocurrido?

¿Qué habría pasado si hubiera dicho eso? Primero, los estadounidenses habrían abandonado de forma unilateral a las grandes empaquetadoras. La mayoría, si no todos, habrían quebrado. Miles de personas se habrían quedado sin trabajo, temporalmente. Pero los consumidores habrían trasladado sus dólares destinados a la compra de comida a los mataderos de su comunidad. Los carniceros locales habrían contratado a más personal. Los granjeros locales habrían disfrutado de más ingresos porque el precio de la carne no tendría que absorber los altos costes del transporte a larga distancia. Hasta podría haber afectado al sobrepastoreo de las granjas del oeste.

Los estadounidenses habrían comenzado a comparar apuntes. Habrían visitado a sus granjeros, a empresas locales de productos cárnicos y se habrían educado en el tema de la carne. Al fin y al cabo, eso es lo que Sinclair hizo: educar. Con toda la publicidad sobre el deplorable sistema alimentario actual de Estados Unidos, cada día encuentro gente que, después de ver *Food, Inc.*, o de leer *El dilema del omnívoro*, exclaman: "madre mía, ¡no tenía ni idea!". Aunque me alegro de que ahora estén informados, no puedo evitar suspirar muy hondo: "¿dónde has estado? Llevo cuarenta años hablando de esto, y mi familia lo ha estado haciendo durante ochenta. ¿En qué agujero de esta verde tierra del Señor te has metido, por el amor de Dios? ¿Cómo es posible que hayas estudiado, que tengas un título universitario, una carrera de ejecutivo y que seas tan ignorante? ¿Cómo es posible?".

Te diré cómo es posible. No teníamos que pensar sobre ello. Era fácil. No había riesgo de tomar la decisión equivocada. Solo aceptar la aprobación del gobierno y agradecer que ahora puedas ocupar tu mente con los cotilleos de los famosos porque no tienes que pensar en qué hamburguesa deberías comprar. Si Roosevelt se hubiera enfrentado a las grandes empaquetadoras y se hubiera negado a la intervención del gobierno, habría promovido una población educada en temas de alimentación. Soy muy consciente de que la historia oficial que cuentan en las noticias es cómo se enfrentó a ellos y les controló con el FSIS. Pero la historia verdadera normalmente no es la oficial. Unos pocos días trabajando en el escritorio de una agencia de noticias te lo demostrará.

Entonces la industria, junto a la influencia de grupos privados, se habrían unido y desarrollado en un sistema de inspección privado como Underwriters Laboratory, la American Automobile Association (AAA) o el Sistema de Evaluación de Restaurantes y Alojamientos basado en la puntuación con estrellas. Existen muchos sistemas de evaluación privados. La Fundación Weston A. Price (WAPF) en su guía de compra evalúa a los granjeros en función de cuánto se acercan a sus criterios de producción. Sally Fallon Morell fundó la WAPF en los años noventa con la intención de defender los beneficios para la salud de las dietas tradicionales (normales). Weston A. Price fue un dentista que viajó por el mundo a principios del siglo XX en busca de sociedades que no hubieran sido tocadas aún por los alimentos procesados occidentales. En cada una de estas culturas, no encontró ataques al corazón ni artritis, sino hermosas dentaduras y anchas estructuras faciales. Su trabajo inspira ahora el movimiento internacional de la WAPF que, en palabras de Sally, desafía a los "*dictócratas* de la dieta". Parece que Sally es mi tipo de chica, ¿no crees?

Algunas de estas opciones de inspección privadas podrían haber consistido en sistemas de membresía con ánimo de lucro. Por ejemplo un grupo de personas establecería un protocolo y lo publicaría, mientras que otro grupo pagaría por ese servicio una cuota de, digamos, cien dólares al año, para poder beneficiarse de que alguien se ocupara de averiguar los trapos sucios de la industria. Algunos podrían ser grupos sin ánimo de lucro. Si el presupuesto del FSIS permaneciera en los bolsillos de la gente, en lugar de ser confiscado por el IRS, habría dinero de sobra para que el sector privado se encargase de este servicio. Y si fuera así las posibilidades de desarrollar soluciones innovadoras a nuevos problemas serían mucho mayores que las que existen hoy con una burocracia gubernamental atrincherada.

¿Podrían las industrias apropiarse de las mismas organizaciones privadas que las inspeccionasen? Por supuesto. Pero eso dejaría espacio para que otras iniciativas empresariales innovadoras presentaran su caso defendiendo que "nosotros somos mejores" y el proceso en su totalidad podría reinventarse tan a menudo como fuera necesario en función de la demanda del mercado. Cualquiera que piense que la industria no se ha apropiado del sistema actual de gobierno vive con la cabeza metida en un agujero.

He participado en suficientes audiencias públicas como para pensar que el sistema actual está corrupto hasta el tuétano. Cuando testifiqué en una audiencia del congreso sobre la seguridad de la carne, era evidente que la mayoría de los doce ponentes quería poner cámaras de vigilancia veinticuatro horas al día para filmar cada metro cuadrado de cada matadero del país. Para mí era evidente que estos ponentes habían acudido a las mismas fiestas de fraternidad antes de la audiencia. Casualmente, el último ponente resultó ser dueño de un negocio de videovigilancia.

De hecho, casualmente, tenía un PowerPoint promocional sobre cómo su negocio podía eliminar todos los problemas de la industria de la carne. En clara deferencia hacia la burocracia, el jefe del FSIS habló primero. Tenía asistentes a su lado que le pasaban hojas de papel durante el turno de preguntas y aunque estaba previsto que hablásemos doce personas, un tercio del tiempo total se fue en su intervención. Cuando terminó y abandonó la sala, me di cuenta de cuánta gente de su departamento había allí para apoyarle. Fue como si se vaciara la sala.

Así que llegamos al último ponente, el tío de la videovigilancia. Los congresistas se quedaron extasiados con su tecnología. Yo estaba allí sentado pensando: "¿no es muy propio de estos políticos el exigir cámaras en cada matadero del país?". Costarían un millón de dólares, lo que es bastante malo si eres un empaquetador que maneja millones de dólares. Pero si eres un pequeño matadero de comunidad te hunde. ¿Conclusión? Sí, creo que sería muy propio de ellos.

En numerosas ocasiones he ido a Richmond, nuestra capital estatal de Virginia, a testificar en audiencias y reuniones de comité. En la mesa principal, sentados con los senadores y los delegados, están los miembros del *lobby* del Agribusiness Council, la Corn Growers Association, la Farm Bureau Federation, la Virginia Poultry Federation y la Asociación de Veterinarios. ¿Y yo? Yo consigo sentarme en la parte de atrás, con los plebeyos, en la galería, a esperar que digan mi nombre. Después de dos horas de poses y maquinaciones políticas, el presidente, casi como coletilla, me llama, mirando a su reloj y me advierte: "señor Salatin, por favor sea breve. Solo tenemos cinco minutos". Si nunca habéis asistido a uno de estos actos, son obscenos. Cada vez que salgo de una de estas audiencias, siento que necesito darme una ducha para sacarme toda la porquería de encima.

¿Por qué querría alguien dejar que esta gente tenga autoridad sobre sus vidas? Somos como ovejitas. En lugar de pensar por nosotros mismos, preferimos que otra persona haga todo el trabajo por nosotros. Esto no es normal. Echa un vistazo a lo que la gente común leía en tiempos de la guerra de la Independencia o de la Guerra de Secesión. Santo cielo, para un universitario promedio de hoy en día, esos escritos no tendrían ni pies ni cabeza. Por eso muchos padres están optando por una educación clásica, en la que sus hijos aprendan retórica, lógica y textos clásicos estadounidenses. Pienso que es un maravilloso renacimiento y que ya era hora.

La cuestión de fondo es que si Roosevelt no hubiera creado el FSIS, la gente no se habría muerto de hambre y el mundo no habría dejado de girar. Los ajustes al nuevo grado de información habrían creado una perturbación social. Sin duda el resultado no podría haber sido peor de lo que tenemos hoy con el estado policial de la comida.

Permíteme que te presente a un menonita de la Vieja Orden llamado Mark Nolt, de Pensilvania. Este menonita devolvió voluntariamente su licencia de leche cruda hace un par de años porque le impedía hacer nada aparte de vender leche. No podía vender helado, ni kéfir, ni yogur, ni mantequilla y sus clientes clamaban por esos productos. Él entregó su licencia e invocó sus derechos bajo la "libertad contractual", que se remonta al antiguo derecho común inglés.

Esencialmente, el derecho al contrato privado, o acuerdo, dice que si tú y yo queremos hacer un trato voluntariamente, no es asunto del gobierno. Si tú quieres comprar mi coche usado y nadie me fuerza a mí a venderlo ni a ti a comprarlo, entonces el comprador asume el riesgo y el precio y otros requisitos como las garantías que acordemos son asunto nuestro. Si me pides que te haga una silla en mi carpintería, y yo te digo que sí y te marco un precio, entonces tenemos un contrato privado.

Así que Mark sencillamente utilizó esa antigua jurisprudencia para vender sus productos lácteos de pasto. Con este próspero negocio, veían a la gente conducir durante cuatro horas ida y vuelta hasta la granja, para comprar sus poco comunes, sabrosos y nutritivos productos lácteos. Pero el Departamento de Agricultura de Pensilvania no podía permitir este contrato privado. Nadie estaba forzando a los consumidores a comprar los productos de Nolt. Nolt no estaba siendo forzado a vender nada a nadie. La transacción era privada y voluntaria. Pero la policía de la comida tenía otra opinión.

Así que hicieron una redada, completa, con armas semiautomáticas, chalecos antibalas y todo un ejército de policía estatal armado con pistolas. Nolt no vota ni cotiza en la seguridad social. Ha decidido salirse del sistema, poniendo su fe en su propia comunidad menonita, en lugar de en el estado, para que cuide de él cuando se haga viejo. Ni siquiera conduce un coche. La policía de la comida le arrastró hasta los juzgados para procesarle, como a un vulgar criminal. Cuando le ofrecieron llevarle de vuelta a casa, él rechazó la oferta y caminó veinte kilómetros hasta su granja.

En la redada, los oficiales confiscaron productos y equipamientos por un valor de unos veinte mil dólares. Al día siguiente, él continuó ordeñando a sus vacas, haciendo kéfir y vendiendo productos de leche cruda a sus clientes, que se arremolinaron a su alrededor como si fueran abejas protectoras, dándole ánimos, donaciones e incluso recaudando dinero para él. En unos pocos meses, la policía de la comida volvió, confiscando de nuevo maquinaria y productos por un valor cercano a veinte mil dólares. Se le entregó una citación a los juzgados por desacato.

Al día siguiente Nolt estaba de vuelta ordeñando a las vacas, hizo helado y sirvió a sus leales clientes que se subieron a la palestra y le rodearon con ayuda económica y emocional. Algún día espero escribir un libro sobre Nolt, porque su historia evidencia la esencia de la tiranía contra la libertad. Él es un simple hombre menonita, que cuida su granja, sirve a sus clientes y todo el mundo está contento. Todos menos la policía de la comida.

Si me permites citar la Biblia, en *Romanos* 13, en el Nuevo Testamento, se nos ofrece claramente la justificación de la existencia del gobierno: "infundir temor al malo" y "alabar a los buenos". Esta es con mucha diferencia la escritura bíblica más citada en relación al gobierno.

Cuanto más conoces del trato que dio la policía de la comida a Mark Nolt, más te das cuenta de que el gobierno se ha convertido en un ente que infunde temor a los buenos y alaba a los malos, a la inversa con respecto a la advertencia de San Pablo en *Romanos* 13.

Ojalá la historia de Nolt fuera un caso aislado. No lo es. De punta a punta de este gran país, establecimientos de alimentación privados, clubs de compras y granjeros honestos están siendo acosados por una policía de la comida excesivamente recelosa. ¿Quién les otorga este grado de autoridad? Tú y yo. Hemos decidido que la comida es responsabilidad del gobierno. Una vez hecha esta suposición, existen ramificaciones en cómo se produce la comida, qué tipo de granjeros tenemos, qué tipo de comida tenemos y, finalmente, qué ingiere nuestra comunidad bacteriana interna de tres billones de miembros.

A medida que esta supuesta red de seguridad gubernamental crece, captura a un creciente número de personas. No cuestiono que la mayoría de todo ello se hace con buenas intenciones y sinceramente. Pero el infierno está empedrado de buenas intenciones. Recuerda la ley seca.

En este tema, mi opinión difiere sustancialmente de la de muchos de mis amigos del movimiento de la agricultura sostenible, que ven esto como una batalla entre grandes y pequeños. Yo no lo veo así. La presión para que exista más policía de la comida proviene de las agrupaciones en defensa del consumidor. Por eso estoy deteniéndome en el tema de la responsabilidad personal. No tengo ningún miedo a las corporaciones alimentarias industriales. No me pueden hacer nada. Pero el gobierno viene con un equipo de operaciones especiales armados hasta los dientes y ellos sí pueden hacerme algo.

No os equivoquéis, a los bien intencionados protectores de los consumidores les asustan mucho las tácticas industriales para recortar gastos. También me asustan a mí, pero la respuesta no está en las regulaciones, que inevitablemente llevan a la quiebra a los pequeños productores. La respuesta está en dejar de comprar comida procedente del sistema industrial.

Hace unos años impartí un seminario en Ohio para unos doscientos granjeros. Aquella semana la noticia de última hora era que Monsanto había introducido las inyecciones de la hormona de crecimiento bovino recombinada (rBGH, por sus siglas en inglés) en vacas lecheras para estimular la producción de leche. Los defensores del consumidor estaban enfurecidos y gastaron millones de dólares en intentar pararlo, sin resultado alguno. La FDA ni siquiera permitía que las etiquetas llevaran el distintivo "libre de rBGH".

Yo había hecho ya algunos cálculos y me había dado cuenta de que en Ohio, con diez hectáreas, un granjero podía ordeñar veinte vacas. Si vendía directamente a sus vecinos, a precio de supermercado, podía obtener unos ingresos de entre veinticinco mil y treinta mil dólares netos al año. Pregunté a cuántos de los granjeros presentes en la sala les gustaría hacer eso. Todas las manos se levantaron. Bien, te preguntarás: ¿por qué no lo hacen? Porque la leche cruda es ilegal. Incluso si quisieras pasteurizarla y embotellarla, los requerimientos gubernamentales, incluyendo la infraestructura, no se pueden pagar a una escala tan pequeña.

Si todo el esfuerzo de presión que hicieron los defensores del consumidor contra la rBGH se hubiera empleado en apoyar a las microlecherías locales situadas en sus comunidades, nuestro bando habría acabado con la leche con rBGH desde el inicio. La leche de vacas pastoreadas sabe mejor, tiene una densidad nutritiva mucho mayor y es mucho más segura desde el punto de vista de los patógenos. En lugar de exigir que el gobierno lo solucione, ¿por qué no liberamos a los emprendedores y dejamos que sean ellos los que solucionen el problema?

Hoy en día se escuchan muchos comentarios sobre exigir un etiquetado con información, desde "país de procedencia", hasta los ingredientes o los datos nutricionales. Todo eso suena muy bien y muy chic, hasta que te enfrentas al coste de los análisis de nutrientes que la FDA acepta. Normalmente cuestan varios miles de dólares por producto. Aunque es cierto que podríamos sencillamente usar la típica etiqueta de análisis de nutrientes de la USDA para nuestros huevos, pollo o carne de vacuno y la policía de la comida estaría conforme con ello, una etiqueta así sería falsa.

En Polyface, nuestros análisis de nutrientes siempre parecen provenir de un producto totalmente diferente a los estándares de la USDA. Poner una de esas etiquetas genéricas en nuestros productos sería una mentira. Pero pagar por una para cada producto es prohibitivo. No sé qué hacer, pero espero que puedas ver cuál es el problema. Lo mismo les pasa a los restaurantes. Para McDonald's, que vende millones de unidades del mismo producto cada día, publicar un análisis nutricional es como una gota en un océano. Pero para un pequeño restaurante local e independiente, podría llegar a ser una carga suficientemente pesada como para llevarlo a la quiebra.

Este es el lado oscuro de la metáfora del barco de Platón. "Yo no soy responsable, el gobierno es la respuesta". ¿Que si soy un anarquista? Para nada. Creo en la responsabilidad personal. Eso significa que, en mi mundo, las corporaciones contaminantes que recibieron el *Superfund* para limpiar lo que habían ensuciado, no solo tendrían que haber pagado por todos los costes de la limpieza, sino que tendrían que haber sido castigadas personalmente por sus acciones. Y por cierto, mi castigo no incluiría sentarse en una prisión con aire acondicionado mirando telenovelas en televisiones gigantes de pantalla plana cada día, ni recibir tres comidas al día sin siquiera aprovechar las sobras porque ahora se consideran inhumanas.

Desearía que me dieran diez centavos por cada aspirante a granjero que me ha pedido que firme como experto su solicitud de subvención para comenzar una explotación. ¿El bolsillo de quién van a robar para darle un empujón a su negocio? ¿de quién es este dinero? Recuerda, el gobierno no obtiene dinero que no haya sido primero arrebatado a alguien, por la fuerza. Sé que hay necesidades en el mundo. Sé que nuestros vecinos tienen necesidades. Si el gobierno nos dejara quedarnos con un poco de nuestro propio dinero, tendríamos más para dar y sería una aportación responsable y voluntaria, no una aportación inconsciente.

Hoy Teresa y yo hemos recibido la noticia de que, por una serie de razones absurdas, tenemos que pagar casi cuarenta mil dólares en impuestos este año. Estoy siendo todo lo transparente y honesto que puedo ser. Hemos trabajado duro y levantado esta granja juntos, como una familia. No te aburriré con la historia de lo duro que hemos trabajado. Lo dejaré a tu imaginación. Por cierto, esto es una excepción ya que es el primer año que nos ocurre. Varias cosas han contribuido a un conjunto de circunstancias inusuales que se sumaron en forma de un salario anómalo. Hemos permanecido por debajo del nivel de pobreza virtualmente toda nuestra vida. Este año nos cayó dinero del cielo. Fue una bendición.

¿Nuestra recompensa? Cuarenta mil dólares en impuestos. Amigos, eso es suficiente para contratar a otra persona. Es suficiente para construir varios estanques y ayudar a proteger el río Potomac de las inundaciones. Podríamos ponerlo en nuestro banco local, invertirlo en publicar un CD o prestárselo a otros negocios locales para ayudarles a empezar. Podríamos donarlo a nuestras organizaciones benéficas preferidas. Podríamos darle a nuestra plantilla una bonificación enorme (lo hicimos igualmente). Deja que te pregunte algo: ¿crees que las cosas que podríamos hacer con esos cuarenta mil dólares son más creativas y nobles que lo que el gobierno hará con ello? Piénsalo bien y sé honesto. Realmente, en el fondo, ¿crees que el gobierno hará un uso mejor del que habríamos hecho nosotros?

Estos impuestos confiscados no solo no son normales en la historia, son indignantes. José, en el Antiguo Testamento, durante los siete años de vacas flacas dejó que el pueblo se quedara con el noventa por ciento de todo lo que producía mientras el faraón de Egipto fuera el amo y señor de todo el ganado, la tierra y la gente. Me parece que cualquier impuesto que sea superior al diez por ciento es inmoral, indecente, ofensivo e indignante. En Estados Unidos, si incluimos todos los impuestos, es casi el cincuenta por ciento. Nuestra civilización no puede sobrevivir a este grado de confiscación taxativa.

Nosotros solo somos un pequeño negocio entre miles. Desgraciadamente, nuestra historia no es única. Le ocurre a cada familia trabajadora en Estados Unidos, cada día. Que esa cuadrilla de recaudadores y gastadores deshonre a los estadounidenses de la manera en que lo hace, sencillamente, no es normal. Estados Unidos siempre ha respetado el trabajo, incluso tenemos un día del trabajo, el Labor

Day. Saber administrarse, la responsabilidad personal y la diligencia en el trabajo, han definido nuestra cultura desde su nacimiento.

Ahora que estamos con el tema del dinero, permíteme que registre por escrito mi firme desacuerdo con los planes de rescate de tanto Bush como Obama, desde los concedidos a los fabricantes de automóviles hasta los del cártel bancario.

Los fracasos empresariales y económicos estaban siendo enormemente perturbadores. Esa es la perturbación necesaria para refrescar el terreno. Considéralo como pasar la azada por el patio trasero para poner un huerto de verduras. Los marines dicen: "el dolor es la debilidad saliendo del cuerpo". No me importa cómo lo describas, pero las ideas frescas y la innovación nacen del alboroto, como decía Einstein. Sostener artificialmente negocios, a rufianes o cosas peores y retrasar las turbulencias, equivale a impedir que haya un terreno cultural fértil para la innovación. Equivale a impedir el fénix cultural. Sí, el colapso hubiera sido difícil. Me gustan tan poco las crisis económicas como a cualquiera. Pero la noche es siempre más oscura justo antes de que amanezca.

Los tejemanejes imprudentes que ha habido en la banca no pueden existir sin que llegue el día del juicio final. La manipulación del mercado inmobiliario por parte del gobierno, al demandar que se concedieran hipotecas de alto riesgo a personas que no cumplían los requisitos, con el pretexto de ayudarles, tuvo efectos secundarios inevitables. No soy banquero y no entiendo mucho de esto, pero sé que el nivel de manipulación gubernamental que hemos tenido durante las últimas décadas no puede existir sin que las cosas se echen a perder.

Nuestra familia tenía un complejo de tres apartamentos en la ciudad. Mamá y papá lo usaron como inversión después de terminar de pagar la granja. Las normativas acerca de cómo podíamos anunciarnos, a quién podíamos alquilar y cómo y cuándo podíamos echarles eran interminables. Cualquiera que eche un vistazo a la economía actual y diga que se ha echado a perder debido a los mercados libres no se está dando cuenta de la profundidad de la manipulación regulatoria gubernamental en cada faceta del mercado estadounidense. No hemos tenido mercados libres durante mucho, mucho tiempo. No puedo pensar en ninguna materia prima ni producto que disfrute de un mercado libre hoy en día.

Un mercado libre requeriría responsabilidad individual. Requeriría que volviéramos a una forma constitucional de gobierno, donde su papel es mínimo y la responsabilidad personal es máxima. Esa es la razón por la que Jefferson hablaba de cadenas para evitar que el gobierno se volviera criminal. Sugeriría que hace mucho tiempo que cayeron esas cadenas, y que el mayor criminal de nuestro país es el gobierno. Que le pregunten a Mark Nolt.

¿Cómo podemos alejarnos del lugar en el que nos encontramos? Mis detractores argumentarán que ya no estamos en una economía agraria. Lo que estaba bien hace doscientos años no se puede aplicar hoy en día. De hecho, dirían que lo de hoy es normal hoy y lo de ayer era normal ayer. Dirían que lo normal es sencillamente la regla general. Lo normal es relativo, como la Constitución, que es un "documento vivo", así dicen.

Primero, admito que no tengo, ni de lejos, todas las respuestas. En este capítulo he seleccionado algunas luchas bastante claras. Por ejemplo, no sé dónde colocarme en el tema del proteccionismo frente al mercado libre. Mi libertarismo me hace inclinarme hacia el mercado libre, pero también sé que los fundadores de nuestro país planificaron que el gobierno federal derivara sus ingresos del cobro de aranceles. De hecho, el gobierno federal recibía dinero de los estados. Ahora es a la inversa y los estados levantan sus manos como niños llorones. Recordad, hasta 1913 no existió el impuesto federal, ni tampoco la Reserva Federal. Nuestro querido presidente Woodrow Wilson destruyó el país con un doble revés. Por supuesto, mi primer peor presidente fue Abraham Lincoln, que nos dio la USDA. Menudo soñador idiota. Realmente pensaba que el gobierno podía enseñar a la gente a ser agricultores. Y no, esto no significa que me guste la esclavitud.

Pero hoy en día en nuestro país, hemos cambiado la esclavitud de las personas por la esclavitud de la vida, al permitir que las corporaciones la patenten. Cuando la Corte Suprema permitió que entidades privadas patentaran la vida el 16 de junio de 1980, se legalizó la posesión de la vida. Poseer la vida es esclavitud, no importa cómo lo pintes. Como nación, no hemos mejorado nada en el tema de la esclavitud. Más bien hemos empeorado. Que las organizaciones *provida*, molestas con el caso Roe contra Wade*, hayan aceptado este terremoto moral sin un solo quejido, es a la vez hipócrita y sorprendente. La responsabilidad principal del gobierno es proteger el derecho a "la vida, la libertad y la búsqueda de la felicidad". Todo ello transmite la idea de una libertad vital básica. Crear nuevas formas de vida, después comprarlas y venderlas, y después con el polen de estas formas de vida adulterar formas de vida normales en los campos de los vecinos, es perverso. No es un derecho a la vida. En mi opinión, es derecho a matar, derecho a prostituir, derecho a esclavizar.

¿Alguien piensa realmente que los granjeros estarían peor hoy en día si no hubiera ayudas del gobierno? ¿de verdad? ¿Por qué no pudo Lincoln tener fe en que los granjeros se unirían y lo resolverían? Dios mío, las asociaciones de agricultura y pastoreo abundaban. Las agrupaciones empresariales privadas brindaron todo tipo de nuevas ideas a los granjeros. Hoy, la USDA no solo se niega a aceptar ninguna de mis ideas, sino que de hecho las etiqueta como temerarias y retrógradas. Mirando el historial de las agencias gubernamentales, ¿por qué iba nadie a tener fe en ellas? No lo entiendo.

Pero volvamos a la cuestión de las tarifas. ¿Cómo sería nuestro país hoy en día si el gobierno federal estuviera aún financiado por los aranceles y otros ingresos provenientes de los estados? Guau. Eso da para reflexionar. En cuanto al mercado libre, el problema es que no tenemos un mercado libre. Por ejemplo, nuestro país subvenciona cultivos baratos que colocamos en otros países, desencajando su base agraria y ellos, en consecuencia, vuelcan sus materias primas subvencionadas en nuestro país y desencajan nuestras industrias. Sinceramente, no estoy tan seguro de esto último.

Tampoco estoy tan seguro sobre las ondas de radio y las retransmisiones. Ciertamente necesitan algo de regulación. Ciertamente no estoy de acuerdo con los requisitos de contenido, pero no estoy seguro de qué es lo correcto en cuanto a quién consigue emitir qué frecuencias al universo. Nadie te obliga a sintonizarlas, gracias a Dios. ¿Por qué necesitan los padres que el gobierno supervise las retransmisiones de televisión? ¿Alguna vez has oído hablar del interruptor de

* *[N. de la T.]* El caso Roe contra Wade fue el caso judicial que consiguió la legalización del aborto inducido en Estados Unidos.

apagado? ¿Por qué debería el gobierno responsabilizarse de esto? Un gobierno que controle la televisión controlará también tu acceso a tomates cultivados en compost y a los pepinillos en vinagre de la tía Matilda.

Lo creas o no, he hablado con políticos a nivel federal que de hecho creen que el gobierno debería regular qué verduras procedentes de tu propio huerto te puedes comer. En Virginia, de no ser por una magnífica presión ejercida en el último minuto, habría sido ilegal beber leche de tu propia vaca hace un par de años. Esta ley se frenó por un pelo. Un senador dijo durante el careo final: "¿no es como decir que no puedes mirar cómo sale el sol?". Os ruego que me digáis cuánta microgestión como esta nos podemos permitir.

He aquí algunas de las cosas que yo creo que nos ayudarían a comenzar la andadura hacia la normalidad:

1. Deja de pedirle al gobierno que resuelva los problemas. Si existe un problema en la sociedad, piensa en cómo podría resolverse de forma privada, sin burocracia, ni reunión de comité, ni papeleo regulatorio. Ponte a hacer lo que sea correcto porque es lo correcto y no esperes a que el gobierno te acredite. Si beber leche con rBGH está mal, entonces no esperes a que el gobierno diga que está mal. Deja de beberla y punto. Si las CAFO están mal, no le pidas al gobierno que las prohíba, sino deja de comprar su comida. Nunca subestimes el poder individual.

2. Hazte cargo de tu propio bienestar. No esperes vivir como una babosa y que el sistema sanitario del gobierno te arregle a cambio de nada. Alcanza el bienestar espiritual, emocional, mental y físico. Haz todo lo necesario. Si tu trabajo te da dolor de cabeza, cambia de trabajo. No busques respuestas en la farmacia. Deja de tomar píldoras y de usar muletas. Uno de los nichos médicos que más está creciendo ahora mismo es el de los entrenadores personales de bienestar. Creo que eso es genial. Vete a ver a uno. Cada centavo que te gastes habrá merecido la pena.

3. Reduce tu nivel de ingresos. Trabaja por menos. Vosotros, directores ejecutivos, bajaos el sueldo. ¿Quién necesita ganar más de doscientos mil dólares? Nadie. Nadie. ¿Quieres que lo diga una vez más? Nadie. No estoy diciendo que el gobierno deba imponerlo, lo que digo es que si hubiera un par de ejecutivos de alto rango que hicieran esto, crearían una oleada que se propagaría por todo el mundo de los negocios. Deja de pagar impuestos y dale el dinero a la gente que está en un escalón fiscal más bajo. Como nuestro país cree en la redistribución de la riqueza, da un paso adelante y redistribúyela ahora entre tus empleados. Te amarán hasta el final de los tiempos. De paso, puede que también ayudes a la compañía.

4. Hazlo tú mismo. Si quieres empezar con un negocio, adelante. ¿A qué estás esperando? Si sientes ese fuego en la barriga, lánzate a por ello. No malgastes tu pasión con el trauma de descifrar la jerga gubernamental para financiar tu proyecto. Si merece la pena hacerlo, merece la pena hacerlo sin ninguna participación del gobierno de ningún tipo. Y si no funciona sin la participación del gobierno, averigua cómo hacerlo funcionar. Es cosa tuya, no de nadie más. Y especialmente no es cosa de los burócratas.

¿Debería decir: "regresa a la Constitución"? Si eso es lo normal, va a hacer falta un poco de pensamiento radical para llegar ahí. Puedo decir desde una fuerte convicción que la responsabilidad personal es sin duda más normal que correr hacia el gobierno para que te enjuague las lágrimas. Nada es más liberador que la libertad. Cualquier gobierno que te de algo puede también arrebatártelo. Si nos imaginamos la responsabilidad como el conjunto finito de todas las decisiones que han de ser tomadas, entonces cuanta más responsabilidad tenga el gobierno menos queda para mí. Cuanta menos responsabilidad tenga, más ignorante me vuelvo y menos libertad tengo. Prefiero quedarme con la responsabilidad, muchas gracias.

LA IMPÍA INQUISICIÓN ALIMENTARIA DE LA IGLESIA INDUSTRIAL

Que cada bocado de comida se rodee de protocolos e infraestructura establecidos por el gobierno es un hecho sin precedentes en la historia humana. Si tememos aquello que no conocemos, no es de extrañar que la mayoría de los estadounidenses se haya vuelto paranoica en lo que se refiere a la comida. No saben de dónde viene, cómo se produce, quién la ha manipulado, ni cómo prepararla. A medida que este miedo a lo desconocido crece, intentamos protegernos bajo una legión de normativas alimentarias. Exigimos al gobierno que nos proteja de "ellos", de esa gente, sin darnos cuenta de que el gobierno *es* "ellos", es esa gente. Y que en última instancia, somos nosotros.

La proporción y gravedad de las intoxicaciones alimentarias y de las retiradas de producto no tienen precedentes. Me parece asombroso que, incluso en el penoso estado de las cosas que Upton Sinclair describía en *La jungla*, publicado en 1906, nadie enfermara. Sí, había mucha suciedad y los trabajadores eran maltratados. Quizá había más gente poniéndose enferma de lo que la ciencia del momento pudo registrar. Pero en aquella época, incluso los mayores envasadores de carne de Estados Unidos eran pequeños según los estándares de hoy en día. Y la centralización estaba muy lejos de estar tan concentrada como lo está hoy.

Nuestra nación se las había arreglado durante ciento cincuenta años sin ningún tipo de inspección alimentaria. Durante la mayor parte de ese tiempo, por supuesto, la comida era principalmente de origen local. De acuerdo con Allan Nation en *The Moving Feast* [El festín móvil], "en 1910, el ochenta y ocho por ciento de las gallinas de Estados Unidos se criaban en corrales de menos de ochenta animales". La gente se alimentaba cerca de la tierra, sin refrigeración ni transporte eficiente, regionalmente, localmente y, de hecho, casi todo el mundo cultivaba una fracción de lo que comía. La rápida urbanización que vino con el comienzo de la industrialización creó una nueva demanda de procesamiento industrial. Era minúsculo comparado con el procesado a escala industrial de la actualidad, pero grande comparado con los carniceros, panaderos y artesanos de aquella era, que estaban integrados en la comunidad.

El Servicio de Seguridad e Inspecciones Alimentarias (FSIS) de Teddy Roosevelt creció a partir de la industrialización alimentaria. Nunca había sido necesario para las actividades locales dentro de la comunidad. Solo apareció cuando la escala y la mentalidad corporativa mercenaria invadieron el sistema alimentario. Antes de eso, la producción de comida rendía cuentas directamente al consumidor gracias a su transparencia. O bien producías tu propia comida, o conocías a la persona que lo hacía y cómo lo hacía. Esto creaba un bucle de retroalimentación eficiente (¿recuerdas la discusión sobre la autorregulación de eBay?).

Las megainstalaciones de procesamiento de alimentos lo cambiaron todo. Liberados del hastío del estiércol y del trabajo del huerto, más y más trabajadores de las industrias abandonaron la actividad de producir algo de comida para sí mismos. En el filo de la perturbación causada por la innovación cultural, los abusos se hicieron más fáciles y el país respondió con una agencia federal. Estoy seguro de que incluso Roosevelt nunca pretendió que estas regulaciones alcanzaran a los pequeños mataderos de vecindario. Y sinceramente, aunque me encanta la idea de un mercado libre y receptivo, procuro no debatir con la gente que piensa que al menos sí necesitamos la supervisión del gobierno en las entidades de procesado ocultas a la interacción directa del consumidor. Si tienes guardias en la entrada, una puerta de seguridad y señales de "no pasar" alrededor de la instalación, quizá la inspección del gobierno sea apropiada.

Supongamos que tenemos una escala del uno al diez, y que el uno es un Happy Meal y el diez es la cena del domingo de la tía Matilda, preparada con productos de su propio huerto, con sus propias gallinas, con la harina molida en su propia cocina y con sus propias conservas de pepinillos. Esta es la cuestión: ¿necesita el uno supervisión del gobierno? La mayoría de la gente diría que sí. ¿Y qué pasa con el diez? ¿me creerías si te digo que hay gente que dice que también? ¿no es increíble? Pero esa es una señal de la anormalidad de nuestro tiempo. Por fortuna, la mayoría de la gente todavía diría que no. Es un alivio.

Al establecer dos situaciones alimentarias diferentes con un amplio consenso de que el uno necesita supervisión y el otro no, entonces el ejercicio más lógico es progresar hacia situaciones intermedias para determinar si hay alguna otra cosa que se pueda excluir de la supervisión del gobierno. Quizá el número dos sea una comida precocinada. Sí. Puede que el nueve sea un esquema del tipo de la Agricultura Apoyada por la Comunidad, en la que los clientes invierten en la granja y comparten el riesgo con el granjero. Cualquiera así de interesado y comprometido debería poder comprar lo que quiera sin inspectores por el medio. ¿Y qué me dices del ocho? Quizá sea el intercambio entre granjero y consumidor de cualquier tipo, incluyendo los mercados de productores. ¿Sí o no?

Esta parece una forma razonable de llegar a un punto, en algún lugar, en el que la libertad de elección en la comida esté aún permitida. Como ya he mencionado, sin embargo, nosotros estuvimos a un pelo de ilegalizar el consumo de leche de tu propia vaca. Y he conocido a mucha gente que piensa que no deberías poder disfrutar de la comida de la tía Matilda, preparada con productos de su propio huerto, sin una inspección del gobierno. Sin embargo, fomentar este sistema alimentario basado en el huerto de casa o en las granjas es la clave de la innovación en el sistema alimentario.

Lo que comenzó siendo una reacción a los abusos de la industria alimentaria, se ha convertido ahora en un cortafuegos *de facto*, que protege a las corporaciones alimentarias globalizadas de la competición innovadora empresarial. Hoy, el tamaño de las CAFO es mayor, los patógenos peores, los abusos más flagrantes y los animales están más hacinados que en 1906, pensábamos que el FSIS lo cambiaría todo y haría que las cosas fueran mejores.

Sé que para vosotros, liberales demócratas, lo que estoy a punto de decir suena como un sinsentido libertario, pero os suplico que me sigáis mientras avanzo hacia una idea sobre la que puede que nunca antes hayáis pensado. La innovación requiere que se hagan prototipos. Los prototipos son pequeños por definición. Debido a que son pruebas de alto riesgo, te interesa minimizar tu exposición a pérdidas potenciales. En otras palabras, si no funciona, no quieres que se lleve consigo al resto del negocio.

Toda innovación requiere el desarrollo inicial de prototipos a pequeña escala. Cuanta más regulación exista en cualquier sector económico, menos posible será el desarrollo de prototipos. Las regulaciones tienden a no ser escalables y por lo tanto no facilitan la innovación. Ten en cuenta que alrededor de 1915 había unos mil quinientos modelos de automóvil disponibles. Imagina qué hubiera pasado si las regulaciones de ahora hubieran estado vigentes en aquel momento. Imagina qué hubiera pasado si para construir un prototipo de automóvil en el taller de tu patio trasero hubieras tenido que estar en una zona clasificada como comercial. El número de ideas que entraron en la fase de creación de prototipos de automóviles hubiera sido mucho menor.

Observamos este principio de forma muy evidente hoy en día. Tomemos a eBay como ejemplo. Digamos que para poner un artículo en eBay tuvieras que tener una licencia de uso para tu ordenador. Y que tuvieras que presentar a un agente del gobierno un plan detallado sobre cómo vas a almacenar, empaquetar y enviar el artículo en venta, y cómo vas a garantizar que llega en buenas condiciones. Y que antes de registrarte, necesitaras un número de establecimiento que mostrara que has superado el reglamento local contra incendios (no querríamos que el extintor de incendios que tienes en la pared no funcione cuando tu oferta esté al rojo vivo) y una inspección eléctrica para verificar que el nudo de cables que tienes debajo del escritorio cumple con el reglamento. Y que necesitaras una inspección de la Administración de Salud y Seguridad Ocupacional para asegurar que tu zona de oficina cumple con la normativa de seguridad laboral. Al fin y al cabo, no querríamos que cuando el aviso de una buena oferta parpadee en tu pantalla, pegues un salto y te claves una astilla en el trasero por utilizar un asiento improvisado de contrachapado.

¿Ves a dónde quiero llegar con esto? Si tuviéramos ese tipo de regulaciones, ¿existiría eBay? No, por supuesto que no. No estoy aquí para intentar darle publicidad a eBay (nunca lo he visitado y en cualquier caso no sé cómo hacerlo, pero sé lo que se cuece y que eBay es algo grande). Sin duda representa la innovación y algunos dirían que es una innovación maravillosa. La cuestión es que existe porque fue desarrollado como un prototipo y porque se puede acceder a ello utilizando infraestructura ya existente y que requiere poca inversión (es decir, el ordenador de tu casa). Introduce una pila de normativas a su alrededor y desaparecerá con tanta rapidez como una nevada en el mes de julio.

Ahora volvamos al tema de la comida. Digamos que tengo algunas gallinas en el patio trasero que se comen los restos de la cocina y las verduras estropeadas de mi huerto. Tengo huevos de más y tengo vecinos que no tienen las habilidades, el tiempo o el deseo de cocinar. Me gustaría utilizar los huevos que me sobran y algunas verduras y preparar quiche para estos vecinos. Llevo toda la vida haciendo quiche para mí y mi familia. De vez en cuando, hago una y se la regalo a mis amigos cuando fallece un ser querido y los vecinos llevan comida. Los compañeros de la iglesia dicen que mi quiche está para morirse.

Mis vecinos, cuando se enteran de la idea, están encantados y desesperados por saber cuándo voy a empezar. Están listos para comprar. Yo estoy listo para hacer quiche. Solo hay un problema: no tengo una cocina independiente con licencia comercial. No solo eso, estoy en una zona residencial que prohíbe que haya negocios. Tendría que ser recalificada y después tendría que gastar cincuenta mil dólares en construir una cocina comercial independiente en el espacio donde está mi huerto. Bueno, eso se llevaría parte del espacio disponible para cultivar.

Y no solo eso, necesitaría presentar un plan de Análisis de Riesgos y Control de Puntos Críticos (HACCP, por sus siglas en inglés) a los burócratas, que estarían de acuerdo o no con mi protocolo. Podrían pedirme que lave los huevos en un baño de cloro, pero mis clientes no quieren cloro en sus huevos. Podrían pedirme que lave mis verduras en cloro, pero mis clientes no quieren cloro en sus verduras. Podrían decirme que no puedo utilizar mi pila de compost para fertilizar porque estas no tienen base científica. Además, las pilas de compost son sucias y no son estériles. Utilizar fertilizantes y pesticidas químicos tiene más base científica y es más seguro. Eso sí se aprobaría, ¿sabes? No esas pócimas retrógradas y luditas como las pilas de compost y la ceniza de madera. Obviamente, mi incipiente negocio de quiches no va a despegar. Esto no es normal.

Ninguna cultura ha tratado el tema de la comida con tanta mano dura. Lo que empezó siendo un requisito para controlar a la industria, se ha convertido en la herramienta que utiliza la industria para eliminar la innovación en el mercado de la alimentación. Podría pasarme el día dando ejemplos, pero mi libro *Everything I Want to Do Is Illegal* [Todo lo que quiero hacer es ilegal] es la versión íntegra de este capítulo. Consíguelo y léelo. En aras de la brevedad, aquí me ceñiré al tema más amplio de la anormalidad de la policía de la comida.

La razón más importante por la que la comida local producida con integridad no goza de una participación mayor en el mercado moderno estadounidense son estas normativas no escalables. Los granjeros están preparados y dispuestos a producir para los mercados locales y tienen el conocimiento necesario para hacerlo. Los consumidores (o coproductores, como los llama Carlo Petrini) están preparados y dispuestos a comprar. Pero entre estas dos partes existe un laberinto de normativas caprichosas, absurdas, maliciosas, ridículas (a ver qué más adjetivos se me ocurren), asesinas e irracionales que impiden el comercio.

No te equivoques, estas normativas no tienen nada que ver con la seguridad alimentaria. Tienen que ver con el acceso al mercado. ¿Cómo si no puedes justificar que todos estos artículos puedan regalarse? Puedes regalar leche cruda, pepinillos fermentados caseros, quiche, lo que sea. Regalárselos a los vecinos y amigos se considera un acto patriota y una señal de que eres un ciudadano modelo. Pero si hay dinero cambiando de manos, de pronto estás traficando con una sustancia peligrosa y pretendes matar a la gente con tu temeridad.

Puedes salir un día de noviembre a veinte grados y disparar a un ciervo con la enfermedad de Creutzfeld-Jakob (el equivalente a las vacas locas en los ciervos), destriparlo en el suelo y arrastrarlo una milla sobre estiércol de ardilla, palos y rocas, atarlo al capó de tu Land Rover, divertirte toda la cálida tarde mientras fanfarroneas por el pueblo y después colgarlo del árbol del patio durante una semana bajo los pájaros que se posan en las ramas. Después desollarlo, cortarlo y dárselo de comer a tus hijos y a todos sus amigos. Eso se considera ser un magnífico estadounidense.

Pero intenta preparar un buey alimentado a pasto en la limpieza de un matadero de patio sin licencia y vender un chuletón a un vecino que te haya ayudado a prepararlo y cortarlo, y serás considerado un criminal. Con otras sustancias peligrosas o reguladas, las prohibiciones de comerciar se aplican igualmente al comprador y al vendedor. Por ejemplo, con los medicamentos con receta y las drogas, las prohibiciones existen tanto para el comprador como para el vendedor. Si pudieras adquirir de algún modo una caja llena de medicamentos con receta no podrías usarlos sin más o dárselos a tus amigos. Lo mismo para la cocaína. Hay riesgo tanto en comprarla como en venderla.

Con la comida, sin embargo, todas las prohibiciones se aplican en un solo lado. Si puedes conseguir pepinillos fermentados, o quiche, o leche cruda, no hay problema, y se lo puedes dar a tus hijos. Las prohibiciones solo afectan al vendedor, que sería el granjero, o en el caso de arriba, el que prepara quiches. La cuestión es que en el caso de otras sustancias potencialmente peligrosas, la transacción económica no tiene nada que ver con la legalidad de la sustancia. Es una sustancia controlada y el intercambio de dinero no es relevante. Con la comida, sin embargo, este no es el caso. Puedes donar la quiche para la comida de los bomberos locales, o para un evento de recaudación de fondos, o dársela a tus amigos, y todo ello es perfectamente legal, incluso aplaudido. Pero si aceptas un centavo por la quiche, inmediatamente se convierte en una sustancia peligrosa que necesita una plétora de supervisiones gubernamentales. Claramente, las leyes de seguridad alimentaria no tienen que ver con la seguridad, sino con regular el mercado. ¿Qué tiene el intercambio de dinero que inmediatamente convierte a la comida en algo peligroso?

Que la policía de la comida no está interesada en la seguridad no podría ilustrarse mejor que con el hecho de que poner "libre de rBGH" en las etiquetas de la leche, para mostrar que la hormona de nombre comercial Prosilac no había sido inyectada en las vacas, fue considerado ilegal. Un amigo mío que se encarga de un programa de Agricultura Apoyada por la Comunidad llevó un par de bueyes a procesar para sus suscriptores, bajo la normativa aplicable al sacrificio de animales de consumo propio (el carnicero está procesando mi propio animal para que me sea entregado a mí) y la policía de la comida se abalanzó sobre él para incautar el producto. Los inspectores le acusaron de vender carne ilegal porque no estaba procesada bajo inspección gubernamental. Ni siquiera le permitieron comerse la carne o regalarla a un albergue de acogida y tuvo que tirarla al vertedero. Esto no fue más que un tecnicismo de etiquetado y procedimiento. No había absolutamente ningún problema con aquella carne.

Tengo un amigo en Florida al que le hicieron una redada por vender leche cruda. Por cierto, sus clientes querían su producto, por su propia voluntad. Finalmente, el estado de Florida le permitió registrar estos productos como alimento para mascotas y ahora los vende sin problema. Todo el mundo sabe que no son para mascotas. Estos lácteos de leche cruda son para gente, por supuesto. Si realmente fuera una sustancia peligrosa, ¿no crees que el gobierno lo impediría? ¿Por qué era peligrosa cuando la gente la compraba abiertamente, pero de pronto con esta pantomima de la comida para mascotas, todo es correcto? Nada de esto tiene que ver con seguridad alimentaria, va sobre el acceso al mercado.

Creekstone Farms en Missouri, una pequeña planta de procesado, enviaba la mayor parte de sus productos a Japón. Cuando Japón cerró la puerta a los productos de Estados Unidos debido a la enfermedad de las vacas locas en este país, Creekstone quería analizar cada uno de los animales que procesaba. Japón dijo que los compraría. Pero la USDA prohibió el análisis universal, declarando que sería un precedente muy difícil de cumplir para otros procesadores. En otras palabras, la USDA no podía permitirse que nadie fuera innovador. Increíble.

Uno de los restaurantes que nos compran pollo pastoreado sirve bocadillos de esta carne a la hora de comer. Cocinan el pollo y hacen ensalada para ponerla en el pan. Vino un agente del Departamento de Salud, metió su termómetro en la ensalada y declaró que estaba un grado demasiado caliente y que había que descartarla de inmediato. Ahora, gentiles amigos, sabéis tan bien como yo que un grado por encima de la temperatura de refrigeración durante cinco minutos no va a crear un problema de seguridad. Si ese fuera el caso, todo el que haya hecho ensalada de pollo en la cocina de casa alguna vez habría enfermado. Bienvenidos al verdadero mundo de la policía de la comida.

Uno de los mayores problemas a los que se enfrenta el abastecimiento local de los comedores escolares es el de las variaciones estacionales y la cambiante disponibilidad. La policía de la comida quiere que los menús se publiquen con dos meses de antelación. Las escuelas que quieren utilizar productos locales no siempre saben lo que va a haber disponible con dos meses de antelación. Si cambian el menú, reciben un aviso por incumplimiento. Una infracción de las leyes de la policía de la comida. Imagínatelo.

La razón por la que ya no voy a los mercados de productores es que me cansé de que la policía de la comida viniera a meter termómetros en mis muestras de huevos. "Dos grados por encima de la temperatura de refrigeración. Debes descartar esa docena".

—Bueno señora, en realidad esta es mi docena de exposición. Estoy sacando los huevos de esta nevera que tengo detrás.

—No puedo fiarme de ti. Tienes que descartar esa docena ahora mismo, delante de mí, mientras veo cómo lo haces.

—De acuerdo y ya veremos si vuelvo más al mercado de productores.— Y no lo hice. Lo de volver, quiero decir.

Tengo un amigo que tiene un matadero y un día uno de sus empleados, que tenía que comprobar la temperatura de la cámara de refrigeración de las canales cada dos horas, se olvidó de hacerlo en el chequeo de las dos de la tarde. Los papeles llegaron a la mesa de la policía de la comida con una de las casillas sin marcar. La policía de la comida quería que todo el contenido de la cámara fuera descartado (más de veinte mil dólares en carne). La temperatura estaba perfecta en el chequeo de las doce y en el de las cuatro. No era razonable asumir que había habido un pico a las dos. La intervención de un senador finalmente paró una reacción que de otro modo habría sido implacable.

Podría continuar así todo el día. La cuestión es que la policía de la comida tiene de antemano un prejuicio contra los pequeños operadores. Mucha gente no se da cuenta de que, en una cultura que venera la eficiencia industrial, la misma mentalidad rige a la policía de la comida. La última vez que testifiqué en una audiencia del congreso sobre seguridad alimentaria en Washington D.C., el jefe del FSIS fue el primero en testificar. Se me revolvió el estómago al oírle alardear de lo mucho más eficiente que se había vuelto su departamento desde que la mayoría de los mataderos locales y comunitarios a pequeña escala habían sido eliminados.

De hecho ellos miden su eficiencia en kilos de producto por hora de inspector. Ahora bien, amigos, si estás tratando de decidir si algo está bien o no, y mides tu éxito en términos del volumen por hora, ¿cuántas inspecciones creéis que tendrán lugar? Apenas ninguna. Es una mentalidad industrial aplicada a la inspección de la carne. Con ese tipo de baremos para medir el éxito, entenderás por qué el FSIS atormenta a los pequeños negocios y da el visto bueno a los grandes. Según ellos mismos admiten, la policía de la comida detesta ir de una planta de procesado pequeña a otra. Harán todo lo que puedan para librarse de estas instalaciones molestas e ineficientes. Este es un prejuicio intrínseco que ninguna legislación puede parar.

Un amigo abrió una instalación de procesado que fue clausurada tras solo una semana de funcionamiento por ser demasiado lenta. Gentiles lectores, los requisitos de inspección no dicen nada acerca de la velocidad. Yo pensaba que estábamos interesados en los alimentos limpios. Después de invertir todo su capital, hipotecar su granja, trabajar jornadas de veinte horas y superar cada obstáculo que la policía de la comida le había puesto, confeccionaron un pretexto totalmente ilegal: eres demasiado lento. Esto es indignante.

Estos mataderos ubicados en la comunidad son absolutamente esenciales para obtener legalmente carne y pollo de mercados locales. De hecho, el que Teresa y yo regentamos junto a nuestro socio Joe Cloud en Harrisonburg, T&E Meats, era originalmente propiedad de una pareja de ancianos que, cuando lo compramos en 2008, llevaba regentándolo durante más de cuarenta años. Cuando nos hicimos cargo, había diecinueve empleados y doce de ellos tenían más de setenta años.

Constituimos Salatin & Cloud LLC y mantuvimos el nombre T&E, que son las siglas de Tommy y Emma May, los antiguos dueños. El nombre lo cambiamos a True and Essential Meats (carnes verdaderas y esenciales) y comenzamos la difícil tarea de pasar de ser los más baratos de la ciudad a ser los mejores de la ciudad. Lo compramos porque era un negocio destinado a la quiebra. Unos dueños envejecidos, sin plan de sucesión y un geriátrico por plantilla. Cuando tu negocio maneja miles de kilos de carne, necesitas trabajadores de menos de setenta.

Mi socio Joe se convirtió en el gerente general y afortunadamente hemos logrado sacar a flote la compañía después de dos años de hemorragias financieras mientras la gente nos empieza a conocer. Sin esta planta, Polyface tendría que viajar al doble o más de distancia para procesar los animales de manera que se puedan vender legalmente. Conozco gente de todo el país que viaja más de trescientos kilómetros en un solo sentido, solo para poder procesar a sus animales de manera que sea legal vender su carne. Esta es otra permutación de las trabas que la policía de la comida interpone a los sistemas alimentarios locales y la razón principal por la que la carne local es mucho más cara que su contrapartida industrial de supermercado.

En T&E Meats estamos desesperados por salvaguardar este servicio de carnicería a medida para nuestra comunidad. Aunque Polyface es ahora mismo el mayor cliente, procesamos carne para cualquiera que necesite el servicio. Nuestra vieja planta necesita una rehabilitación masiva de infraestructura, pero por fin hemos cerrado un par de meses rentables y somos optimistas respecto a 2011. Si podemos aguantar ahí y ser rentables, tendremos la satisfacción de haber conservado un matadero en el valle Shenandoah que ha funcionado sin interrupciones.

Cuando le pregunto a Joe, que está allí cada día y tiene una mejor percepción de las actividades cotidianas, qué es lo que más teme, me dice que las cada vez más numerosas normativas gubernamentales, que terminarán requiriendo una infraestructura que no nos podemos permitir en nuestra pequeña instalación. Eso incluye leer las mismas directivas y gestionar el mismo papeleo de la policía de la comida que le piden a un procesador de cinco mil cabezas al día en Nebraska. La única diferencia es que nosotros no manejamos el mismo volumen como para repartir igual los gastos fijos derivados del papeleo. Cuando la policía de la comida decide que es necesario un cepo de diez mil dólares, un negocio grande lo instala con el cambio que tiene en el bolsillo. Para nosotros equivale a dos meses de beneficios.

Hace poco nuestra granja llevó un verraco pequeño a la planta de procesamiento para una barbacoa de la iglesia. Accidentalmente, nos habíamos saltado su operación de alteración masculina (castración) cuando el resto de los animales la recibió. El inspector tiró el cerdo, es decir, lo tiró al contenedor de desechos, porque nuestra planta no tenía un plan HACCP separado para cerdos sin castrar. Joe no sabía que necesitáramos uno. Nadie se molestó en decírselo teniendo en cuenta que no tenemos empleados a tiempo completo dedicados a leer toda la letra pequeña. Si lo hubiéramos sabido, sencillamente habríamos preparado ese cerdo en el patio de casa, aquí en la granja y lo hubiéramos llevado a la barbacoa de la iglesia. Amigos, estas historias os volverían locos.

A la policía de la comida le importa un pepino si nuestra planta es rentable o no, pero tienen completa autoridad para cerrarnos en un suspiro si ven algo que no les gusta. Sin embargo, en nuestra pequeña planta sí que pueden ver las cosas. Cuando testifiqué en aquella audiencia del congreso, el jefe de los inspectores dijo que las plantas grandes tienen cámaras y *walkie-talkies* para alertar a los trabajadores sobre dónde están los inspectores. Así pueden ocultar cosas. En nuestra planta, no tenemos divisiones, *walkie-talkies* ni cámaras.

El otro día subí a la planta para hablar con Joe sobre el negocio, y dos agentes de inspección federales entraron por la puerta, sin avisar, nos enseñaron su identificación y empezaron a hacer preguntas:

—¿Está inspeccionada esta planta?

Apenas pude contenerme a mí mismo. Aquí estamos Joe y yo concentrados en una discusión importante, en nuestro negocio, y este par de capullos entra por la puerta sin tener siquiera la cortesía de llamar, preguntando la cosa más estúpida que nadie pudiera preguntar. Cualquier tarado podría buscar nuestro número de registro, y confirmar nuestro estatus de planta inspeccionada a nivel federal. ¿Me equivoco al enfurecerme con este acoso? Recordad, que esta es la agencia que se queja de no tener suficiente plantilla como para realizar inspecciones apropiadas. Tonterías. Si tienen tiempo para enviar a dos agentes de fuera del estado a preguntar si T&E es una planta inspeccionada, tienen tiempo para ir a sitios donde realmente se necesita que vayan. Nosotros tenemos un inspector asignado en la planta cada día. Estos tipos podían haberse enterado de quién era. Sinceramente, no encuentro palabras para describir lo ridículo que es.

¿Estáis listos para la segunda pregunta? Ahí vamos:

—¿Qué es lo que hacéis todos vosotros? ¿A qué os dedicáis?

No lo pude soportar. Joe, bendito sea, mantuvo la compostura y contestó pacientemente a sus preguntas. Yo me marché. Se quedaron durante media hora, preguntando las cosas más absurdas que te puedas imaginar. Un alumno de preescolar no podría ser más infantil. Y esta gente recibe salarios generosos del gobierno, que tú y yo pagamos con nuestros impuestos. Estoy de acuerdo con Jefferson: necesitamos una revolución cada cincuenta años. Yo creo que debería haber habido una hace mucho tiempo.

Nuestro pequeño matadero es el enlace entre cualquier granjero y un comedor de colegio que quiera ser abastecido localmente con carne de vacuno o de cerdo. El enlace entre granjeros y restaurantes. El enlace entre granjeros y consumidores. Pocos clientes quieren un cerdo vivo entrando por la puerta. Prefieren paquetes de salchichas y chuletas, muchas gracias. El lugar al que la gente de nuestra zona, que ocupa varios condados, puede ir a buscar este servicio es T&E Meats. Que sobreviva por muchos años. Benditos seáis, Joe y toda la plantilla, por hacer que esto sea una realidad cada día. Polyface estaría en graves aprietos sin vosotros.

Dejemos las cosas claras. Cada vez que la sociedad decide mediante el voto popular pedirle al gobierno más intervención en el mercado, se crea un clima que empuja a los grandes a ganarse privilegios y concesiones por parte de los reguladores. Los más pequeños no tienen la influencia, el personal ni el capital para librar ese pulso. Los grandes sí los tienen. Y por eso cada vez, todas y cada una de las veces (¿debería decirlo una vez más?), por eso cada una de las veces que el público reclama supervisión gubernamental, la consecuencia es que los más grandes consiguen más poder y los más pequeños reciben una patada en los dientes.

Como resultado del plan de rescate bancario de Bush-Obama, ¿los pequeños se volvieron más fuertes o más débiles? Los grandes se volvieron más poderosos, hicieron cantidades de dinero sin precedentes y los bancos pequeños perdieron cuota de mercado. No entiendo cómo personas que desconfían del Pentágono pueden de pronto creer lo que dice la Agencia de Protección Medioambiental (EPA), o el FSIS, o el Departamento de Tesorería, o cualquier otra burocracia. Por alguna razón, un nombre sofisticado como Seguridad Nacional nos transmite confianza. La gente quiere creer que estas agencias hacen realmente algo positivo. Al final, el remedio es peor que la enfermedad. Por eso un gobierno limitado era una de las reglas del juego cuando se escribió la constitución de Estados Unidos.

¿Permitirá el nuevo plan de atención sanitaria controlado por el gobierno los procedimientos alternativos y fomentará las actuaciones fuera del hospital? No lo creas. Como cultura, nos han lavado el cerebro con esta noción de que el gobierno sabe lo que se hace. En última instancia, el concepto de policía de la comida asume que el gobierno es más de fiar que el mercado o que los negocios. ¿Qué es lo primero que dice el presidente de una compañía que se vea envuelta en una retirada de producto a nivel nacional? Tú lo sabes: "hemos cumplido con todos los requisitos de seguridad alimentaria del gobierno".

La intromisión del gobierno en esta esfera genera una camarilla con ideas compartidas. Las puertas giratorias entre el mundo industrial y el regulatorio no solo son reales, si no que están por todos lados. Esto explica ese sentimiento contra los pequeños negocios y antinnovación, que es muy real dentro de las agencias. También explica por qué los grandes parecen conseguir un salvoconducto.

En Estados Unidos hemos entrado en una inequívoca inquisición alimentaria. La producción y las técnicas de procesado tradicionales, de toda la vida, están en el punto de mira por poner en peligro a los procedimientos considerados "científicos".

He dicho esto antes y lo diré de nuevo. Necesitamos una Asociación Nacional del Rifle (NRA, por sus siglas en inglés) para la comida. La única razón de que no tengamos una NRA para la comida es que los estadounidenses, por lo general, se sienten mucho más vulnerables cuando pierden sus pistolas que cuando pierden su comida. El hecho es que hemos perdido nuestros alimentos caseros, nuestras industrias de conservas locales, los mataderos que había en cada comunidad, nuestra industria artesanal de producción de embutidos y fiambres. Hemos perdido el que era un sistema alimentario saludable, y mientras alargamos el brazo para alcanzar esos Twinkies y esa Coca-Cola, pensamos que nos estamos alimentando. Esto no es normal.

Reflexiona sobre esto: ¿cuántas veces ha cambiado la pirámide de la alimentación oficial del gobierno en el último par de décadas? ¿Estás de acuerdo con ella? Mi nutricionista acreditada favorita del país probablemente sea Joan Gussow, profesora emérita de la Universidad de Columbia. Ella lleva alimentándose de lo que produce en su propio patio trasero durante años y desecha muchas de las ideas del paradigma nutricional oficial del gobierno. Ella cree, ahora, que algunas de las cosas que enseñaba eran incorrectas. Es una de las expertas en alimentación más honestas que conozco. Todo el mundo debería leer sus libros.

Ahora piensa en las políticas agrarias, las que Michael Pollan dice que deberíamos llamar políticas alimentarias. Piensa en las normativas oficiales del gobierno, en el tipo de alimentos que se promueven, se subsidian y se fomentan. Ahora deja que te pregunte algo: ¿es esta la comida que crees que deberíamos comer? En otras palabras, si la USDA o la FDA formularan nuestras comidas, ¿serías feliz? ¿Puedes imaginar algo que quisieras añadir? ¿algo que quisieras eliminar? Estas son las personas que no permiten que la modificación transgénica se especifique en la etiqueta, las que no permiten que la clonación esté especificada en la etiqueta. ¿Quieres que esta gente escoja tus comidas?

Si la respuesta es que no o incluso la duda, recuerda que la filosofía que le da al gobierno el derecho a determinar la cantidad de grasa que podemos ingerir o no, por ejemplo, será la misma que determine la cantidad de verduras que podemos ingerir o no.

Para consternación de todos mis amigos religiosos, soy un ferviente defensor de la legalización de las drogas. Todas ellas. Un gobierno que me diga que no puedo fumar maría también puede decirme que no puedo comer tomates cultivados en compost. Solo hace falta que alguien enferme por comer estos tomates y la sociedad entera los demonizará. En 2001 y 2004 un brote de *Salmonella*, cuyo origen se trazó hasta una granja de pistachos y almendras de tres mil quinientas hectáreas (la mayor de Estados Unidos), resultó en una nueva normativa que impone el calentamiento por vapor o la fumigación con óxido de propileno (un carcinógeno registrado por la EPA) de todas las almendras crudas. Las almendras se siguen etiquetando como crudas. Los productores independientes que hacen venta directa han estado peleando con la policía de la comida durante años para conservar su libertad de vender almendras crudas de verdad.

Por cierto, los productores extranjeros están exentos de esta norma. Como resultado, los productores nacionales han cedido una enorme cuota de mercado a las almendras importadas. ¿Alguien dijo algo de los mercados libres? La cuestión es que el mayor productor del país abusó de los parámetros de la naturaleza y, como resultado, todos los productores se ven forzados a abandonar las almendras crudas. ¿No te encantaba cuando en la escuela un compañero se saltaba una norma y el profesor castigaba a todo el mundo por la infracción? Ah sí, ese es mi tipo de justicia favorito.

Los productores independientes de almendras finalmente consiguieron una pequeña victoria. Ha sido una larga batalla cuesta arriba financiada por el Instituto Cornucopia, un grupo improvisado de vigilancia ecológica, pero finalmente una corte de distrito federal dictaminó en 2010 que los granjeros podían llevar a la USDA a juicio por la norma de pasteurización obligatoria. Recuerda, el supuesto culpable del caso era el mayor productor industrial de Estados Unidos. ¿Quién salió perdiendo? Los más pequeños. Bien hecho, Cornucopia.

Afortunadamente, ahora sí tenemos una NRA para la comida y se llama el Fondo para la Defensa Legal desde el Granjero hasta el Consumidor (FTCLDF, por sus siglas en inglés). Esta asociación es para los alimentos tradicionales lo que en 1980 fue la Asociación para la Defensa Legal de la Educación en Casa (HSLDA) para los padres que educaban en casa. El primero está intentando conservar la libertad de elegir los alimentos, la otra tenía que ver con conservar la libertad de elegir la educación. Hicieron falta diez años para conseguir la victoria en el tema de la libertad de elección de la educación, pero finalmente se consiguió. El tema de la libertad de elección de los alimentos está en la fase inicial y puede que sea una batalla igual de larga, pero por mi parte tengo toda la intención de ganarla.

Citaré un fragmento de una circular enviada por Sally Fallon Morell, presidenta de la Fundación Weston A. Price:

> El 19 de febrero de 2010, el FTCLDF presentó una querella en contra de la FDA y del Departmento de Salud de Estados Unidos en oposición a las normativas federales que prohíben el transporte y la venta de leche cruda a través de las fronteras de los estados. El 26 de abril, la FDA archivó su respuesta a la querella, proporcionando un registro público del verdadero punto de vista de la agencia en lo que respecta a la libertad de elección de los alimentos.
>
> Estas son algunas de las afirmaciones más chocantes de la FDA:
>
> • "No existe ningún derecho absoluto a consumir o alimentar a los niños con un alimento en concreto".
>
> • La mención de los demandantes de un "derecho fundamental sobre su salud corporal y física, que incluye qué alimentos deciden consumir o no para sí mismos y sus familias" es igualmente inválida porque los demandantes no tienen el derecho fundamental a obtener ningún alimento que deseen.
>
> • No existe ninguna tradición histórica "profundamente arraigada" de acceso libre a alimentos de todo tipo.

En esta respuesta legal, escrita y oficial, la FDA deja su posición sobre la libertad de elección de los alimentos extremadamente clara. Ningún estadounidense tiene derecho a elegir lo que come. ¿No te molesta? Por favor, dime que sí, especialmente cuando esta agencia tiene ahora más poder que nunca gracias a la reciente Ley de Modernización de la Seguridad Alimentaria de 2010. Según el gobierno, y expuesto claramente en los documentos judiciales, yo no tengo derecho a la libertad de elegir mis alimentos. Eso significa que el gobierno es dueño de mi cuerpo. El gobierno tiene derecho a elegir qué puedo y qué no puedo comer.

¿Y qué alimentos podrían ser? ¿pollo pastoreado? ¿leche cruda? ¿verduras fertilizadas con compost? ¿almendras crudas? Ni lo sueñes. Veis, queridos lectores, debemos ser muy cuidadosos con lo que nos incita a indignarnos con rectitud. En mi opinión, el mayor golpe que probablemente haya recibido el sistema alimentario estadounidense vino con la ley seca, porque otorgó para siempre al gobierno el control sobre lo que podíamos o no podíamos consumir. Con aquella acción, la suerte quedó echada.

Hasta entonces, la libertad de elección de los alimentos había sido una resolución inevitable en nuestra cultura. Pero cuando aquellas personas, indignadas en su rectitud bienintencionada, decidieron que los burócratas podían escurrirse entre mis labios y mi garganta, criminalizar cualquier otra sustancia cotidiana se convirtió en algo aceptable. Esto condicionó a la nación a aceptar más y más restricciones, hasta que hoy no puedes ni escupir sin tener una licencia.

Puedes estar seguro de que los valores en los que la policía de la comida basa sus normativas no tienen que ver con nada amigable para lo local, lo ecológico ni lo nutricional. Su paradigma se basará en la teoría de los gérmenes. Se basará en la noción de que un laboratorio sabe lo que hace mucho más que la sabiduría tradicional. La manipulación del ADN es muy superior al respeto por la sabiduría tradicional contenida en el ADN nativo. Al fin y al cabo, el presidente Obama nombró a Michael Taylor, el abogado que sirvió muchos años a Monsanto y que custodió la modificación transgénica hasta traerla al mundo, como su zar de la alimentación. Taylor será quien interprete oficialmente las exigencias de la ley de modernización de la seguridad alimentaria en lo que se refiere al significado de los requisitos alimentarios con "base científica". Esta frase, nueva desde el punto de vista histórico, se menciona once veces en la versión definitiva de la ley. Y ¿quién promulga la ciencia de la que estamos hablando?

Echa un vistazo a lo que la policía de la comida y sus compinches de las agencias han promocionado ya durante las últimas décadas: el uso unilateral de productos químicos en las tierras agrarias y céspedes de Estados Unidos. El uso indiscriminado de DDT, glifosato y una multitud de otros químicos mortíferos. Los fertilizantes químicos. Alimentar a las vacas con vacas muertas. El suministro subterapéutico indiscriminado de antibióticos en el pienso de los animales. La fumigación de los campos de hortalizas. Gasear los cítricos. Las instalaciones concentradas de cebo. La irradiación obligatoria (si pudieran conseguirlo). La modificación transgénica. El jarabe de maíz alto en fructosa.

Esta es una lista aterradora, que representa la ciencia dominante durante las últimas décadas en las políticas alimentarias gubernamentales y en la policía de la comida. Amigos, esto no solo no es normal, es mortífero. ¿Realmente esperamos que esta gente, que trabaja desde este punto de vista, proteja de verdad nuestra comida de patógenos?

El recurso frente a las intoxicaciones masivas de hoy en día es el mismo que en 1906. Retirar la intromisión del gobierno y la sombra del nepotismo y dejar que el sistema alimentario se sostenga por sí mismo. Sí, habrá algunos que jueguen sucio. Siempre los ha habido y siempre los habrá. Que le pongas un alzacuello a un hombre no significa que vaya a dejar de perseguir a la secretaria de la iglesia.

Llegados a este punto, la gente que piensa que el gobierno sabe lo que hace levanta las manos y dice: "bien, ¿qué sugieres que hagamos? ¿dejamos que todo el mundo venda lo que quiera, como en una gran batalla campal, sin admitir reclamaciones y sin que nos importe?

En pocas palabras, sí. Pero espera. Soy demasiado realista como para pensar que eso llegue a ocurrir. Así que he aquí algunas ideas que nos evitarían este dilema de normativas no escalables y mentalidad industrial basada en la eficiencia con prejuicios en contra de los pequeños productores:

1. Deberíamos utilizar referencias empíricas. Ahora mismo, si quieres venderle a Pillsbury trigo para consumo humano, puede contener una cierta cantidad de excrementos de rata por tonelada. La FDA prescribe los niveles de tolerancia para todo tipo de cosas en el *muesli* y los cereales de desayuno. Si tu material está suficientemente limpio, no importa si tienes cien kilos o cien toneladas. Si está limpio, está limpio. ¿No es eso lo que estamos buscando?

Entonces, ¿por qué tenemos que imponer una infraestructura concreta en el procesado? El hecho es que cuanto más pequeña es una instalación, más fácil es mantenerla limpia. En nuestra T&E Meats, procesamos los animales de uno en uno. Limpiamos el suelo con espray entre cada sacrificio. No matamos varios a la vez. Es mucho más limpia que una instalación grande. Sencillamente, que nos digan cuántas partes por millón de patógenos puede haber o lo que sea y dejémoslo estar.

Hace varios años le propuse esta idea al inspector federal de carne de nuestra zona y me dijo: "eso seguro que funcionaría, pero entonces yo no haría falta. No, me opondría a ello". Lo ves, en resumidas cuentas, todos esos resoplidos y miradas de reojo tienen que ver en realidad con asegurarse el puesto de trabajo. Si la industria dejara de poder esconderse detrás de los inspectores se vería forzada a ser más limpia porque ahora sería su propia responsabilidad en lugar de la de otro. Podemos recoger muestras y pasarlas por una máquina tipo R2D2 que escanee las emisiones en infrarrojos de las bacterias. La tecnología existe. Recuerda, el gobierno siempre es el último en acoger las nuevas tecnologías. El objetivo principal del gobierno es mantener el *statu quo*. Por eso, los sistemas tecnológicos del gobierno van siempre por detrás de la industria.

En el movimiento de la agricultura ecológica, los boletines del gobierno siempre van unos diez años por detrás de las innovaciones del sector. Nada puede aparecer en una publicación del gobierno hasta que haya pasado por un análisis doble ciego y por media docena de comités. Para entonces ya se ha quedado anticuado. Siempre les digo lo mismo a los granjeros que quieren acceder a la información más actualizada: "no os acerquéis a las oficinas gubernamentales. Solo os darán información de primera generación".

Si el objetivo es que la comida esté limpia, ¿a quién le importa cuántos kilos de acero inoxidable hay alrededor? ¿A quién le importa cuántos lúmenes se emitan? Cuando analizamos nuestros pollos empíricamente mediante un cultivo de bacterias realizado en el laboratorio, estaban veinticinco veces más limpios que los del supermercado. Si puedo eviscerar pollos en el fregadero de la cocina cumpliendo con un estándar determinado, ¿a quién le importa, siempre que estén limpios? Realmente buscamos la limpieza, ¿o buscamos algo diferente, como impedir el acceso al mercado a los innovadores incipientes? Hummm...

---

2. Podríamos hacer análisis periódicos para asegurarnos de que los controles internos funcionan. Esto está un escalón por debajo del anterior o se podría hacer a la vez. La dificultad aquí estriba en quién paga por el análisis. Este es un rodeo mediante el cual los peces gordos han conseguido eliminar a la competencia mediante los análisis caros.

Un análisis de quinientos dólares una vez a la semana no es nada si gestionas una planta de procesado que mueve quinientos millones de dólares. Pero si se trata de una planta pequeña como T&E Meats, que mueve un millón, equivale al beneficio de una semana entera. Este es uno de los aspectos de la seguridad alimentaria que los honestos defensores del consumidor no entienden. En cada una de las tres reformas del FSIS Estados Unidos ha perdido la mitad de la industria local de procesamiento. La razón es que cada nueva normativa ha incrementado los costes, lo que ha terminado por llevar a los negocios más pequeños a la quiebra.

Ahora que el movimiento de la comida local está ganando impulso, los negocios incipientes están teniendo que pasar duras pruebas que no existieron para sus predecesores y la dificultad para lanzar un negocio en estado embrionario crece exponencialmente. Para pagar los gastos fijos derivados de las normativas, una empresa incipiente tiene que hacerse tan grande que no podrá nacer. Cada año conozco a miles de granjeros que están preparados y dispuestos para llevar su comida local y ecológica a su comunidad, pero se les niega el acceso con los requisitos de capital y el papeleo necesarios para dar a luz a su sueño. Los embriones que son demasiado grandes no llegan a nacer, y esa es la tragedia del clima de prejuicios anti pequeña empresa de la policía de la comida. Los grandes están desesperados por asegurarse de que están protegidos de la destreza empresarial.

Los bienintencionados defensores del consumidor caen de lleno en sus garras. A finales de 2010, durante los debates de la Ley de Modernización de la Seguridad Alimentaria, la industria se alineó en apoyo de esta legislación. ¿Por qué? Porque estaban entre la espada y la pared. ¿Y si tú fueras el presidente de un conglomerado de industrias alimentarias? ¿Cómo explicarías a Estados Unidos que te opones a un aumento de las normativas en seguridad alimentaria?

Aquí es donde discrepo con todos mis amigos que apuntan con el dedo a los grandes negocios y gritan: "¡Conspiración!". Yo apunto con el dedo a los defensores del consumidor y grito: "¡Crédulos!". Que no te quepa la menor duda, la industria no presiona para que se establezcan regulaciones a no ser que se sienta amenazada en el mercado. Tan pronto como la industria cuantifica esa amenaza, comienza a mover hilos para conseguir la intervención del gobierno, que restaurará de nuevo la confianza en el producto. Desgraciadamente, las bienintencionadas e inocentes organizaciones en defensa del consumidor caen en las redes de los grandes y en realidad les hacen gran parte del trabajo sucio para que la industria no tenga que perder el tiempo elaborando la legislación.

Cuando esta legislación le otorga a la FDA el derecho a inspeccionar granjas sin una orden judicial, para establecer si alguno de los procedimientos viola lo que se considera "con base científica", ¿qué ciencia crees que van a seguir? ¿La ciencia que dice que la irradiación modifica las enzimas y es cancerígena, o la ciencia que dice, como hace normalmente: "hemos analizado estos procedimientos y no hemos encontrado evidencias convincentes de que haya ningún problema?". Por supuesto, llaman a la irradiación "pasteurización en frío" para enmascarar su insidiosa realidad. Para que luego hablen de discursos engañosos.

Por más que lo intento, no puedo entender por qué los defensores del consumidor piensan que es bueno que las asociaciones manufactureras y las organizaciones de comercio alimentario industrial se unan a su círculo de amistades. ¿No pensarías que si la fea y poco de fiar industria se une, debe de saber algo que tú no sabes? Pero no, estos bienhechores se quedan tan tranquilos, totalmente ajenos al hecho de que han sido abducidos por la inteligente industria y que esta les ha usado para dejar más fuera aún a los emprendedores incipientes.

---

3. Podríamos sencillamente enmendar la Constitución para que garantice que los estadounidenses tienen derecho a elegir y obtener su propia comida. Esencialmente, sería una enmienda para la libertad de elegir el alimento. La única razón de que no tengamos una en este país, es que aquellos que escribieron la Constitución y la Carta de Derechos no pudieron imaginar un día en el que un vecino no pudiera vender un litro de leche procedente de su vaca al vecino de la puerta de al lado. Ni siquiera a un vecino que le ayudara a ordeñar. Confía en mí, Thomas Jefferson se retorcería en su propia tumba.

Patrick Henry llamaría esclavitud a lo que tenemos ahora. Podríamos llamar a esta enmienda la "Proclamación de la Emancipación

Alimentaria", porque liberaría a toda la comida que actualmente está esclavizada por los burócratas. En caso de que pienses que tienes muchas opciones, considera lo difícil que es obtener leche cruda, pepinillos, encurtidos caseros, sopas o guisos caseros y la lista podría seguir, y seguir, y seguir, pero la cuestión es que nuestras opciones están extremadamente limitadas.

Si alguien quiere frecuentar el sistema del gobierno y comer solo alimentos aprobados por él, no hay problema. Deja que lo haga. Pero si alguien quiere alimentos no aprobados por el gobierno, él o ella tiene el derecho, un derecho inalienable, como dueño de su propio cuerpo, de adquirir lo que le parezca. Cuando un burócrata se interpone entre mis labios y mi garganta, considero que está invadiendo mi intimidad.

Para aquellos que temen que una política así llene los hospitales con casos de intoxicaciones alimentarias, yo simplemente digo: probémoslo. Si lo hace, podemos ocuparnos del problema. Si en lugar de eso se vacían los hospitales, bueno, sería algo bueno. Eso me lleva al punto número cuatro.

---

4. Aprobar una legislación federal que permita el comercio intrajurisdiccional para prototipos a nivel local. En otras palabras, si mi condado quiere probar un prototipo de comercio de alimentos locales, en el que se permita que cualquiera le pueda comprar cualquier cosa a cualquiera dentro de los confines del condado, debería ser libre de hacerlo sin poner en peligro los fondos educativos federales, los fondos para infraestructuras viarias, ni otros tipos de comercio alimentario interjurisdiccional.

Hemos vuelto de nuevo al tema de los prototipos. Los comerciantes locales sin regular tienen una desventaja significativa a la hora de pedir una red de alimentación local más libre porque no existe un historial de seguridad alimentaria documentado para este sector. Lo único que sabemos es que el país funcionó muy bien durante ciento cincuenta años sin policía de la comida, cuya existencia no fue necesaria hasta la llegada de los conglomerados industriales que trabajan a largas distancias.

Por lo tanto, con este precedente histórico, diría que antes de la industrialización no existía un interés imperioso en la policía de la comida. Por deducción, sugeriría que esos tipos de sistemas alimentarios no requieren policía. Pero eso es una conjetura. Podría ser, lo admito, que el comercio alimentario intrajurisdiccional libre de inspecciones llevara a todo el mundo a la morgue. Pero es igual de plausible que vaciara los hospitales porque la gente comería alimentos más sanos.

Estimularía la creación de empleo en las conserveras locales y en la producción artesanal. Mantendría los dólares en casa, haciendo que la economía local prosperara. Los granjeros locales dejarían de vender las tierras al desarrollo urbanístico porque serían capaces de incorporar valor añadido. En efecto, sus hijos e hijas volverían a negocios familiares prósperos. ¿Y si ocurriera todo esto? Entonces otra localidad se sumaría. Y otra. Y otra.

En estos momentos, con estas leyes de seguridad alimentaria verticales que nos sobrecargan, ninguna localidad puede hacer algo así de innovador. Los agentes federales caerán sobre ellos y acabarán con la libertad y todo en nombre de la seguridad, por supuesto. Eso no está bien. Una comunidad que desee salirse del sistema debería tener la libertad de hacerlo. La forma en la que una cultura trata a los lunáticos de la periferia, a los que quieren hacer algo diferente, dice mucho sobre si esa cultura es una sociedad libre o una tiranía. La nuestra está cerca de convertirse en tiranía, si no lo es ya. Mis amigos en China dicen que su sistema alimentario es mucho, mucho más libre que aquí, en Estados Unidos.

El nivel de sofisticación que hemos alcanzado nos perjudica a nosotros mismos. Hemos analizado, estudiado y procesado datos hasta perder la visión del panorama general. El panorama general consiste en dejar la puerta abierta a nuevas ideas y a soluciones poco convencionales. En este momento, la policía federal de la comida no permite el desarrollo de prototipos locales innovadores y eso es una equivocación de tomo y lomo.

5. Podríamos permitir que la gente renunciase a la posesión del gobierno y se exiliaran a sí mismos bajo su propia responsabilidad. La razón por la que nuestra cultura no permite la libertad de elección de los alimentos es que el gobierno gestiona los servicios sanitarios. Os aseguro, después de haber hablado con muchos policías de la comida, que realmente creen que los hospitales se llenarían si empezásemos a comer de nuestros huertos y a cocinar cosas partiendo de ingredientes sin procesar. Tengo documentos de la policía de la comida diciendo que, sencillamente, la gente es demasiado ignorante como para elegir su comida. De nuevo, para una discusión en más profundidad sobre este tema, lee mi libro *Everything I Want to Do Is Illegal* [Todo lo que quiero hacer es ilegal].

Los agentes del gobierno realmente creen que deben protegernos de nuestra propia ignorancia. Hace unos años, durante una audiencia en Richmond, uno de los clientes de nuestra granja testificó que él cree que la mayoría de lo que hay en el supermercado es peligroso para su salud. Y en el súper todo está aprobado por el gobierno. Los nubarrones de miedo que sobrevuelan a la gente cuando menciono la libertad de elección de los alimentos son palpables. Entiendo el miedo si eres ignorante, pero la ignorancia se puede superar. Puedes aprender sobre comida, agricultura, cocina, conservación y procesado. Tu abuela sabía todas estas cosas y no tenía tantos aparatos ni internet, ni este libro, para ayudarla.

Siempre va a haber alguien que elija algo dañino. Podría proceder de un granjero que no sea limpio. Podría ser algo perjudicial, como una seta venenosa. Pero veréis, con la leucemia infantil en proporciones epidémicas, una tasa de obesidad sin precedentes, la diabetes tipo 2 y más de media población tomando medicamentos, ¿no creéis que podría merecer la pena probar otra opción además de la esterilidad industrial aprobada por el gobierno? ¿Pudiera ser que la comida aprobada por el gobierno nos esté matando? Supongo que siempre que nos mate lo suficientemente despacio como para darnos tiempo a comprar medicamentos, no pasa nada.

Yo propongo que cualquiera que desee renunciar a sus derechos de posesión social debería poder hacerlo firmando un papel al estilo de un testamento vital, diciendo que absuelve a la sociedad de su posesión sobre su cuerpo. Que no espera que la sociedad, que son los contribuyentes, tenga que pagar la cuenta de sus enfermedades. Que será plenamente responsable de su salud y de su comida. Si enferma por beber leche cruda, sus vecinos no serán responsables y si tiene que ir a urgencias, no tendrán que tratarle y pasarle los gastos a nadie. Estará completamente solo.

Para conseguir que esto funcione, por supuesto, tendríamos que permitir que existiera un sistema sanitario totalmente independiente. Un sistema totalmente privado, no gubernamental. Sin certificar de ningún modo. Estos hospitales pueden meter sondas en mi tejido subcutáneo que emitan música de Beethoven y ponerme agujas de acupuntura en las orejas. El gobierno no tiene control sobre esta red de cuidados sanitarios. Si esta instalación médica totalmente privada no puede ayudarme, no puedo acudir al gobierno. Ya he renunciado a mi acceso a la financiación y caridad públicas.

¿Veis?, cuando avanzamos por este camino, la fea cabeza de la tiranía se levanta, ¿verdad? De pronto vemos cómo nos han embaucado. Aquellos de vosotros que queréis negarme la posesión de mi propio cuerpo, el derecho a elegir mis propios cuidados médicos, el derecho a conformar mi propio destino ¿con qué autoridad me negáis los derechos humanos básicos de dignidad e individualidad? ¿Qué derecho tenéis a exigir que os pague?

Espero que mientras concluimos esta discusión, comencéis a apreciar hasta qué punto hemos sido engañados. Todos hemos pensado que la seguridad alimentaria tenía que ver con protegernos. En realidad, tiene que ver con que otra persona sea dueña de mí. Que los estadounidenses hayan cedido voluntariamente, con entusiasmo, la propiedad y la autonomía de sus propios cuerpos, sencillamente no es normal.

Hasta hace unos pocos años, nuestra cultura estaba satisfecha permitiendo que el sistema alimentario local, transparente, tradicional y normal, coexistiera con el sistema radicalizado, industrial y anormal. Podías comprar donde quisieras y no pasaba nada. Esto se está convirtiendo rápidamente en cosa del pasado. Hoy, el ascenso de la Iglesia de los Alimentos Industriales, con su codificación de la ortodoxia, amenaza con llevar a los herejes como nosotros al potro de tortura. Está, de hecho, comenzando a acorralarnos. Creo que ahora los del bando normal podrían considerarse a sí mismos como nativos. La caballería de Estados Unidos, disfrazada como policía de la comida, quiere ponernos en una reserva donde puedan vigilarnos bien.

¿Qué hay de malo en vivir en un tipi? ¿Qué hay de malo en tomar remedios de plantas en lugar de hacerse sangrías con sanguijuelas?

¿Qué hay de malo en aprender a sobrevivir en la naturaleza en lugar de aprender a recitar poesía y descifrar álgebra? ¿Qué hay de malo en ser diferente?

Yo digo que la normalidad histórica se etiqueta hoy como ser diferente. Incluso muchos la consideran herejía. Esto es lo que pienso: cuando hayamos terminado de experimentar alimentando a las vacas con las cosas más extrañas, ellas seguirán estando mejor comiendo hierba. Cuando hayamos acabado con todas las opciones de medicamentos, vacunas y modificaciones transgénicas, nuestros animales seguirán queriendo expresar aquello que les distingue, vivir en hábitats históricamente normales y cumplir con su rol tradicional.

Cuando hayamos descubierto el último aparato ingenioso, seguiremos anhelando un abrazo, un beso y una conversación en persona. Cuando hayamos viajado al último lugar exótico y terminado de participar en el último evento recreativo o de entretenimiento de nuestra lista, seguiremos buscando un refugio al que llamar hogar.

El último otoño fui a Nueva Zelanda y Australia para hacer una gira de charlas de un mes de duración. No había estado tanto tiempo lejos de esta granja o de mi familia desde la universidad. Ahora soy una persona mucho más arraigada. Mientras Teresa y yo salíamos por la carretera aquella mañana camino del aeropuerto, me derrumbé, sollozando incontrolablemente. Ella me abrazó suavemente y nos quedamos allí sentados en el coche durante varios minutos, en la puerta del camino, mientras la profundidad de estas emociones me inundaba.

Finalmente me las arreglé para decir entre lágrimas: "es que adoro este lugar". Ella sabía lo que quería decir. No era solo la granja, la tierra, era todo. Mis nietos, mis hijos, mi madre, las vacas, los pollos, los árboles, la hierba, los trabajadores en prácticas, los aprendices. Era mi nido, mi despensa llena de conservas caseras, mis congeladores llenos de carne producida en casa. Era poder quedarme en casa y no tener que conducir a ningún sitio. Era sentirme completamente satisfecho en mi entorno, acostumbrado a los arroyos, las laderas, el terreno, las casas.

Era "mi normal". Era históricamente normal. Hoy temo que nadie llegue a conocer lo suficiente su entorno como para llegar a sentirlo de forma tan íntima. Sabía que echaría de menos los excrementos de las lombrices y los patos en los estanques. Comencé este libro con la convicción de que me he convertido en un anacrónico. Mientras el resto de nuestra cultura va por ahí atropelladamente, siempre buscando algo en el exterior, demandando el cuidado de otros, yo he encontrado la alegría y la satisfacción en este lugar.

Estoy rodeado de mi amorosa familia, varias generaciones en un mismo lugar. Rodeado de jóvenes entusiastas. En medio de una tierra a la que he visto sanar a lo largo de los últimos cincuenta años, que pasó de ser un solar desgastado, lleno de zanjas, a una pradera verde que alimenta pollos, vacas, cerdos y conejos. La intensidad de mis sentimientos emana del conocimiento íntimo de este lugar, de sus alrededores, de los cambios del tiempo y de las estaciones. Creo que esto es históricamente normal y se lo deseo a los demás. Ahora sal ahí fuera y sé una persona normal.

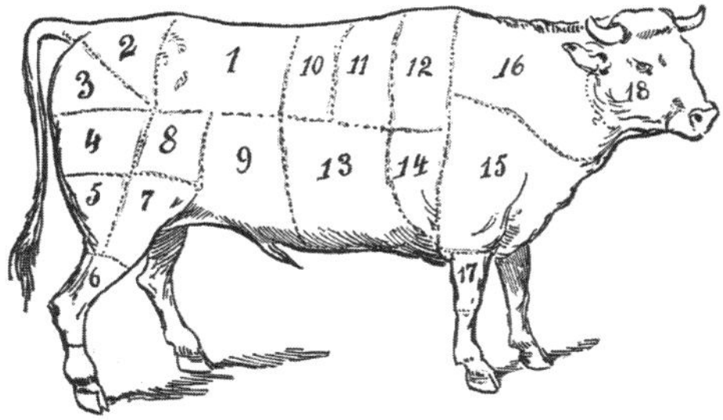
1
2
3
4
5
6
7
8
9
10
11
12
13
14
15
16
17
18

AGRADECIMIENTOS

Este libro ha nacido de toda una vida de pensamiento divergente. No lo veo como una condena, sino como una verdadera bendición. Por ello les doy las gracias a mis padres, William y Lucille. Aunque papá falleció en 1988, su espíritu todavía pervive aquí en Polyface, inspirándonos y animándonos a seguir nuestro camino. Mamá, tu elocuencia y tu inclinación melodramática me han formado de una manera profunda que hasta ahora no había comenzado a apreciar por completo.

Teresa, el amor de mi vida, esposa, compañera y víctima de todas mis peculiaridades: gracias. Aprecio sobre todo tu cuidado tradicional de la casa y tus valores espirituales, que han anclado a nuestra familia en la normalidad histórica. Nuestros hijos, Daniel y Rachel, a estas alturas ya han superado la fase de menear la cabeza y poner los ojos en blanco. Gracias a ambos por ser vosotros mismos y por continuar con estos valores tradicionales. Nuestra nuera Sheri es una *coconspiradora* en estos tiempos anormales.

Gracias a nuestros aprendices y personal de invierno, que han puesto más de su parte para que yo pudiera escribir durante este frío: Ethan Kelly, Eric Barth, Kristen Long, Brie Aronson y Wendy Gray.

Quisiera dar un agradecimiento especial a Lisa DiMona, agente literaria sin igual, que desde hace varios años ha creído en mí y que ha acicalado con paciencia este proyecto hasta su materialización. Esto nunca hubiera ocurrido sin ti. Aunque he escrito y publicado siete libros, nunca con un editor. Qué privilegio ha sido trabajar con la editora de Center Street, Kate Hartson, que ha custodiado este proyecto desde el principio. Todo aquel que termine comprando y disfrutando de este libro tiene que entender que Lisa y Kate me han llevado más lejos de lo que nunca hubiera soñado: ambas sois un regalo especial en mi vida.

Más allá de estos individuos a los que he citado por su nombre, toda una multitud de personas, tanto vivas como muertas, ha dado forma a mi manera de pensar a través de su vida, su ejemplo y su legado. Cada uno de nosotros está compuesto de sus experiencias vitales y de la conciencia con la que las vive. Mi vida ha sido especialmente fértil y por ello os doy las gracias a todos.

LISTADO DE SIGLAS

AAA Asociación Americana de Automóviles (del inglés, American Automobile Association).

AAC Agricultura Apoyada por la Comunidad (Community Supported Agriculture, CSA).

ADN Ácido desoxirribonucleico.

BAP Buenas prácticas agrícolas (del inglés, Best Agricultural Practices).

CAFO Instalación concentrada de cebo (del inglés, Concentrated Animal Feeding Operation).

CFU Unidades formadoras de colonias (del inglés, Colony-Forming Unit).

DDT Dicloro difenil tricloroetano.

DOE Departamento de Energía de Estados Unidos (del inglés, Department of Energy).

EPA Agencia de Protección Medioambiental de Estados Unidos (del inglés, Environmental Protection Agency).

FDA Administración de Alimentos y Medicamentos de Estados Unidos (del inglés, Food and Drug Administration).

FSIS Servicio de Seguridad e Inspecciones Alimentarias (del inglés, Food Safety and Inspection Service).

FTCLDF Fondo para la Defensa Legal desde el Granjero hasta el Consumidor (del inglés, Farm-to-Consumer Legal Defense Fund).

GMS Glutamato monosódico.

HACCP Análisis de Riesgos y Control de Puntos Críticos (del inglés, Hazardous Analysis and Critical Control Point).

HSLDA Asociación para la Defensa Legal de la Educación en Casa (del inglés, Home School Legal Defense Assocation).

INS Servicio de Inmigración y Naturalización de Estados Unidos (del inglés, Immigration and Naturalization Service).

IRS Servicio de Recaudación de Impuestos de Estados Unidos (del inglés, Internal Revenue Service).

JMAF Jarabe de maíz alto en fructosa.

NPK Nitrógeno, fósforo y potasio.

NRA Asociación Nacional del Rifle (del inglés, National Rifle Association).

OGM Organismos genéticamente modificados.

OSB Tableros de virutas orientadas (del inglés, Oriented Strand Board).

PEC Consejo Medioambiental de Piedmont (del inglés, Piedmont Environmental Council).

rBGH Hormona de crecimiento bovino recombinada (del inglés, recombinant Bovine Growth Hormone).

SARM Staphylococcus Aureus resistente a meticilina.

TGH Transferencia genética horizontal.

USDA Departamento de Agricultura de Estados Unidos (del inglés, United States Department of Agriculture).

WAPF Fundación Weston A. Price (del inglés, Weston A. Price Foundation).

WCTU Unión Cristiana de Mujeres por la Templanza (del inglés, Woman's Christian Temperance Union).

ÍNDICE ANALÍTICO

Este
libro se terminó de
imprimir en Madrid el 22 de
septiembre de 2017, equinoccio de otoño.
Durante el equinoccio el Sol transita el ecuador
celeste. Para nuestros lectores sobre la línea del
ecuador terrestre el sol cae perpendicular a sus cabezas
y el día dura tanto como la noche en toda la Tierra. Este
equilibrio ocurre dos veces al año, y marca el cambio de
estación, contraria en cada hemisferio. Los papeles
utilizados en la impresión son Danubio Marfil de 90 g para
los interiores y EuroArtSilk de 350 g para la cubierta. Ambos cumplen con los requisitos de la cadena de custodia
forestal basada en los estándares de FSC y PEFC. Las
tintas utilizadas para la impresión son ECO-T +
PACKAGING a base de aceites vegetales
siguiendo un proceso de respeto al
medioambiente.